国家“985 工程”三期清华大学人才培养建设项目资助

清华大学人居科学系列教材

城市交通与道路系统规划

（2013 版）

The Urban Traffic & Road System Planning

文国玮　著
Wen Guowei

清华大学出版社
北 京

图书在版编目(CIP)数据

城市交通与道路系统规划：2013版/文国玮著. —北京：清华大学出版社，2013（2024.7 重印）
（清华大学人居科学系列教材）
ISBN 978-7-302-31507-0

Ⅰ. ①城… Ⅱ. ①文… Ⅲ. ①市区交通－交通规划－高等学校－教材 Ⅳ. ①TU984.191

中国版本图书馆 CIP 数据核字(2013)第 027124 号

责任编辑：周莉桦　赵从棉
封面设计：陈国熙
责任校对：刘玉霞
责任印制：刘　菲

出版发行：清华大学出版社
网　　址：https://www.tup.com.cn，https://www.wqxuetang.com
地　　址：北京清华大学学研大厦 A 座　　**邮　　编**：100084
社 总 机：010-83470000　　**邮　　购**：010-62786544
投稿与读者服务：010-62776969，c-service@tup.tsinghua.edu.cn
质 量 反 馈：010-62772015，zhiliang@tup.tsinghua.edu.cn
印 装 者：三河市龙大印装有限公司
经　　销：全国新华书店
开　　本：203mm×253mm　**印　张**：23.5　**彩　插**：4　**插　页**：3　**字　数**：485 千字
版　　次：2013 年 6 月第 1 版　　**印　次**：2024 年 7 月第 16 次印刷
定　　价：65.00 元

产品编号：049086-04

2013版前言

《城市交通与道路系统规划(新版)》出版已6年了。6年来,我国城市和城市交通有了更为显著的变化,特别是在城市规划和城市交通的理论和实践中都有了显著的变化。在《城市交通与道路系统规划(新版)》的编著中,虽然对城市发展的新规律有所研究,在理论上有新的认识,但由于对一些发展中的问题尚在深入研究中,还没有得到成熟的意见,也就没有纳入教材的修改之中。

从教学岗位上退下来以后,我仍然不断参加许多城市的规划评审和培训服务工作。在服务工作和与各城市规划工作者的交流中,得到了大量的城市规划和城市交通的信息,了解了我国城市规划建设的许多新的发展、新的情况、新的进步和新的问题,对城市新的发展规律有了新的更为成熟的认识。经验和教训应该总结,教科书也要与时俱进,面对规划工作中普遍存在的规划理论和规划思想上的欠缺和规划设计的程式化浮躁心态,要进一步强化教科书的理论性及与实际工作的结合,正本清源、拨乱反正。因此,有必要对《城市交通与道路系统规划(新版)》进行修改、充实和提高。

《城市交通与道路系统规划(2013版)》是对《城市交通与道路系统规划(新版)》的较为系统的重新整理,并做了较大篇幅的修改。《城市交通与道路系统规划(2013版)》特别强化了对第1章规划思想和规划理论的修改,进行了新的探讨和论述,进一步清晰地论述了城市用地布局与城市道路交通系统在城市整体上和不同层次上相互协调配合的关系;论述了城市综合交通系统规划的规划思想和规划方法的认识;提出了解决城市交通问题的"标本兼治"的思路和方法。同时,对各章节都有相同的整理和补充,还将本书各个章节与新国家标准和规范进行了一次校核。

《城市交通与道路系统规划(2013版)》是对近十年我国城市发展、交通和规划的新变化、新规律的新认识和新经验的总结。《城市交通与道路系统规划(2013版)》的修改使得本书更加系统化、规范化和科学化,也将更具实用性。

从城市规划的基本理论的学习和对我国城市交通问题的分析中,我们可以得到两个基本的认识:一是城市交通问题的根本解决要从城市用地布局结构的变革入手,就是要把城市道路交通系统的规划与城市用地布局规划结合起来,做城市规划必须要研究城市交通问题,搞城市交通必须要研究与城市用地的关系,现代道路交通系统模式一定要与城市的用地布局模式相匹配,城市道路交通系统的规划建设要立足于为城市用地所产生的交通需求服务。否则这个城市的规划搞不好,城市交通也搞不好;二是现代城市交通的组织与规划必须要有交通分流的思想,现代城市道路必须要进行功能分工,必须要与道路两旁的用地性质相协调,实践证明我国城市中的交通混乱无不与此相关。规划工作者只要把握这两个基本认识,就能找到规划的方向和解决规划与交通问题的思路和方法。

文国玮

2013年2月

新版序

早在1991年，文国玮同志就著有《城市交通与道路系统规划设计》一书，该版本出版后就广为传播，为教学单位和规划设计部门所参照采用，并于1996年被评为全国普通高等院校优秀教材。2001年出版的《城市交通与道路系统规划》是在原书基础上更新、发展的第二个版本。现在出版的实际是第三个版本了，已被列为普通高等教育"十一五"国家级规划教材。

三个版本的出版历程也是我国城市化迅速发展的历史进程，在这期间我国城市生活日新月异，产生城市交通的各种活动和工业化初期的城市已不可同日而语，城市交通在城市规划建设中的地位和作用越来越突出，城市交通越来越复杂，城市交通和城市规划的关系也越来越密切。可以讲，如果不懂得交通就搞不好城市规划；而同样不懂得城市规划也很难搞好城市交通规划。因而，在学习和从事城市规划和城市交通这两个专业时，都需要有一本全面系统和综合融贯的教科书。

鉴于上述新情况、新发展和新的需要，文国玮同志根据身跨两个专业的教学和实践经验，对2001年的版本又作了大篇幅的补充和修正，书名未改，但新增加和加重了有关城市交通发展战略、城市公共交通系统规划、城市交通管理、交通枢纽规划设计等内容，增辟了若干章节，看起来全书更为完整和严谨，更为切合实际工作需要，是有关城市规划专业和城市交通专业更有实用参考价值的一本教材和参考书了。

总的看来，作为教学和科研能在已有成果基础上不断改进提高，是当今值得提倡的可贵精神，特别是为不断发展的城市科学工作者所应当努力和发扬的。

周干峙

2007年元旦

周干峙：中国科学院院士、中国工程院院士，建设部顾问、原副部长，清华大学兼职教授；中国城市规划学会理事长，中国风景园林学会理事长，中国城市科学研究会理事长。

新版前言

《城市交通与道路系统规划》已出版5年多了，追述该书的前身——《城市交通与道路系统规划设计》(清华大学出版社1991年出版)已有15年的历史了，再追述其初稿——《城市交通与道路系统规划设计(试用教材)》(清华大学建筑系、清华大学建筑与城市规划研究所1986年印刷)已有20年的历史了。20年来，特别是近十年来我国城市发生了翻天覆地的变化，城市规模成倍地增大，现代化建设突飞猛进，人们对城市和城市规划的认识有了很大的提高，对城市规划更为关注。与此同时，城市问题也日益尖锐，特别是城市交通问题已成为城市中难以解决的问题和头等重要的大事。我们的城市规划工作者、城市交通的技术人员和管理人员在不断地从理论上和实践中寻求解决城市交通问题的办法。然而，在不断取得进展的同时，由于认识上的误区，我们仍然不时地在犯错误，仍然在给城市今后的发展制造障碍。

城市规划需要科学性。城市规划的科学性要从专业教育开始，在实践中再认识、再学习、再总结、再提高。教学上的科学性尤其重要，我们的专业教育必须讲求科学，面向实际，不能迁就现实中的问题。5年多来，在教学和参加城市规划的社会实践中，通过对城市交通及其规划中存在问题的不断的反思，我们发现，几乎所有的偏差和失误都是由于对城市规划和城市交通基础理论、基本概念和基本知识的理解不深、了解不够所造成的。加强城市规划基础理论方法的学习，用城市规划和城市交通的基本理论去认识城市新的发展和发生的新的问题，仍然是我们城市规划工作者适应城市发展、解决城市交通问题的必由之路。而教学上则要认识正本清源的重要性，注重从正、反两个方面的经验去传授专业知识。

本书之所以称为新版，是因为对上一版作了较大的修改、调整和重要的补充，一方面是为了适应城市发展对城市规划学科现代化的需要，体现在规划思想、规划方法和理论上的进步；另一方面则是要力图指出目前我国城市规划和城市交通规划领域中若干理论和思想上的误区；同时要与新的法定规划编制办法相衔接，并以科学的态度与相关的规划设计规范相衔接。

城市交通与道路系统规划是与城市用地布局规划密切相关、紧密结合的，树立这一基本思想是搞好城市交通与道路系统规划的关键所在，也是治理城市交通的关键所在。本书着力阐述科学的规划思想的发展，论述城市交通与城市用地的关系，介绍把城市道路交通系统规划与城市用地布局规划结合起来的科学的规划分析方法和规划设计方法,有别于其他关于城市交通与道路设计的专著。本书不但适用于城市规划专业的学习,而且也有益于城市交通和道路规划设计专业的学习。

新版修订和增加的内容主要包括:城市综合交通规划与城市交通发展战略研究,城市道路网形态与城市布局发展形态的关系,各级道路间距与城市布局结构的对应关系,城市客运系统整体协调发展和现代化城市公共交通系统规划,城市客运交通枢纽设施的规划,城市交通管理与交通组织规划等。

科学是无止境的,一本书只能代表一个阶段的成果,我愿与我们的同行共同努力,让我们的教材建设能不断进步、不断发展、不断科学化。

文国玮

2006年10月于北京

原版序

城市是我国的经济、政治、文化、科技、信息中心，是发展社会主义市场经济和进行现代化建设的重要基地。城市作为经济、社会的有机综合体，城市交通是维系城市有机整体正常运转的基本条件。通畅的城市交通对城市的发展、用地开发、改善居民生活条件、提高社会劳动生产率、实现社会经济发展目标，具有重要的保证和促进作用。城市交通体系规划是城市规划的一项重要内容，《城市规划法》规定，城市总体规划应当包括城市综合交通体系规划。

我国是发展中的社会主义国家，交通结构和运输方式尚欠发达。随着城市经济社会的快速、持续发展，城市机动车增长很快，城市中的非机动车，特别是自行车占很大比重，市区人口密集，行人众多，形成了我国当前社会发展阶段的城市交通特点；加上许多城市的用地布局和路网结构不尽合理，尚处于调整和改善的过程中，增加了交通规划和组织管理的复杂性。面对我国城市，特别是大城市日趋突出的交通问题，我们的城市规划工作者和从事城市道路交通规划设计的专业人员正在根据我国的实际情况探索解决城市交通问题的理论和方法，为缓解交通矛盾，提高和改善城市道路交通运转效能做出贡献。

解决城市交通问题的根本途径：一是要控制大城市中心城区的规模，合理发展中等城市和小城市；二是合理安排与调整城市用地布局，逐步形成合理的路网结构，处理好城市交通与对外交通枢纽点的衔接；三是采取合理的城市交通政策，提高城市交通管理水平。搞好城市交通和道路系统规划，形成合理的城市用地布局和路网结构，是从根本上缓解城市交通问题的重要基础。

《城市交通与道路系统规划》在1991年《城市交通与道路系统规划设计》一书的基础上修订，从城市道路系统规划设计的角度，探求把城市道路系统规划设计与城市用地布局规划、城市交通规划、城市景观规划、建筑设计等结合起来，综合论述，相互融通，是一本值得阅读的教科书和专业用书。该书对古今中外的城市规划实践和理论作了较为全面的介绍，并根据作者长期从事城市规划设计、管理和教学、研究工作的经验，从道路系统规划的角度，进行了颇有见地的分析论述，结合国情针对现代城市的发展，提出了许多新的观点。它还通过正反两方面的实例分析，帮助读者去理解城市交通与道路系统规划的思想、理论和方法，具有实用价值。该书的出版，为城市规划教学和理论研究园地增添了新的花朵。愿它在众人的进一步精心培植下茁壮成长。

赵士修

2000年8月8日于北京

原 版 前 言

交通是城市四大基本活动之一，作为城市交通载体的城市道路系统的规划是城市规划的重要内容之一。尽管城市土地使用规划、城市交通规划、城市道路系统规划、城市道路设计、城市景观环境规划设计、建筑设计都有自己相对独立的学科领域，但它们之间却存在着密切的关系。现代城市规划的实践已经证明，只有把上述各学科的理论和方法有机地结合在一起，很好地协调城市各方面的功能要求，才能取得城市协调、经济、有秩序运转的整体最佳效益。

因而，城市道路系统规划不能就道路论道路，必须理顺城市道路系统规划与城市土地使用规划、城市交通规划之间的关系，并与城市景观环境规划、建筑设计、道路设计相互配合。同样，城市土地使用规划、城市景现环境规划，乃至建筑设计也必须考虑城市交通问题，理顺与城市交通规划和城市道路系统规划的关系。因此，一个城市规划工作者，一个从事城市道路系统规划的规划师，以及从事建筑设计的建筑师，必须正确地认识这一点，并熟练地掌握有关的基本方法和技能。本书就是一种尝试，一种基于上述思想的尝试。

作为规划师，不一定要很深透地去了解和掌握交通规划、道路设计等工程技术性的理论和方法，而应掌握统筹全局的一些最基本的理论和方法，掌握在全局观念下协调各个方面的基本技能。所以，特别是对于与道路系统规划关系最为密切的道路设计，本书介绍一些简易的方法便可得到规划所要求的最基本的技术数据，并为详细设计确定最基本的规划原则和要求。而进一步落实于建设则是"工程设计"工作，"规划"不应该包揽一切。

笔者所著《城市交通与道路系统规划设计》1991 年出版后，受到广大城市规划工作者的好评，并于 1996 年获得第三届全国普通高等院校优秀教材评选建设部二等奖。为配合清华大学建设国际一流大学的教材建设，在这次修订中，除了必要的内容更新外，还融入了近几年的科研成果，增加了道路网系统性分析及城市道路系统规划评析方法等内容并更名为《城市交通与道路系统规划》，期望本书既能有益于开拓眼界、明确规划思想，又能对规划设计工作具有实用价值。

科学是无止境的，直至本书脱稿之时，笔者仍感到有许多问题需要更深入地进行研究、探索和论述。因此，我衷心地希望同广大读者、城市规划界的同行一起，在城市规划和城市道路系统规划的实践中面向未来，不断探索，不断前进。

文国玮

2000 年 7 月于北京

目　　录

附图目录

第 1 章

第 2 章

第 3 章

第4章

第 5 章

第 6 章

第 7 章

附 表 目 录

第 1 章

第 2 章

第3章

第4章

第5章

第 6 章

第7章

第 1 章　总论

通常所说的"交通"是指"人和物的流动"，是采用一定的方式，在一定的设施条件下，完成一定的运输任务。交通(communication)更为广义的概念是"人、物、信息的流动"，是以某种确定的目标，按照一定的方式，通过一定的空间进行的。

交通的概念有不同层次之分。

在区域的层面，交通的概念涵盖了航空、水运、铁路、公路等不同的交通方式，又称为大交通、区域交通、市际交通或城市对外交通(transportation)。

在城市的层面，交通的概念主要是城市道路上和专用通道上的各种交通方式，称为城市交通或市内交通(urban transport，urban traffic)。

"运输"则是交通行为的一个组成部分，主要指使用一定的运送工具，完成人和物从一处到另一处的运送任务。

1.1　城市交通与城市道路的基本概念

1.1.1　城市综合交通

一个国家、一个地区、一个城市的交通运输系统，是由各种相对独立而又互相配合、互为补充的交通类型组合而成的。城市交通就是一个独具特色、并同样由多种类型交通组合而成的交通系统。所以对于城市的规划与建设而言，常有一个城市综合交通的概念。

所谓城市综合交通即是涵盖了存在于城市中及与城市有关的各种交通形式，包括城市对外交通在城市中的线路和设施。城市对外交通与城市交通通过客运设施和货运设施形成相互联系、相互转换的关系。

从地域关系上，城市综合交通大致可以分为城市对外交通和城市交通两大部分。

从形式上，城市综合交通可以分为地上交通、地下交通、道路交通、轨道交通、水上交通等。

从交通方式及性质上，城市综合交通又可以分为机动交通、非机动交通(自行车交通)和步行交通，或车行交通(机动与非机动)、人行交通等。非机动交通又可以涵盖自行车交通和步行交通。

从运输性质上,城市综合交通又可以分为客运交通和货运交通两大类型。客运交通是人的运送行为,是城市交通的主体,分布在城市的每个地方;货运交通是货物的流动,其主要部分分布在城市外围的工业区和仓储区。

从交通的空间位置上,城市综合交通又可以分为道路上的交通和道路外的(专用通道上的)交通两大部分。

城市综合交通又可以按不同的交通方式进行细分类。各类城市对外交通的规划决定于相关的行业规划和城镇体系规划,各类城市交通的规划决定于城市的用地布局和居住与工作的流动关系。各类城市交通又与城市的运输系统、道路系统和城市交通管理系统密切相关,如图 1-1 所示。

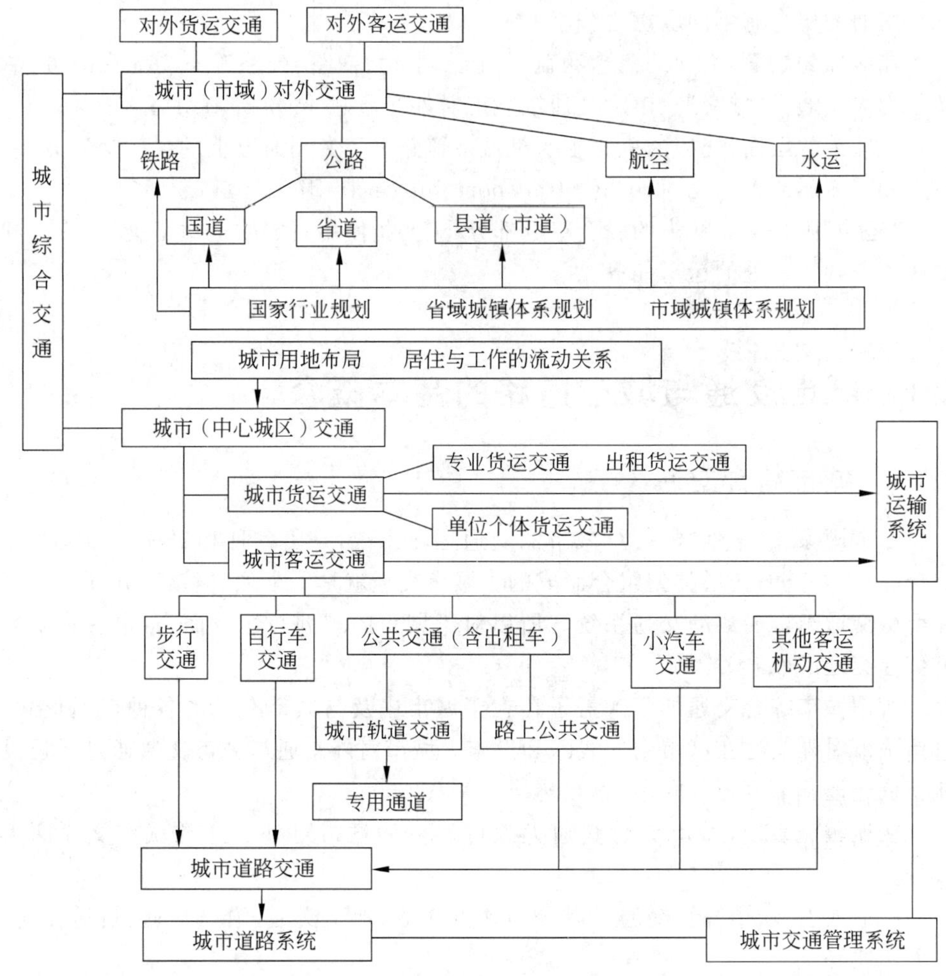

图 1-1 城市综合交通分类关系示意图

1. 城市对外交通

城市对外交通泛指城市与其他城市间的交通,以及城市地域范围内的城区与周围城镇、乡村间的交通。其主要交通形式有：航空、铁路、公路、水运等交通。城市中常设有相应的设施，如机场、铁路线路及客、货站场，公路线路及长途汽车客、货站场，港口客、货码头及其引入城市的线路。在城市规划中主要关注对外交通与城市交通的衔接关系和对外交通设施在城市中的布置，而市域对外交通的总体布局应该主要尊重各专业部门的规划，并符合城镇体系发展和城、镇、乡村相互联系的要求。

2. 城市交通

城市交通(urban transport)是指城市(区)范围以内的交通，或称为城市各种用地之间人和物的流动。这些流动都以一定的城市用地为出发点，以一定的城市用地为终点，经过一定的城市路径而进行的。

通常所指的城市交通是指城市道路上的交通(urban traffic)，主要分为货运交通和客运交通两大部分，城市道路上的交通是城市交通的主体，城市客运交通是城市交通研究的重点。现代大城市的发展表明，单纯依靠城市道路是不能满足城市交通的需要的，大城市中城市轨道交通(地铁、轻轨等)将具有重要的地位和作用。此外，在一些城市还会有城市水运交通(轮渡、船运)和其他方式的交通。

3. 城市公共交通

城市公共交通(urban public transport, public transit)是在城市地区供公众乘用的各种交通方式的总称，是使用公共交通工具的城市客运交通，是城市交通中与城市居民密切相关的一种交通。包括公共汽车、有轨电车、无轨电车、地铁、轻轨、缆车、轮渡、水上航线、出租汽车等。

4. 城市交通系统

我们通常把以城市道路交通为主体的城市交通作为一个系统来研究。城市交通系统是城市大系统中的一个重要子系统，体现了城市生产、生活的动态的功能关系。

城市交通系统主要由城市运输系统(交通行为的运作系统)、城市道路系统(交通行为的通道系统)和城市交通管理系统(交通行为的控制与保障系统)所组成。城市道路系统是为城市运输系统完成交通行为而服务的，城市交通管理系统则是整个城市交通系统正常、高效运转的保证。

城市道路是城市交通的主要通道，城市中还有一些路外的运输通道，如地铁和架空轻轨等城市客运系统专用通道，需要通过站点设施与城市道路系统相联系，从建设行为角度可以归入运输系统之中。

城市交通系统是城市的社会、经济和物质结构的基本组成部分。城市交通系统把分散在城市各处的城市生产活动、生活活动连接起来，在组织生产、安排生活、提高城市客、货流的有效运转以及促进城市经济发展方面起着十分重要的作用。城市的布局结构、规模大小，乃至城市的生活方式都需要一个城市的交通系统的支撑。洛杉矶的分散布局离不开它密集的高速公路网，伦敦的生活方式决定于它19

世纪形成的地铁网,纽约曼哈顿的繁华有赖于发达的地铁和公交系统,巴黎历史文化环境没有受到现代机动交通过大的冲击是与发达的地铁网和公交网分不开的。而我国城市形态呈同心圆式的发展模式则与普遍采用自行车和地面公共汽车作为客运交通工具有一定的关系。

1.1.2 城市道路

城市道路是城市中担负城市交通的主要设施,是行人和车辆往来的专用地。

城市道路联系城市的各个组成部分(城市中心、城市的各种用地、对外交通设施),既是城市生产、生活的动脉,又是组织城市布局结构的骨架,同时还是安排绿化、排水及城市其他工程基础设施(地上、地下管线)的主要空间。

城市道路空间又是城市基本空间环境的主要构成要素。城市道路空间的组织直接影响城市的空间形态和城市景观,城市道路既是城市街道景观的重要组成部分,又在一定程度上成为表现城市面貌和建筑风格的媒介。

城市景观可以根据人在不同环境下对城市面貌的视觉感知分为三种,都与道路密切相关。

(1) 宏观景观:人乘坐汽车、火车、轮船、飞机在即将进入城市的高速公路、公路、快速路或铁路上、水上、空中看到的是城市的整体轮廓,城市的总体面貌,是对城市的初步的、概略的印象。

(2) 中观景观:人乘坐行驶在城市街道上的车辆看到的是城市建筑群体的轮廓、风格,城市繁荣的一般景象,仍然是比较概括的观感,但却是加深了的印象。

(3) 微观景观:人步行在城市街道上看到的是城市的细部、建筑的细部、橱窗的布置、风土人情,直至每棵树、每株花草、每个建筑小品、每个建筑装饰,是远景与近景交融的精细的观感、深刻的印象。

城市道路要完成组织城市街道景观和引导人们体会各种不同的城市景观的任务,就必须在选线、空间组织及细部设计上与城市建筑、绿化等设计互相协调配合,不但要求得技术上、使用上的高质量,还要力求创造最美好的城市景观。

1.2 城市交通与城市道路系统规划与理论的发展

道路是伴随交通而产生的。《尔雅》[①]中讲道:"道者蹈也,路者露也。"即道路是人们踩光了地上的野草,露出了土面而形成的,路是人走出来的。道路的形成一开始就是与一定目的的交通活动紧密联系在一起的。

交通是由人们的社会生产活动和社会生活活动而产生的。

---

① 《尔雅》是中国最早的一部解释词义和物名的工具书,约成书于秦汉之际。

人的社会活动
- 社会生产活动
  - 以工作为目的的人的流动
  - 进行生产所必需的物的流动
  - 信息的流动
- 社会生活活动
  - 以生活为目的的人的流动(购物、社交、游憩、文体……)
  - 生活必需物质的流动(食品、日用品、废弃物……)

这些人和物的流动都有一定的目的,在城市中是以一定的城市用地为出发点,一定的城市用地为终点,经过一定的用地和线路(城市道路)而进行的。社会生产力越发展,社会物质生活和精神生活越丰富,城市交通和城市道路系统就越发展。

1.2.1　中国古代的城市交通和城市道路系统

1. 原始社会后期至商周的"井田制"道路交通

《周礼》记载了与井田制相应的灌溉系统和道路系统。

《遂人》云:"凡治野,夫间有遂,遂上有径;十夫有沟,沟上有畛;百夫有洫,洫上有涂;千夫有浍,浍上有道;万夫有川,川上有路,以达于畿。"

《周礼》记载有两种井田,一为《遂人》的十进位制井田,一为《小司徒》"九夫为井"的田制,其相应的田间道路规制与《遂人》相同。在设置井田的同时,也为周代农业奴隶"甿"规划了居住用地——宅地"廛"(邻近耕地)和聚居地"邑"(里)。耕地、沟洫、道路、居住地是同时规划的,形成了周代奴隶制社会的生产、居住、交通的最基本的格局。

据《周礼·地官·遂人》及郑玄《注》的解释,田间五涂制是:"径容牛马,畛容大车,涂容乘车一轨,道容二轨,路容三轨",是有明确分工的,当时已经是人、马、车的交通,以农业生产为主要的目的,兼考虑军事上的要求。道路等级从大到小依次排列是:路、道、涂、畛、径。五级道路分别担负不同的交通,形成了历史上最早的方格网道路系统。这一制度早在西周初以前(公元前 11 世纪)已经使用,比古希腊希帕达马斯(Hippodamus)提出的方格网道路系统(gridiron system)还要早 6 个多世纪。历史上对此最早的记载是公元前 5 世纪的《考工记》。田间五涂把乡村的生产、居住、水利、交通很好地规划为一个有机联系而有秩序的整体。按周制,大车二辙之距为 6 周尺,乘车二辙之距为 8 周尺,如表 1-1 所示。

表 1-1　田间五涂简表

等　级	名　称	路幅宽度		性　质
		(周尺)	(m)	
Ⅰ	径	4		步行及牛、马道
Ⅱ	畛	6		大车道
Ⅲ	涂	8	2	乘车道(一轨)
Ⅳ	道	16	4	乘车道(二轨)
Ⅴ	路	24	6	乘车道(三轨)

注:据(日)伊东忠太考证,每轨为 8 周尺,约 2 m。

2. 奴隶制和封建社会城市道路交通的发展

最初的城市就是在里(邑)的基础上逐渐发展而成的,早期的城邑就是若干"里"的聚合体。所以,"井田"的规划思想和方法就自然延续到城市的规划中来,后来又延续到封建社会,形成我国古代城市传统的规划方法。《周礼》、《考工记·匠人》记述的王城规划就是由井田制派生出来的。

《匠人》规定:"市朝一夫",即是以井田制的"夫"为用地的基本单位。

《匠人》所载:"匠人营国,方九里,旁三门,国中九经九纬,经涂九轨,左祖右社,面朝后市,市朝一夫。"

又说:"经涂九轨,环涂七轨,野涂五轨","环涂以为诸侯经涂,野涂以为都经涂。"

《王制》中记载:"道有三涂","道路男子由右,女子由左,车从中央。"

按照《周礼》的王畿规划,全畿道路系统由王城、采邑(诸侯城)、公邑(都城)的城市道路网和城外的田间五涂组合而成。

城市道路网主要由经涂、纬涂、环涂和野涂组成,并按王城、采邑、公邑的等级规定了不同的规制标准(表1-2)。经涂和纬涂相当于城市主干路,环涂相当于次干路级的城内环路,野涂相当于与城镇间公路相联系的入城干路,把城市道路网与乡村道路网联系起来,同时,城内还有次干路和巷、支巷等小路。

城市道路网把城市的各类用地和交通很好地组织为有秩序的,功能合理的整体。

表1-2 王城、诸侯城(采邑)、都(公邑)三级城邑道路制度

等级		名称	路幅宽度		适用城邑
			(轨)	(m)	
一级	甲等 乙等 丙等	经纬涂	9 7 5	18 14 10	王城 诸侯城 都
二级	甲等 乙等 丙等	环涂	7 5 3	14 10 6	王城 诸侯城 都
三级	甲等 丙等	野涂	5 3	10 6	王城(畿内) 诸侯城
里内支路		巷 支巷	2～3 1～2	4～6 2～4	闾里内部

周王城规划的道路系统功能十分明确(图1-2)。首先,道路网具有组织城市用地的"骨架"功能。专供帝王使用的一条经涂和一条纬涂构成了城市的十字形中轴线,以强调封建帝王的中心地位和绝对权威;另外两条经涂和两条纬涂把城市分为9个"里","里"是相对完整的城市组织单元。居于中心位置的一个"里"为帝王使

用，再一次强调了帝王的至尊地位。王城道路系统中还有一级“夫”间的次干路，与环涂规制相同。次干路又把每个“里”分为6个或9个“闾里”，“闾里”就是城市的基本居住单元（相当于“夫”，后称为坊里）。“闾里”四周筑有里垣，以形成封闭的居住环境。“闾里”内以“社”为中心，呈现以“巷”为十字轴线的布局，通过4个垣门与城市次干路相联系。“闾里”内有两级道路（图1-3），“巷”（2～3轨）可通行马车，“支巷”（1～2轨）为步行道。巷和支巷又成为“闾里”内用地的骨架，“闾里”内的基本组织单元“闾”围绕一条支巷布置。

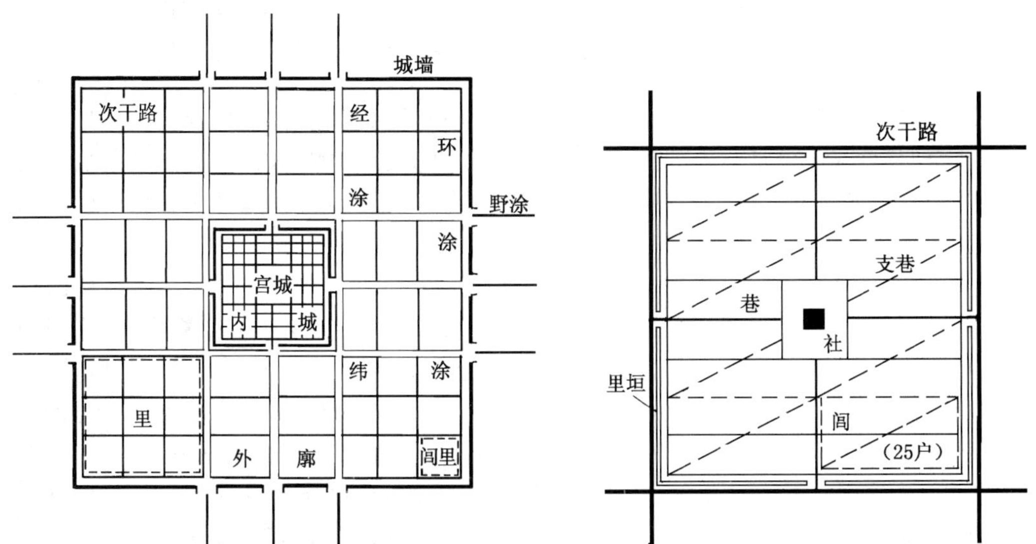

图1-2 周王城道路系统规制示意图

图1-3 闾里道路布置示意图

王城道路网采用交通集散的方式有秩序地组织城市的交通。各类道路有不同的功能分工：“闾里”内部的“支巷”和“巷”把“闾里”内的交通汇集到次干路上；次干路用于相邻“闾里”和相邻“里”之间的交通联系，又把交通汇集到主干路（经涂、纬涂）上；经涂、纬涂正对城门，不但用于城市各“里”之间的主要交通联系，而且还是与城市对外交通联系的通道；环涂主要用于战时城防的军事交通联系，平时也可服务于各“闾里”间的交通。

周王城的规划通过道路系统的布置，把城市用地的组织同交通的组织紧密结合起来，取得了很好的协调，也体现了城市道路组织城市和具有交通通道作用的主要功能。

王城道路的横断面是历史上最早形成的车走中央、人走两旁的具有人车分离功能的断面（图1-4）。

秦朝统一中国后，中国进入了封建社会，城市建设上出现了一系列的革新，“城市”已由主要的政治职能开始转变为兼具经济职能了。秦到汉对传统的奴隶制社会的“营国制度”进行了革新的探索，在城市体制上由王城、采邑、公邑的三级城市改为郡县制，城市性质、规模乃至城市形制、城市规划结构都发生了变革，尤以秦咸

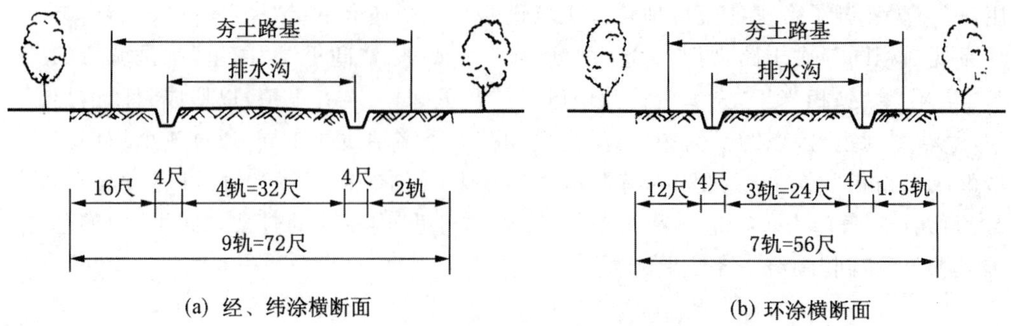

图 1-4 王城城内各级道路横断面示意图

阳和汉长安城为典型。尽管当时由于处于变革的探索时期,对"营国制度"的突破十分明显,汉长安被称为"跨周法",但是主体的规划结构形式——经纬涂制的干路网形成为城市的骨架,闾里形制的居住基本单元仍然没有改变,井田方格网的规划传统依旧在继续发挥影响。

西汉末年以后,汉长安建设中的弱点逐渐被认识,汉长安城市布局结构的松散,分区的失当,宫室比例的过高,都影响了城市经济的发展。沿着继承"营国制度"的传统走下去,已逐渐成为城市规划建设的主流。

曹魏邺城和北魏洛阳的规划和隋唐长安的规划建设正是具有封建社会特点的营国制度规划传统的总结。邺城(图 1-5)规划已将宫城放到城市东西轴线的北面,改变了宫城位于城市中央给城市交通带来的不便,城市分区更为明确,利用东西轴线把全城划为两大区,北为宫廷、贵族府第,南为市里,把统治阶级与平民严格分开。

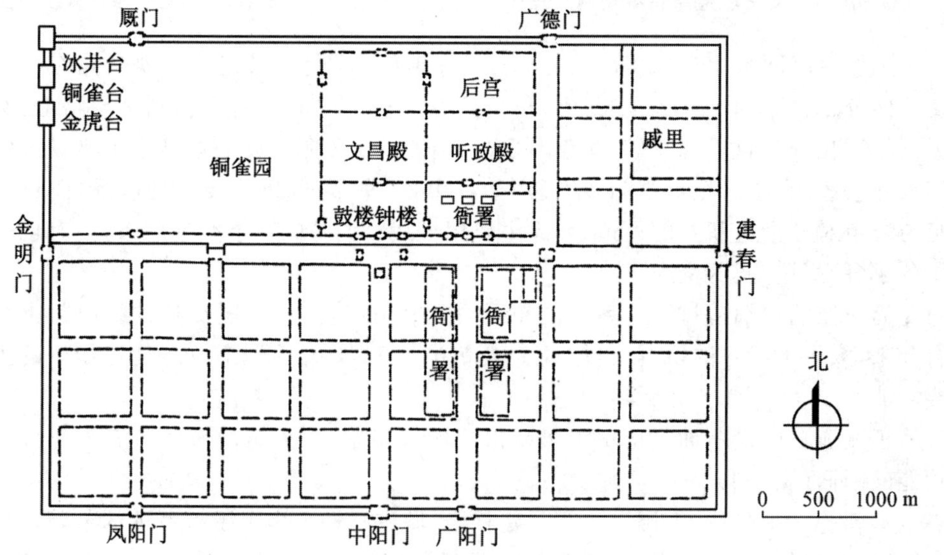

图 1-5 曹魏邺城复原想象图

唐长安(图 1-6)规划中,为了体现封建王朝的崇高尊严和气魄,特别强调了道路的轴线作用,道路的宽度大大超过了交通的需要。作为南北中轴线的朱雀大街宽达 150 m(后来建的大明宫中轴线丹凤门大街宽 180 m),东西向主干路(城市东西轴线)金光门至春明门的道路宽 120 m,据文献记载作为皇城东西轴线的承天门前横街宽 441 m(实测为 220 m),兼有道路和广场的作用,可以用作"元正冬至陈乐设宴会除旧布新,当万国使者、四夷宾客则御承天门听政",这种手法对后世是有影响的。

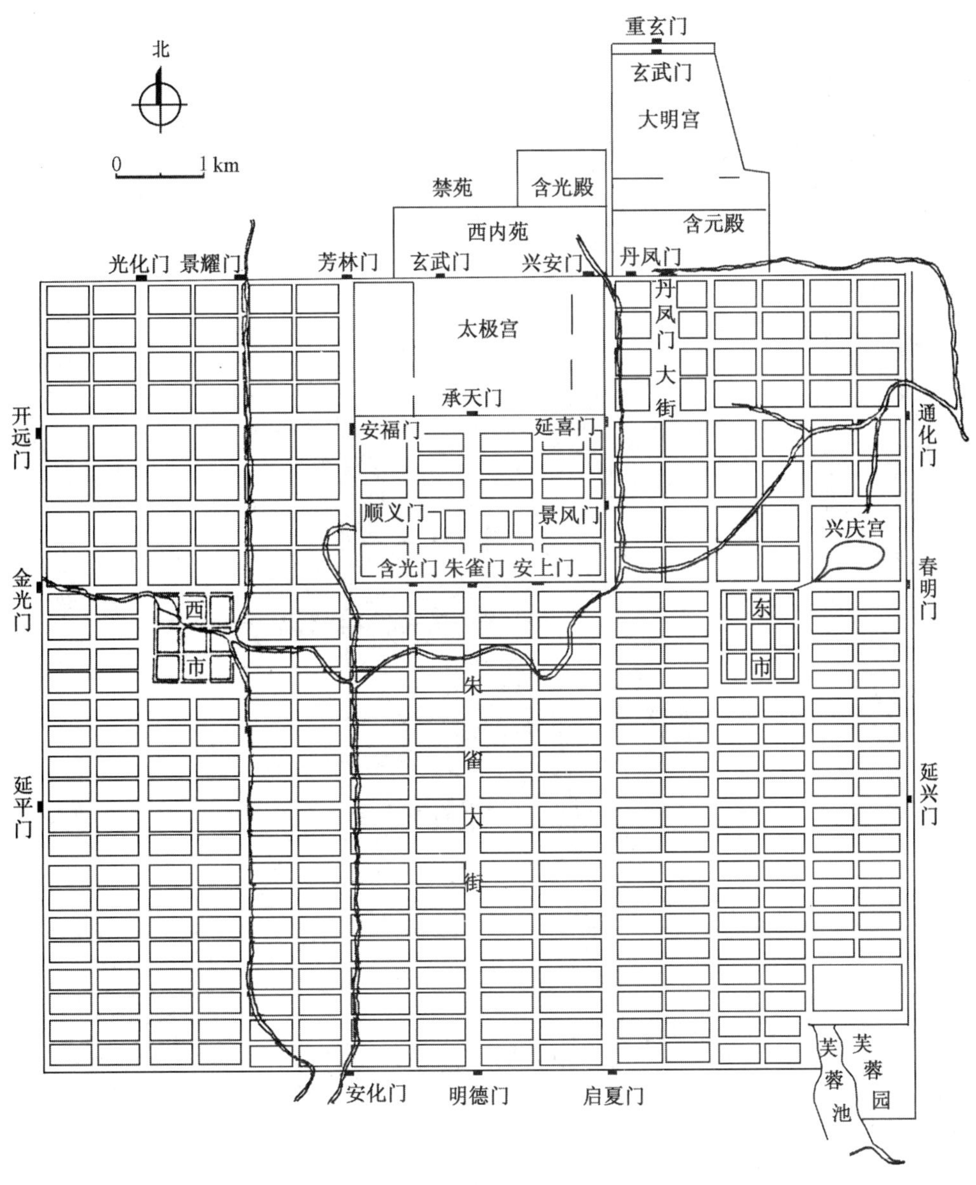

图 1-6　唐长安复原想象图

北宋时，城市手工业和商品经济得到迅速发展，旧的市制逐渐瓦解，市、坊分区的规划体制不复存在，从而推动了城市规划的变革，“营国制度”所强调的礼制规划秩序逐渐发展为礼制与经济相结合的新规划秩序。北宋晚年的东京汴梁城已经取消了围墙包围的里坊和市场，有的街道成为各行各业集中的地段，形成新兴的行业坊市，各种铺店、茶坊、酒肆散布于坊巷之中，并出现了仓库区和码头区，城市按街巷分地段组织聚居的坊巷制代替了里坊制，高垣耸峙的城市面貌大为改观。《清明上河图》和《东京梦华录》就是当时城市面貌的写照。

北宋东京汴梁(图1-7)的城市道路系统有以下特点：

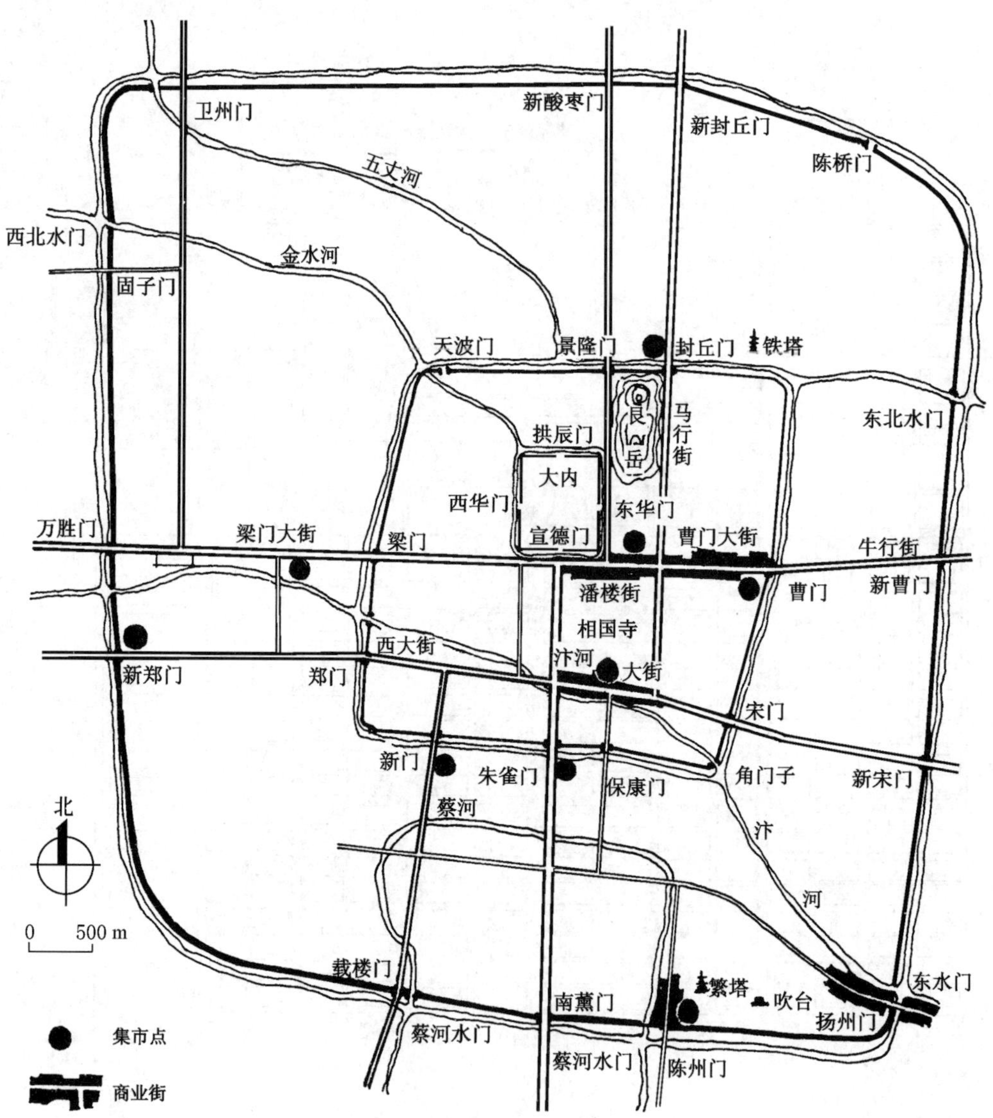

图1-7　北宋东京汴梁(开封)复原想象图

(1) 在井田方格网系统的基础上，形成以宫城为中心、正对各城门的井字形干路网，并出现了丁字交叉和斜街，成为非严整的方格网，这是在不同的城市发展条件和地理条件下自然形成的，也符合道路发展的客观规律。

(2) 出现了繁华的商业街道，道路开始具有生活性，成为城市居民的生活中心。

(3) 城市水系与道路网结合，起着城市供水和交通的重要作用，出现了以商品经济活动为主的对外交通枢纽点——城门和码头仓库区。在这些人流、货流最集中的地区，商业也随之兴盛起来，形成了繁华的对外交通枢纽商业区。

北宋东京汴梁的布局对以后的都城，如金中都、元大都、明清北京的规划有很大影响。

明清北京在元大都的基础上，恢复了封建社会传统宗法礼制思想，继承历代都城以宫室为主体的城市规划思想，严格采用中轴线对称的布局方式，在长达近8 km的中轴线上，布置了一系列以宫殿为重心的雄伟壮观的建筑群。皇城居于城市中央，东西南北城区围绕皇城，各有分工。皇亲贵族府第大多建在西城，是政治活动的中心；钟鼓楼一带的北城是传统的街市；东城集中了许多仓库和行业会馆，是经济活动的中心；南城(外城)则是一般居民聚居的地方，也形成了正阳门外的繁华商业区。皇城布置在内城中央，使得内城的城东和城西两大部分联系不便。但是，由于东、西城在功能上具有不同的性质，相对封闭，没有过多的必要联系，这种对交通的阻碍作用在当时并不十分明显。然而，随着封建社会的瓦解，现代城市生活改变了原有封闭式布局下的生活规律，这种交通阻碍作用越来越明显。直至今日，尽管已经拆除了三座门，打通了东单至西单、朝阳门至阜成门的东西向城市主干路，但由于紫禁城的阻隔，东西向主干路间距过大，城市东西方向的交通仍感不便。

清代北京城的道路系统如图1-8所示。

清代北京的街道和城门承袭了元大都的基础，除天安门至永定门的南北向轴线主干路以外，在东城和西城各有一条连通崇文门、宣武门的南北向的交通性主干路，在外城有一条连通广宁门、广渠门并联系三条南北向主干路的东西向主干路，四条主干路与连通西直门、德胜门、东直门、阜成门、朝阳门的大街，组成了以丁字交叉为主的主干路网，并辅之以若干次干路。内城的东、西方向没有主干路相联系。这样的道路布局可以使皇城与各城区之间有直接的联系，利于分而治之的封建统治；而东城、西城又分别与北城的街市、南城的平民区及城门(对外交通通道)有方便的联系，基本上适应了当时城市交通的需要。城市主要街道的交叉路口设牌楼，如西单牌楼、东单牌楼、东四牌楼、西四牌楼，给交叉路口以醒目的标志，又使原来单调笔直的大街的景观得以丰富、活泼。

北京的居住用地摆脱了坊里的组织形式，住宅以宁静、封闭的四合院形式为基本细胞，用大多为东西向(少量为南北向)的“胡同”与大街相连，胡同间距约50～80 m，相当于一个或两个四合院的尺度。这种布局形式使房屋得到良好的朝

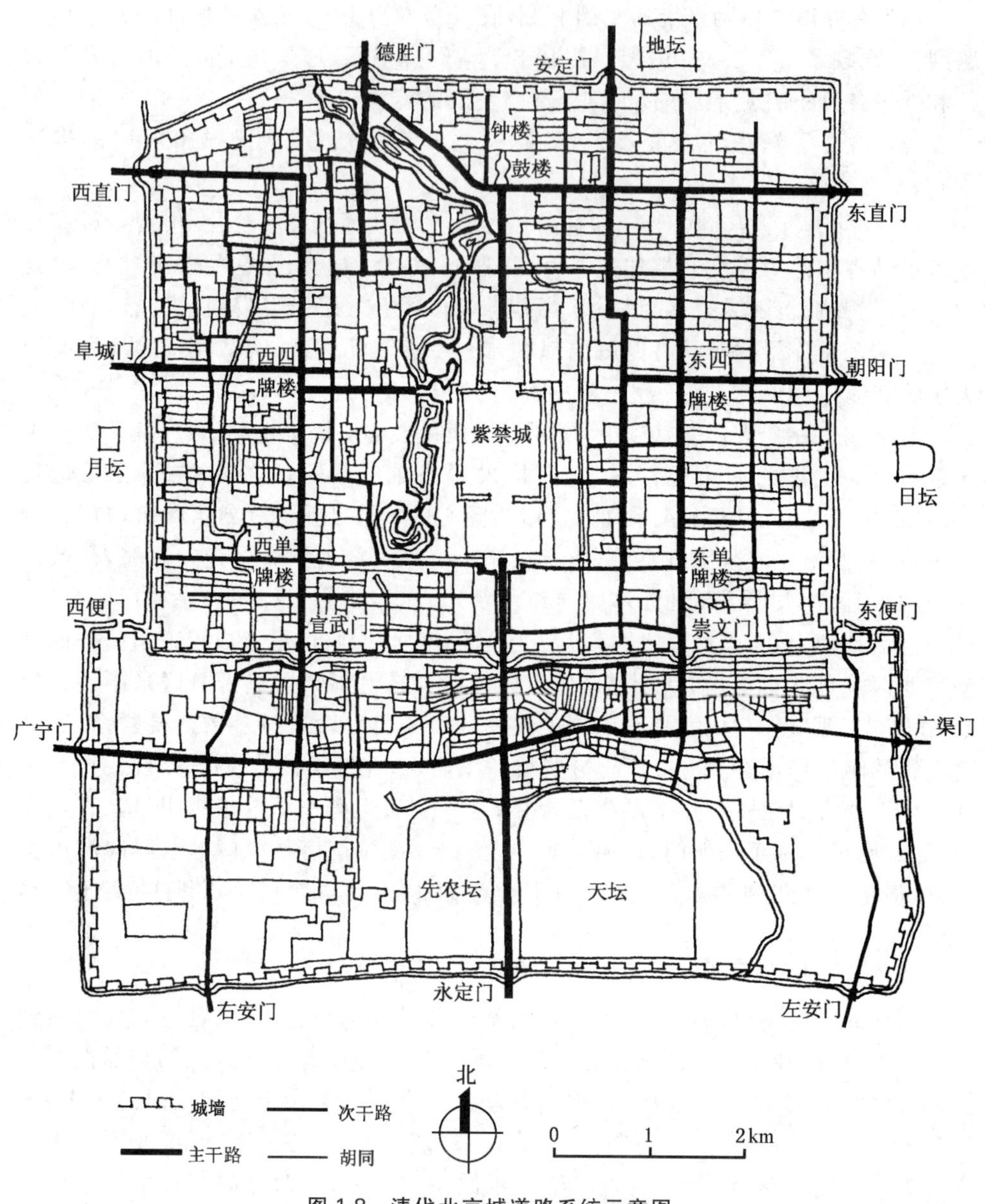

图 1-8 清代北京城道路系统示意图

向、日照和通风,又能使生活性的胡同有安静的交通环境,不受交通性大街的干扰。交通性道路和生活性道路分开布置,取得了交通环境和生活环境的良好配置。在交通功能上,主干路和次干路成为承担主要交通流的"脊骨",而分散在干路两侧、间距较密的胡同起交通集散作用,道路的布局呈"鱼骨形"形态,如图 1-9 所示。由于当时街道上通行的是低速的马车、轿子和行人,这种较密的道路交汇形态并没有给交通的畅通造成障碍,因而在功能上的合理性比较显著。然而,对于现代城市交通,这种过密的道路交叉口间距必然会影响干路行车车速和交通的畅通。

与北宋东京相似，明清北京城也形成了许多以商业集市活动为特点，并以其命名的生活性道路，如米市大街、猪市大街、花市大街、灯市口、磁器口、鲜鱼口等。

明清北京的商品运输主要靠大运河，由通惠河接通护城河城内水系，不仅对城市布局和发展有一定影响，而且也影响了街道的走向。如外城许多斜街的形成都与河运有关。

除了都城以外，中国古代其他城市也大都是在“营国制度”的影响下，在不同的历史条件下规划建设的，城市布局大体上仍继承了传统的格调。一般来说，平原城市的形制较为规整，沿江、河和丘陵、山地的城市则多结合自然地形呈不规则状。然而，衙署及重要的公共建筑，如钟楼、鼓楼等多设置在市中心附近的重要地点，城市道路基本上都采用经纬涂的形制。

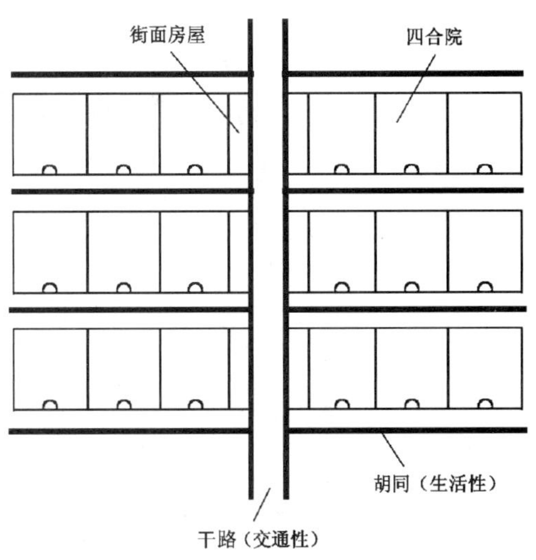

图 1-9　鱼骨形道路结构

州府城一般每边开两个城门，干路系统呈井字形，如安阳（又称归德府）（图 1-10）。

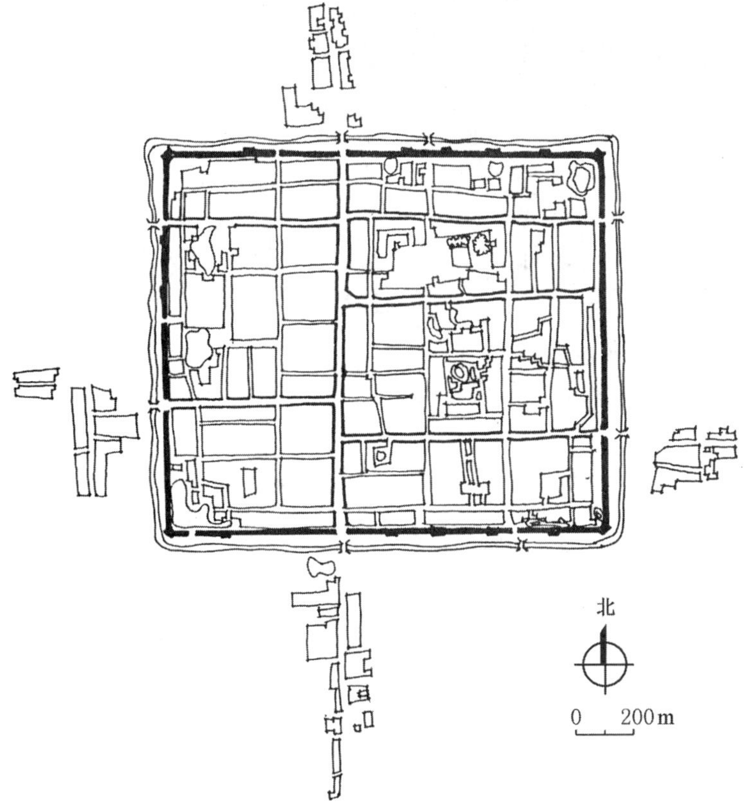

图 1-10　明代安阳城图（府城的布局）

县城一般每边开一个城门,干路系统呈十字形,如大同,初为县治,是典型的县城布局,后改设府治(图 1-11)。山西太谷城的布局也是县城的典型代表,为了突出封建政权机构的权势,县衙位于城市中央,正对南城门,所以南大街和北大街错位布置,与东西大街呈丁字交叉(图 1-12)。

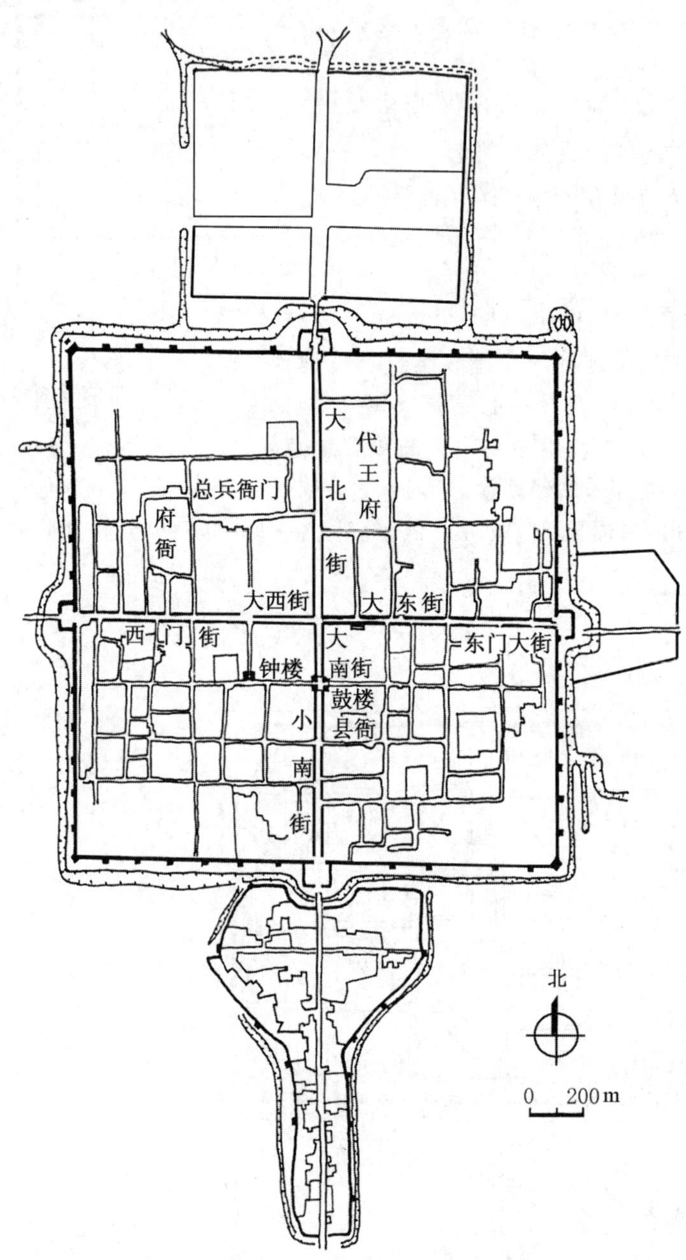

图 1-11 明代大同城图(县城的布局)

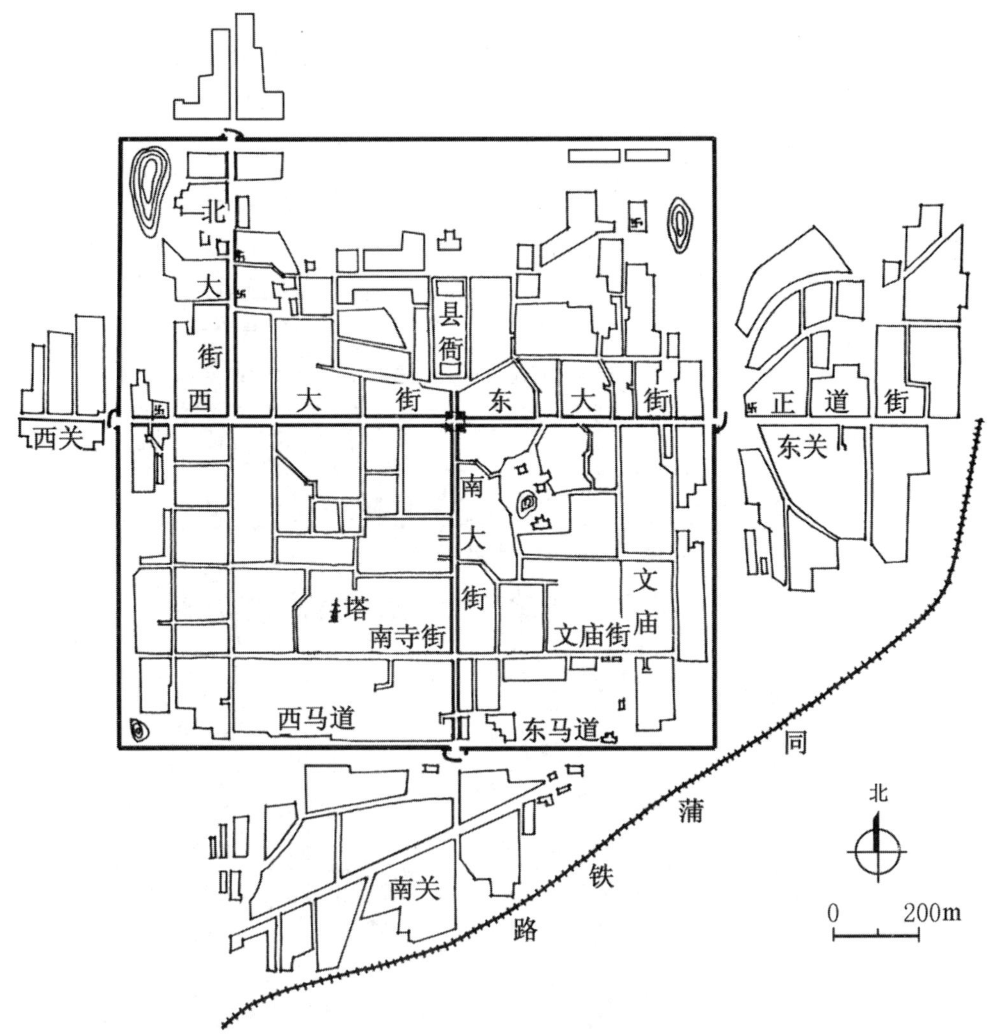

图 1-12 清代太谷城图(县城的布局)

江南城市的布局独具特色,城市中发达的水网与道路网平行布置,形成河、路两套交通系统,如宋平江城呈现为河、路双方格网系统的布局结构(图 1-13)。在这种河、路相结合的交通系统中,河道和少数干路成为主要的交通空间,水运成为重要的交通运输方式,少数干路可以通行车马,大量的小路是狭窄的步行空间,组合成"小河、小路、低屋"的城市整体形态。

概括起来,中国封建社会的城市是一种集中式封闭的城市布局方式,城市往往围绕政权中心(宫城、衙署)布置,城墙成为约束城市发展的障碍,城乡界限分明,如图 1-14 所示。因而城市道路也呈现为集中式的布置,受政权中心影响,道路围绕中心成环状布置形态,通达性不够,城市道路与乡间道路以城门为分界点和连接点。

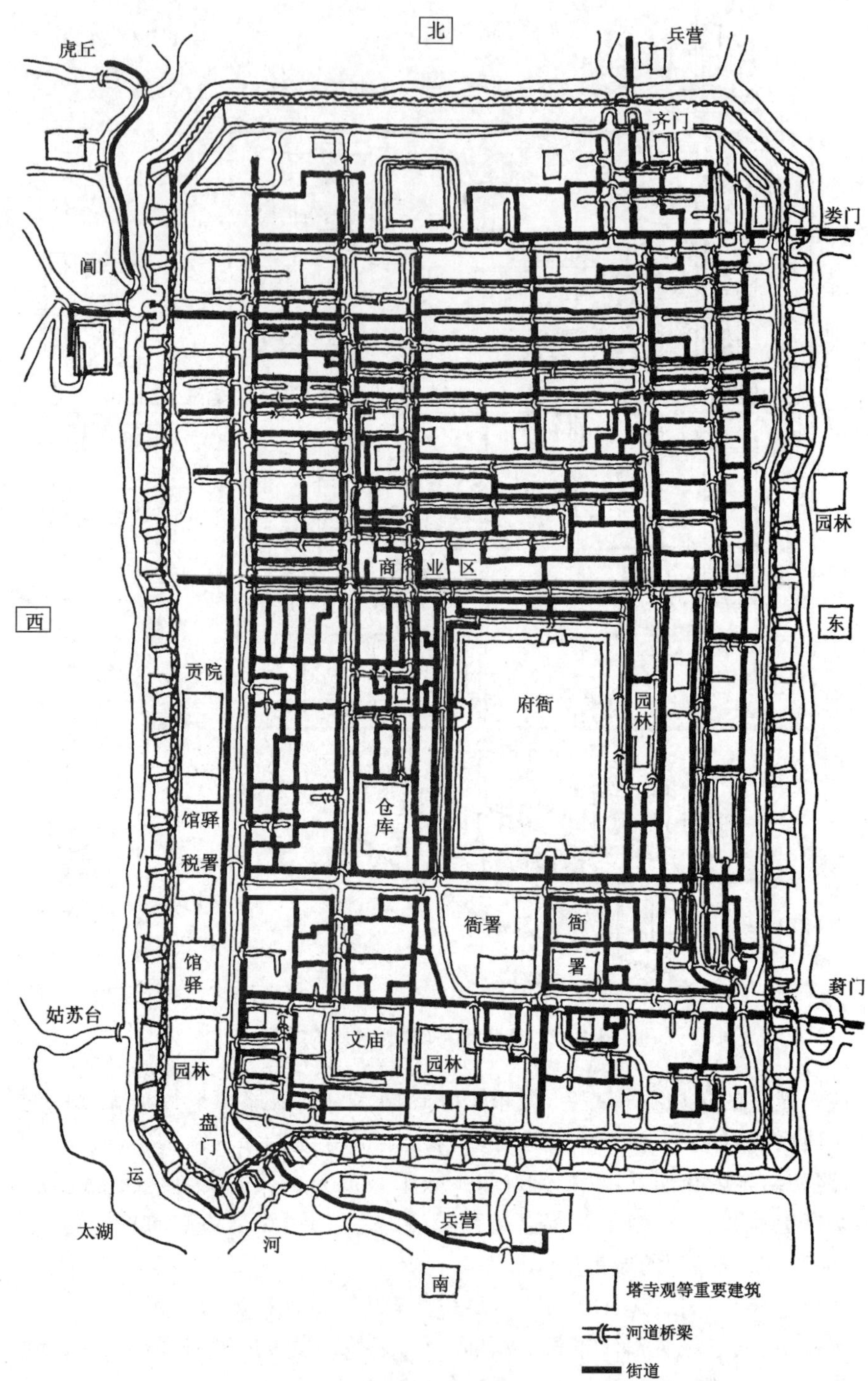

图 1-13　宋平江城的道路网、河网示意图

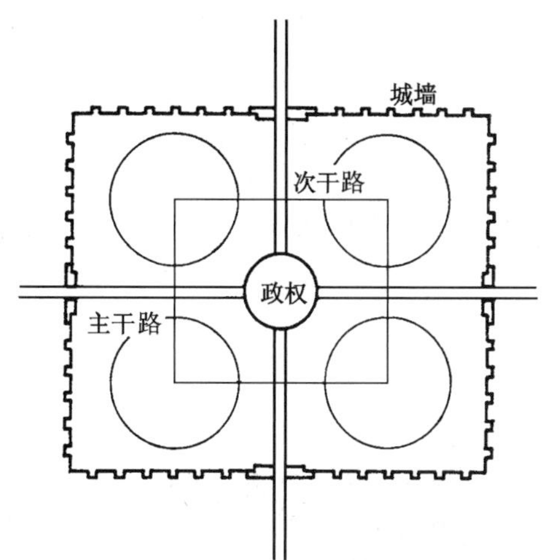

图 1-14　中国封建城市布局模式

1.2.2　近、现代城市交通和城市道路系统规划理论的发展

资本主义以前的西方城市，基本上也是集中式封闭布局形态，城市以神权（教堂及其广场）和政权（宫廷、市政厅及其广场）为中心布局，城市局限在城墙内发展。

1784 年蒸汽机的发明，标志着资本主义产业革命的开始。随着资本主义经济的发展，促进了欧洲城市的迅速发展，大批农村劳动力流入城市，城市的人口迅速增加，城内的用地不能满足新经济发展的需要，城市突破城墙向城外扩展。城市人口密度过高，居住条件急剧恶化，城市环境严重污染，城市向两极分化，出现了工人区、贫民窟。同时，随着工业革命和蒸汽机车的诞生，城市中出现了铁路、火车站、码头、仓库。人口的增长和经济的发展，产生了大量的人流、货流和车流，新的机动交通系统冲击着原有的城市结构，封建城市原有的只适用于步行和马车交通的道路远远不能适应现代交通的发展，城市交通出现了混杂、紊乱、拥挤甚至阻塞的状况（图 1-15）。

图 1-15　工业革命后城市交通的拥挤混乱状况（漫画）

1. 资本主义初期的探索

为了克服城市的混乱状况，一些资产阶级的思想家和城市工作者力图对城市进行改造以适应资本主义经济的发展，并作了一些探索。例如，1669 年伦敦大火后的雷恩（Christopher

Wren)的伦敦城重建规划(图 1-16),是在晚期文艺复兴思想的影响下,反映了资本主义经济发展的要求对城市改造做出的努力。规划一方面承袭了古典欧洲城市以广场为核心的规划手法,修建宽阔、笔直的大街,在城市中心地区兴建仿古建筑,设立资本主义经济所需要的设施,如交易所、税务、邮电、保险等机构,改善城市的面貌;另一方面,这些改造仅限于中心街区,规划中把工人和贫困市民居住的工人街区从市中心迁出去,维护了资产阶级的利益和权势,改善了市中心的环境和交通,但新的贫困破烂的工人街区又在新的地方出现,问题更加恶化。

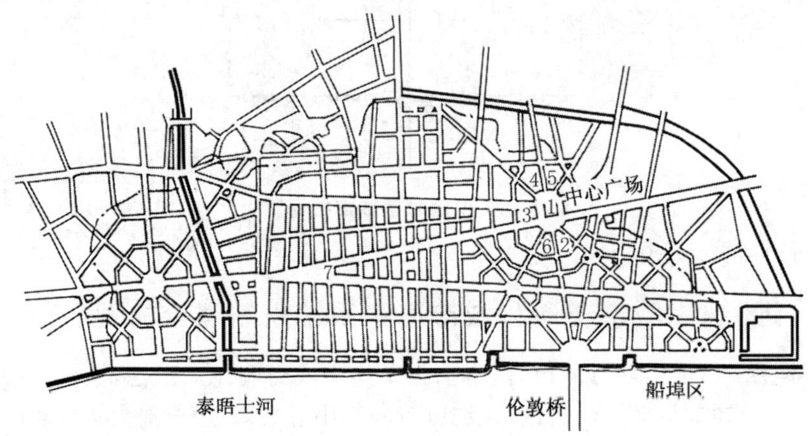

1 交易所 2 造币厂 3 首饰店 4 邮局 5 税务所 6 保险公司 7 圣保罗教堂

图 1-16 重建伦敦方案

巴黎奥斯曼(G. E. Haussmann)的规划在城市中有计划地开辟形成了城市的干路网,用以组织和疏通城市中的主要交通,这些干路网至今对城市交通结构仍然起着重要的作用(图 1-17)。

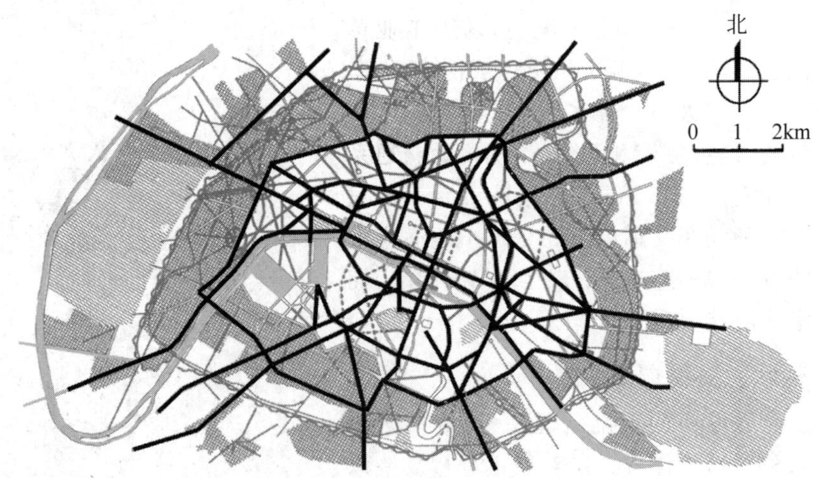

图 1-17 巴黎奥斯曼规划干路系统

但是，这种以巴黎美术学院的建筑师为代表的形式主义的规划，忽视了城市工程、交通等功能的要求，虽然由于布局上的改变，开通了一些大街大道，一定程度上缓解了城市中心地区的交通拥挤等矛盾，但很快就不能适应日益增加的机动交通的发展，出现了新的混乱局面。

在美国纽约等城市则是另一种风格的规划，即以地产商和测量工程师为主制定的规划，以很密的方格网道路来组织城市（图 1-18）。他们的基本出发点就是尽量增加街面地段以增加地产收入，同样也没有考虑城市交通等功能要求。这样规划的道路不分主次，不分功能，虽然密方格网道路有利于分散交通，但过密的交叉口间距使得道路的通行能力和畅通性受到限制，不能适应交通进一步的迅速发展，

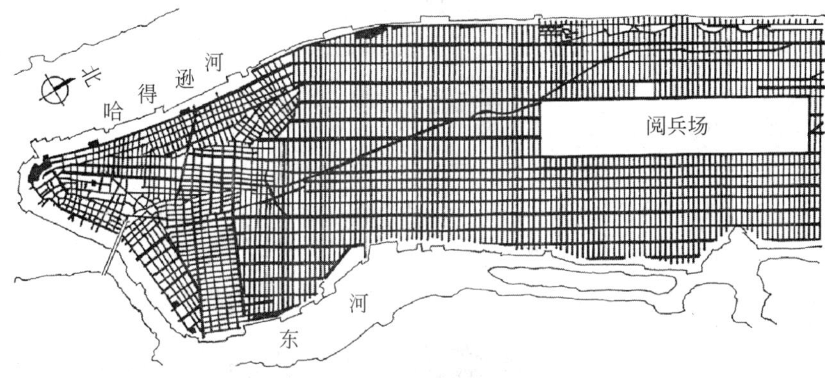

(a) 1812年纽约道路网图

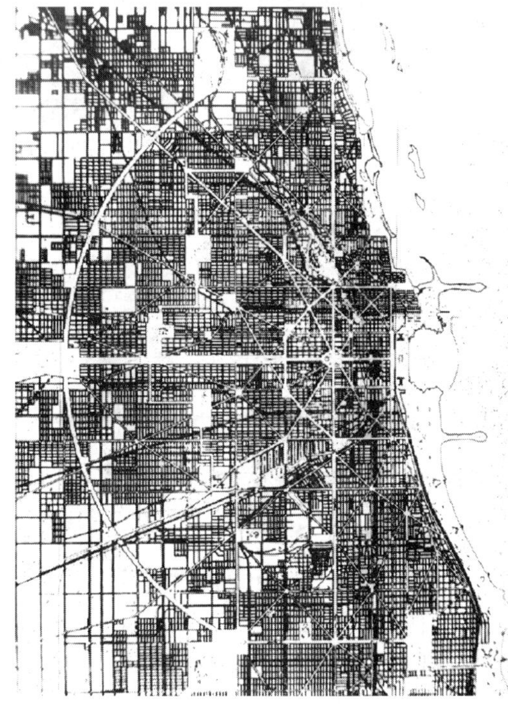
(b) 芝加哥道路空间的疏通

图 1-18　密方格道路网示意图

以至于现代机动交通发展以后,不得不采用单向交通的组织方式缓解交通的拥挤。后来,芝加哥等城市的规划有了新的发展,有了明确的市中心和城市分区,道路系统在方格网上增加了几条通往各类城市中心的对角线道路,在疏通交通的同时又疏通了城市的空间。

2. 现代城市规划运动下关于建立新型城市结构形态的理论

资本主义的发展给城市带来了种种矛盾,既危害劳动者的生活,也妨碍了资产者的利益。一些空想社会主义者力图从社会学、经济学的角度,用组织新的城市生活的办法来解决资本主义的种种社会弊病,如托马斯·摩尔的"乌托邦"、安得累雅的"基督徒之城"和摩帕内拉的"太阳城"等。空想社会主义的改革方案和理论对以后的城市规划理论有一定的启蒙作用。

在空想社会主义思想理论的影响下,出现了一些关于建立新型的城市结构形态的规划方案和理论。

(1) 带形城市(linear city)理论

1882年西班牙工程师马塔(Arturo Soria Y Mata)提出了"带形城市"的理论,主张城市沿一条40 m宽的交通干路发展(图1-19),干路上设置有轨电车,两旁是方格状的街坊和绿地,每隔300 m设一条20 m宽的横向道路,联系干路两旁的用

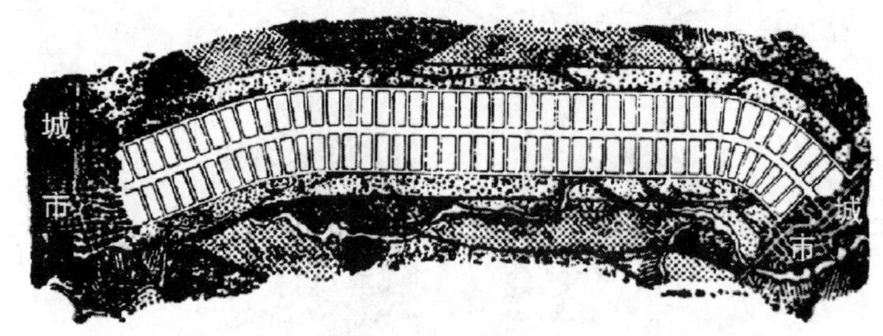

(a) 整体模式

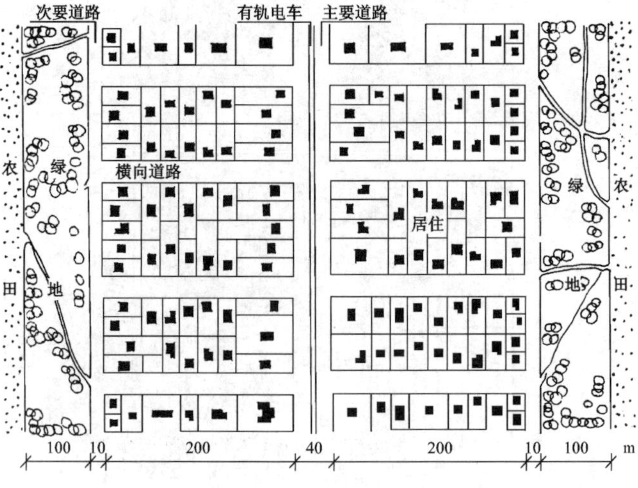

(b) 局部模式

图 1-19 带形城市模式

地,“带”的总宽约 500 m。马塔认为：带形城市可以无限延伸发展。他在马德里周围规划了一个马蹄状的带形城市,他也曾设想用带形城市把西班牙的加的斯同俄国的彼得堡连接起来。

带形城市的理论尽管本身存在许多问题,但对近、现代城市的规划影响很大。现代城市规划的实践发展了带形城市的理论：在考虑城市总体发展时,出现了沿主要交通轴线成组团地带状发展的理论,如哥本哈根城市外围形成的沿城市对外主要(道路)交通轴线发展的“指状发展”形态(图 1-20);在城市局部发展地区进行分期建设时,可以采取沿两条主要交通干路发展的模式(图 1-21),一条是为工业区

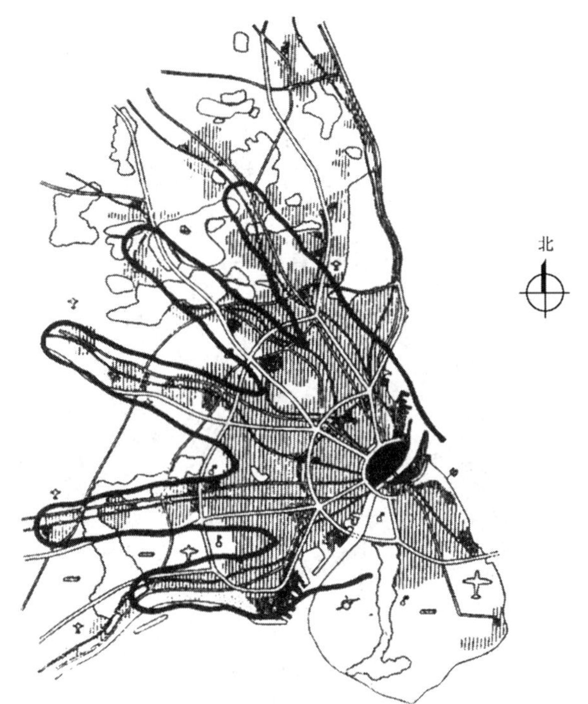

图 1-20 哥本哈根“指状发展”形态

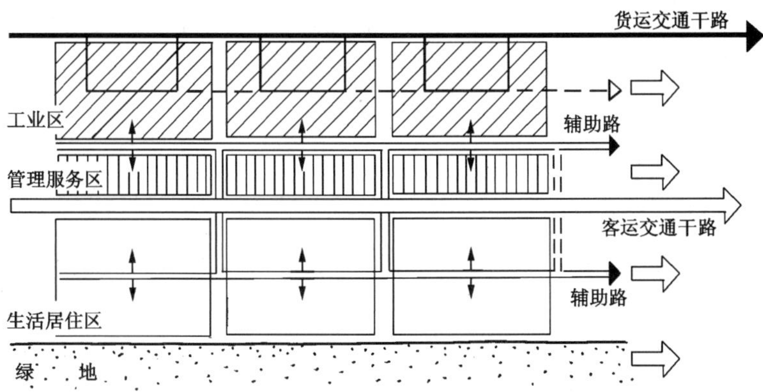

图 1-21 城市局部地区分期建设带形发展模式

服务的货运交通干路,一条是位于居住区和管理服务区之间的客运交通干路,此外还可能有两条平行的辅助道路,一条作为居住区的发展轴,一条作为工业区和管理服务区的发展轴。

(2) 田园城市(garden city)理论

1898年英国人霍华德(Ebenezer Howard)提出了“田园城市”的规划方案,其基本构思是立足于建设城乡结合、环境优美的新型城市。霍华德勾画了一种新型的城乡形态:每个城市的规模不宜大于3万人,数个城市组合成生长在田园之中的城市群,形成城乡融合的田园式布局(图1-22(a))。每个“田园城市”的城区规划图式(图1-22(b))表明,在规划中通过不同性质用地沿直径方向的分层布局,使工业区之间的货运交通在城市外围呈环向流动,居住区之间的生活性交通在居住区内呈环向流动,工作与居住间的交通在城市外半部呈放射向流动,居住与购物游憩之间的交通则在城市内半部呈放射向流动。这样,通过不同性质用地的合理布局,使不同性质的各类交通互不干扰,可以实现良好的城市环境、交通秩序和道路的功能分工。

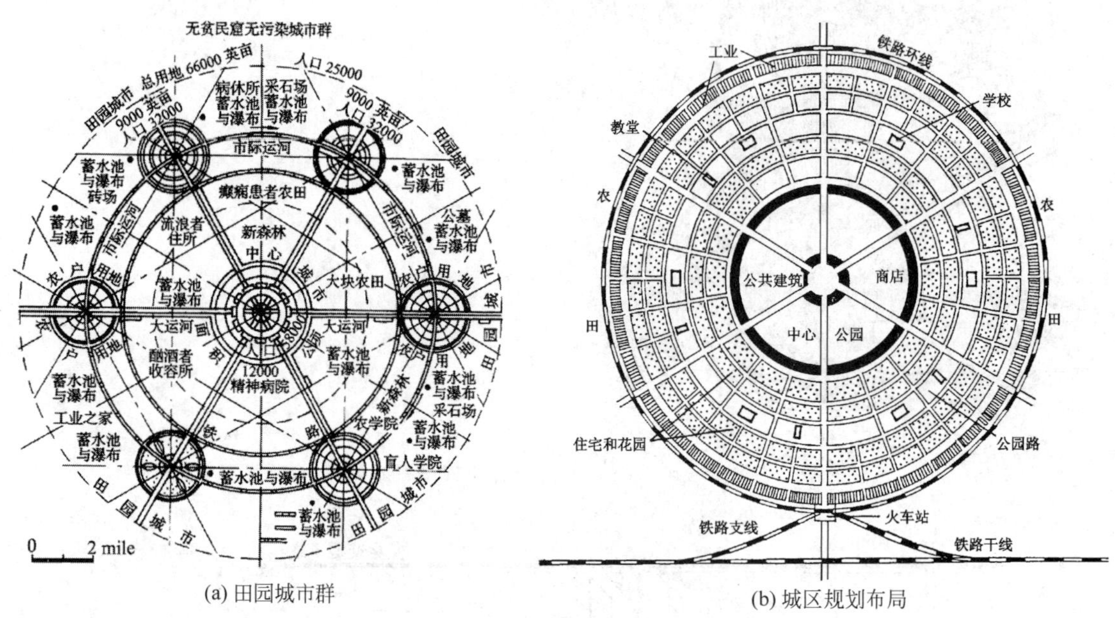

(a) 田园城市群　　(b) 城区规划布局

图1-22　霍华德“田园城市”图解

(3) 工业城市理论

1901年法国建筑师戛涅(Tony Garnier)提出了“工业城市”的规划方案(图1-23)。他认为:作为生产单位的城市应该接近原料产地,工业区应该设在交通运输最方便的地方,靠近铁路和码头,要从工业生产对交通的需要去布置道路,工业区道路密度较低;生活居住区应该靠近环境最优美的地方,每户住宅都临街布置,道路采用密方格网形式;工业区和生活居住区之间用交通干路和地铁相连。他初步提出了功能分区的思想,并通过功能分区的安排来减少不同性质交通流之间的相互干扰。

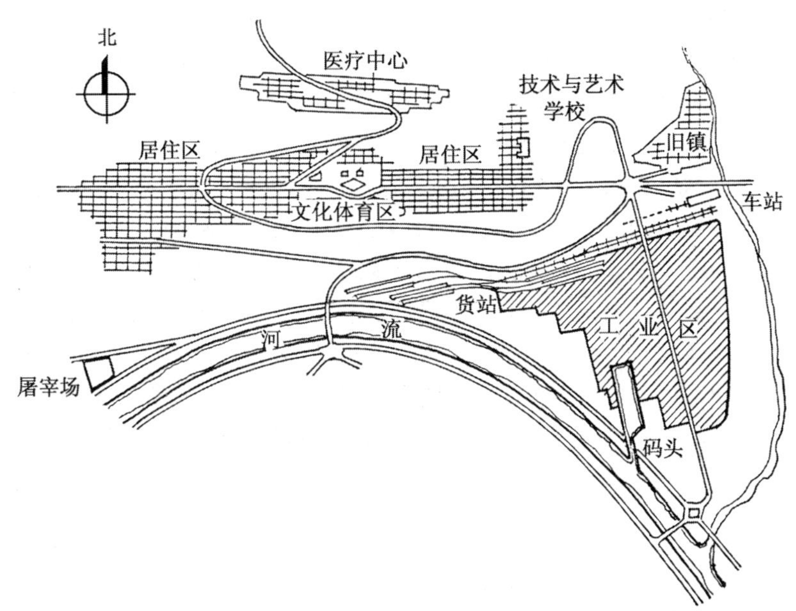

图 1-23　“工业城市”规划方案

3. 雅典宪章的贡献

20 世纪初期以后，汽车作为交通工具革命的产物出现在城市中，机动交通给城市生活带来了新的冲击，城市交通问题成为城市规划中的一个十分重要的内容，也给现代城市规划运动提出了新的课题。以勒·柯布西埃(Le Corbusier)为代表的一批城市规划师对城市规划的理论和方法进行了一系列的探索。1933 年国际现代建筑协会(CIAM)雅典大会制定，1934 年发表的《雅典宪章》就是现代城市规划运动的第一个重要的文献。《雅典宪章》总结了工业革命以来城市发展的教训和经验，以及各国城市工作者、学者的研究成果，提出了规划建设城市的一系列基本原则，在城市规划史上具有划时代的意义。

《雅典宪章》第一个重要的贡献是“强调人的需要和以人为出发点的价值衡量是一切建设工作成功的关键”，指出城市中广大人民的利益是城市规划的基础。表明了城市规划的基本属性是为人民服务，代表了人民和城市的根本利益。

《雅典宪章》第二个重要贡献是提出“居住、工作、游憩和交通是城市的四大基本活动(四大功能)”，城市应该按照四大功能的要求及相互间的关系进行规划。城市规划工作的主要任务是满足四大基本活动的要求并取得相互之间的协调。

《雅典宪章》第三个重要贡献是提出“城市应按不同的功能进行分区”，实现功能分区。这是城市按照科学的分析进行布局和结构组织的基本方式。

《雅典宪章》第四个重要贡献是提出就近安排居住与工作，建立适应现代交通的全新的道路系统的基本规划思想。

《雅典宪章》批判了当时学院派和古典主义规划理论追求“姿态伟大”、“排场”

及“城市面貌”的做法只能使交通更加恶化。《雅典宪章》认为旧时代留下的城市道路宽度不够,交叉口过多,未能按功能进行分类,以及城市布局的不合理使工作与居住距离过远,是造成城市道路拥挤、交通阻塞的根本原因。《雅典宪章》指出:局部放宽、改造道路已经不能解决问题,要从整个道路系统的规划入手,考虑适应机动交通发展的全新的道路系统;应该对街道进行功能分类,分为交通干道、住宅区街道、商业区街道、工业区道路等;要按照交通资料确定道路的宽度。

后来,有些学者批评《雅典宪章》是“功能主义”、“绝对的功能分区”,这是对《雅典宪章》的错误理解。如果城市规划不研究城市各子系统的功能及其相互间的功能关系,就不可能对城市各子系统在城市中进行科学的安排,就可能在城市中形成功能混杂的局面,影响城市的正常、高效率运转。《雅典宪章》并没有提出“绝对功能分区”的做法,提出“功能分区”是希望城市在布局时要考虑不同城区的功能特点,如果结合“有机疏散理论”就可以正确理解《雅典宪章》“功能分区”的真正含义。

4. 马丘比丘宪章的贡献

1977年国际建协利马会议制定,1978年发表了《马丘比丘宪章》。

《马丘比丘宪章》提出了六个重要的观点。

(1) 城市中各人类群体的文化、社会交往模式和政治结构是影响城市生活的决定因素。

(2) 要创造综合的、多功能的城市环境。

(3) 强调城市规划的动态性和过程性。

(4) 强调公共交通是城市发展和城市增长的基本要素,城区交通政策应当使私人小汽车从属于公共运输系统的发展,第一次提出了“优先发展公共交通”的原则。《马丘比丘宪章》还提出在城市未来的发展规划中要考虑交通运输系统的更换。

(5) 强调对自然资源与环境的保护和对历史文化遗产的保存与保护。

(6) 提出城市规划的“公众参与”:城市规划必须建立在各专业设计人员、城市居民以及公众和政治领导人之间的系统的、不断的、互相协作配合的基础上。

《马丘比丘宪章》再一次肯定了《雅典宪章》对城市交通问题的论述。其中“创造综合的、多功能的城市环境”、“优先发展公共交通”和“公众参与”是《马丘比丘宪章》最重要的观点。

5. 现代城市规划运动关于城市道路系统规划的理论和实践

现代城市规划理论的每一个新的发展,都把解决城市交通问题和道路系统、运输系统的规划放在相当重要的地位。现代城市规划运动以来,各国规划师做出了一些重要的理论探索,简介如下。

(1) 邻里单位(neighborhood unit)

“邻里单位”是20世纪初首先在美国产生的,是关于居住区的规划理论。其基本出发点一是以“邻里单位”为细胞来组织居住区,二是力图解决现代机动车交通对居民,特别是对小学生上学的安全的影响。

美国人佩里(Clarence Perry)于 1929 年首先提出了邻里单位的名称，并由建筑师斯坦(Clarence Stein)确立了邻里单位的示意图式(图 1-24)。这一图式首先考虑小学生上学不穿越马路，以小学为中心，以 1/4 mile(1 mile＝1.6093 km)为半径来考虑邻里单位的规模，在小学校附近设置日常生活所必需的商业服务设施，邻里单位内部为居民创造一个安全、静谧、优美的步行环境，把机动交通给人们造成的危害减少到最低限度，这是解决交通问题的最基本要求之一。

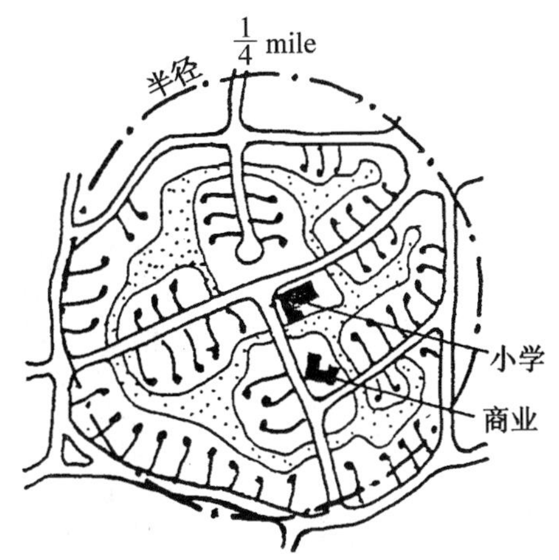

图 1-24　斯坦的邻里单位示意图式

1929 年斯坦建筑师和莱特(Henry Wright)规划师在霍华德"田园城市"概念的影响下按照邻里单位的理论在美国新泽西州规划了雷德本(Radburn)新城，实现了机动车交通和步行、自行车交通的分离。Radburn 的道路系统按照不同的功能要求进行分类(图 1-25)，住宅组群围绕邻近住宅的尽端路进行布置，住宅后院连接步行小路通往中心绿地，步行小路又可以通往小学校和商店，步行小路通过人行道与相邻"邻里"相连，避免了外部交通对居住环境的干扰。这种人车分流的新形态，后来有人称之为"Radburn 原则"或"Radburn 形态"。

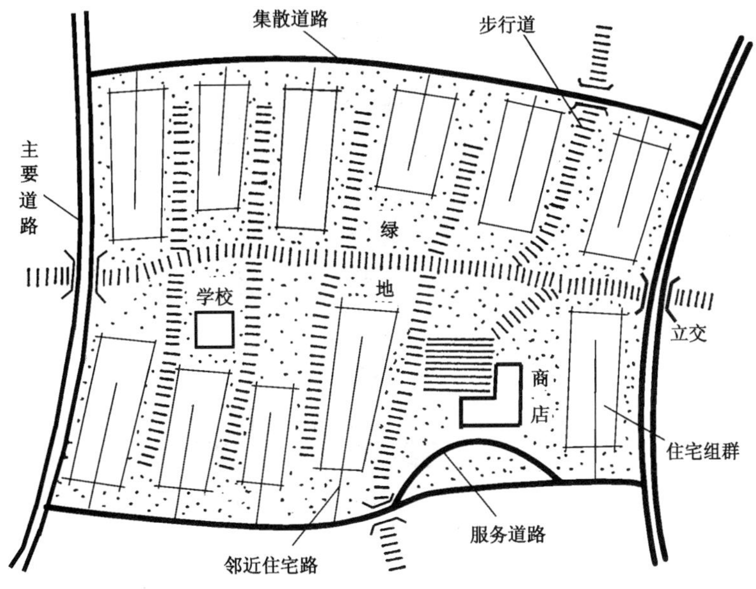

图 1-25　"Radburn 人车分流形态"示意图

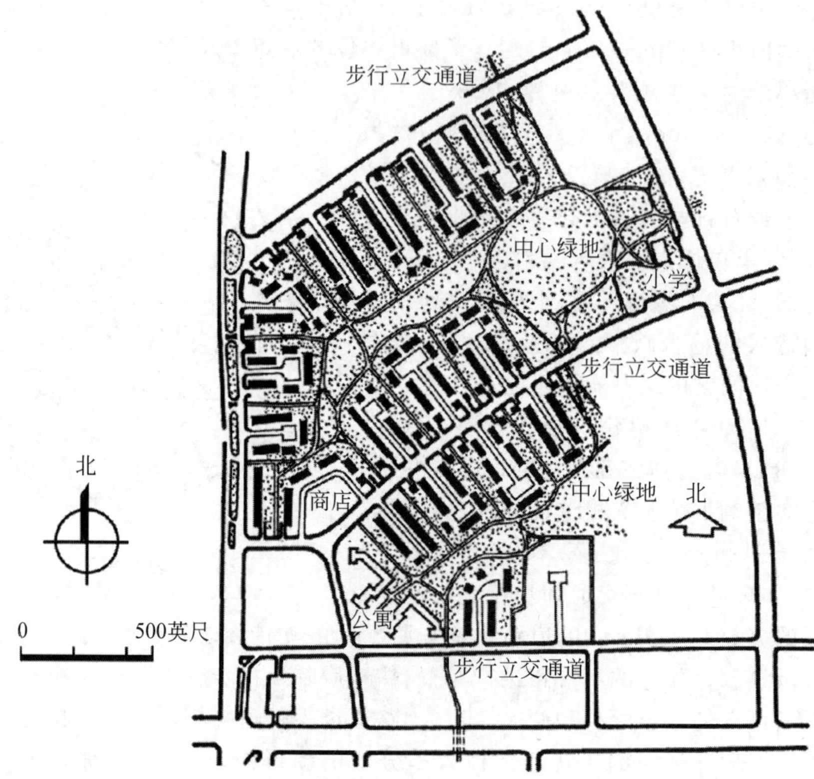

(a) Radburn典型邻里平面图

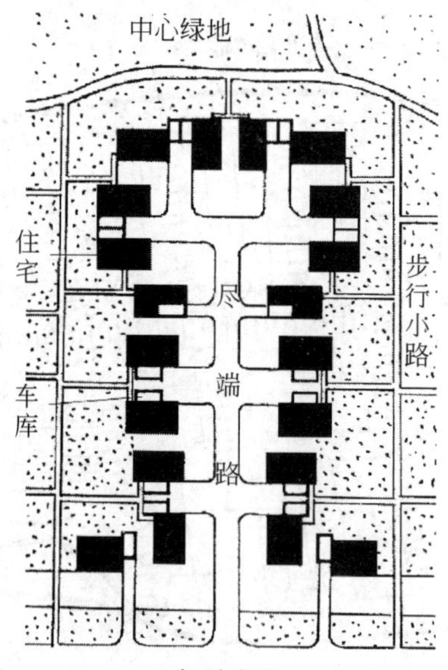

(b) Radburn住宅组群平面图

图 1-26 Radburn 邻里示意图

第二次世界大战后，邻里单位的理论在英国的新城规划建设中得到了广泛的应用，后来在苏联又发展了"小区规划"的理论，继承了 Radburn 开始的做法，把城市的交通干路及天然人工的界线(如河流、小山、铁路等)作为划分小区或邻里单位的界线，小区内部的道路系统与周围的城市干路有明显的划分。道路系统成为确定城市结构布局的重要因素。

(2) 扩大街坊

工业化以后的欧美许多城市中，原有旧城内的过小的街坊和过密的道路网导致建筑单调，交通不畅，居民生活受机动车交通干扰严重。1942 年伦敦高级警官屈普(H. Alker Tripp)提出对"战后"英国城市的重建应该建立在划区(precincts)的基础上，用新的道路系统代替旧的道路网(图 1-27)。他提出把城市主、次干路同地方支路分开，在城市中开辟容量高、速度快的干路，划出大街坊。主干路成为疏通交通的主要道路，与小街坊道路不相联系；在次干路上设置少量交叉口，允许并限制交通进入大街坊内的地方支路；街坊内有自己的地方性商业服务设施，还可以组织内部的步行道路系统。这样既保证了城市干路交通的畅通、安全，又可使居住区内部不受主要交通的干扰。这种做法又称为"扩大街坊"，是 Radburn 形态在旧城改建中的发展。"扩大街坊"实际上形成了道路疏通性和服务性的分工，对现代机动交通发展新形势下，城市道路系统的变革有所启示。

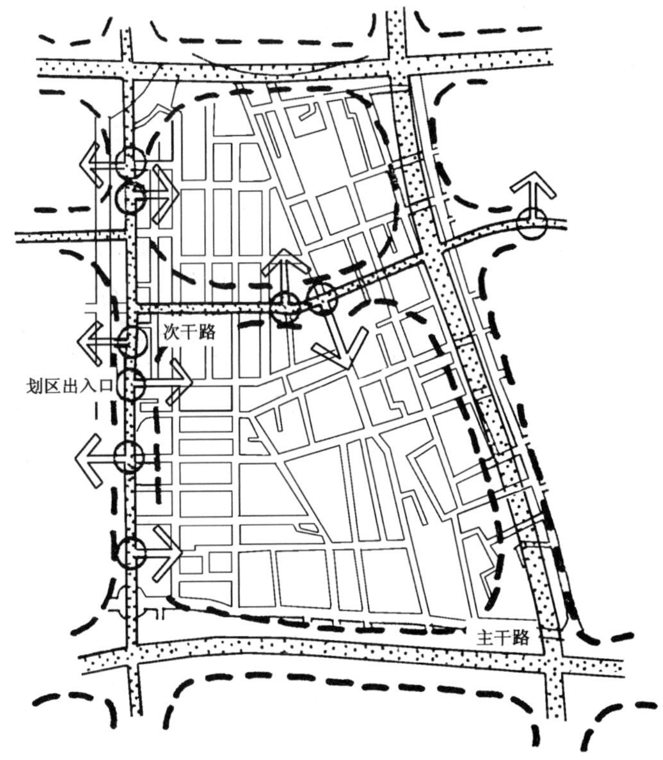

图 1-27 扩大街坊图解

(3) 立体交通

德国规划师希尔伯塞莫(Ludwig Hilberseimer)提出在不同平面把人行交通和车行交通分开的立体交通方案。建筑的底层为商业和企事业使用,与地面车行交通道路相联系,而建筑的上层为居住房屋,用架空的人行道互相连接,形成了“双层城市”的模式(图1-28)。

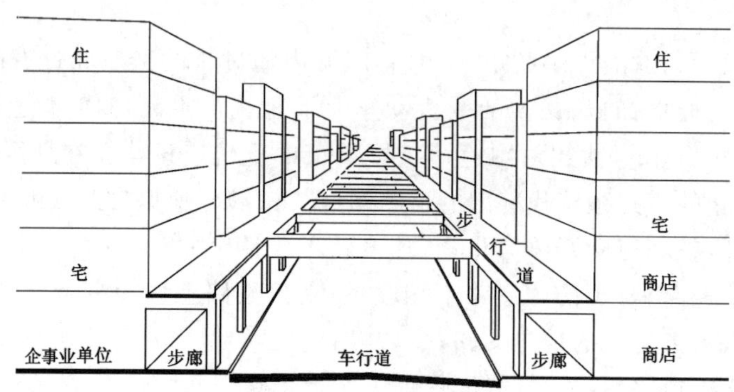

图1-28　“双层城市”图解

美国明尼阿波利斯市用封闭式空中走廊把第二层公共建筑空间连接起来,形成了整个城市的“空中步道系统”(图1-29)。

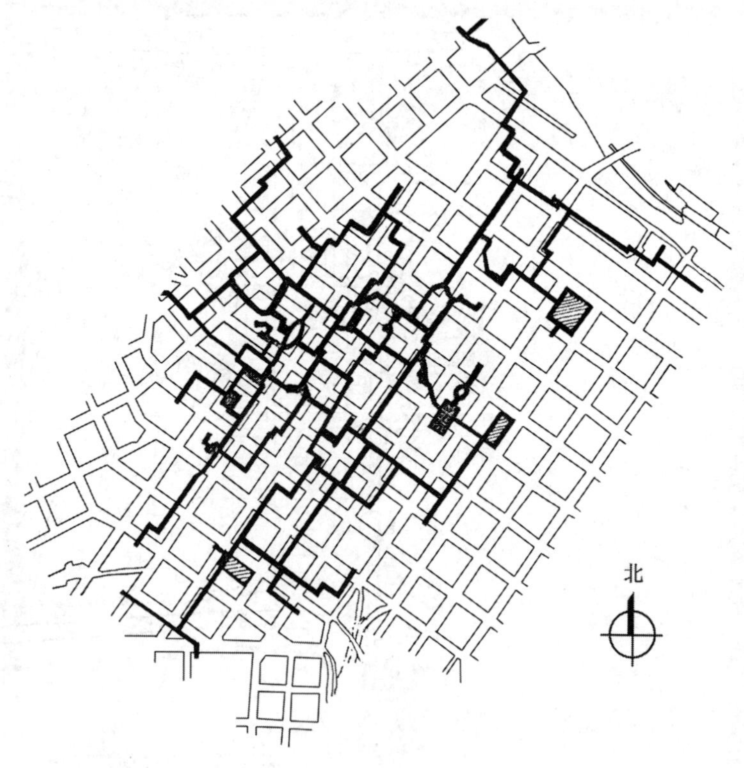

图1-29　明尼阿波利斯的“空中步道系统”

瑞典马尔默市(Malmo)在林德堡(Lindeborg)南区皮尔达姆斯维根路进行了带状双层城市的试验(图1-30)。据分析表明,双层城市土地使用的效率高于平面布置的城市,其人均经济造价也低于平面布置的城市。

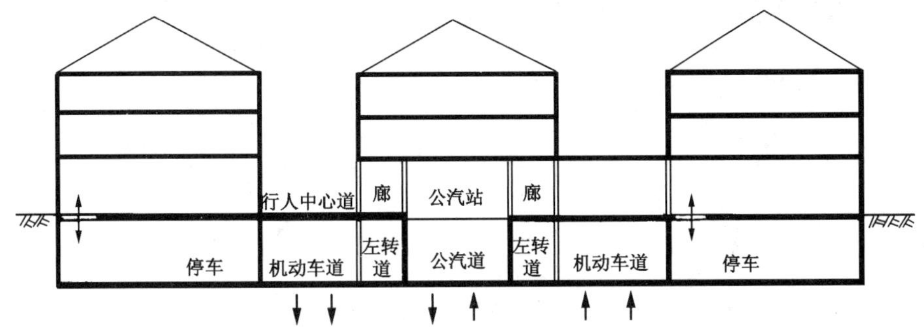

图1-30 马尔默"双层城市"试验图式

香港多年来一方面逐步建设贯通全城的空中步廊,一方面在新居住区的建设中进行双层城市的试验。一个新居住区由一个商业中心和若干组建筑群体组成,每组建筑群体的底层、二层(甚至三层)用作停车库、商店、小型工场和公共汽车终点站,二层(或三层)屋顶平台开辟为供居民活动使用的平台花园,布置喷泉、雕塑、座椅、绿化、儿童游戏场、体育设施等,形成宜人的居住环境。平台花园的周围布置高层住宅楼,住宅楼用廊相连,底层设有小商店、幼儿园等服务管理设施。新居住区有一个二层步行廊把各平台花园、商业中心、主要文化服务设施和交通设施联系起采,形成了居住、商业服务、交通的综合体,使各项功能之间的关系既方便、密切又互不干扰,是运用"立体交通"理论的成功实例。

(4) 树枝状道路系统

在提出立体交通规划方案的同时,希尔伯塞莫还提出在平面上采用树枝状的道路系统将不同速度要求的车行交通及人行交通分开。另一位德国规划师莱肖(Reichow)进一步发展了树枝状道路系统的理论,并规划了一个城镇的完整的道路系统方案(图1-31),把机动交通与步行交通分为两个系统,尽量不相互平面交叉,不同路段的道路宽度随交通量的大小而不同,如同树枝有不同的粗细一样。城镇内的机动交通与市际快速交通也适当分开,尽可能减少交叉口,以提高整个道路系统的通行能力,增加交通的安全。

图1-32是英国Haverhill一个山坡地段邻里规划,是实现人车完全分离的树枝状道路网。

(5) 有机疏散理论

在霍华德"田园城市"和"邻里单位"规划思想的影响下,芬兰建筑师沙里宁(Eliel Sarrinen)提出了"有机疏散理论"。针对城市集中型发展造成的拥挤、混乱,城市的衰败与贫民区的扩散,他提出:"只有用有机的方法解决城市的分散问题,才能使城市恢复有机秩序。"主要含义就是要像人的机体一样有生命地疏散过于拥

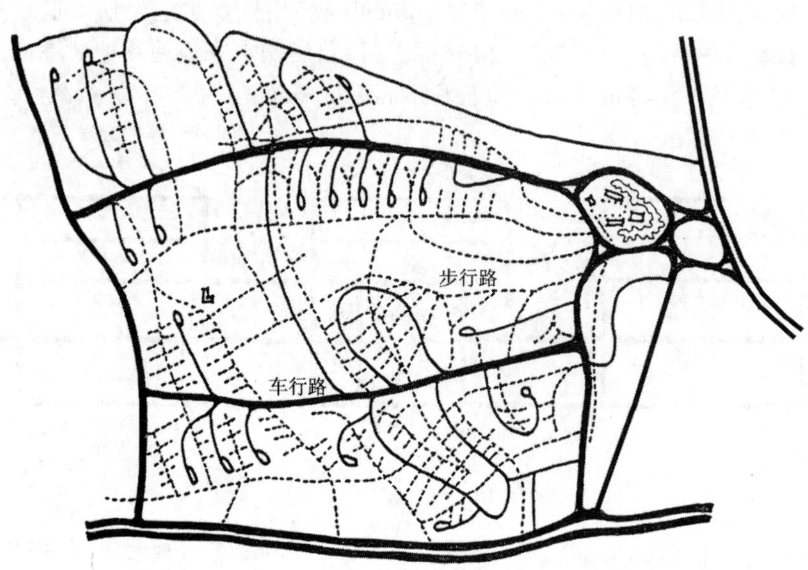

图 1-31　树枝状道路系统规划方案

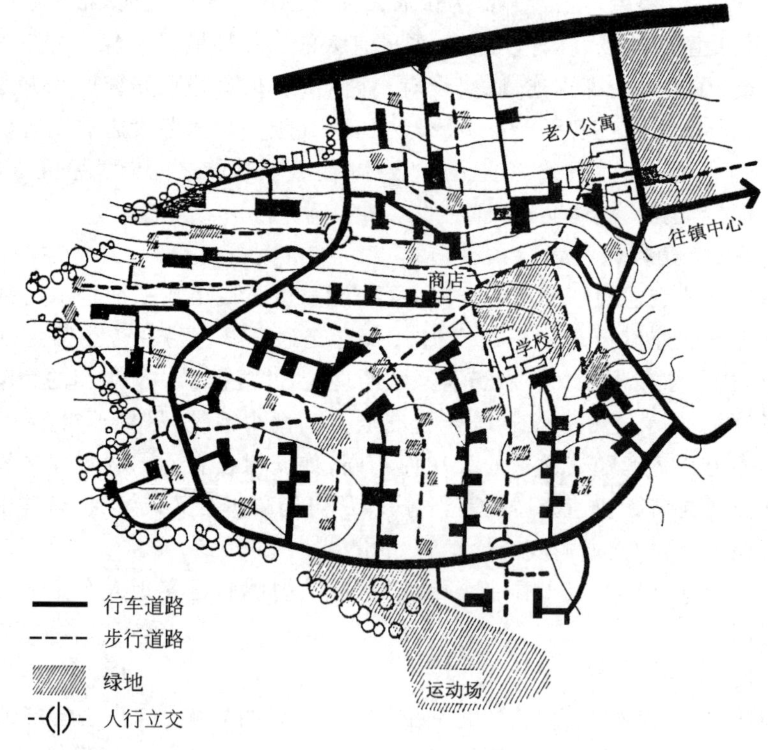

图 1-32　Haverhill 人车分离道路系统

挤的城市，成组成团地组织城市的生活（图1-33）。按照有机疏散的原则，城市以邻里单位为组成居住区的“细胞”，以树枝状道路系统为骨架，公共服务设施分级布置，集中工业区安排在交通干线附近，无害工业可靠近邻里单位就近布置，城市各部分之间形成有机的关系。这种城市有机组织的形态既具有邻里单位安宁的生活环境，又具有树枝状道路系统的良好的交通关系。1918年沙里宁按照有机疏散的原则制定了大赫尔辛基的规划方案。这一理论实际上提出了城市组团式的规划布局形式，在第二次世界大战后的一些新城规划中得到广泛的应用和发展，也是现代城市为解决大城市发展问题采用组团式布局的理论依据，至今仍有很重要的影响。

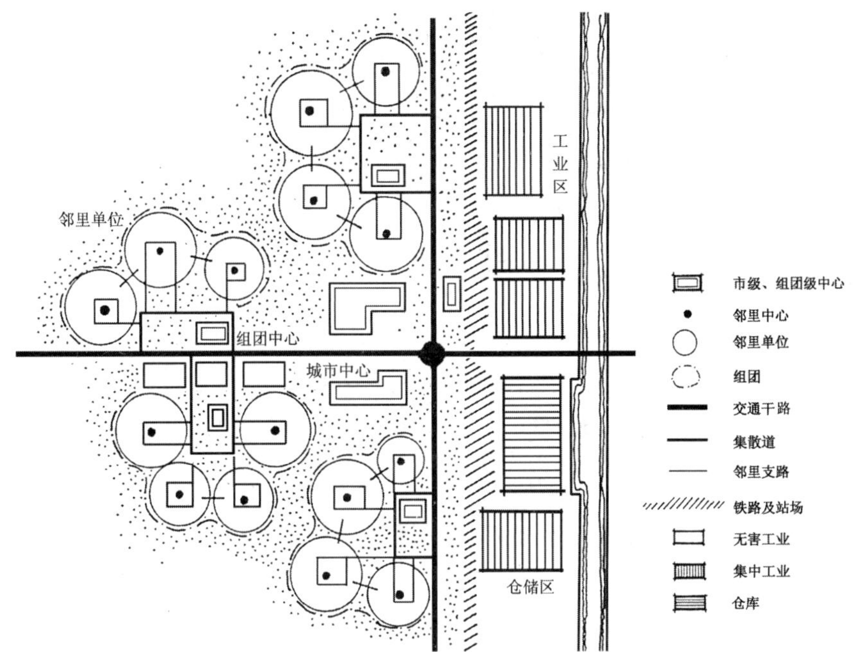

图1-33 “有机疏散”理论图式

（6）卫星城——新城理论中的道路系统规划

卫星城理论是田园城市理论的发展，而有机疏散理论又进一步发展了卫星城的理论。第二次世界大战后阿伯克隆比（P. Albercrombie）在大伦敦规划中，为了疏散过于稠密的伦敦市区，开始在伦敦外围建设一系列卫星城。刚开始建设的卫星城只不过是卧城，由于出现了严重的钟摆式交通现象而受到批判，后来又发展成为半独立的卫星城和独立性的新城。1946年英国颁布了《新城法》，进一步规范了新城建设，英国的新城建设很好地实施了《雅典宪章》的规划原则，成为现代城市规划理论极好的实验地，包括对城市交通和城市道路系统的研究，在新城的规划建设实践中都有独具匠心的创新，为后起的各国新城建设起到了示范作用。

1947年规划设计的哈罗（Harlow）新城（图1-34），规划由若干个邻里单位组成一个居住组团，每个组团设有组团中心，城市中心设在其中一个组团中。城市主要干路从组团之间的绿地穿过，联系城市中心、火车站和工业区，各组团中心由次一级干路联系，成为划分邻里的界限，各邻里中心之间又有邻里级道路相联系。城市道路的分级布置与城市用地结构的分级布局配合十分清晰。

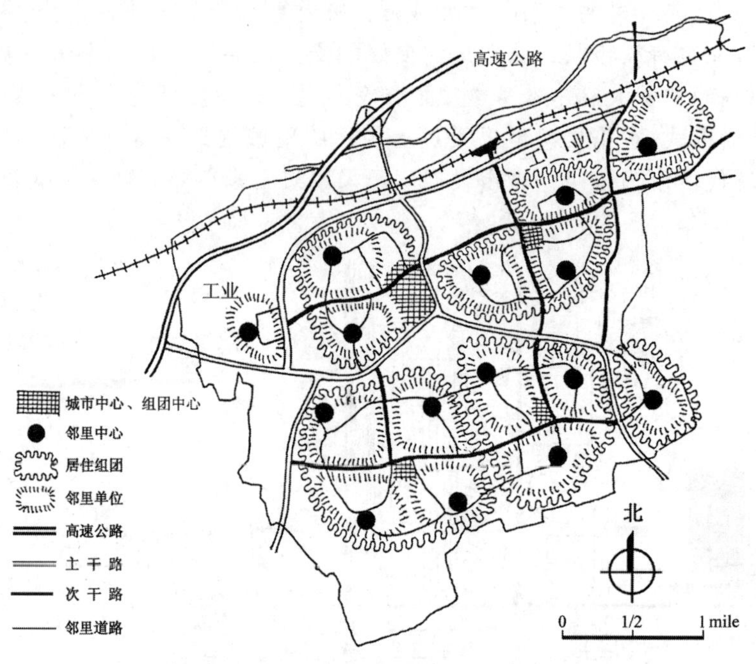

图 1-34 哈罗新城规划结构示意图

1950 年规划设计的坎伯诺尔德(Cumbernauld)新城采用了机动车和步行两个道路系统(图 1-35)是应用 Radburn 形态进行整体规划的第一个新城。

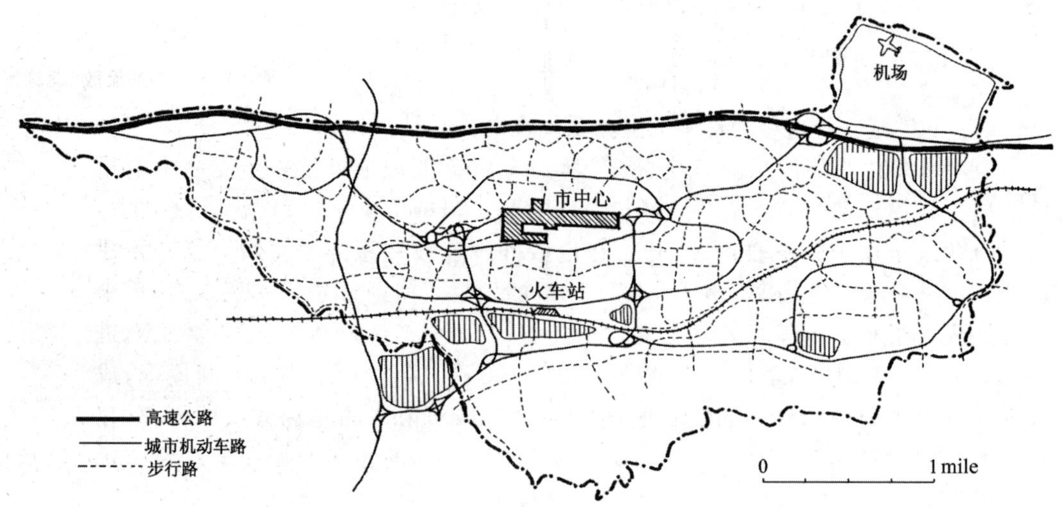

图 1-35 坎伯诺尔德新城道路系统示意图

1964年规划设计的朗科恩(Runcorn)新城(图1-36)以一个日字形的快速机动车路和一个8字形的公共交通路为骨架来组织城市。快速机动车路通过立交与高速公路相联系,并由多处立交进入各邻里的道路网。公共交通线路把各邻里中心联系起来,并同城市中心和外围的工业相联系。在由日字形快速机动车路分割而成的两个城区中,分别由各邻里围合形成一个城市中心绿地,步行道路系统把各邻里与中心绿地连接在一起,形成了良好的步行环境。

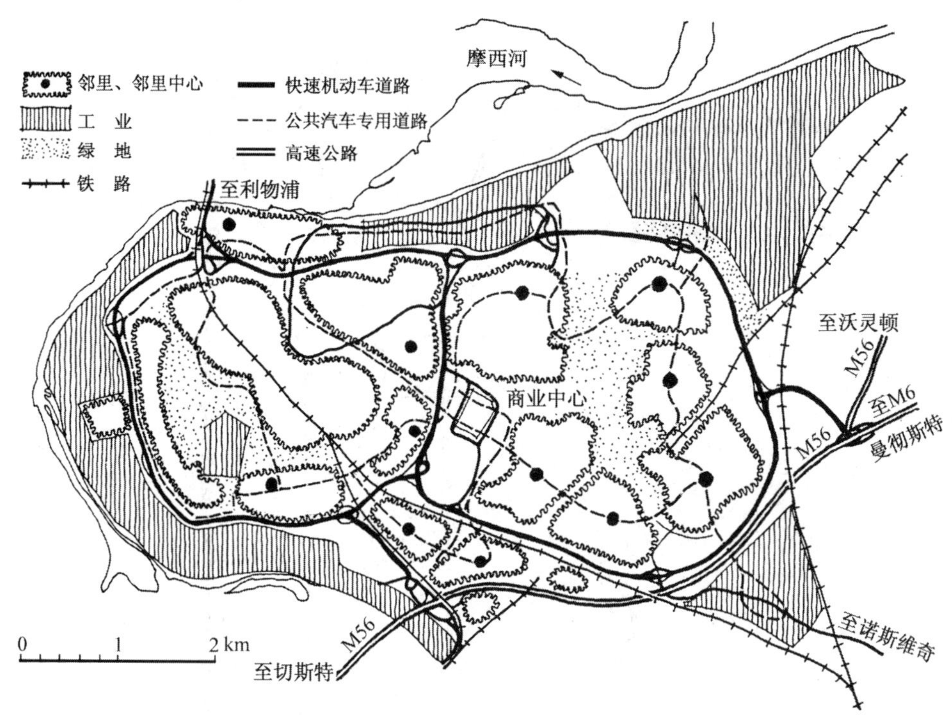

图1-36 朗科恩新城道路及公共汽车道路规划示意图

1967年规划设计的密尔顿·凯恩斯(Milton Keynes)新城设计了不需设置立交的全平交机动车道路网,居住区内部另设步行自行车道路系统,公共交通站点设在两个道路系统相交点,同时设置商业服务设施、地区级就业点和中、小学等,使工作、生活、交通都有密切的联系和多种选择性(图1-37)。

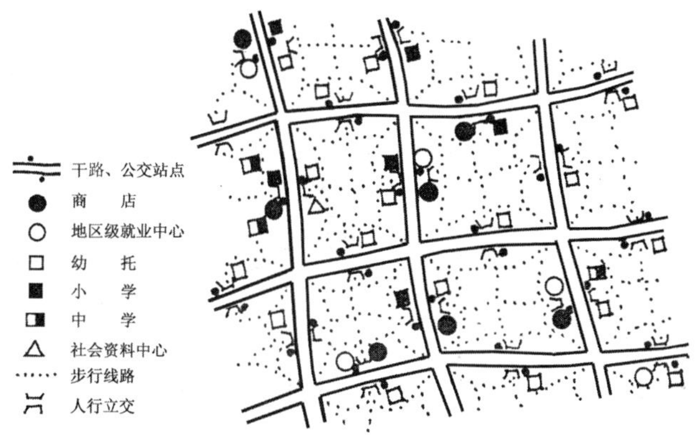

图1-37 密尔顿·凯恩斯新城道路网及布局结构示意图

日本1970年规划设计了筑波科学城(图1-38),规划提出在城市中形成一个以恢复人权为口号的新的城市环境,把完全排除了汽车交通的步行者专用连续空间作为城市的中轴线和城市的正面，在规划观念和手法上是一个创举，人和机动车(物)的流动完全分开，组织在不同的平面上。

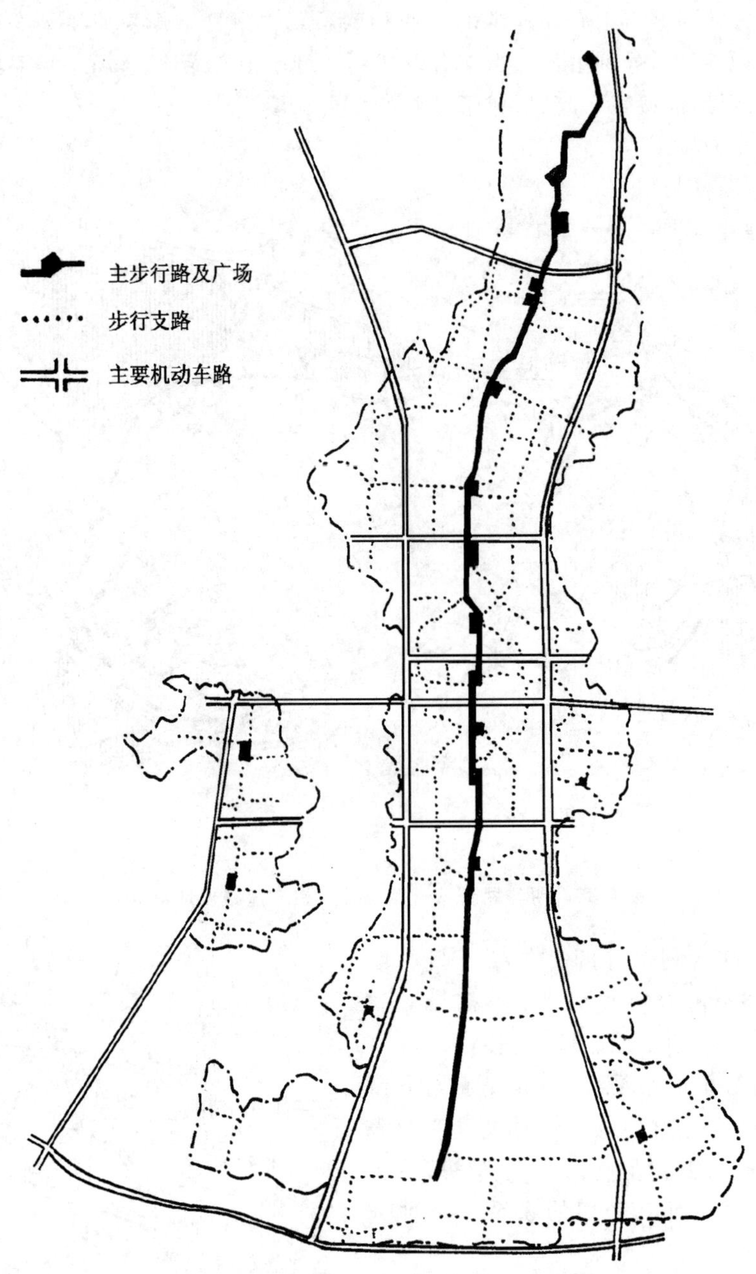

图 1-38　筑波步行者专用道路网状系统

（7）城市沿交通干线发展的理论

自古以来，交通就是城市生存、发展、兴衰的重要条件。尤其是在现代城市中，经济发展成为城市发展的首要因素，作为经济发展的命脉之一的交通对城市发展的重要影响作用也逐渐被人们所认识，于是在城市发展理论上便出现了有意识使大城市沿主要对外交通干线伸展的“放射状发展理论”。1962 年公布的美国首都华盛顿区域 2000 年规划就是将市区中心哥伦比亚区向外延伸的六条主要交通干线公路作为城市的发展轴，在轴线上建设一些新的城市活动中心，并有计划地在新区之间、新区与市中心区之间保留一些间隔空间，避免连成一片。现在，这一规划已基本实现（图 1-39）。

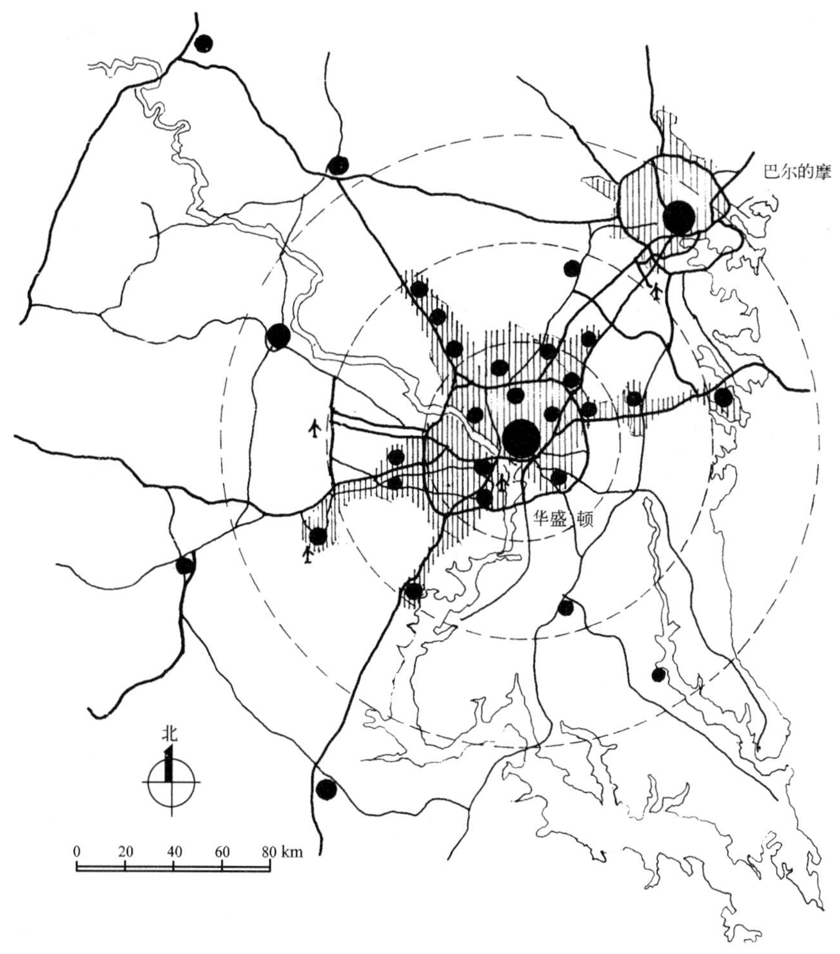

图 1-39　1999 年华盛顿城市“放射状发展”示意图

（8）新城市主义和 TOD 模式

1990 年美国设计师 Peter Calthorpe 针对美国城市郊区化无序发展、布局分散和土地使用浪费的现象，提出“新城市主义”的理论，倡导以公共交通引导城市发展的 TOD 模式。TOD 模式强调以公共交通线路为轴线，以轴线上公交站点为中心的"点轴式"的完整社区型的集约发展(图 1-40)。

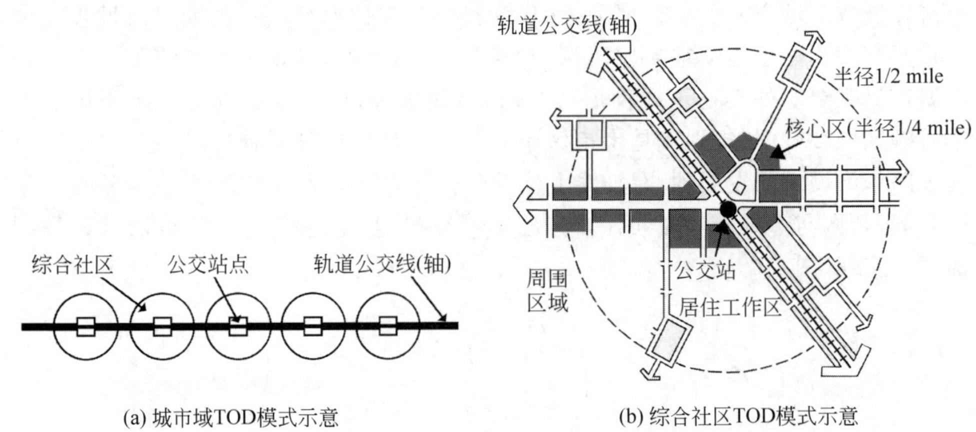

(a) 城市域TOD模式示意　(b) 综合社区TOD模式示意

图 1-40　新城市主义示意图

"新城市主义"的 TOD 模式源于"带形城市"的理论思想。TOD 模式有益于改变郊区化过于分散的状况，通过提供公共交通服务，减少进出中心城区的小汽车数量。TOD 模式提出的城市公共交通站点的综合社区的建设，对优化站点附近的土地使用具有正确的指导意义。

有人提出，城市可以按照 TOD 模式进行规划布局，这是对城市规划理论、思想与方法的误导。城市规划布局的最基本的原理是"城市各子系统的功能关系在城市空间上的科学安排"，而不是僵化地强调 TOD 模式，把城市规划布局问题简单化为"居住与公交线网、站点的关系"。同时，TOD 模式是轴向的交通模式，并不适用于双向的城市土地使用布局模式。实际上，在大部分城市外围，虽然存在一些有方向性的交通轴，却也同时存在强烈的横向纵深发展的趋势，仍然呈现为较均衡的双向发展的形态。所以，TOD 模式比较适用于中心城区外围郊区有明显轴向发展的地方，不能适应城市中心地区密集型、高强度综合发展的客观实际。同时，"综合社区"不符合功能基本完善的城市基本组合体(城市组团)所需的合理规模的要求，也忽视了城市中心地区双向和多向发展的必然性，是与一般城市的发展规律不相符的。

我国在新中国成立以前就已经开始运用现代城市规划理论进行城市规划的实践。新中国成立前夕，一批从海外回国的规划师在上海编制的《上海都市计划第一、二、三稿》(图 1-41)，应用了有机疏散理论和城市沿交通干线发展的理论，该规划从规划思想上是很先进的。规划将原上海市区作为中区，围绕中区沿对外放射形交通干线公路和沿黄浦江布置了十一个分区，每个分区都形成一个相对独立的有机体；分区之间、分区与中区之间既有交通干线相联系，又有一定的间隔空间。可惜后来解放初期受到当时苏联相对比较陈旧的规划理论的影响，没有按照这些规划思想进行规划建设和控制，以致今天上海城市规划需要解决更多的问题。

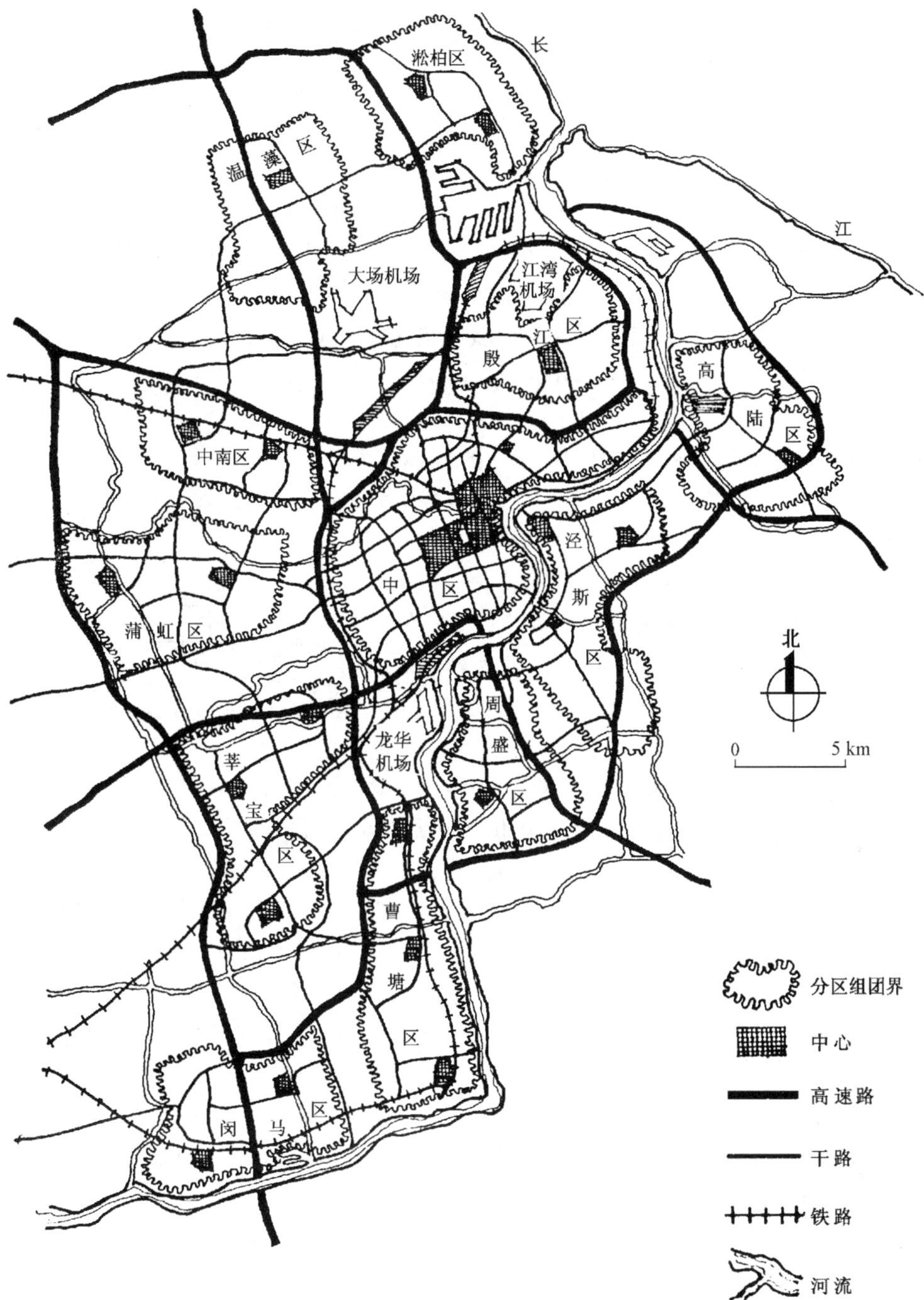

图 1-41　上海都市计划三稿（1949 年 5 月）

1.2.3 城市发展与城市道路系统发展的基本关系

城市道路交通系统始终伴随着城市的发展。城市由小城市发展到中等城市、到大城市、到特大城市，由用地的集中式布局发展到组合型布局，城市道路系统的形式和结构也要随之发生根本性的变化。

城市在形成初期的规模较小，称之为“旧城”。中国古代城市受封建规制的影响，按照国都、省、府(州)、县四级城市的规制有不同的规模，近代发展的城市旧城的规模也差异较大。如作为都城的旧城规模大约在 50 km^2 以上，作为省城的旧城规模为 10～20 km^2，作为州府等级的旧城规模为 5～10 km^2，而县(镇)级的旧城在 1～2 km^2 以下。一般现代中国小城市“旧城”为 1～2 km^2 左右的面积，1 万人到几万人的规模；一般大城市、特大城市现有“旧城”的规模为 10～20 km^2 的面积，10 万～30 万人的规模。“旧城”多呈单中心集中式布局，原有的交通模式是“非机动化”的“马车时代”的模式，城市道路常为规整的方格网，仍然可以分为干路、支路与街巷三级，虽有主次之分，但明显宽度较窄，密度偏高，较适用于步行和非机动化交通模式(图 1-42)。

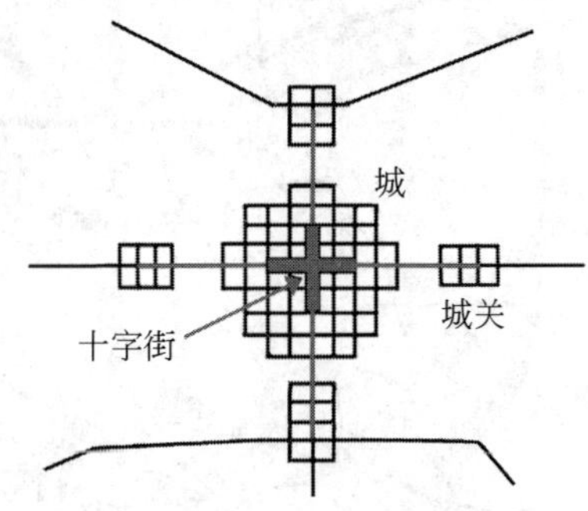

图 1-42 小城镇道路系统模式

城市发展到中等城市仍然可能呈集中式布局，但必然会出现多个次级城市中心，而合理的城市布局应该通过强化各次级中心建设，逐渐形成多中心的、较为紧凑的组团式布局，从而使城市交通分布趋于合理。中心组团(旧城)的规模为 10 万～20 万人，外围组团大致为 10 万人左右。城市道路网在中心组团仍然应该维持旧城的基本格局(在旧城内可以组织单向交通)，外围组团的城市道路如果以旧城的路网形态向外发展将会导致交通拥挤不堪，不能适应机动交通的发展，应该形成更适合机动交通的现代城市主干路、次干路、支路三级道路网，多依旧保持方格网型(图 1-43)。

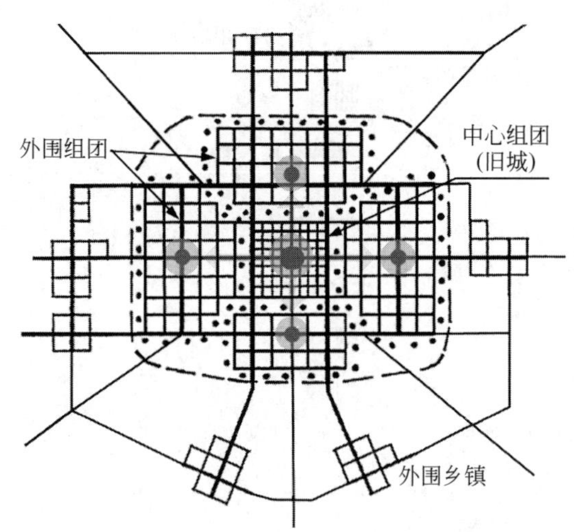

图 1-43 中等城市道路系统模式

城市发展到大城市的规模，如果仍然按照单中心集中式的布局，必然出现出行距离过长、交通过于集中、交通拥挤阻塞，导致生产生活不便、城市效率低下等一系列的大城市通病。因此，当城市由中等城市向大城市发展阶段，规划一定要引导城市形成相对分散的多中心组团式布局，城市布局可能出现中心城区和边缘组团的组合结构，中心城区以原中等城市为主体构成，相对紧凑、相对独立，20 万～40 万人规模；外围组团在外围乡镇的基础上发展而成，相对分散，10 万～20 万人规模。现代机动化交通的发展导致在现代城市三级道路的基础上，需要对城市道路进行交通性与生活性的功能分工，特别是在中心城区和城市外围组团间形成绿化分隔地带，布置现代城市交通所需要的城市快速路，城市道路系统开始向混合式道路网转化（图 1-44）。

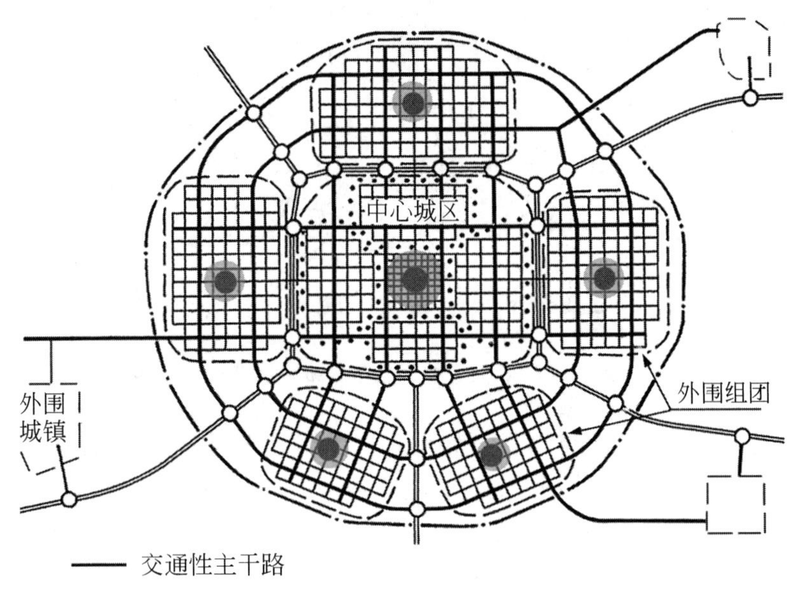

图 1-44　大城市道路系统模式

城市进一步发展，有条件发展成为特大城市。特大城市可能呈现各种形式的“组合型”的布局形态，原有大城市的中心城区和外围组团在发展、调整中进一步组合，形成更大、更有吸引力的中心城区，50 万～60 万人的规模；而在城市外围，在原外围城镇的基础上进一步发展为由若干相对紧凑的组团组成的若干外围城区，20 万～40 万人的规模，共同组合成为特大城市。城市道路进一步发展形成混合型路网，为了疏解迅速增长的机动交通，需要形成对加强城区交通联系有重要作用的城市交通性主干路网，并与快速路网组合为城市的疏通性交通干线道路网，城区之间也可以利用公路或高速公路相联系（图 1-45）。

综上所述，城市用地布局始终和交通的模式、城市道路的形态有着密切的相关关系，不同规模和不同类型的城市用地布局可能会有不同的交通模式、交通分布和通行要求，就会有不同的道路网络类型和模式，就会有不同的道路密度要求和交通组织方式。所以，不同的城市可能有不同的道路交通网络类型；同一城市的不同城区或地段，由于城市用地布局的不同，交通模式不同，也会有不同的道路网

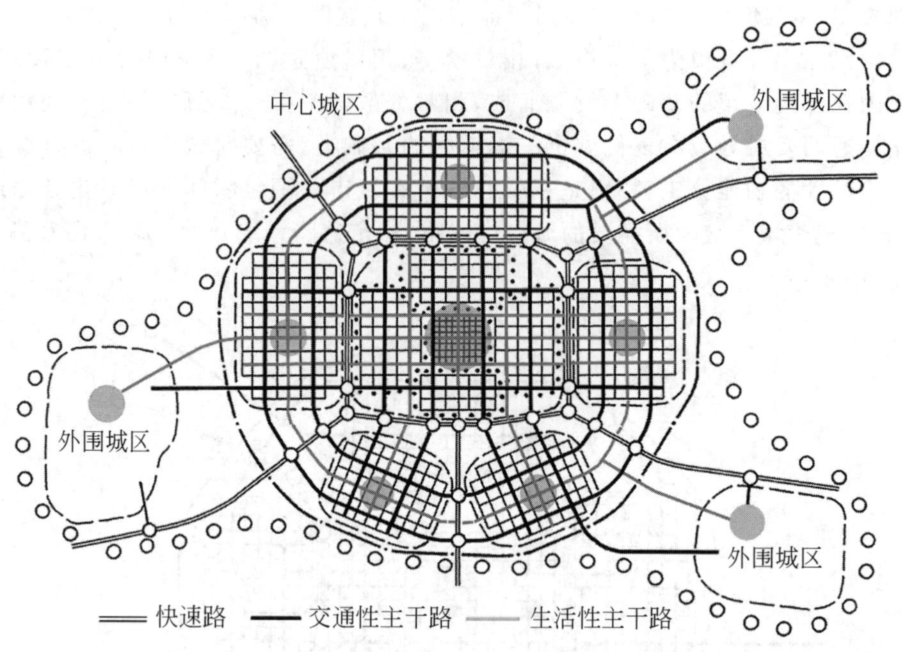

图 1-45 组合型特大城市道路系统模式

类型。不同类型的城市干路网是与城市不同的用地布局形式、交通模式密切相关、密切配合的。试图用一种道路网类型套在一座城市中是不科学的。所以,因地制宜地研究城市的用地布局、交通模式和道路系统是搞好城市规划和城市交通的科学途径。

一般来说,旧城的用地布局较为紧凑,道路比较狭窄而道路网密度较高。密度高,交通可以较为分散;狭窄,则可以组织单向交通,也适于分散的交通模式。对于大城市外围较为分散的用地布局,为适应出行距离长、要求交通速度快的特点,就要组织效率高的集量性的交通流,配之以高效率的道路交通设施,就需要有结构层次分明的分流式道路网络,相比旧城,密度就要低一些,宽度就要宽一些,对现代化交通的适应能力就要大一些。路网不能轻易加密,加密意味交叉口间距缩小,交叉口延误增加,交通效率下降。

非机动化时代的旧城,位于城市中心位置的主要街道是交通性与生活性混合的道路,由于交通量小,人与非机动车的矛盾不十分突出。在城市不断向外拓展中,这些街道往往被选作为城市的发展轴线向外延伸,而现代城市交通机动化的发展使城市道路上交通性与生活性的矛盾不断加剧,规划必须选择将城市发展轴道路上的交通功能逐渐外移(图 1-46),改变成为以生活性、景观性为主,兼具一定的交通功能的城市主要道路,而交通性主干路可能在以后的城市发展中成为新的发展轴线。

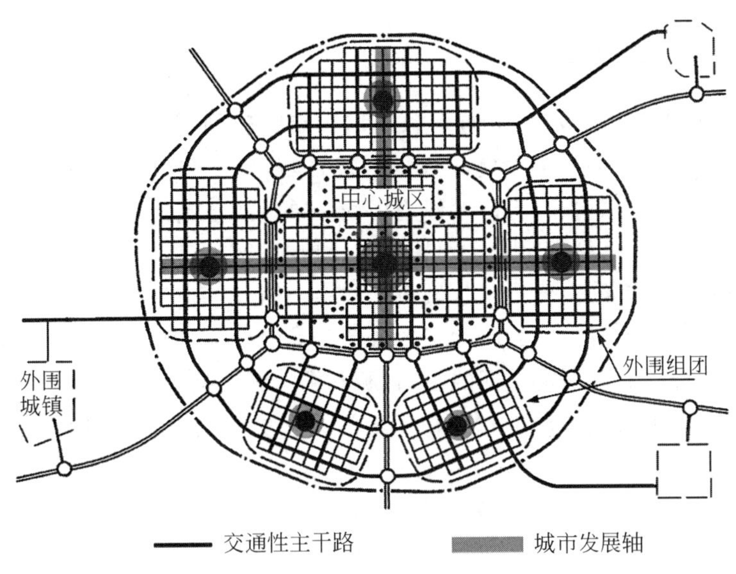

图 1-46　城市发展轴线与交通的外移

1.3　现代城市交通与城市道路系统规划的思考

经历第二次世界大战后的经济恢复时期以后，从 20 世纪 60 年代起，伴随着经济的迅速发展和城市小汽车化，世界城市化的进程大大加快，城市交通机动化发展也大大加快。到 20 世纪 90 年代世界平均城市化水平(指城市人口占全国人口的比例)已达到 45%，发达国家城市化水平超过 70%，甚至达 80%以上，一些发展中国家也达到 55%～60%的水平。改革开放以后，我国城市化发展速度大大加快，城市人口在大城市的聚集，出现了许多数百万乃至千万以上人口的超级城市。2011 年，我国城市化水平已经超过 50%。随着城市化、城市现代化的发展，城市交通机动化发展也十分迅猛。汽车在城市中的大量涌现，人口在城市中的大量聚集，城市规模的不断扩大，使得城市交通越来越复杂，矛盾越来越尖锐，同世界各国一样，城市交通困境仿佛是笼罩在人们头上的阴云，迫使城市规划工作者和交通工程师共同寻求解决办法。

城市发展是必然趋势。城市经济的发展和城市人口的增加必然导致交通量的增长，城市规模的不断扩大必然导致出行距离的不断加大。同时，由于现代生活节奏的加快和加快生产周转的需要，对提高交通速度有了更高的要求。然而实践证明，道路的建设速度远远跟不上交通量的发展速度；现有的道路结构难以满足加快运行速度的要求，不改变传统的规划思想，不改变传统的城市道路交通结构，就不可能解决日益恶化的城市交通问题。

1.3.1 现代城市交通规划思想的更新

1. 城市用地规划与城市交通系统规划相结合的新思想方法

传统的城市规划是以土地使用规划为核心的,城市交通与道路系统规划往往作为一种配套性的规划依附于土地使用规划。单纯的土地使用规划难以保证交通的合理性,而城市交通与道路系统规划又难以理解规划布局的意图,致使土地使用与交通组织和道路系统脱节。现状城市中许多交通困境正是因此而产生的。

雅典宪章提出了城市中的四大基本活动。其中居住、工作、游憩三大活动都是在固定场所进行的具有固定目标的活动,所安排的用地是对土地的绝对使用,它们之间相互配合的关系又体现了它们相互之间对土地的相对使用,形成为城市的用地布局结构,体现了城市的静态功能关系。

城市交通产生于城市用地,又归于城市用地。城市用地之间社会生活、生产活动的运转,居住、工作、游憩三大活动之间的联系产生了交通活动,需要一个交通系统去担负这个任务。前面已经叙述,城市交通系统包括城市道路系统、城市(客货)运输系统和交通管理系统三个组成部分。城市交通系统决定于各种城市用地之间动态的关系,体现了城市的动态功能关系。

图1-47图示了城市四大基本活动及城市用地布局结构与城市交通系统之间的基本关系。显然,交通居于城市功能活动的核心位置,城市规划不单纯是对城市居住、工作、游憩用地的合理安排,还必须同时保证有一个高效、方便的交通系统的支持。城市交通与道路系统规划(城市交通系统规划)是城市规划的一个核心问题。同时,我们必须认识到:城市规划应该做到城市静态功能关系与动态功能关系相互协调,必须将城市用地布局规划与城市交通系统规划结合起来,综合研究,

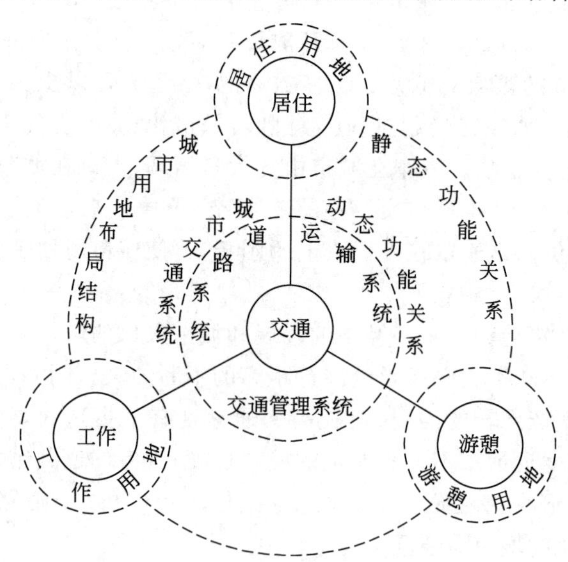

图1-47 城市四大基本活动系统图解

综合分析，做到用地布局与交通系统的协调一致，这样的规划思想和方法就是我们应该采用的新的、科学的规划思想方法。

2. 雅典宪章的启示

回顾雅典宪章对现代城市交通的分析和大半个世纪以来城市现代化发展和规划的实践，从基本概念上我们可以得到如下启示：

(1) 城市用地是城市交通的决定性因素。城市交通产生于城市用地，又归于用地，一定的城市用地布局产生一定的交通分布，一定的交通分布要有一定的道路交通系统相匹配。交通分布的不合理是由用地布局不合理带来的。所以，研究城市交通，解决城市交通问题必须首先研究城市的用地布局，通过优化城市用地布局从交通源上优化交通分布，再通过与用地布局相协调的城市交通与道路的功能布局，优化城市道路交通系统，促进城市系统的整体优化。

(2) 人的活动是城市交通的主要活动，也是城市交通的决定性因素。人的活动需求、意愿和活动能量决定了人的出行目的、方式、次数和出行的距离；人在城市用地中的分布和活动需求决定了城市交通的流动和分布。城市规划对城市交通的研究和安排都必须以人的活动及人在城市用地中的分布为基础。

(3) 解决交通问题的一个重要理念就是要对道路进行功能分工和组织交通分流，处理好城市用地布局与道路系统的合理关系。按照用地产生的交通的不同的功能要求，合理布置不同类型和功能的道路；在不同功能的道路旁布置不同性质的建设用地，形成道路交通系统与城市用地布局的合理的配合关系。

3. 从规划布局着手解决交通问题

城市发展的历史告诉我们，城市布局的不合理使工作与居住距离过远，交通分布不合理，是造成道路拥挤、交通阻塞的根本原因。在城市发展过程中，人们逐渐认识到城市围绕原有旧城单一中心呈同心圆式无限向外扩展，不断加大人、车的出行距离，不断加重城市中心地区的交通负担，因此而产生的交通问题单靠道路建设和交通管理是无法解决的。

如前所述，城市道路网的结构与形态应该与城市的布局形态相协调。因此，要正确认识城市交通与城市用地布局的关系，逐渐实现城市用地的合理布局及与城市道路交通系统的协调配合。霍华德的田园城市通过不同用地的合理布局将各类不同性质的交通组织得井然有序；伊・沙里宁提出的有机疏散理论揭示了一条通过城市布局的改变来缓解城市交通的有效途径。所以，解决城市交通问题首先要改变规划思想，立足于城市规划布局结构的合理性。

城市用地布局的合理性直接影响着城市交通分布的合理性。解决城市交通问题首先要变革规划思想，从“治本”的角度，立足于城市用地的合理布局，总体上要形成多中心的组团式布局，城市成组团地多中心布局可以大大减少出行距离，大大减少跨区的交通量，使交通均衡分布。真正做到组团式布局，一是要在组团内做到城市功能的基本完善，二是要在组团内形成有足够吸引力的组团服务中心，三是要在组团内形成完整的道路交通系统,四是要与其他城市组团形成有机的交通联系。

城市规划布局的合理性还包含必须处理好城市用地布局与道路系统的合理关系,要有交通分流的思想和功能分工的思想,按照用地产生的交通的不同的功能要求,合理地布置不同类型和功能的道路,在不同功能的道路旁布置不同性质的建设用地,形成道路交通系统与城市用地布局的合理的配合关系。同时要组织好组团内的交通和跨组团的交通,组织好生活性的交通和交通性的交通,简化和减少交通矛盾。

现代社会的发展已经影响到城市生活方式的变化,城市居民对居住环境的要求在发生变化,城市商业系统的结构和布局在发生变化,城市交通的结构和分布也在发生变化,这一切都要求城市布局进行变革,要求城市交通和道路系统进行变革。我国正面临一个城市大发展、大变革的新时期,我们的规划思想要跟上这一变化,要为城市划时代的变革做好准备。我们从城市生活方式的改变和城市社会经济的发展中认识到:城市不同的生活方式会产生对城市布局的不同要求,城市社会经济的发展水平直接影响到城市的交通形态;不同的城市布局又会产生不同的交通形态;交通形态的不同又会产生不同的城市道路交通系统(如图1-48所示)。所以,城市的规划布局一定要适应城市社会经济的发展,一定要适应城市生活方式的变化,一定要适应城市交通形态的变化,只有这样才能从根本上解决城市交通问题。

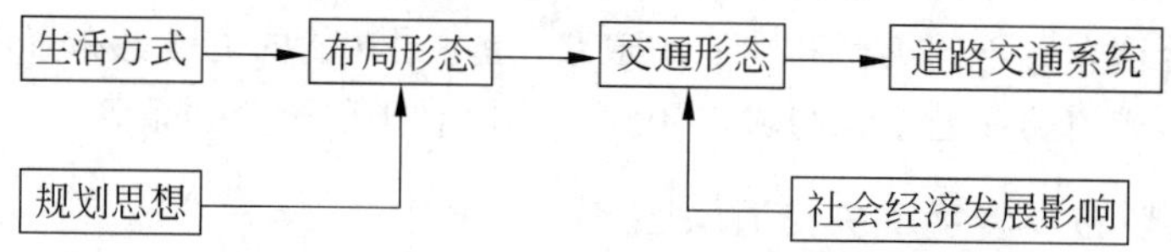

图1-48 规划思想、生活方式、社会经济发展对城市布局形态、交通形态和道路交通系统的影响关系

4. 城市交通系统的交通分流思想

经济的发展和生活水平的提高必然引起城市交通的发展;反之,城市交通的繁忙又一定程度上反映了城市的繁荣。不同类型的交通对道路有不同的功能要求和使用要求,多种类型交通在同一道路断面上的混杂必然产生相互影响,从而降低道路使用效率和交通效率,同时成为不安全因素。因此,在城市交通日益发展的情况下必须寻求新的高效率的城市交通系统。如同生产力发展到一定阶段就要求生产关系发生变革一样,城市交通发展到一定程度就必然要求交通结构、运输结构和道路结构进行变革,不但要发展新的交通工具,修建新的道路,而且还要求合理而高效率地组织交通。为了充分发挥各种交通工具和道路设施的效率,就要把不同功能要求的交通流组织到不同的运输系统和道路系统中去,这就是"交通分流"的基本思想。

交通分流有三种基本形态:

(1) 交通性交通与生活性交通的分流,表现为城市道路按交通性和生活性的分类或按疏通性和服务性的分类，把“骨干性”的繁忙交通与“枝节性”的宜人交通分离开来；

(2) 快速交通与常速交通的分流，包括在同一平面和不同平面上的分流，表现为城市道路分为快速路系统和常速路系统，以及道路客运交通与路外轨道客运交通的分离，以把中远距离的快速交通同短距离的常速交通分离开来；

(3) 机动交通、非机动交通及步行交通的分流，表现为城市道路系统中设置机动车专用路、自行车专用路和步行专用路。

“交通分流”的概念主要是指不同类型交通在交通网络和道路网上的分流。交通分流的道路系统相对于混行的道路系统有许多优越性，表 1-3 是两种道路系统的对照表。

表 1-3 分流道路系统与混行道路系统对照表

道路系统类型	车辆占用道路面积	车速	道路利用率	交通状况	经济性	道路设施造价	噪声污染	交通事故
分流系统	少	高	高	冲突少而简单	节约	低	小	少
混行系统	多	低	低	冲突多而复杂	浪费	高	大	多

5. 绿色交通的思想

“绿色交通”是当前城市交通中最热门的话题之一。在城市机动交通发展迅速和城市交通问题愈演愈烈的形势下，人们期盼公共交通、非机动的自行车交通和步行交通会带来“低碳”和“绿色”的效益，带来城市交通问题的缓解。如果单纯按照能源的消耗、污染的程度来判别，各种交通方式的“绿色”程度从大到小可以排列为步行、自行车、公共交通、小汽车的序列。然而，城市交通问题是复杂的，城市交通的不同方式是为城市居民不同出行需求服务的，城市交通的发展有一定的客观规律和客观需要，往往不是依照人们美好的愿望而转移的。所以，城市规划工作者、城市交通工作者要科学地研究城市交通发展的客观规律，寻找解决城市交通问题、实现“绿色交通”的科学途径。

首先要科学地认识“绿色交通”的概念。“绿色交通”不但意味着“低碳”、“节能”、“环保”，还意味着“高效率”和“方便、适用”的要求。“绿色交通”还应该满足经济、社会良性发展的需要，满足人们基本生活的需要和生活质量的不断提高。所以，“绿色交通”就是在满足与时代发展相适应的生活质量、生产水平和实际需要的基础上，实现“低碳”、“节能”、“环保”和“高效率”的交通理念。

“绿色交通”还要从功能上去认识。例如，城市中的步行交通和自行车交通是不耗能的，但只适宜于近距离的出行，如作为主要的中、远距离上下班出行方式，显然就不符合“绿色交通”的概念。回想在机动交通迅速发展之前，我国是世界闻名的“自行车王国”，人口稠密又造就了“步行王国”的称号。那时，城市中是满街的自行车大军和大量的步行人流，以及与自行车和人行的海洋“混合游泳”的机动车的交通状况。实践证明，与“低速”的非机动交通流混杂的机动车交通根本实现不了

“速度”与“时间”的高效率。特别是在交叉口,机动车流与自行车流、人流与各种车流的矛盾十分尖锐,相互影响,容易形成混乱的交通局面。这样的“低效”、“混乱”的交通状况不是我们所期盼和追求的。

现代城市交通是多种交通方式的综合整体,过于强化或排斥某种交通方式都是偏激和不科学的。随着我国城市现代化的发展和包括公共交通在内的城市机动交通的大发展,自行车交通的大量减少,城市道路交通中自行车与机动车和人的矛盾有所缓解,是好事。现状我国大部分城市的道路上仍然有大量的人行交通和自行车交通存在,总体上机动车与人、机动车与自行车(电动自行车)、人与自行车(电动自行车)的矛盾仍然十分尖锐,规划中应该努力做到保证步行与自行车交通的安全,减少交通混行现象。如果盲目地鼓励在城市中大量增加自行车交通量,不但会进一步加剧道路上的交通矛盾,而且会增加道路交通的混杂程度,进一步降低城市道路的交通效率,并不符合“绿色交通”的理念。

现代化的实质是对“高效率”的追求,城市交通机动化的发展是符合“高效率”的要求的。城市交通方式的组合应该适应于城市居民不同的出行需求,城市规划就是要根据城市居民的各种出行需求,包括机动化的出行需求和非机动化的出行需求,科学合理地为相应的交通方式安排“高效率”的城市道路交通系统,实现不同功能交通的分流和城市道路的功能分工,提倡公共交通出行,保证非机动交通的出行环境和安全,构建符合“绿色交通”理念的交通结构和交通环境。

6. 城市交通与道路系统规划的主要内容和目的

城市交通与道路系统规划的主要内容和目的是:分析城市用地产生的不同性质的交通,按照其特点和功能要求把它们组织到不同的运输系统中去,并通过城市用地和道路交通系统的调整,合理地组织城市交通,使城市用地的布局、交通的性质要求同道路的功能和能力相互协调,做到城市交通快捷、方便、安全、经济,取得整个城市布局和运转的最佳经济效益、社会效益和环境效益。

城市用地、城市交通、城市道路系统及其相应规划之间的关系如图 1-49 所示。

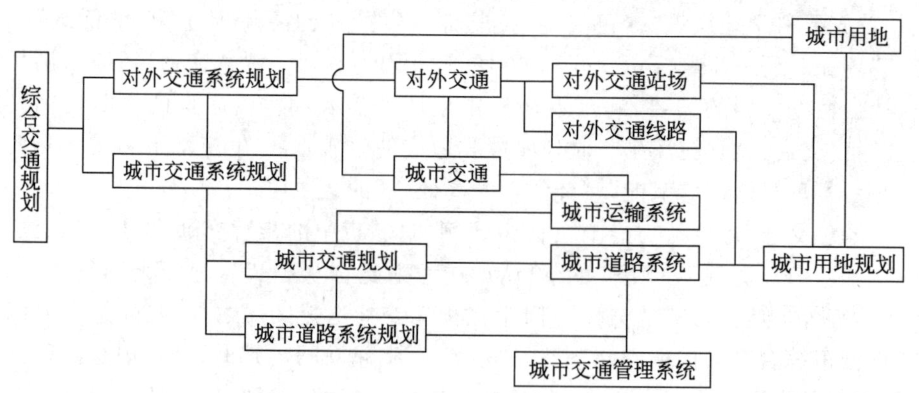

图 1-49 城市用地、城市交通、城市道路系统及其相应规划关系示意图

1.3.2 现代城市综合交通规划的思考

1. 城市交通规划学的产生与发展

在城市发展过程中，人们一直在研究改革交通工具（如使用城市火车、电车、汽车、地铁、轻轨及多样化客货运输系统等），改革城市道路结构（如改善城市道路断面形式，设置交通分流的道路系统，修建高架快速道路等），加强交通管理（设置信号灯管制，组织单向交通，区段交通管制，线和面的自动交通控制等），以满足城市交通日益增长的需要和解决交通拥挤问题。然而，随着城市的发展，城市用地和城市道路系统的不断扩大，城市交通问题越来越复杂，简单采用上述三种方法已经不能科学、经济、合理、有效地组织城市交通，解决交通问题。经过世界各国许多学者长期的努力，大量的调查研究，不断探索和研究城市交通规律，逐渐形成了“城市交通规划学”。20 世纪 60 年代，城市交通规划学主要研究的是交通调查和交通控制等基础理论；70 年代起开始着重研究交通分布，并从城市布局结构、区域关系、交通系统等方面进行综合研究，使用数学方法进行城市交通规划，经济合理地安排城市交通系统，解决城市交通问题。虽然目前在城市交通规划学科建设上取得了显著的进展，但在对我国城市交通发展模式和预测研究、城市交通系统如何与城市用地布局结构的结合与协调、如何构建适应现代城市交通新规律的新型城市道路系统、如何构建适应现代城市客运交通需要的新型城市客运系统等方面，还需要做更多的研究，付出更大的努力。

2. 现代城市综合交通规划的基本概念

城市现代化发展已经使城市交通系统的综合性和复杂性更为突出，以综合的思维和综合的方法进行城市交通系统规划已势在必行。城市综合交通规划要把城市对外交通和城市内的各类交通与城市的发展和用地布局结合起来进行系统性的综合研究。城市综合交通规划是城市总体规划中与城市土地使用规划密切结合的一项重要的工作内容，一般不宜脱离城市土地使用规划独立进行。目前在一些城市，为配合城市交通的整治和重要交通问题的解决，也常单独编制城市综合交通规划，其编制内容依需要而定，但也应该与土地使用规划相协调。

在城市总体规划中特别要重视“城市交通发展战略研究”工作，依照城市社会经济发展的要求和城市空间布局的基本思路，对城市交通发展模式、规模、主要关键性规划措施进行分析研究和决策，提出不同发展阶段和不同城市地段的交通政策，构建合理的交通结构，促进城市与城市交通协调发展的动态平衡。

3. 城市综合交通规划的编制

城市综合交通规划要从“区域”和“城市”两个层面进行研究，并分别对市域的“城市对外交通”和中心城区的“城市交通”进行规划，并在两个层次的研究和规划中处理好“对外交通”和“城市交通”的衔接关系。

国家建设部颁布的《城市规划编制办法》规定：城市总体规划中的市域城镇体系规划应“确定市域交通发展战略；原则确定市域交通……等设施的布局”，中心城区规划应该“确定交通发展战略和城市公共交通的总体布局，落实公交优先政策，确定主要对外交通设施和主要道路交通设施布局。”

市域综合交通规划要充分尊重相关行业规划和省域城镇体系规划的安排，结合市域经济社会发展和市域城镇体系的发展，进一步调整和完善市域内的对外交通设施。

中心城的综合交通规划要根据对城市现状存在问题的分析、城市社会经济发展和城市土地使用规划，对中心城内的各类道路、交通设施和交通组织进行规划，提出宏观对总体规划的指导性意见及中观对控制性详细规划的指导意见和调整意见。

2010年1月发布的《城市综合交通体系规划编制办法》指出：城市综合交通体系规划的核心是突出区域协调、交通发展模式、综合交通体系组织等政策导向和策略层面的规划内容；重点解决科学配置资源、优化土地使用与交通模式的方向性问题，引导和支撑城市空间拓展及功能布局；确定城市综合交通发展的总体目标以及各交通子系统的发展定位和发展指标；重点安排影响城市发展总目标的重大交通基础设施布局以及支撑城市空间结构的基础交通网络。

在城市总体规划中，城市综合交通规划一般又称为“城市道路交通规划”。

《城市道路交通规划设计规范》(GB 50220—1995)规定：城市道路交通规划包括城市道路交通发展战略规划和城市道路交通综合网络规划两个组成部分。

按照国家建设部颁布的《城市规划编制办法》和《城市道路交通规划设计规范》的规定，在实际工作中我们经常把城市道路交通的现状分析与城市道路交通发展战略研究结合起来，统称为“城市交通发展战略研究”，作为城市总体规划纲要阶段所侧重的工作，并作为城市道路交通网络规划的基本依据；我们又把传统的城市交通规划中的道路交通网络计算纳入城市道路交通网络的规划中，统称为“城市道路交通系统规划”，注重与城市用地布局相结合，是城市总体规划方案阶段的重点内容。

“城市交通发展战略研究”的主要工作内容是：

(1) 城市发展分析：根据城市经济、社会和空间的发展，分析城市交通发展的趋势和规律，预测城市交通发展水平和各项指标；

(2) 战略研究：确定城市综合交通发展目标，确定城市交通发展模式，制定城市交通发展战略和城市交通政策，预测城市交通发展、交通结构和各项指标，提出实施规划的重要技术经济政策和管理政策；

(3) 规划研究：结合城市空间和用地布局基本框架，提出城市道路交通系统的基本结构和初步规划方案。

“城市道路交通系统规划”的基本工作内容是：

(1) 现状分析：分析城市交通发展过程、出行规律、特性和现状城市用地布局和城市道路交通系统存在的问题；

（2）规划方案：依据城市交通发展战略，结合城市土地使用的规划方案，具体提出城市对外交通、城市道路系统、城市客货运交通系统和城市道路交通设施的规划方案，确定相关各项技术要素的规划建设标准，落实城市重要交通设施用地的选址和用地规模；

（3）交通校核：在规划方案基本形成后，采用"交通规划方法"对城市道路交通规划方案进行交通校核，提出反馈意见，并从土地使用和道路交通系统两方面进行修改，最后确定规划方案；

（4）实施要求：提出对道路交通建设的分期安排和相应的政策措施和管理要求。

4. 城市综合交通规划的研究框架

（1）市域综合交通规划研究框架

市域综合交通规划主要是城市对外交通的规划，除国家铁路、国家高速公路、国道、省道、大区域机场和港口的布局要基本按照相关规划确定外，在市域内要根据市域经济社会的发展和城镇体系规划的安排，进一步规划市域内的铁路网站、市（县）级公路骨架网络和市域内的港口、航道等，并与相关行业部门相协调。市域对外交通发展战略研究框架（以对外交通为主）如图 1-50 所示。

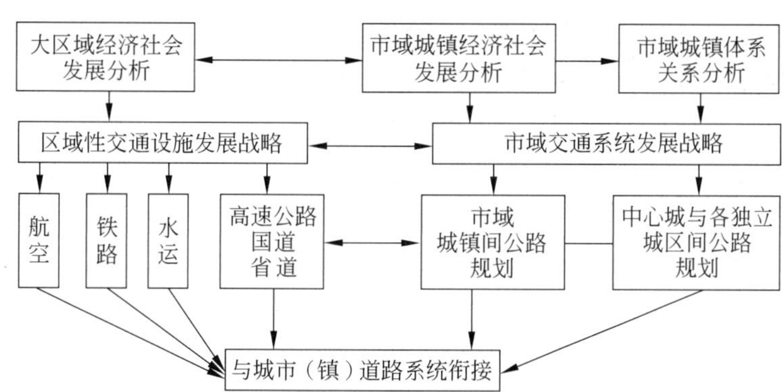

图 1-50　市域对外交通发展战略研究框架

（2）中心城综合交通规划研究框架

中心城的综合交通规划要把宏观城市布局及交通关系与中观城市用地布局及交通关系分开研究，不可混为一谈。提出宏观对总体规划的指导性意见，中观对控制性详细规划的指导意见和调整意见。中心城区交通发展战略研究框架（以城市交通为主）如图 1-51 所示。

5. 城市综合交通规划的若干思想

（1）城市综合交通规划必须与城市用地布局规划密切结合，协调配合，同时进行。

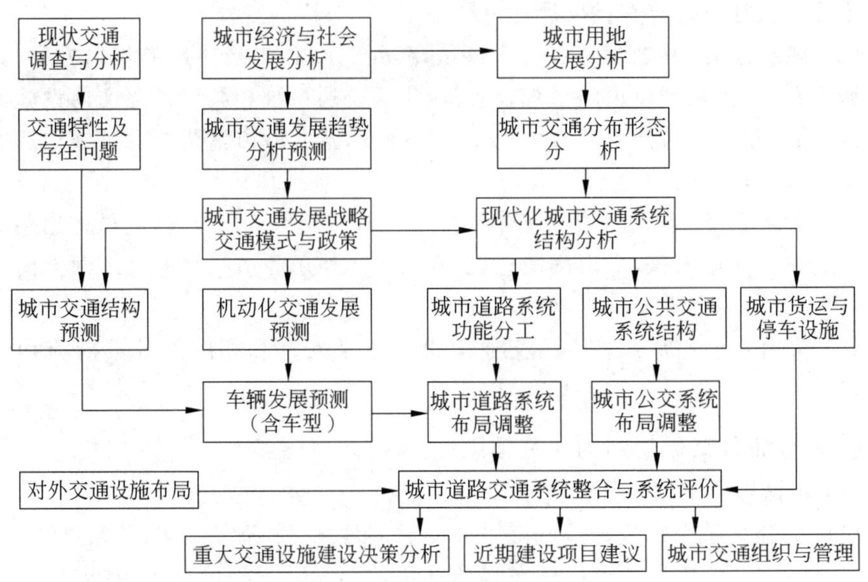

图 1-51 城市交通发展战略研究框架

“城市交通发展战略研究”是城市总体规划纲要的基础研究和编制依据之一，对城市总体规划纲要的编制具有指导作用；城市经济社会发展研究和城市用地空间发展布局又是城市交通发展战略研究的基本依据，城市交通发展战略研究必须依照城市社会经济发展的要求和城市空间布局的基本思路进行相应的研究。

城市用地布局规划是城市道路交通综合网络规划的重要依据，城市道路交通综合网络规划应当按照城市用地布局的特点和用地布局所产生的交通需求和规律进行规划，城市道路交通网络规划又对城市用地布局规划有重要的校核反馈作用，必要时要根据城市道路交通综合网络规划的反馈意见对用地布局进行适当的调整。

(2) 城市交通发展战略的研究，一方面要从现状城市交通低效能运作的原因分析出发，从城市布局与交通的关系研究出发，强调各类城区或城市组团的功能基本平衡，强化服务中心的建设，强调现代化客运系统建设的重要性，解决影响城市交通的“居住与工作的流动”、“中心与周边的联系”等根本性问题；另一方面要对城市现代化交通发展的趋势、规律进行研究，对城市交通发展模式、规模、主要关键性规划措施进行分析研究和决策，提出不同发展阶段和不同城市地段的交通政策意见。

(3) 城市综合交通规划还应研究城市交通环境与可持续发展问题。交通环境是城市生态环境的重要组成部分，人们在享受便利的交通的同时要求享有舒适、洁净的交通环境。为了减少交通污染，应鼓励使用污染最少、整体效率最高的交通工具，从而构建合理的交通结构，促进城市交通协调发展的动态平衡。

(4) 不同城市、不同城市地域可以采用不同的城市交通模式(交通方式结构)。主要的城市交通模式有:

① 以小汽车为主体的交通模式:如发达国家的分散型城市(洛杉矶);

② 以城市轨道公共交通为主、小汽车和地面公共交通为辅的交通模式:如发达国家超级大城市(伦敦、纽约、东京、巴黎);

③ 以小汽车为主、公共交通为辅的交通模式:如北美,欧洲多数城市;

④ 以公共交通为主、小汽车为主导的交通模式:如中国香港地区,新加坡;

⑤ 以公共交通为主、小汽车为辅的交通模式:多为发展中国家城市。

对于中国的特大城市,总体上应该采用以城市轨道公共交通为主、小汽车和地面公共交通为辅的交通模式,在城市的不同地域应该有差别化的安排,如中心组团应该采用以公共交通为主的交通模式,在城市外围地域逐渐形成公共交通与小汽车并重的交通模式。

其他大城市和中小城市则应因地制宜采用不同的交通模式。

(5) 城市道路结构的现代化要理顺不同性质、不同等级道路与城市用地的关系,强化疏通性道路的规划与建设,防止并逐步改变沿疏通性道路过度开发建设现象的继续发生,以避免对道路快速畅通性的影响。

(6) 城市公共客运系统的现代化要强调并落实各级各类客运枢纽的规划建设,实现城市轨道和公交干线与城市用地的合理布局关系,重视城市组团级地方性地面公共交通线路对城市用地服务性的提高。

要对"优先发展公共交通"的深刻内涵和"TOD模式"的片面性有足够的认识。要注意在明确优先发展公共交通的同时,重视和处理好其他各类客运交通的发展和规划安排(交通方式的研究),重视和处理好公共交通系统与城市用地布局和城市道路系统的协同配合关系,保证整个城市交通系统的协调发展。

(7) 在注重城市客运交通的同时,要重视货运交通系统的规划,特别是各级各类物流中心和货运主要通道的布局与建设。

(8) 要认真研究新形势下城市交通的发展,制定相应的交通政策,对多年来的一些习惯性规划指导思想和规划手段、管理措施进行反思和科学研究,提出适合城市特点的新思想、新方法、新对策。各有关城市交通的部门要统一思想、统一认识、统一步调。

新形势下城市私人小汽车和出租汽车的发展势头很猛。从我国国民经济发展的需要和人民生活水平不断提高的角度分析,私人小汽车进入家庭是历史发展的必然。预计到2015年我国城市居民拥有小汽车率将超过总户数的10%,发达地区和特大城市的发展速度更快(2011年年底北京市城镇居民平均每百户拥有家用汽车18.6辆)。因此,要充分估计私人小汽车的发展趋势,既不要视为洪水猛兽,也不能熟视无睹。一方面要制定适宜的城市交通政策,积极采取措施,通过大力发展公共交通,为市民提供优质的公共交通服务,积极引导市民选择合理的交通方式,使私人小汽车的发展和使用与城市道路设施的发展相适应;另一方面要从规划建设上为私人小汽车的发展做好行车、驻车的准备。

对于出租汽车的发展也应有正确的认识。出租汽车也是公共交通的组成部分,是为一部分人群服务的。积极促进出租汽车的适度发展,提高出租汽车的服务质量,是遏制私人小汽车过度发展的重要因素。因此,城市出租汽车的发展要按市场经济规律办事,不能强加限制,而应对其发展加以引导,不断提高出租汽车的服务质量。

城市交通政策中还要有关于城市用地布局与道路系统、城市客运系统、客运枢纽相互关系的综合性指导原则和规定,保证城市交通各子系统与土地使用的协调发展。要有对各种交通管理措施的指导原则、配套建设的规划要求,并纳入规划导则中。

1.3.3 现代城市道路交通系统与用地布局协调关系的思考

各级城市道路都是组织城市的骨架,又是城市交通的通道,在城市规划中要综合考虑城市道路的骨架作用和交通通道作用,根据城市结构、交通强度的需求和各级道路的功能作用来安排各级城市道路的网络布局。城市道路网的总体布局应该与城市交通形态相适应。

现代城市道路交通系统与用地布局的协调关系表现在两个层次:一是在城市整体层面,城市道路交通网络的结构、形态要与城市的布局结构、形态相协调;二是城市道路、交通线路的功能要与两旁用地的性质相协调。

1. 城市道路网与城市用地布局结构的协调关系

城市道路网应该与城市用地布局结构形成良好的配合协调关系,理顺不同性质、不同等级道路与城市用地布局结构的关系。

目前我国城市的道路网与城市用地布局结构脱节的现象十分普遍,规划中应该逐渐将用地规划与道路网规划结合起来,明确各级道路在城市结构中的功能与作用,以充分发挥城市道路对规划用地功能的支撑作用。

组团式布局的城市的道路网络形态应该与组团结构形态相一致。各城市组团要根据各自的用地布局布置各自的疏通性和服务性道路网络,组团间主要布置疏通性的道路,如组团间隔离绿地中布置的快速路和联系相邻组团的交通性主干路。简单地把一个方格路网套在组团布局的城市中是不恰当的。

城市各级道路与城市各级用地结构组织有相应的配合关系。快速路可能成为城市组团的分界,城市交通性主干路可能成为城市片区的分界,城市生活性主干路围合一个城市居住区的规模用地,城市次干路围合一个居住小区的规模用地。

城市道路系统可以按交通目的组织为疏通性路网和服务性路网两个系统,各分类道路和道路网的功能、特性如表1-4所示。

表 1-4 各级城市道路、道路网的功能、特性表

	城市快速路网	城市主干路网		城市次干路网	城市支路
		交通性主干路	一般主干路		
性质	快速机动车专用路网，连接高速公路	全市性的路网，疏通城市交通的主要通道及与快速路相连接的主要常速道路	全市性的路网，包括生活性主干路和集散性主干路	城市组团内的干路网(组团内成网)，与主干路一起构成城市的基本骨架	地段内根据用地细部安排划定的道路，在局部地段可能成网
功能	为城市组团间的中长距离交通和连接高速公路的交通服务	为城市组团间和组团内的主要交通流量、流向上的中、长距离疏通性交通服务	为城市组团间和组团内的主要生活性交通服务，有交通集散功能	主要为组团内的中、短距离服务性交通服务	为短距离服务性交通服务
位置	位于城市组团间的隔离绿地中	组团间和组团内	组团间和组团内	组团内	地段内
围合	围合城市组团	大致围合一个城市片区(分组团)	大致围合一个居住区的规模	大致围合一个居住小区的规模	
间距	5～8 km	2～3 km	700～1200 m	350～600 m	150～250 m
横断面	机动车专用两块板	快、慢组合的四块板	两块板 机、非组合的三块板	一块板	一块板
属性	疏通性道路网		服务性道路网		

快速路网主要为城市组团间的中、长距离交通和连接高速公路的交通服务，宜布置在城市组团间的隔离绿地中，以保证其快速和交通畅通。快速路基本围合一个城市组团，因而其间距要依城市布局结构中城市组团的大小不同而定，一般在 5～8 km 之间。

城市主干路网是遍及全市城区的路网，主要为城市组团间和组团内的主要交通流量、流向上的中、长距离交通服务。

要在城市中布置疏通性的城市交通性主干路网，作为疏通城市交通的主要通道及与快速路相连接的主要常速道路。交通性主干路大致围合一个城市片区(分组团)，其间距一般在 2～3 km 之间。其他城市主干路(包括生活性主干路和集散性主干路)大致围合一个居住区的规模，城市主干路的间距为 700～1200 m。

城市次干路网是城市组团内的干路网(在组团内成网)，与城市主干路网一起构成城市的基本骨架和城市路网的基本形态，主要为组团内的中、短距离交通服务。城市次干路大致围合一个居住小区的规模，其间距为 350～600 m。

城市支路是城市地段内根据用地细部安排所产生的交通需求而划定的道路，应该在详细规划中安排，在城市的局部地段(如商业区、按街坊布置的居住区)可能

成网，而在城市组团和整个城区中不能成网。详细规划中城市支路的间距主要依用地划分而定，其间距一般控制在150～250 m之间。

城市道路与城市用地布局的关系如图1-52所示。

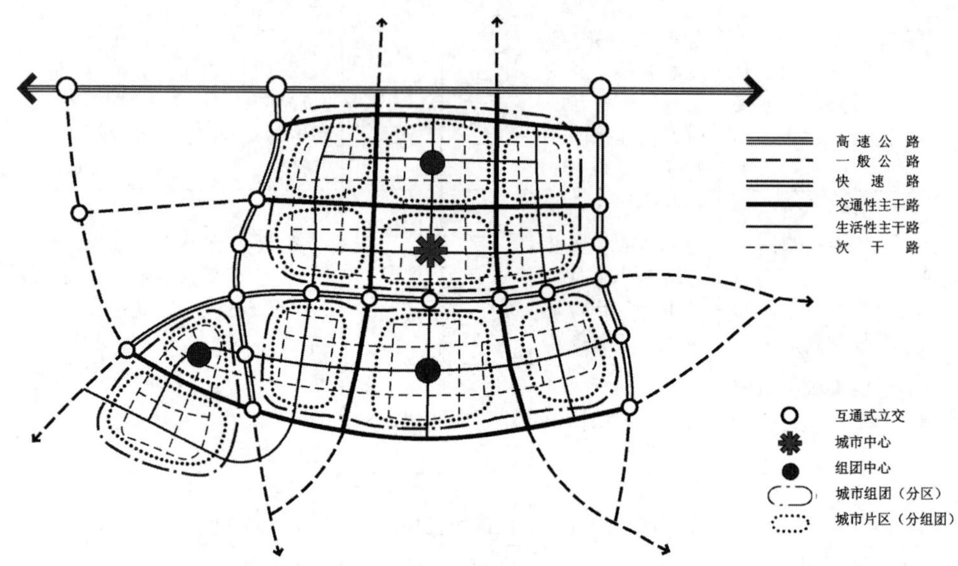

图1-52 城市道路与城市用地布局的关系图式

2. 城市道路的功能与道路两旁用地性质的协调关系

我国城市在市场经济发展中忽视了对城市道路的功能分工及与两旁用地性质的协调关系，在城市中出现了普遍沿道路建设商业、服务、文化、娱乐设施的现象，几乎在城市所有的主要道路两旁都形成了吸引大量人流及停车需求的土地使用，这些道路的通行断面被压缩，交通秩序混乱，十分拥挤。如果所有的道路都如此，城市中就会几乎找不出一条通畅的道路，城市道路出现全面拥堵。这种不合理的土地使用与城市道路系统的关系必然会导致城市道路通行效率的系统性低下。这种现象的发生，一方面表现了我们在规划中对"道路功能分工及与两旁用地性质相协调"的原则在认识上的不足，另一方面也表现了规划管理上的缺失。这种问题在我国城市中是普遍存在，如果不予以重视，城市交通问题会愈加严重。因此，城市道路系统结构的现代化要理顺不同性质、不同等级道路与城市用地的关系，一方面要有意识地在城市规划布局结构中疏理出城市的疏通性道路网，再从规划建设管理上逐步调整疏通性道路两旁的土地使用，逐步改变沿疏通性道路不合理开发建设现象的继续发生，以保证疏通性道路的畅通，疏解拥挤的城市交通。

3. 城市客运交通系统与城市发展、用地布局的关系

历史经验证明，交通运输对城市的兴衰、城市的发展、城市用地布局的变化起着十分重要的作用。

城市客运交通系统是为城市用地所产生的客运交通服务的。城市客运交通系

统除对城市用地的发展有服务作用外，同时具有一定的引导作用和制约作用。一个城市新区的建设，如果没有客运交通系统的配合建设，便没有吸引力和生命力，而客运交通系统的引导性发展，可以促进客运交通线路附近城市用地的更新和高效益的开发建设。在城市规划中，特别是当城市进入新的发展阶段时，应该注意发挥城市客运交通系统对于调整城市布局的能动作用，通过城市客运交通系统变革性的规划建设引导城市用地向合理的城市布局结构转化。

某市西北文教科研区受铁路干线的分隔，一直沿两条公共交通干线发展，形成了分散的四小片的形态，不能形成完整的相对独立的城市组团，影响了文教科研区的整体组合和整体效益的发挥(图 1-53(a))。在规划时，如果通过城市客运交通系统的变革，设立快速大运量的城市轨道交通干线，把铁路对城市的分隔作用变为吸引作用，在完善与相邻组团联系的地面城市公共交通干线的同时，注重形成组团内部的地区性公共交通网，就有可能在城市轨道主要换乘中心附近形成区级(组团级)中心、在市级公共交通干线的主要换乘中心附近形成分组团级的中心，地区性公共交通线路把区级中心和分组团级中心联系在一起，将原来分散的布局结构转化为整体组团的布局结构(图 1-53(b))。

所以，我们要充分重视城市公共交通的发展对城市发展的能动作用。特别是当城市由一个发展阶段进入另一个发展阶段时，必须注意发挥包括公共交通在内的城市客运交通运输系统对城市布局结构的能动作用，通过客运交通运输系统的变革引导城市用地向更为合理的布局结构形态发展。

城市公共交通的基本属性是为城市用地所产生的交通需求服务的。交通需求的产生决定于城市的用地布局：一定的城市用地布局产生一定的交通需求和交通分布与流动的形态，一定的交通形态就需要有一定形式的道路系统和公共交通的服务。因此，现代公共交通系统模式一定要与城市的用地布局结构相匹配，城市公共交通系统要立足于为城市用地所产生的交通需求服务。

城市公共交通是城市客运交通系统的重要组成部分，公共交通和城市中的其他交通共同使用城市的道路资源，要通过城市客运交通系统的整体和谐发展，合理分配和使用道路资源，以更好地发挥城市客运交通系统的整体效率。过分强调某一类交通的需求而忽视其他交通的需求，不但是不科学的，而且可能会造成对道路资源的不合理使用，破坏整个城市交通系统的和谐发展，进而影响城市交通系统的整体效率。

我们还应该认识到城市公共交通与城市道路系统的密切关系。城市道路系统同样对城市的发展具有服务和能动作用，对城市新的发展更加具有引导作用。因此，城市公共交通的发展离不开与城市道路系统的协调配合。

城市公共交通的常规普通线路与城市服务性道路的布置思路和方式大致相同。公共交通常规普通线路要体现为乘客服务的方便性，所以同服务性道路一样要与城市用地密切联系，布置在城市服务性道路上。杭州市把公共交通线路开到居住小区，开到城市支路上，不但方便了城市居民，大大提高公共交通的客运量，使公共交通由亏转盈，而且又可以减少自行车的出行量，提高公共交通的客运比例。

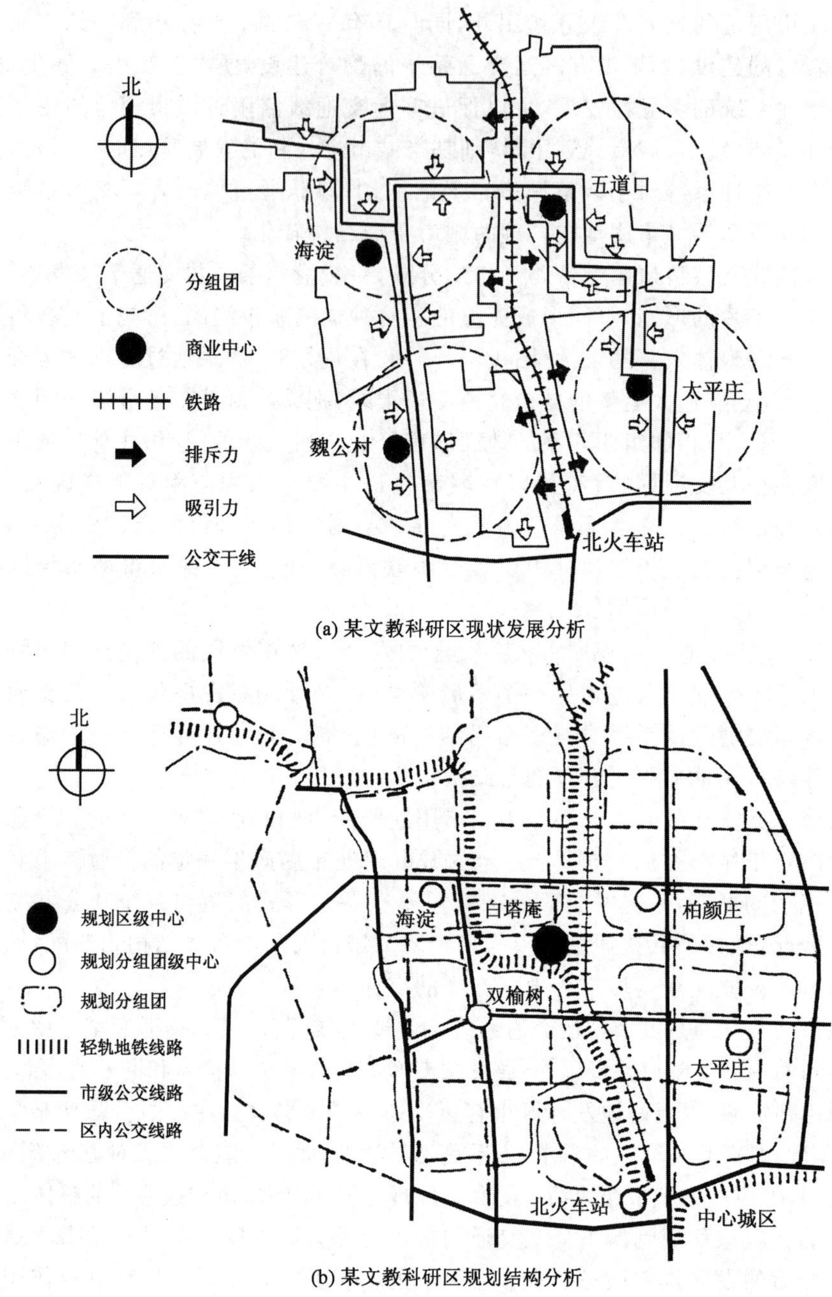

(a) 某文教科研区现状发展分析

(b) 某文教科研区规划结构分析

图 1-53 某文教科研区规划分析

城市公共交通干线的布置思路和方式与快速路有所不同。城市快速路为了保证其快速畅通的功能要求,应该尽可能与城市用地分离,与城市组团布局形成"藤与瓜"的关系;而城市公共交通干线则要与客流集中的用地或节点衔接,以适应客流的需要,所以城市公共交通干线应该尽可能串接各城市中心、对外客运交通枢组、城市主要就业中心和居住中心，与城市组团布局形成“串糖葫芦”的关系。

新加坡“概念规划”(Concept Plan)在研究、修改城市结构时，对城市居民从住家到工作地点的流动进行了分析(图1-54(a))，然后结合城市居民点和各级城市中心、就业中心的布局，对城市快速路和主要公共交通线路进行安排(图1-54(b))；快速路主要布置在中心城区和小城镇的外围，城市轨道交通线将城市中心、工业区、小城镇中心联系起来，既满足了疏通性交通的快速交通环境要求，又符合城市轨道交通线路为集中大客流服务的关系，从而使城市客运交通系统与城市用地结构之间形成较好的配合关系。客运交通系统不但可以较好地为城市发展区服务，而且可以促进新城市区的开发建设。

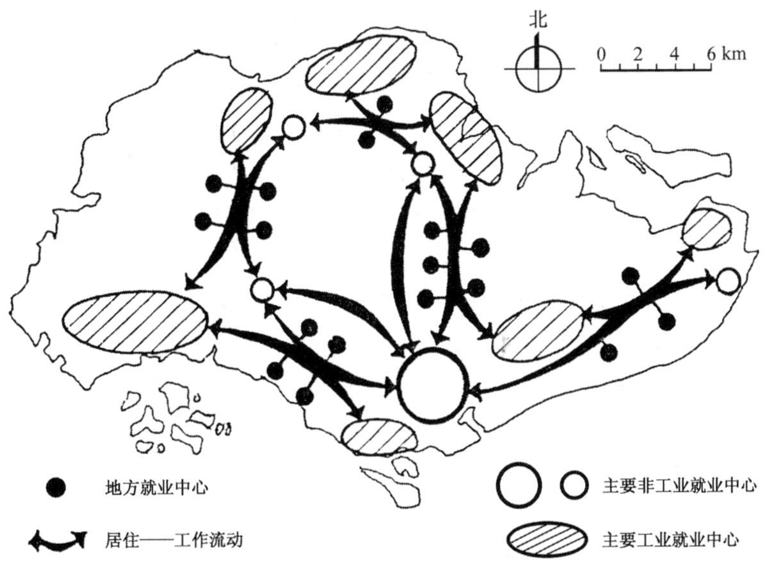

(a) 居住——工作流动分析

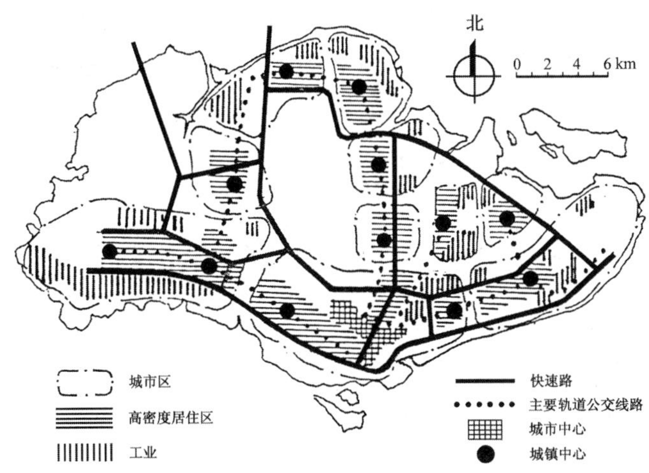

(b) 布局与交通安排

图1-54　新加坡“概念规划”分析示意图

1.3.4 现代城市道路系统规划的思考

新形势下城市交通发展的一大特点是私人小汽车的发展。私人小汽车的大量发展使得城市交通环境和交通规律发生了质的改变。因此，要充分估计私人小汽车的发展趋势。一方面要制定适宜的城市交通政策，通过大力发展公共交通，为市民提供优质的公交服务，积极引导市民选择合理的交通方式；另一方面要从道路系统的规划建设上进行变革，适应新的现代化机动交通环境。

1. 城市道路系统的交通分流

汽车化的发展和生活、生产周转的加快，对城市道路提出了高速的要求，城市不断向外扩展也提出了疏解城市中心区交通的要求。一方面要求能够很快地到达城市各个部分，并把中心区的交通很快疏散出去；另一方面又要求避免对城市地方性交通的冲击和干扰，因而城市自身存在建设城市快速道路系统、实现“快慢”分流的要求。同时，人们注意到自1931年开始兴建，20世纪60年代风靡全球的高速公路对加快生产周转、促进经济发展发挥了十分重要的作用。高速公路起讫于城市，几乎所有的运输起讫点也都在城市内。城市规模越大，运输的速度要求越高，运输的范围越大，因此也就要求高速公路与城市主要交通干路有方便的联系。

城市快速道路不但能起疏解城市交通的作用，而且能成为高速公路与城市主要交通干路间的中介系统。现代机动交通与过去城市交通的重要区别就是快速交通的需要和交通分流的需要。因此，城市道路结构必须进行一次大的变革，形成新的适应现代机动交通的分流式的道路结构，可划分为：

- 城市快速道路系统(机动车专用道路)；
- 城市常速道路系统(机、非组合道路)；
- 自行车与步行系统(非机动交通道路)。

三种道路系统同城市用地布局结构的有机组合，可以使交通在整个城市道路网上实现必要的快慢分流、机非分流和人车分流，充分发挥各种道路设施的效率，加快城市交通运转，创造良好的交通环境。

2. 疏通性和服务性的分离是现代化城市交通和城市道路系统演变的必然和特点

不同性质、不同功能要求、不同通行规律的交通流在道路上的混杂是我国城市交通低效率运行的根本原因之一。

现代城市交通机动化的发展越来越表明：城市道路的功能分工，实现交通性与生活性的分离是城市良性发展的必要条件。现代城市交通机动化的发展，导致城市中出现了两种不同目的的交通：一种是以疏通交通为目的的(机动车)交通——可称为“疏通性交通”，这类交通要求有大的通行能力和快速、畅通的通行条件，需要在城市交通网络中将其分离出来；另一种是为城市用地服务为目的的(机动车＋非机动车)交通——可称为“服务性交通”，这类交通要求与城市用地有方便和密切的联系，对停车的需求较高而对速度的要求不高。两种交通的分离要求城市在整体上形成一个“通”、“达”有序的交通系统，既能保证有畅通的交通环境，又能保证与用地保持密切的联系。

两种交通的出现要求城市道路相应分为疏通性道路和服务性道路两类。

疏通性道路包括城市快速路和交通性主干路，组成为城市的主要交通路网骨架；服务性道路包括生活性主干路、次干路和支路，组成为城市道路系统的基础网络。疏通性和服务性的分离就是城市道路交通性和生活性的分离，是现代化城市交通和城市道路系统科学演变的必然和突出的新特点。

中、小城市一般呈集中式的布局形态，不需要布置快速路，城市中可以考虑交通性主干路作为疏通性的道路。

大城市和特大城市则应该形成组团式的布局，城市中除应设置快速路外，还应规划设置较为完整的交通性主干路网，成为城市疏通性道路网的主体。

国内外许多大城市通过建设疏通性道路，对实现道路畅通、缓解交通拥挤起到十分重要的作用。北京市为了缓解二环路的交通压力，将二环路横断面改造为机动车快速主路和机非混行的慢速辅路的组合断面，首创了快、慢分流的交通性主干路横断面形式，缓解了交通压力和快慢交通的矛盾；广州市为缓解东风路的交通拥挤状况，按照类似交通性主干路的横断面进行改造，不但缓解了该路的交通拥挤状况，而且使该道路实现了准快速和畅通，效果十分明显。这些实践的成功经验值得借鉴。

3. 注重城市非机动交通环境的营造

城市交通的繁忙标示着城市经济的发展，人们常用“车水马龙”、“熙熙攘攘”来描绘城市的繁荣景象。然而城市交通的繁忙导致了人与车之间矛盾的日益尖锐，人们对日益加剧的城市交通、噪声、废气、事故、阻塞和公共交通的拥挤感到头痛、烦恼，甚至连过马路也成为令人担惊受怕的事。城市居民开始怀念过去那种没有机动交通的宁静、安全而又具有人情味的城市环境，寻求在既有方便的交通服务，又不受机动交通干扰的安全的非机动交通环境中进行购物、娱乐活动，观赏历史文化遗存和自然风光。这些要求和愿望随着人们生活水平的不断提高而日趋强烈。

“步行街”作为喧闹的城市的一块“净土”的出现，就是人们上述意愿的反映。最早的现代步行街1920年出现于德国埃森(Essen)市。第二次世界大战后荷兰鹿特丹市中心规划建设了林班(Lijnbann)商业步行街，被誉为典范无车区。后来欧洲的许多城市结合古城堡等历史文化环境的保护，划定市中心步行区，又相继出现了把商业同绿化结合在一起的林荫道步行街(mall)等多种形式的“步行区”。进而又发展成为包括商业、文化娱乐、历史文化环境、风景游览区在内的整个城市的步行系统。目前世界上几乎所有城市都设置了步行街(区)。

近年来,在我国许多城市开始了"绿道"的规划建设。就是在城市的绿地环境、滨河环境中布置休闲性的自行车道和步行道,并力图在城市中形成一个绿色的非机动交通系统,这是一种有意义的探索。但是,必须认识到:由于自行车的车速和步行速度相差较大,二者混行存在不安全危险,因此不宜将自行车道与步行道合为一体进行布置。同时,自行车交通与步行交通是中、短距离的交通行为,一般适于在一定的地段范围内规划建设,没有必要在整个市区乃至市域范围形成"绿道网"。

城市规划应当在各级道路的规划中注意非机动交通与机动交通在断面上的分离和在系统上的分流,保障自行车交通和步行交通的安全,避免混行和相互干扰对交通秩序的影响。

4. 城市快速路与高架路建设问题

城市快速路是封闭的机动车专用路。为了保证快速路的快速和畅通,必须尽可能地防止和减小外来车流和人流的冲击和干扰。因此,快速路应该与到达性的机动车流分离,应该与非机动车和行人分离,应该与城市用地分离,应该将快速路设置在城市组团间的绿地中,采用立交或联系匝道的方式实现快速路交通与常速路交通之间的转换。

当城市已经形成蔓延式的发展,难以划分城市组团又需要设置快速路时,从规划上或者下决心通过建设隔离绿地划分城市组团,设置快速路;或者采用高架快速路的形式,与地面城市常速道路形成立体组合,在常速路两个交叉口中间设置先出后进的快速路进出匝道与常速路相连。但是,在城市中设置高架路会分割、破坏城市道路空间,会导致废气、粉尘、噪声对道路空间环境的严重影响,会造成对交通安全的威胁。正是由于上述原因,早期在日本、韩国一些城市建设的高架路已经陆续拆除。因此,高架道路在城市中的建设应该慎之又慎。

1.3.5 现代城市客运交通系统规划的思考

1. 树立"优先发展公共交通"的思想

无论从社会效益、经济效益还是环境效益上,公共交通相比其他交通方式都具有明显的优势。在现代小汽车迅速发展并成为城市交通问题重要症结所在的形势下,世界各国的城市规划和城市交通专家学者一致认为:优先发展公共交通是解决城市交通问题首选的战略措施。1978年公布的利马会议《马丘比丘宪章》在总结了现代城市交通发展的经验教训的基础上,主张"将来的城区交通政策应使私人汽车从属于公共运输系统的发展",即在城市中确立"优先发展公共交通"的原则。《马丘比丘宪章》提出的"优先发展公共交通"的思想,已经被包括中国在内的许多国家作为国策。

"优先发展公共交通"是有深刻内涵的。"优先发展公共交通"的指导思想是要在城市客运系统中把公共交通作为主体,其目标是为城市居民提供方便、快捷、优质的公共交通服务，其目的是吸引更多的客流，使城市交通结构更为合理，运行更为通畅。在城市规划建设中，要合理地根据居民出行的需要来布置城市公共交通（包括城市轨道交通）线网，在主要的城市道路上设置公交专用道，改善公共交通的运营和服务质量，改革公共交通的票务制度等，都是“优先发展公共交通”的具体安排和措施。

“优先发展公共交通”不能简化为“公交优先”一句话。所谓公共交通的“优先”，也主要是要在资金的投入、建设的力度和管理的科学化上，把公共交通放在重要的位置，给予优先的考虑，也不能简单地归结为是“路权”一个问题，片面强调“路权”会影响整个城市交通系统的协调发展。

2. 树立城市客运交通系统整体协调发展的思想

城市公共交通是城市客运交通的重要组成部分。除公共交通外，城市客运交通还包括有步行交通、自行车交通、小汽车交通和其他客运交通。城市中还有货运交通和其他交通，它们都要使用城市的道路、用地和空间资源。

城市中的各种交通都有自己的服务对象和适用范围。比如：

步行交通是近距离的交通方式，使用城市的步行系统，并要求与公共交通有好的衔接关系；

自行车是一种方便、灵活、节能、环保的交通工具，并具有健身的作用，但同样由于是人体动力工具，只能是近距离的交通工具，不应该作为中、远距离上下班出行的交通工具，而且由于自行车与机动交通间在交通行为上的矛盾，使得城市交通更为复杂，增加了交通组织的难度；

小汽车具有舒适、方便、快速、出行范围大、时间效率高的优点，在城市中具有很强的生命力和不可替代性。由于小汽车出行占用城市道路空间和对停车需求较其他交通方式更大，对能源的消耗和空气污染的影响很大，在城市中只能适度的发展。

城市客运交通系统的各种交通方式都在不同的领域担负着为不同的交通需求服务的责任。城市的规划建设不但要满足发展公共交通的要求，也同样要满足步行交通、自行车交通、小汽车交通（和货运交通）的要求，而且要处理好公共交通与其他交通方式的衔接、换乘关系。

随着城市和城市交通需求的发展，要逐渐促进城市客运系统的不断完善，根据城市居民对不同交通出行的需要和各种交通本身的功能要求，合理组织城市中的各种交通，合理地分配城市的道路、用地和空间资源，使城市交通始终处于高效率、高服务质量的良性循环状况，这是我们应该不断追寻的目标。因此，我们在强调“优先发展公共交通”的同时，也要保证和促进整个城市综合交通系统，特别是城市客运交通系统的协调和健康发展。

同样，在不同城市和城市的不同地域，要根据交通的需求和特点，有针对性地、因地制宜地采用不同的交通政策，促进整个城市交通系统的和谐发展。如在布局紧凑的城市中心地区,要强化公共交通的主体作用,对小汽车实施一定的限制;在布局相对分散的城市外围,可以充分发挥小汽车的优势,将其作为重要的交通出行方式。

1.3.6 城市交通影响分析与评价

"交通影响分析与评价"的概念源于美国。"交通影响分析与评价"是在城市规划建设管理中为了取得城市用地建设与交通环境相互协调的重要管理措施。特别是在城市重要的道路沿线、交通中心、城市中心附近的建设项目,都应进行"交通影响分析与评价",并经规划管理部门批准后方可进行建设。

"交通影响分析与评价"多针对单个的土地开发项目进行,其实质是关于交通的可行性研究,为规划决策提供依据;目的是分析新开发建设项目建成后将会发生与吸引的交通流的交通特性,新产生交通流对附近道路已有交通(又称"背景交通")运行及其周围环境所产生的影响,通过协调局部土地使用与交通建设的关系,提出改善交通的措施与项目建设交通影响的评价意见。

除规定项目交通影响评价的范围与年限外,项目"交通影响分析与评价"的工作内容主要包括:

(1) 调查和收集项目所在地段的现状土地开发状况和规划土地使用情况;

(2) 调查和收集项目所在地段及地区道路交通状况;

(3) 预测建设项目现有方案的交通需求;

(4) 评价建设项目对地段和地区交通的影响程度;

(5) 提出对建设项目评价范围内的土地使用与交通系统的改善建议和措施;

(6) 提出配套交通建设投资与财务分析报告;

(7) 提出总评价意见与结论。

1.4 我国城市交通和道路系统存在的问题和对策

1.4.1 我国城市交通的发展规律和趋势

1. 科学地看待我国城市交通的发展与交通拥挤问题

城市交通是顺应城市经济、社会和城市的发展而发展的。

城市经济的发展带来生产需求和流通需求的增加,带来了生产性货运、生活性货运和上下班客运的不断发展,而城市居民生活水平的提高也带来了居民出行机动化程度的提高和出行量的增加。表现在出行方式(交通结构)上,从步行到步行+自行车+公共汽车,到步行+自行车+公共交通+小汽车,将来可能会发展到以公共交通和小汽车为主的交通结构。交通的发展是必然的。

城市社会的发展带来居民出行次数增加、出行时间变化、出行方式多样化和交通文明程度提高，交通秩序将不断得到改善，交通的发展将不断步入良性循环。

城市交通的拥挤一定程度上是城市经济繁荣和人民生活水平提高的表现。城市交通的发展，就一定的地域来说不是无限制的，交通的拥挤终究将会导致交通源的外移和交通方式的改变。

2. 城市交通的机动化是我国城市交通发展的必然趋势

现代城市交通的发展具有两大特征：

一是随着城市经济和社会发展对外联系和交往的加强，城市交通与城市对外交通的联系加强了，综合交通和综合交通规划的概念更为清晰，要求我们要加快对外交通设施的建设，疏通城市交通与对外交通的联系通道，利用对外交通条件，拓展城市发展空间。

二是随着城市交通机动化程度的明显提高，城市交通的机动化已经成为现代城市交通发展的必然趋势。面对城市交通现代化的发展的新特征和新趋势，我们必须要有新的思路和新的对策。

国外经验，国民收入人均 1000～1500 美元时，私人小汽车开始普及；国民收入人均 2500 美元以上开始大量建设地铁设施。以人均 GDP 计，人均 2000 美元时开始发展私人小汽车，人均 3000 美元时开始普及私人小汽车（达到约 10 辆/百人的水平），人均 10 000 美元时进入相对稳定期（达到约 20 辆/百人的水平）。

相比国外，我国城市小汽车的发展要相应提前。目前在我国城市私人小汽车发展预测中常采用 2020 年（人均 GDP10 000 美元左右）达到 18 辆/百人的指标。随着国产小汽车数量的剧增、价格的速降，人民生活水平的不断提高，机动车进入家庭是不可阻挡的历史潮流。

现代城市交通最重要的表象是“机动化”，“机动化”的实质是对“快速”和“高效率”的追求，这是符合时代发展精神的。城市交通“机动化”有利于加快流通，缩短出行的时间距离，加大人的活动范围，更重要的是可以带动经济、社会和城市的发展，城市交通的“机动化”必然呈迅速上升的趋势。

西方国家城市交通机动化的进程伴随着非机动交通的衰退，因之而产生的相对单一的机动交通的组织和交通问题的解决都比较简单。目前中国城市交通机动化发展十分迅速，但总体上机动化的整体发展水平还比较低，城市交通机动化的程度很不均衡，主要集中在发展水平较高的特大城市和地区。我国城市交通的机动化发展仍然伴随着大量非机动车的交通，使得城市交通的复杂性十分明显，解决交通问题的难度很大。

随着城市的不断扩展，城市交通机动化的迅速发展，城市交通面临两个问题：

一是城市在不断发展，城市居民的出行量和交通量不断增加，出行距离不断加大，交通需求关系越来越复杂，交通矛盾越来越激化，城市交通建设就数量而言，永远赶不上城市交通的发展，这是城市交通问题产生的重要原因，但又是客观的必然。但是我们也要看到，城市的发展不是无限制的，城市交通的发展就与城市发展而言也不是无限的。城市交通的发展同城市的发展一样,有自调的机能。

二是城市机动交通的比例不断提高,机动交通与非机动交通、行人步行交通的矛盾不断激化,城市道路系统的交通状况越来越复杂。目前,我国许多特大城市和大城市已开始进入机动化的快速发展阶段,机动车对城市交通的冲击日益明显,机动车与行人、非机动车的矛盾已成为城市交通的主要矛盾。机动交通的迅速发展势必对人的行为规律和城市形态产生巨大影响,城市交通机动化的发展也会成为城市社会经济和城市发展的制约因素,原有的城市道路系统结构已经不能满足城市交通发展的需要。对此,城市规划要有预见,要做好准备。

1.4.2 中国城市交通问题分析

中国城市交通存在的矛盾和问题涉及方方面面,大致以下有五个方面的因素。

1. 人口密集与城市用地的矛盾

我国城市人口密集,很少有像西欧或美国中西部那样分散型、规模小、密度低的城市。改革开放以后,大量农村剩余劳动力和一部分图求更大发展的白领人员进入城市,成为常住流动人口,城市人口迅速膨胀,在给城市带来活力和发展的同时,又进一步加大了城市的密度,形成新的城市问题。

由于人口稠密,国家又实行劳动力密集、广就业、低工资的政策,所以中国城市发展的最大问题是人口密集而城市用地紧张。中国多数城市的人均城市建设用地为50~80 m^2,国家对城市规划人均城市建设用地的控制指标在100 m^2 左右。无论城市的总人口密度或城市中心地区的人口密度都与发达国家城市相差2~10倍,相应人均用地和道路交通用地就要低得多(表1-5)。

表1-5 城市人口密度对比表 人/hm^2

		城市人口密度	中心密集地区人口密度
发达国家	一般城市	10~60	100以下
	巴黎、东京	100左右	300左右
中国	一般城市	100左右	300左右
	大城市、密集城市	100以上	500左右

人口密度大、城市用地紧张意味着产生的交通密度大,意味着中国城市的交通环境、交通形态与国外发达国家城市大相径庭,我们不可能把发达国家的交通方式套用到中国城市。城市客运量大是我国城市交通的普遍规律和特点,并将长期存在下去。即使将来发展技术密集型的工业,我国也难以普遍形成西欧那种小规模的城镇体系。以中心大城市为核心的城镇体系仍将是我国城镇化的特点。所以,我们在进行城市规划时必须牢记我国城市人口多、客运量大这个特

点，把人作为重要的交通对象去思考问题，从由人口密集与城市用地的矛盾而形成的具有中国特色的城市交通形态和交通环境出发，寻求解决中国城市交通问题的方法。

2. 城市用地布局带来的交通分布的合理性问题

城市布局形态决定交通的分布，交通分布不合理是由用地布局不合理带来的，城市布局结构和用地布局的合理性直接影响着城市交通的分布和合理性。

我国城市发展的基本模式是单一中心的同心圆式发展。由于在城市的发展建设上缺乏远见，缺乏清晰的规划思想，城市规划和建设继承了中国古代城市集中式布局的传统，城市像滚雪球一样越滚越大，特别是大、中城市用地拓展速度很快。许多大、中城市在老城区外围新建大规模的城市功能区，城市外围的居住区或工业区大规模连片布局，脱离了城市规划"居住与工作基本平衡"的基本原则，城市布局的不合理性也越来越明显，造成了工作与居住、生产与生活联系的不方便，许多居民不得不居住在老城区到外围工业区工作，或是居住在外围大型居住区要前往老城区工作，人和车的平均出行距离越来越大。这样的城市空间布局会导致中心城区与外围功能区之间出现大量的通勤交通，导致早晚高峰期间钟摆式交通现象十分严重。使得城市生产和生活周转减慢、越来越不经济。城市用地的不合理带来的城市交通问题是根本性的。

从根本的角度考虑，城市交通分布的合理性取决于城市用地布局的合理，应该从控制大城市发展出发，结合建立先进的综合交通运输系统，引导城市用地总布局向合理状态转化而进行必要的调整。城市要从总体上改变单一中心的布局结构，形成多中心的组团式布局，减少跨区性的交通生成量，缩短出行距离，使交通均衡分布；局部要在不同性质的道路旁布置不同的建设用地，有的道路两侧不建和少建建筑，城市道路空间要留有余地，这样才能保证交通分布的合理及交通与用地关系的基本合理。

同时，外围地区新建的居住区、工业区，往往公共交通系统的覆盖密度及服务水平远不及中心城区，服务设施并没有配套齐全，整体城市布局仍然呈现单中心布局的特征，致使居民大量采用私人机动交通方式出行。这样大规模的私人机动交通出行，往往汇集在中心城区与外围地区的几条重要连接线上，形成了城市交通系统中的拥堵点和拥堵路段，从而影响整个城市交通系统的运行效率。

目前我国许多大中城市中出现的交通拥堵问题，都和这种城市空间布局模式有关。针对这些问题，往往不是通过修建更多的道路或者城市轨道交通线路就可以解决的，而是要从城市空间布局入手，从源头上真正解决城市交通系统所面临的问题。

3. 城市综合交通系统落后带来的系统性问题

(1) 城市道路交通设施建设不能适应现代城市发展的需要

我国大多数城市的道路系统不完整或者说未成系统，路网密度低，功能不分、节点(交叉点)处理不当,不重视支路建设,交通流过于集中在少数干路上,城市的迂回运输现象比较普遍,又加大了道路上的交通压力。由于我国城市的经济水平还相对较低,交通工具种类繁多,差异很大,城市的交通结构也因之不合理,各种交通工具没有合理地负担各自的运输任务,自行车、电动自行车及摩托车交通量的不合理的发展在一些城市十分明显。不同性能和不同功能的交通流在同一平面上混杂在一起,互相干扰,只能是性能好的服从性能低的,快速的服从低速的。特别是机动车与低速自行车的相互干扰,使得机动车交通流的速度降低,城市道路利用率降低,交通效率下降,交通矛盾更为恶化,这也是产生交通事故的重要因素之一。同时,城市中缺少各种车辆的停车场地、人流集散场地,甚至缺少人行道,城市道路被大量机动车停车、"马路市场"、摊贩及其他堆放物占用的状况十分严重。这是形成城市交通拥挤和阻塞的重要原因之一。

因此,加强城市道路交通网络的系统性和动态管理是十分重要的。城市道路系统规划和建设要立足于逐步改革城市道路系统结构,根据功能分类、通畅与服务的要求,重视城市道路系统性的建设,把完善道路网放在道路建设的第一位,逐渐并争取尽快形成一个完整的、合理的、分流的道路系统。在此前提下,有目的、有计划地安排路段和交叉口的改造,重视停车设施的建设和道路交通管理。

(2) 运输体系和交通结构缺乏科学性

我国城市运输管理落后,城市货运系统中社会车辆占的比例过高,而专业车辆占的比例较小,这种状况造成了车辆的空驶率很高,无形之中加大了城市中的交通量。城市布局的不合理和运输管理水平的落后又增加了不必要的往返运输和迂回运输。同时,社会生产方式的陈旧也增加了城市的货运量。改革开放以来,我国城市大多进行了货运系统的改革,城市不同类型"物流中心"、"物流园区"设施的建设,不断提高了货运效率。但是,城市中仍然有大量的个体货运车辆,在规划中还应进一步提高货运设施布局的合理性和货运交通分布的合理性。

我国城市基本上还未能形成能适应不同客运需求的综合性客运系统,也未能实现客运系统的综合规划和管理。城市公共交通系统不能适应现代城市交通发展的需要,陈旧的"客流决定线路"的公交规划发展观念和脱离国情、市情盲目照抄外国的做法进一步导致了公共系统综合效率的低下。现代化社会要求"高效率",所以要从我国城市人口密集的角度,优先发展公共交通,考虑城市轨道交通的建设要求,不断完善城市公共交通系统,同时还要充分发挥各种交通工具(包括出租车、自行车、小客车)的综合作用,形成多效、多层次、组合作用的城市客运交通系统,用合理的城市客运交通系统不断促使客运交通结构趋于合理。

4. 城市交通管理的科学性问题

城市运输系统是城市交通的运作网络,城市道路系统是城市交通的运行通道,城市交通管理系统是城市交通正常运行的保障。其中城市交通管理的科学性对城市交通的高效、正常运行有着十分重要的作用。目前我国城市中城市运输、城市道路、城市交通管理三个系统分别由多个部门管理，思想认识不尽统一，城市的交通管理系统与城市规划、城市建设脱节，城市交通管理跟不上城市交通发展需要。城市交通管理应该实现统一在城市规划基础上的多个相关部门综合协调，统一管理。目前在一些城市组建的城市交通委员会可以逐渐担负起这个责任，而且对加强城市交通管理的科学性有积极的促进作用。

5. 居民交通意识问题

交通意识是衡量国民素质和城市居民意识水平的重要方面。违章是事故的根源，事故是交通阻塞的主要原因。因此，要加强对城市居民（特别是少年儿童）的交通教育，加强城市居民（特别是进城流动人口）的交通意识和法规意识。

1.4.3　解决城市交通问题的理念与对策

1. 当前我国城市解决交通问题的方法

当前我国大多数城市大多采用交通工程的方法解决交通问题。交通工程的方法成效快，但持续性短，是治标不治本的方法。目前我国城市采用的交通工程的方法主要有以下方面。

（1）拓宽城市道路：适度拓宽道路有益于满足交通的需要

加宽道路并不能成比例地增加道路的通行能力，而且由于加宽了道路，交通量过于集中于交叉口，会导致交叉口交通负担过重，进一步影响到路网的整体效率。

过宽的道路也会造成机动车行驶自由度增大，容易造成交通事故。

（2）拓宽交叉口：增加进口车道数量

适度增加进口车道数量有益于提高交叉口的通行能力，但过多增加交叉口进口车道会导致交叉口过大，通过交叉口距离过大、时间过长，从而降低了交叉口的通行效率；同时，会造成交叉口车流过于复杂，易产生“搅死现象”。

（3）使用自动控制信号灯

使用自动控制信号灯在一定程度上可以减少交叉口管理人员，有利于交叉口管理的制度化。但要做到自动控制信号灯适应交通的变化、合理组织交叉口和路段的交通，目前的差距还很大，在认识上也存在误解。

人们寄希望于实现“线控”（路线绿波信号控制系统）。但是，实现双向“绿波信号控制”需要满足交叉口间距相同、车种相同、车速相同等条件，而实际上这些条件很难得到满足。一般在有特殊交通管理要求时，可以实现单向的绿波信号灯控制，而双向的实验与期望的效果相距甚远。所以，在“线控”基础上发展“面控”也很难实现交通的畅通通行。

许多城市使用多向位信号灯，对改善交叉口内的交通秩序效果明显。但多相位信号灯会导致信号周期过长，从而造成车辆等候时间加长，交叉口延误增大，排队距离加长，耗油和污染增大，客观形成路网拥堵面扩大，路网系统整体通行效率下降的现象。

(4) 控制车辆出行的交通管制

对城市的不同地段,在不同的时间段中实施交通管制是调节交通分布的有效方法。如对货运车辆在时空上的组织,对交通拥挤地段和步行区的交通控制等。但是,一定的交通组织方案需要符合客观的交通规律,并配合相应的设施建设(如停车设施、换乘设施、交通引导标志等),以及需要民主法制程序制定的实施细则等。

交通管制的基本思想应该是采用"疏"的方法而不是"堵"的方法,"堵"的方法只能"治标"而不能"治本",只能短期起作用而不能彻底解决问题。

(5) 实施优先发展公共交通的措施

"优先发展公共交通"不能只是力图在道路上做文章,只是大力发展道路上的公共汽车线路,尽可能地满足公共汽车"优先"行驶,而忽视了城市交通系统的整体的和谐发展,这样不但不能从根本上解决问题,反而可能会影响城市交通的正常秩序,甚至产生新的交通拥堵现象。因此,深入认识"优先发展公共交通"的科学意义十分重要。

(6) 编制《交通规划》

科学编制《交通规划》是实现城市交通良性循环的基本保证。但目前一些城市的《交通规划》主要按照交通工程的方法进行编制,与城市用地布局及其规划脱节,所预测的交通分布与实际存在较大的差距,科学性不够。

2. 解决城市交通问题的基本思路

城市交通的发展是城市经济社会发展的表现,也是城市居民生活水平提高的表现,不能把城市交通的发展视为洪水猛兽。城市和城市交通的发展就一定的地域来说不是无限制的,交通的拥挤会导致交通源的外移和交通方式的改变。我们要认清城市交通发展的形势,树立解决城市交通问题的信心和决心,做好城市交通综合战略研究和综合性规划,城市规划要为城市和城市交通的现代化发展做好准备。

中国城市交通机动化的发展十分迅速,城市交通的复杂性越来越大,城市交通问题越来越严重,单纯依靠道路交通工程措施只能治标而不能治本;城市规划的方法是治本的方法,但需要较长的时间才会有显著的效果。因此,必须从更高的角度——城市规划的角度寻求根本解决城市交通问题的方法,并与道路交通工程措施相结合,做到"标本兼治"。

城市规划解决城市交通问题的重要理念是"节源开流"。"节源"就是要从"源"上减少交通量(特别是中、远距离的交通量)和出行距离,从而大大减少城市中的交通流量(特别是跨组团的交通流量)。"开流"就是要提供适应交通分布、满足交通需求的城市道路交通系统(交通通行条件)。

马克思主义理论阐明了事物发展的一个基本原理,就是"生产力发展到一定程度,需要生产关系进行变革"。现代城市交通的发展同样要求我们立志变革,不但要变革我们的规划理念，而且要立志对城市交通系统结构进行变革，以适应城市交通的现代化发展。

城市规划解决城市交通问题的基本方针是：

一方面要从变革城市结构的角度，使交通的出行趋于合理，减少出行量和交通量。因此，要下大力气控制城市过快的发展，控制城市人口过快地增长；要下决心调整城市布局，就近安排居住与工作，用城市规划建设的手段促进城市人口的合理分布，促进城市用地的发展与布局不断趋于合理，使城市交通出行与分布更为合理，减少交通出行量和交通出行距离。

另一方面则要从变革城市道路和交通系统的角度，不断促进城市道路交通系统的现代化，提高道路、交通设施的效率；做好交通分流和道路交通系统的功能分工，充分发挥城市道路交通系统的系统效率。提高城市交通效率的基本思路是：分散交通（疏散城市中心区，城市功能分区，考虑机动车出行尺度）、分离不同性质的交通（进行道路功能分工与结构变革，交通方式的选择，交通环境问题）和道路交通系统的系统协调及和谐发展。

3. 解决城市交通问题的基本对策

（1）研究城市交通机动化的发展趋势、规律及对城市的要求，因地制宜地制定科学的城市交通发展战略和城市交通政策。

我国现状城市交通政策主要包括：

① 优先发展公共交通。建设“布局合理、结构合理、综合性、多层次、能适应各种交通需求”的现代化城市公共交通系统。

② 严格控制摩托车发展。

③ 合理使用自行车（近距离、休闲、健身）。

④ 引导小汽车、出租汽车的合理发展，实现小汽车与公共交通的差别化、互补性发展。

（2）立足于城市布局向合理化转化，从根本上减少交通量，使交通分布趋于合理。要在城市规划建设中逐步完善城市组团功能，加强组团中心的建设，实现组团式布局，引导和实现组团内居住与工作的基本平衡，减少交通量及出行距离，通过布局的调整，逐步降低中心区的人口密度。

（3）优化城市道路交通系统结构，一是要适应时代发展，满足现代化城市交通需求，二是要与用地布局相协调。特别要注意城市道路系统和城市公共交通系统两个系统的规划及规划中的相互协调。

要规划和建设一个结构合理，系统性好，高效率，与城市发展用地布局密切结合的，适应现代机动交通发展要求的新的城市道路系统。对于交通问题严重的大城市，特别要强调疏通性道路的规划与建设。

要规划和建设一个符合城市交通特点，与城市用地布局密切结合，适应不同人群的不同交通需求的现代化客运交通系统。

(4) 要认真研究我国城市交通的特性,研究适合我国国情的、科学的城市交通规划理论、方法和城市交通政策,搞好交通规划与用地规划、道路交通系统规划的结合。要认真研究城市规划中的交通管理问题,做好城市道路交通组织规划,并根据现状存在的交通问题提出交通整治和管理方案,把交通管理与城市规划、城市道路系统规划和城市道路设计结合起来,做到交通管理的科学化。

(5) 实施科学的现代化交通管理。

4. 解决城市交通拥挤问题的基本思路

(1) 城市中任何具体的、局部的交通问题都要从交通需要和全局出发研究解决,从交通"源"入手,减少交通的出行量和出行距离。例如,从城市布局的角度,逐步完善组团基本功能,完善组团道路交通系统;从加强信息流通量的角度,减少交通出行量。

(2) 采用集中与分散相结合的方法,合理组织各类交通,分散过于集中的交通,提高交通设施的系统效率。包括:变革城市道路系统,形成交通分流的新系统;变革城市运输系统,建设适合快速、大客流量要求的城市轨道客运系统,减少地面道路的交通压力;变革货运系统,建设现代化城市物流系统等。

(3) 制定合理的城市交通政策,实现交通管理的科学化。包括根据不同城市的特点采用不同的交通模式,制定不同的城市交通政策;为不同的出行需求提供方便的出行工具和出行通道,设置必要的交通换乘接驳设施,实现交通分区控制。一个城市的交通问题的解决,需要经历一个长的时期,要长期努力,要有多方面的综合措施、前瞻性的预防措施和全民的共同奋斗。

1.5 城市交通分类

要做好城市交通与道路系统规划,必须认真研究城市中各种交通的服务目的、特点、功能要求,以及与城市用地和基本设施的关系,依此对城市交通进行科学的分类。

城市交通可以分为货运交通和客运交通两大类型。城市中的货物运输除了通过城市道路外,还有一些与区域性交通相联系的部分,可以通过铁路、河道航运、管道来完成,这些部分不作介绍。

对于城市客运交通可以按照出行目的和出行方式分别进行分类。此外,城市中还有执行特殊任务的紧急车辆的交通,如消防、急救、公安、工程抢险这类交通,由于其特殊性已由交通法规予以特殊许可,而且并非大量出现在城市交通系统中,因此,在城市规划中仅考虑其通行条件(空间),而不必单列为一种分类。

城市交通分类如表1-6所示。

表 1-6　城市交通分类

	货运交通		客运交通								
			按出行目的分类			按出行方式分类					
								公共交通			
	重货运交通	轻货运交通	上下班出行交通	公务出行交通	生活出行交通	步行交通	自行车交通	路上公共交通	轨道公共交通	出租车交通	小汽车和其他社会车辆交通
服务目的	社会生产	社会生活与生产	工作	工作	生活	生活与工作	工作与生活	工作与生活	工作与生活	工作与生活	工作与生活
特点	车型大，载重量大，运量大，不间断性运输	车型小，载重量小，运量小，间断或不间断性运输	量大而集中，连续性运输，有时与生活出行结合进行	数量较少，一般为连续性运输	常在大型生活服务设施附近形成大量密集人流	出行半径小，常与其他交通方式配合进行	行动灵活多变，路线有很大选择性	路线固定，间断性运输	路线固定，间断性运输	路线不固定，连续性运输	路线不固定，连续性运输
主要出行范围	工业，仓库区，对外货运交通枢纽	城市中心地区的分散的工厂、仓库、生活服务设施、城市建设场地	居住区和各就业点（包括学校）	各就业点和生活服务设施	居住区与商业、文体、游憩设施	居住区和商业、文体、游憩地段	居住区与各种其他用地	居住区与各种其他用地	居住区与各种其他用地	居住区与各种其他用地	居住区和办公、生活服务设施
常使用道路	城市中心区以外的主要交通性干路	城市各级道路	城市各级道路	城市各级道路	城市各级生活性道路	居住区内道路及城市生活性道路	除机动车专用路、步行专用路以外的城市各级道路	城市各级道路	专用轨道空间	城市各级道路	城市各级道路
速度要求	快速而通畅	无特殊要求	快速而通畅	快速	无特殊要求	无特殊要求	10～18 km/h	16～20 km/h	快速而通畅	快速而通畅	可达最大限制车速
与人和生活居住区的关系	无关	关系较小	密切	关系较小	密切	密切	密切	要求有方便的联系	要求有方便的联系	要求有方便的联系	要求有方便的联系
停车和人流集散空间要求	出行端内部设置停车作业场地	城市相应地点设置停车作业场地	各就业点设置内部停车场地，出入口考虑人流、车流集散空间	设置出行端内部或城市公用停车场地	生活服务和游憩设施附近设置足够的人流集散场地和停车场地	生活服务、游憩设施和客运交通枢纽附近设置足够的人流集散场地	各出行端设置停车寄存场地和设施	根据终点站调度、站点停靠、换乘要求设置相应的停车、调车场地和换乘枢纽	设置调车、停车场地和换乘枢纽	主要生活服务、游憩设施、对外客运枢纽设置停车调度场	设置出行端内部停车场地或城市公用停车场地
其他要求	避免行人和自行车的干扰	基建货运常进入生活居住区，规划应为之留有余地			要求人流与公共交通设施、停车设施有良好的配合	要求有不受其他交通干扰的良好环境，同时与公共交通联系方便	路面平坦，线型好而通畅，不受机动车的干扰	希望减少自行车交通的干扰，而又与各自行车、步行交通有良好的衔接	不受其他交通干扰，与其他客运交通有良好的衔接		

1.6 城市道路分类

1.6.1 城市道路的基本属性和称谓

道路从产生起就是和城乡用地结构相匹配的,也担负着不同的功能。

中国古代结合“井田制”将全国的道路(包括城镇间的公路)分为路、道、涂、畛、径五个等级。现代社会道路有了更为细致的分工,主要分为公路和城市道路两大类。

1. 公路

位于城市外围的城镇间道路一般都称为公路。公路是联系城市与城市、城市与乡镇的道路,从性质、技术标准和管理方面具有独立性,不能与城市道路相混合。

公路按照其在公路网中的地位分为干线公路和支线公路,干线公路包括国家级干线公路(国道)和省级干线公路(省道),支线公路包括县公路(县道)和乡公路(乡道)。

公路按照交通量及使用任务、性质又可分为:

(1) 汽车专用公路,是主要联系城市与城市的快速交通通道,包括高速公路和汽车专用的一级公路和二级公路。

(2) 一般公路:除了作为城市与城市间的常速通道外,又作为中心城与郊区城镇、农村集镇的联系通道,兼作高速公路间的联系通道,包括一般的二级公路、三级公路和四级公路。

2. 城市道路

城市道路是指城市城区内的道路。

城市道路的第一属性是组织城市的骨架,城市道路的第二属性是城市交通的重要通道。作为城市交通的主要设施、通道,既要起到组织城市和城市用地的作用,又要满足不同性质交通流的功能要求。

1995年发布的《城市道路交通规划设计规范》(GB 50220—1995)(以下简称《规范》)是在现代机动交通迅速发展的背景下修订的。《规范》在城市道路分类中列入了“快速路”,体现了“快速交通”与“常速交通”的分流和“快速道路”与“常速道路”的分离;《规范》科学地将四级城市道路统称为“路”,城市道路内的组成部分称为“道”;《规范》要求在四级道路的基础上还应考虑“交通性”与“生活性”的功能分工。

按照专业的称谓,城市道路统称为“路”。有的城市将交通性和展现城市风貌的景观性的主要城市道路称为“大道”、“大路”、“大街”,都归于“路”的称谓。

城市中还有一些商业性的道路,按照传统的称谓,应称之为“街”。

北方城市中的“胡同”是与居住区密切结合的道路,主要的“胡同”属于“支路”等级,次要的“胡同”属于小街巷,可以不纳入城市道路的等级。

有的城市习惯上将某个方向的道路统称为“路”，另一方向的道路统称为“街”，并不能替代对于道路的专业称谓。

3. 城市道路的分类要求

城市道路系统规划要求按道路在城市总体布局中的骨架作用和交通地位对道路进行分类，还要按照道路的交通功能进行分析，同时满足“骨架”和“交通功能”的要求。因此，按照城市骨架的要求和按照交通功能的要求进行分类并不是矛盾的，两种分类都是必须的，而且应该相辅相成、相互协调。两种分类的协调统一是衡量一个城市交通与道路系统规划是否合理的重要标志。同时，我们还可以把上述两种分类的思路结合起来，提出第三种分类，即按道路对交通的服务目的进行分类，这种分类将有助于加深对道路系统的认识，有助于组织好城市道路上的交通。

1.6.2　国标(作为城市骨架)的分类

《城市道路交通规划设计规范》(GB 50220—1995)对城市道路的分类是按照城市骨架作用的分类，主要依据城市道路在城市总体布局中的位置和作用将城市道路分为四类：

1. 快速路

快速路是城市中为联系城市各组团的中、长距离快速机动车交通服务的机动车专用道路，属全市性的交通主要干线道路。快速路一般布置有双向四条(多为六条)以上的行车道，全部采用立体交叉(或布置出入匝道)控制车辆出入；一般应将快速路布置在城市组团之间的绿化分隔带中，可以成为划分城市组团的分界，快速路与城市组团的关系可比作藤与瓜的关系。所以，快速路一般围合一个城市组团，快速路的间距也应该依组团的大小而定。

快速路是大城市交通运输的主要动脉，同时也是城市与高速公路的联系通道。在快速路两侧不宜设置吸引大量人流的公共建筑物的进出口，对两侧一般建筑物的进出口也应加以控制。快速路在城市中的布置不一定要采用高架的形式，但在必须通过繁华市区时，可能采用路堑或高架的形式通过，以与其他常速城市道路实现立体分离(组合)，可以更好地协调用地与交通的关系。

2. 主干路

主干路是城市中主要的常速交通道路，主要为相邻组团之间和与市中心区的中距离交通服务，是联系城市各组团及与城市对外交通枢纽联系的主要通道。主干路在城市道路网中起骨架作用，它与城市组团的关系可比作串糖葫芦的关系。

大城市的主干路多以交通功能为主，除可分为以货运或客运为主的交通性主干路和综合性的主干路外，也有一些主干路可以成为城市主要的生活性景观大道。

3. 次干路

次干路是城市各组团内的干线道路。次干路联系主干路，并与主干路组成城市干路网,在交通上主要起集散交通的作用。同时,由于次干路常沿路布置公共建筑和住宅,又兼具生活性服务功能。

次干路中有少量的交通性次干路,通常为混合性交通通道和客运交通次要通道;大量的是生活性次干路,包括商业服务性街道等。

4. 支路(又称城市一般道路或地方性道路)

是城市一般街坊道路,在交通上起汇集性作用,是直接为用地服务和以生活性服务功能为主的道路(包括商业区步行街等)。

城市中还有一类"小街巷"的道路,在小城镇可以作为一类城镇道路,在大、中城市一般在功能上不参加城市道路系统的交通分配,在城市骨架上也不起重要作用,相当于居住区的邻近住宅路,其用地计入居住用地。

国标四类道路的交通功能关系如表1-7所示。

表1-7 按城市骨架分类的道路交通功能关系表

类别	位置	交通特征						
快速路	组团间	交通性	货运为主	高速	与用地的隔离性大	交叉口间距大	机动车流量大	无自行车、步行流量
主干路	组团间	⇩	⇩	⇩	⇩	⇩	⇩	⇩
次干路	组团内							
支路	组团内	生活性	客运	低速	与用地联系密切	交叉口间距小	机动车流量小	自行车、步行流量大

国家标准《镇规划标准》(GB 50188—2007)规定镇区道路分为主干路、次干路、支路和巷路四级,根据镇的规模和发展需求选用不同的道路系统组成。

国家行业标准《城市道路设计规范》(CJJ 37—1990)从道路设计的要求,将城市道路中的三类常速道路又按城市规模、设计交通量和地形等分为Ⅰ、Ⅱ、Ⅲ三个等级,分别规定道路设计的相关技术指标,这种分类方法不适用于城市规划工作。

1.6.3 按道路功能的分类

城市道路按功能的分类是依据道路与城市用地的关系,按道路两旁用地所产生的交通流的性质来确定道路的功能,可以将城市道路分为两大类。

1. 交通性道路

是以满足交通运输为主要功能的道路,承担城市主要的交通流量及与对外交通的联系。其特点为车速快,车辆多,车行道宽,道路线型要符合快速行驶的要求,道路两旁要求避免布置吸引大量人流的公共建筑。根据车流量和车流的性质又可以分为交通性主干路和交通性次干路。

(1) 交通性主干路:是城市中主要的常速交通性干路,是城市快速路和其他常速路间的连接纽带。又以可分为:

货运为主的交通性主干路:主要分布在城市外围和工业区、对外货运交通枢组附近；

客运为主的交通性主干路：主要布置在城市客流主要流向上，可能将城市组团进一步划分为具有一定功能特点的“分组团（片区）”，必要时设置公共汽车专用道。

（2）交通性次干路：主要分布在工业、仓储、物流区，是交通性主干路之间的集散性或联络性的道路或位于用地性质混杂地段的次干路，也包括全市性自行车专用路，其交通性并不十分强。

2. 生活性道路

是以满足城市生活性交通要求为主要功能的道路，主要为城市居民购物、社交、游憩等活动服务的，以步行、自行车交通和公共交通为主、货运机动交通较少，道路两旁多布置为生活服务的、人流较多的公共建筑及居住建筑，要求有较好的停车服务条件。又可以分为：

生活性主干路：体现城市性质、城市特色的全市性景观大道和布置城市主要公共性、生活性设施的主要干路；

生活性次干路：如商业大街、居住区级道路；

生活性支路：如城市支路和居住区内小区级以下道路等。

公路与城市道路按骨架和功能分类的配合关系如表 1-8 所示。

表 1-8　公路与城市道路按骨架和功能分类的配合关系表

分类		城镇间道路		全市性干路		城市次干路		支路	
		高速公路	一般公路	快速路	主干路	交通性	生活性	汇集服务性道路	生活性支路
交通性道路	主干路	●	●	●	●				
	次干路		●			●			
生活性道路	主干路				●				
	次干路						●		
	支路							●	●

城市道路的功能分工还包括机场高速（快速）路、风景区道路（包括旅游大道、滨海大道）、自行车专用路、步行专用路等。

机场高速（快速）路是为出入机场机动交通服务的专用道路，不应受其他与机场无关的交通的干扰和冲击。因此，可以考虑出城的方向实行“只进不出”直达机场的交通组织；进城的方向实行“只出不进”衔接城市主干路的交通组织。

公路的功能分类还包括货运高速路、客运高速路、货运专用路（如疏港公路、运煤专用路）等。

1.6.4 新形势下按交通目的分类的思考

在城市现代化发展和城市交通机动化的新形势下,城市交通又可以分为以疏通交通为目的的交通(疏通性交通)和为城市用地服务为目的的交通(服务性交通)两类。两类交通对道路的布置、断面、线型的要求和与道路两旁的用地的关系是不同的。因此我们又可以把城市道路从系统上分为疏通性道路和服务性道路两大类,为了充分发挥两类道路的功能作用,在城市中必须形成疏通性路网和服务性路网两大路网。

1. 疏通性道路

疏通性道路以疏通交通为目的,以通行通过性交通为主,要求交通畅通、快捷。疏通性道路应该与对外交通系统(公路和对外交通设施)有好的衔接关系。疏通性道路要保证交通的畅通和快捷,就必须避免和尽可能减少沿道路用地产生和吸引的交通的冲击和干扰。

"疏通性道路网"由城市快速路和交通性主干路构成,组成为城市的主要交通道路骨架,满足快速、畅通的交通需求。疏通性道路网也是城市布局结构的基本骨架。

疏通性道路的最高等级是城市快速路,其两侧应该设置绿化保护,避免沿路建设的习惯做法。城市快速路采用立体交叉或组合匝道的方式连接下一级疏通性道路或城市主干路,通过下一级道路实现与服务性道路的联系,实现为用地服务。

疏通性道路的第二等级是城市交通性主干路,在可能的条件下应该尽可能减少沿路生活性设施的建设。交通性主干路与快速路的区别是要在保证畅通、快捷的基本要求下,有限地实现为两侧用地服务。因此,交通性主干路的横断面组合是一种快、慢的组合,而不是习惯上的机、非组合。即通过快速车道(通行快速机动车)的布置,保证快速畅通性;通过两侧慢速车道(通行常速机动车和非机动车)的布置,实现与两侧用地的联系,为两侧用地服务(见第5章P229)。交通性主干路的交叉口之间一般不实现慢车道与快车道的联系与转换,分隔带通长布置,而在交叉口处组织不同车流的转换。为了使快速车道的通行更为畅通,可以在交叉口设置直通式立交。

2. 服务性道路

服务性道路以为城市用地服务为目的,要求能方便地直接服务于道路两侧的城市用地,通常包括有城市生活性主干路、次干路、支路等。服务性道路对车速的要求不高,要求有好的公共交通服务和较多的供车辆停放的车位服务。当道路两侧为生活性居住、商业等用地时,要有较好的步行环境和方便的停车条件;当两侧为工业、仓储等用地时,也应该对车速加以限制。

"服务性道路网"由城市中的生活性为主的主干路、次干路和支路构成,组成为城市的基础道路网，以满足城市交通对用地的直接服务性要求。服务性道路网也是城市用地布局结构的基本骨架。

各级各类道路的功能与特性见表1-4。

表1-9为国际交通工程师协会推荐的城市道路分级标准，偏重于交通工程，对城市道路系统分类有一定的参考价值。

表1-9 国际交通工程师协会推荐的城市道路分级标准

分　类	高速公路快速路	干线道路		集散性支路	出入性支路
		主干路	次干路		
功 能	高速机动车流	主要：组团间长距离交通流，市区内高容量交通流； 次要：出入交通	主要：组团间中距离交通流，市区内交通流； 次要：出入交通	主要：小区道路，与干路集散； 次要：出入交通； 第三：邻近小区间交通	出入交通
道路里程率 (%)	连续	5～10	10～20	5～10	60～80
连续性		连续	连续	不必连续，不宜穿越干路	仅邻里间连续
一般长度 (km)	变化较大	8～40	5～15	3～8	<3
一般间距 (km)	6	2～3	1～2	<1	无规定
承担车公里比例 (%)		40～60	25～40	5～10	10～30
道路正面开口	不开口	限制开口，仅连接主要交通源	限制开口，控制开口数和间距	安全性和专门性限制	安全性限制
最小交叉口间距 (m)	禁止	500	200	100	100
速度限制 (km/h)	70～105	55～70	50～55	40～55	30～50
路边停车		禁止	一般禁止	限制	允许
备注	增大干路容量，提供高速交通	城市道路骨架		应限制过境交通	应限制过境交通

第 2 章　城市交通规划

本章所论述的“城市交通规划”是“城市综合交通规划”的重要组成部分，是城市道路系统规划的基础工作。“城市交通规划”以中心城区为主要研究对象，要对城市现状道路交通状况和存在问题进行调查分析研究，结合城市用地发展布局，定量研究中心城区的城市交通的发展和分布，进而确定城市交通发展目标，设计达到该目标的策略，制订实施计划，包括确定城市交通政策、城市交通系统、客货交通组织、道路交通流量分配等主要内容。其中城市交通系统和道路骨架的确定都应成为确定城市布局结构的重要因素和内容。

早期的交通规划仅仅依据调查得到的现状交通量及其分布，采用增长系数的方法预测将来的交通量及其分布。20 世纪 50 年代开始认识到交通需要和土地使用动态之间的关系，并开始进行这方面的研究工作；20 世纪 70 年代后又进一步认识到城市交通运输系统与城市用地布局结构形态的相互影响和制约作用。新的科学方法把城市交通系统的确定同城市规划结构紧密结合起来，以交通调查和分析作为研究交通规律的手段，以土地使用动态为依据进行未来交通分布和分配的预测。现代计算机和控制技术，乃至道路信息系统已开始应用于城市交通规划，大大提高了城市交通规划的效率和规划决策的科学性。

城市交通规划必须同土地使用规划和道路系统规划密切结合、相互协调。

2.1　交通因素

城市交通的四个基本因素是：

用地；

人；

车(机动车、城市轨道车、自行车和其他非机动车)；

路。

其中用地和人是对城市交通起决定性作用的因素，车和路是对城市交通起影响性作用的因素。

2.1.1　用地

城市用地是产生交通、吸引交通的“源”和“泽”，是决定城市交通分布的重要因素。

确定不同性质、不同分类的城市用地产生和吸引交通的数量的指标称为交通生成指标，表示交通的产生和吸引量与城市用地等相关因素的关系。

交通生成指标的确定源于社会调查，经加工归纳，成为一定时期内确定交通量的指标，是交通规划基础数据的依据。这一指标要同城市规划用地分类联系起来，不同性质、不同分类的用地应该有相应的交通生成指标。

交通生成指标的用地相关因素有：城市用地性质、分类、面积、居住人口密度、就业人口密度(就业岗位密度)。

其他相关因素有：工业门类、技术水平、工业产值、工业产量、运输总量、生活供应量指标、商业零售额、平均家庭收入等。

国外对私人小汽车的交通生成有较为成熟的研究。多年来我国对于城市用地上的交通生成已经积累了一些调查分析结果，如表 2-1 和表 2-2 所示。但对于不同开发强度和不同生产水平的城市用地的交通生成指标尚缺乏更为深入的研究。

表 2-1 某年某市按用地、职工人口的货运车辆交通生成的分析

区 域 类 型	按用地面积 (车次/hm^2 · d)	按职工人数 (车次/千人 · d)
市区平均	9.6	80
仓库区		80～150
老工业区和仓库区	15～20	30～40
老工业区	13～15	
新工业区和市区边缘	5.9	50～70

表 2-2 某年某市自行车交通生成调查分析

区域性质及用地功能	自行车拥有密度 (人/辆)	自行车交通生成 (出行次/人 · d)
城区中心商住区	1.21	2.18 (2616 次/hm^2 · d)
城区工业区	1.43 (212 辆/hm^2)	1.38
城区住宅区	1.10 (526 辆/ hm^2)	1.44
近郊住宅区	2.05	0.85

2.1.2 人

人的活动是城市交通的主要活动，也是决定城市交通分布的重要因素。人在城市用地中的分布、活动需求、活动意愿和活动能量决定了城市交通的流动和分布特性。

城市居民出行是构成城市客运交通的主要内容，城市流动人口和郊区农民进城在不同类型的城市占有一定的比例。例如，北京的流动人口已经达到 750 多万人，占总人口的 1/3 以上；上海的流动人口已经超过 800 万人，也占总人口的 1/3 以上。特大城市的流动人口在客运交通中占有比例在不断上升，如北京流动人口公交客流量已占到公交客运总量的 60%以上；而县镇的客运交通中，农民进城(主要是自行车流量)也占有较大的比例。

人的交通活动特性有下列 4 项要素：

(1) 出行目的。包括上下班出行(含上学)、生活出行(购物、游憩、社交)、公务出行三大类。上下班出行是形成城市客运高峰的主要出行,是城市交通规划中主要研究的对象,在旅游城市,则应重视与上下班出行同时段发生的旅游交通的研究。

(2)出行方式。即居民出行采用步行还是其他交通工具的情况。城市客运交通按出行方式的分类比例通常被称为"城市交通出行结构"(或"城市交通结构")。规划要确定居民的出行结构,就是居民出行的步行率、骑(自行)车率、乘(公共汽车、小汽车)车率等。

城市居民出行结构与城市的经济发展水平、居民的生活水平、城市交通设施发展水平、城市用地布局结构等密切相关。如在英国伦敦,城市交通机动化程度很高,居民小汽车拥有量很大,尽管城市地铁网十分发达,小汽车的出行比例仍高于公共交通的出行比例。伦敦中心区(内伦敦)包括国铁、地铁和公共汽车在内的公交出行比例约占23.5%,小汽车和出租车出行比例约占37.8%,步行比例约占37.8%;而伦敦中心城(大伦敦)的公交出行比例只占17.8%,小汽车和出租车出行比例约占49.4%,步行比例约占31.7%。相比之下,中国城市交通的机动化程度较低。

改革开放以来,我国城市居民的出行结构发生了很大变化,由于居民生活水平的提高,城市公共交通的发展,城市道路交通设施的建设,城市居民上下班出行的步行比例有所下降,休闲、健身性步行比例有所上升,自行车的出行比例显著减少,乘坐公共汽车的出行比例显著上升,小汽车的出行比例上升较快。近十多年来,我国各个城市的公共交通条件都有较大改善,特别是特大城市,由于城市轨道交通的发展,公共交通的优势和吸引力明显增强,公共交通出行比例有所增加,不少城市乘用公共交通的出行率已经上升到30%以上,但与期望值仍有差距。公共交通条件的改善,主要消化了一部分步行和自行车的客运量,小汽车和出租车流量的增加在一定程度上又影响了公共交通出行所占比例。在一些公共交通发展滞后的城市,自行车出行比例明显偏大。

表2-3(a)所列北京市居民出行结构(不含步行)变化表明,随着公共交通的发展,特别是地铁线路的不断发展,城市居民出行结构发生了显著的变化,公共汽车和地铁客运比例稳步上升,小汽车比例增速逐年降低,自行车比例逐年下降,说明公共交通的发展导致出行结构逐渐趋于合理。

表2-3(a) 北京市居民出行结构(不含步行)变化汇总表 %

统计年	自行车	公交				小汽车	其他
		公汽+地铁	公汽	地铁	出租		
1986	62.7	28.2	26.5	1.7	0.3	5.0	3.8
2000	38.5	26.5	22.9	3.6	8.8	23.2	3.0
2005	30.3	29.8	24.1	5.7	7.6	29.8	2.5
2007	23.0	34.5	27.5	7.0	7.7	32.6	2.2
2008	20.3	36.8	28.8	8.0	7.4	33.6	1.9
2009	18.1	38.9	28.9	10.0	7.1	34.0	1.9
2010	16.4	39.7	28.2	11.5	6.6	34.2	3.1

表2-3(b)所列国内五座城市的居民出行比例明显显示：包括公共交通、小汽车、出租车等机动交通方式出行已占到较大的比例，步行和自行车出行比例虽然有所下降，但也仍然保持一定的比例。

表2-3(b) 北京、广州、天津、常州、昆明居民出行结构 %

城市	统计年	步行	自行车	公交(包括地铁、出租)	小汽车	其他
北京	2009	31.4	12.4	31.6	23.3	1.3
广州	2009	30.0	8.2	35.0	24.8	2.0
天津	2009	32.0	37.0	18.0	11.0	2.0
常州	2009	23.3	36.3	15.4	16.2	8.8
昆明	2011	28.5	24.9	24.5	19.7	2.4

注：北京市数据按步行所占比例推算，广州市小汽车数量包括摩托车。

(3) 平均出行距离。就是城市居民平均每次出行的距离。平均出行距离与城市规模、城市形态、城市用地布局、人口分布、出行方式等有关，我国城市居民的平均出行距离相对较高，目前我国特大城市居民上下班平均出行距离约在10 km以上，中、小城市居民上下班平均出行距离已趋近10 km。

这项特性要素还可用平均出行时间和最大出行时间来表示。城市交通条件的改善可以使相同的出行距离减少了平均出行时间，相对拉近了空间距离；或在相同的出行时间内增大了出行可达范围，使出行距离加大。

城市单中心蔓延式发展会不断加大平均出行距离，从而不断加大道路的交通量，使道路交通更加拥挤；而城市由单一中心布局转化为组团式多中心布局，可以使交通分布更为合理，使多数人的出行范围减小，从而缩短了平均出行距离和平均出行时间，减缓了道路的交通压力。

(4) 日平均出行次数。即每日人均出行次数，反映了城市居民对生产、生活活动的要求程度。生产活动越频繁，生活水平越高，日平均出行次数就越多。目前国内城市日平均出行次数多为2.0～2.8次/人，国外城市日平均出行次数为2.4～3次/人。

2.1.3 车

机动车和自行车是构成城市道路交通的主要内容，无论是对机动车或自行车都需研究以下因素：车辆(可折算成标准车)的保有量、出行率、空驶率；平均出行距离(平均运距)；车流速度、密度、流量。

2.1.4 路

道路是容纳城市交通的主要设施，包括路段和交叉口两个部分。城市道路各路段和各交叉口的规划交通量必须考虑该路段和交叉口的通行能力(容量)，并与之相适应，一般都应留有一定的发展余地。停车设施的布局及停车能力应与道路交通的停车需求相匹配。

2.2 交通流理论

2.2.1 机动车交通

机动车交通是城市道路交通的主体。国外城市中的机动车大多是小汽车,车种较为单一,在一定的路段上车速基本相同,交通流相对比较简单。我国城市的机动车车种复杂,车速、性能差异较大,交通流比国外城市要复杂得多。目前我国许多城市及一些大专院校、科研机构正在对我国城市的交通流进行研究。为了简化交通流,常将各种车型的车辆换算成一定车型的标准车。过去我国许多城市习惯选用解放牌载重汽车作为标准车。但近十余年来,大城市的小汽车比例迅速增加,已经普遍采用国际通用的标准,以小汽车作为标准车。

1. 机动车流速度、流量和密度关系

描述道路上车流的三项参数:速度 V、流量 Q 和密度 D。

车流速度一般指车辆的空间平均行驶速度 V_s,达到自由状态时的速度称为自由车速 V_f。

车流量即指道路上的服务流量 Q(或称交通量),其最大值为道路容量 C。

车流密度 D 指道路单位长度上的车量数,$D=\frac{Q}{V_s}$。拥塞时的车流密度称为拥塞密度 D_j。

美国学者格林舍尔兹(B. D. Greenshields)首先提出了速度与密度之间的线性关系式

$$V_s = V_f - \left(\frac{V_f}{D_j}\right)D$$

由上式可得

$$Q = V_f D - \left(\frac{V_f}{D_j}\right)D^2$$

$$Q = D_j V_s - \left(\frac{D_j}{V_s}\right)V_s^2$$

当 $Q=Q_{max}$ 时,

$$D = D_{max} = \frac{D_j}{2}$$

$$V_s = V_{max} = \frac{V_f}{2}$$

此时

$$Q_{max} = D_{max} V_{max} = \frac{D_j V_f}{4}$$

速度、流量和密度之间的关系可用图 2-1 示意。

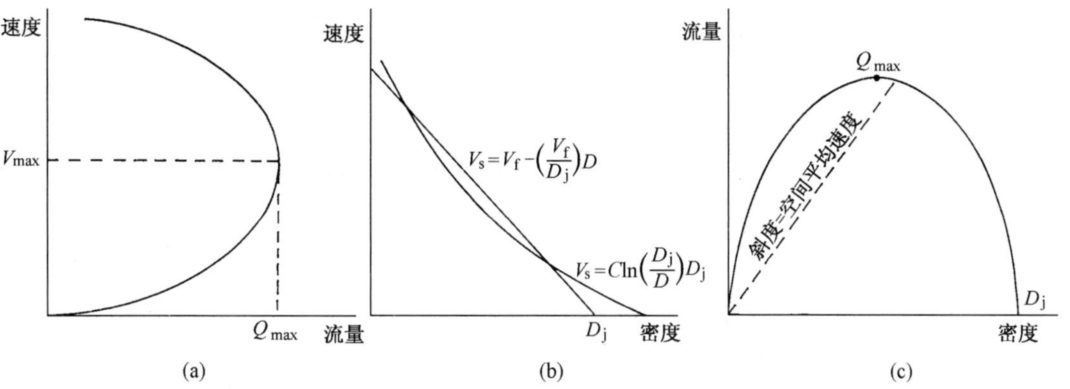

图 2-1　道路车流速度、流量和密度之间的关系

2. 机动车道路容量

(1) 机动车道路通行能力(苏联方法)

车辆在路段上的行驶状态如图 2-2 所示。

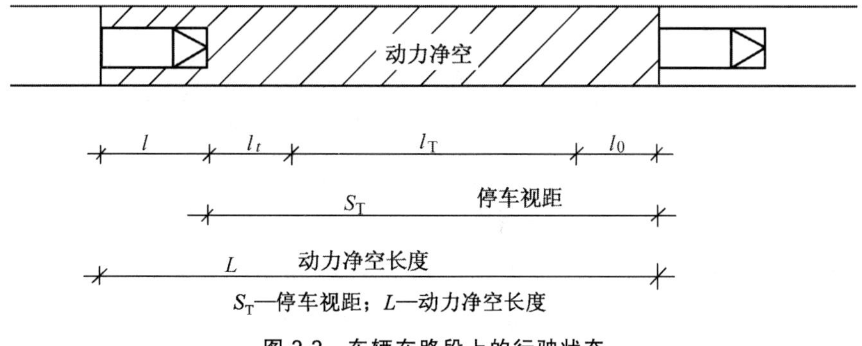

图 2-2　车辆在路段上的行驶状态

车辆在一定车速下行驶时，即在动力状态下所需要的安全行驶空间称为车辆的"动力净空"。保证前后两车之间安全的车头距离(车头间距)称为车辆的"动力净空长度"，即一辆车所需的净空长度 L。

动力净空长度为

$$L=l+l_t+l_r+l_0=l+Vt+\frac{KV^2}{2g(\phi+f\pm i)}+l_0$$

式中　l——车长；

l_0——安全距离；

l_t——反应距离；

l_r——制动距离；

t——反应时间，包括人的反应时间和车辆机械制动生效时间(s)；

ϕ——路面附着系数;

f——摩擦系数;

i——道路纵坡;

K——制动系数;

V——行车速度(m/s)。

实际上,后车的制动效果受前车制动效果的影响,实际车间距比理论动力净空长度要小得多。后来将公式改为

$$L = l + \frac{Vt}{3.6} + \frac{(K-1)V^2}{254(\phi \pm i)} + l_0$$

式中 V——行车速度(km/h);

$t=1.0\sim1.8$ s;

$K=1.2\sim1.7$;

$l_0=5$ m。

车辆的"停车视距" S_T(m)是司机发现前方障碍物进行制动时所需要的最小安全距离,相当于动力净空长度减去车的长度,即有

$$S_T = L - l = \frac{Vt}{3.6} + \frac{(K-1)V^2}{254(\phi \pm i)} + l_0$$

不同车速的停车视距值见表2-4。

表2-4 不同车速停车视距表

速度 (km/h)	120	100	80	70	60	50	40	30	20
S_T (m) ($t=1.8''$, $\phi=0.4$)	210	160	115	95	75	60	45	30	20

不同等级的城市道路的停车视距参考值见表2-5。

表2-5 各级城市道路停车视距表

道路类型	快速路	主干路		次干路	支路
		快车道	辅道、慢车道		
设计车速 (km/h)	80~60	70~50	40~30	40	30~20
S_T (m)	115~75	95~60	45~30	45	30~25

道路"路段理论通行能力"用 $N_{理}$(辆/h)表示,

$$N_{理} = \frac{1000V}{L}$$

平面交叉口对路段通行能力的影响用交叉口折减系数 $\alpha_{交}$ 表示,

$$N = \alpha_{交} N_{理}$$

其中

$$\alpha_{交} = \frac{l/v}{l/v + v/2a + v/2b + \Delta}$$

式中　l——交叉口间距(m)；

v——路段车速(m/s)；

a——起动平均加速度，大车取 0.6 m/s，小车取 0.8 m/s；

b——制动平均减速度，大车取 1.3 m/s，小车取 1.7 m/s；

Δ——交叉口停车时向，$\Delta=\frac{T-t_{绿}}{2}$，T 为信号灯周期，$t_{绿}$ 为绿灯时间。

当 $l=500$ m，$v=50$ km/h，$t_{红}=25$ s，$t_{黄}=4$ s 时，一条车道最大通行能力为：小汽车 500～1000 辆/h；载重汽车 300～600 辆/h；无轨电车 90～120 辆/h；公共汽车 50～60 辆/h。

此外，过街行人对道路通行能力也有很大影响，当双向过街人数为 500 人次/h 时，折减系数约为 0.6。

苏联方法从概念上存在问题，不符合实际行车状况。

(2) 服务水平和服务流量(美国方法)

道路容量 C(capacity)指在通常的道路条件下，可以合理期望在单位时间内通过车道或车行道某一断面的单向或双向最多的车辆数(相当于通行能力)。

服务流量 Q(service volume)指在一定的服务水平的行车条件下，单位时间通过一条车道某一断面的最多的车辆数。

服务水平就是道路提供给司机的车流通行条件，用以区别不同的车流状态。美国等国家把服务水平分为六级。

① A 级，自由状态的车流。行驶通畅，车速基本不受限制，路上没有或少有耽搁，车速高，流量低，车流密度低。

② B 级，稳定状态的车流。车速开始受到交通条件的限制，但司机还可以自由选择合理的车速和行驶车道。这一级的低限(最低车速、最大流量)常作为郊区公路设计的服务流量标准。

③ C 级，稳定状态的车流。多数司机在车速、交换车道或超车方面的选择自由受到限制，但仍可以达到相当满意的运行车速。这一级常作为城市道路设计的服务流量标准。

④ D 级，车流趋向于不稳定。流量稍有变动或车流偶尔受阻，运行车速已有相当水平下降。司机操纵的自由、舒适和方便性受到很大制约。这一级服务水平短时间内尚可忍受。

⑤ E 级，不稳定状态的车流，一般为车流较为拥挤的通行状况。车辆时停时开，车速很少超过 50 km/h，流量接近或达到道路本身的容量。

⑥ F 级，阻滞状态的车流，一般为车流拥挤的通行状况。车流流动已属勉强，车速低，流量小于道路容量，出现车辆排队现象以至完全阻塞。

六级服务水平时的车速与流量之间的关系如图 2-3 所示。

美国和英国等国家对于信号灯控制的平面交叉口的容量和平面环形交叉口的容量，考虑了信号灯周期、车辆在交叉口的延误以及环道上的交织段容量，有一套

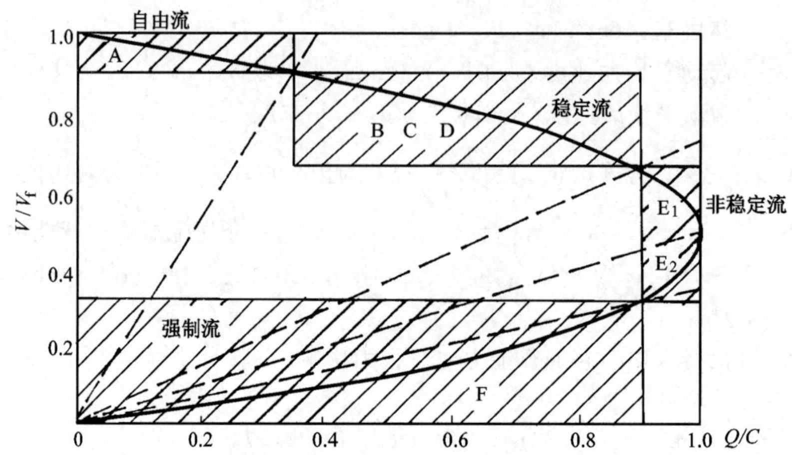

图 2-3 机动车路六级服务水平及车速、流量容量比关系图

计算方法与公式,在此不作详细介绍。

我国城市平面交叉口规划通行能力可查表 2-6。

我国城市环形交叉口规划通行能力可查表 2-7。

表 2-6 平面交叉口规划通行能力 千辆/h

	丁字形		十字形	
	无信号灯管理	有信号灯管理	无信号灯管理	有信号灯管理
主干路与主干路		3.3～3.7		4.4～5.0
主干路与次干路		2.8～3.3		3.5～4.4
次干路与次干路	1.9～2.2	2.2～2.7	2.5～2.8	2.8～3.4
次干路与支路	1.5～1.7	1.7～2.2	1.7～2.0	2.0～2.6
支路与支路	0.8～1.0		1.0～1.2	

注:1. 表中相交道路的进口车道,主干路为 3～4 条,次干路为 2～3 条,支路为 2 条。
2. 通行能力按当量小汽车计算。

表 2-7 环形交叉口规划通行能力 千辆/h

机动车通行能力	2.6	2.3	2.0	1.6	1.2	0.8	0.4
同时通过的自行车数	1.0	4	7	11	15	18	21

注:机动车换算成当量小汽车数,非机动车换算成当量自行车数,换算系数应符合规范规定。

2.2.2 自行车交通

1. 自行车交通的特点

自行车是深受城市居民喜爱的代步交通工具,具有机动灵活、准点方便、速度可快可慢、节能、无污染、费用少的特点。自行车相对于公共交通有一定的优越性,且适合于我国城市居民的生活水平。故而在我国城市中,自行车的拥有量和出行量较大。

但是，使用自行车出行，平均每人占用的道路面积比使用公共交通人均占用的面积约多 10 倍。所以，在我国城市道路面积相对不足的情况下，自行车不宜在客运交通中占有较大的比例。而且自行车与机动车的交通矛盾及产生的大量交通事故对交通的畅通和安全的影响一直是难以解决的。同时，考虑到人的体力和安全因素，自行车只宜于作为近距离的交通工具，作为公共交通和步行交通之间的补充交通手段。然而，之前由于我国城市公共交通的发展受到经济水平、道路状况等多种因素的影响，跟不上城市客运量的发展，自行车的使用远远超出了合理范围，成为承担相当比例客运量的重要客运交通工具，同时也成为造成我国城市交通拥挤状况日趋严重的重要原因之一。

近年来，我国城市公共交通有了长足的发展，出现了自行车出行量大大减少的状况，虽然有利于交通秩序的改善，但随着小汽车的迅速发展，又出现了新的矛盾和新的问题。自行车（特别是电动自行车）与机动车的交通矛盾及产生的大量交通事故对交通的畅通和安全造成很大的影响，自行车（特别是电动自行车）与步行行人的矛盾也日益突出，这些都成为城市交通难以解决的问题。在提倡发展自行车的时候，不得不考虑上述问题。

2. 速度

自行车行驶速度变化较大，受地形、气候、体力、心理等多种因素的影响。速度一般为 10～18 km/h。自行车道的设计车速常选用 18～20 km/h，而计算自行车道通行能力和考虑自行车的活动范围时常选用 10～15 km/h。

3. 车道宽度与通行能力

自行车车把宽度在 0.5 m 左右，正常情况下自行车行驶的摆动宽度为 0.4 m 左右，一条自行车带的宽度常取 $b=1$ m。自行车距路缘石或墙壁的安全距离平均为 0.5 m。自行车道的宽度 B(m)为

$$B = nb + c = n + c$$

式中　n——自行车带条数；

$c=0.5\sim1.0$ m。

由于自行车行驶的随机性很大，很难明确分出行车带。所以，自行车道的通行能力一般为经验数据。

国内城市一条自行车带的通行能力约为 500～1000 辆/h，建议平原城市采用 1000 辆/h。

国外城市由于车流单一，通行能力较高，一条宽 2.2～2.8 m 的自行车道的通行能力最高可接近 3000 辆/h。

为了尽可能减少自行车交通同机动车交通的相互影响，希望在交通规划中控制自行车的路段通行能力和交叉口通行能力。路段自行车道通行能力控制在 5000 辆/h 之内（单向），约合 5 条自行车带，自行车道宽 6 m 以内。独立自行车道

系统环行交叉口通行能力约 6000 辆/h,灯控交叉口通行能力约 10 000 辆/h。机动车与自行车混行的交叉口,自行车通行能力以不超过 10 000 辆/h 为宜,最大不得超过 20 000 辆/h。

4. 自行车道路服务水平及行驶状态

自行车道路的服务水平按照自行车的行驶状态分为四个等级,如表 2-8 所示。一般在规划时应考虑采用"优级"服务水平(自由状态),每辆自行车占用的道路面积为 10～12 m^2。

表 2-8 自行车道路服务水平表

服务水平	行驶状态	行驶速度(km/h)	车均占用道路面积(m^2/车)	饱和度		交通状况
				路段	交叉口	
优	自由状态	>15	>10	<0.5	<0.4	车速任意,横向空间不受限制,自由舒适
良	稳定状态	11～14	6～8	0.5～0.69	0.4～0.5	车速与横向空间略受限制,行人能穿越
中	非稳定状态	6～10	4.5～6	0.7～0.9	0.6～0.8	车流密,行人不易穿越,骑车受约束,但能忍受
差	强制状态	<6	<4.5	>0.9	>0.8	拥挤或阻塞,行人不能穿越

为了保证自行车上坡时能骑行,下坡时冲行安全,对自行车的坡度和坡长都应有控制,自行车道纵坡坡度与坡长的关系如图 2-4 所示。一般城市的自行车道纵坡宜控制在 2%以下。当坡度为 3%时,上坡车速降至 7～8 km/h;坡度在 3%以上时,由于下坡冲行速度太快,容易发生危险。

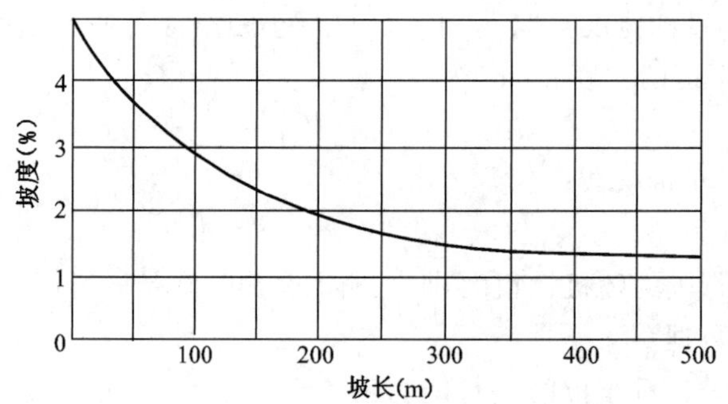

图 2-4 自行车道纵坡坡度与坡长关系

2.2.3 步行交通

步行是一种重要的交通方式。过去在城市中步行交通常被忽视,因而成为造成交通混乱的重要因素之一。倘若人没有足够而又平整、舒适、宜人的步行空间,就会冲入车行空间，造成混乱。城市道路步行空间的规划设计应遵循人的平面流动规律。

1. 人与人的间隔距离

(1) 接触距离：人与人的相互间距≤0.5 m，身体的一部分相接触，人均占地面积≤0.3 m^2。

(2) 个体距离：人与人的相互间距 0.5～1.2 m，可握手接触，但有体臭影响，人均占地面积 0.3～1.2 m^2。

(3) 社交距离：人与人的相互间距 1.2～3.7 m，身体相接触的可能性很小，是保持礼貌的距离，人均占地面积 1.2～10 m^2。

(4) 公众距离：人与人的相互间距≥3.7 m，两人相见需赶上几步，遇到危险容易避开，人均占地面积≥10 m^2。

2. 行走时人与人的空间关系

设人在行走时的身体活动厚度为 a，步伐的活动长度为 b，行走时的动空间长度为 $a+b=D$，人的动空间宽度为 W，则行走时人的动空间面积为 $WD=S$。(图 2-5)

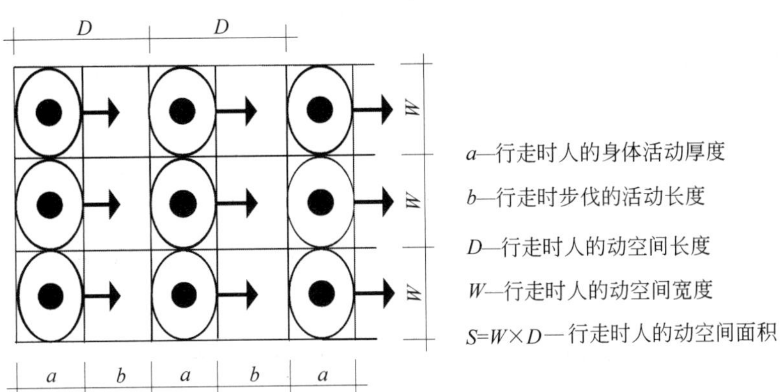

图 2-5 行走时人的动空间关系

(1) 密集状态：常出现在团队行走或拥挤状况。$W=0.5$ m，$a=0.5$ m，$b=0.6$ m，此时人的动空间面积 S 为 0.5～0.6m^2/人。

(2) 亲密状态：常出现在同伴同行而不拥挤的状况。$W=0.6$ m，$a=0.5$，$b=0.8$ m，人的纵向行走间距约为 1.3 m，此时人的动空间面积 S 为 0.7～0.9 m^2/人。

(3) 限制状态：常为单人行走虽不拥挤但又速度受限制的状况。$W=0.75$ m，$a=0.5$ m，$b=1.0$ m，人的纵向行走间距约为 1.5 m，此时人的动空间面积 S 为 1.1～1.2 m^2/人。

(4) 半自由状态：常为单人行走而速度基本不受限制的状况。$W=0.8$ m，$a=0.6$ m，$b=1.0$～1.5 m，人的纵向行走间距为 1.6～2 m，此时人的动空间面积 S 为 1.3～2.0 m^2/人。

(5) 自由状态：行人可以任意行走或奔跑的状况。$W=1.0$ m，$a=0.6$ m，$b\geq$

2.0 m,人的纵向行走间距≥3 m,此时人的动空间面积 $S\geqslant 3.6\ \mathrm{m^2}$/人。

在有逆行人流的状况下,一般行人会自我进行调节,但不同状态下的人的动空间面积 S 会因相互避让而要求增大 20%左右。

3. 步行流量、速度、密度和人均步行面积关系

每米宽步行人流量:Q,人(min·m);

步行速度:V(m/min);

人流密度:Δ(人/$\mathrm{m^2}$);

人均步行面积:F($\mathrm{m^2}$/人),

上述各量间有下列关系式:

$$Q = V\Delta = \frac{V}{F}$$

$$F = \frac{V}{Q}$$

$$V = A - \frac{B}{F}$$

式中,A 和 B 为参数,主要取决于出行目的,也与坡度等因素有关。根据美国研究成果,$A=111\sim128$,$B=162\sim206$,又可得到

$$Q = \frac{AF - B}{F^2}$$

$$V = \frac{A \pm \sqrt{A^2 - 4BQ}}{2}$$

步行速度与流量、人均步行面积的关系可用图 2-6 和图 2-7 表示。

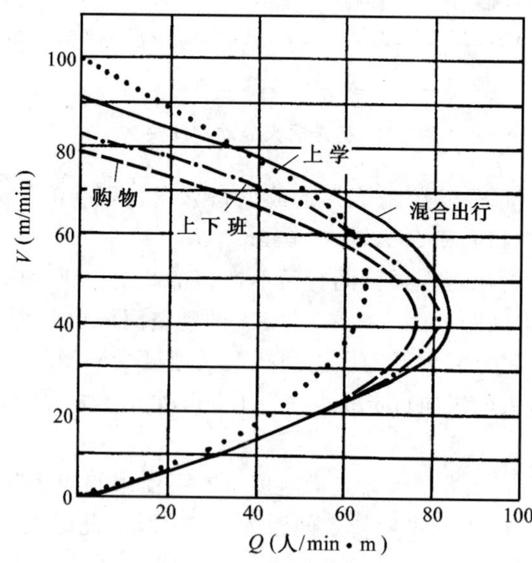

图 2-6 步行速度与流量的关系

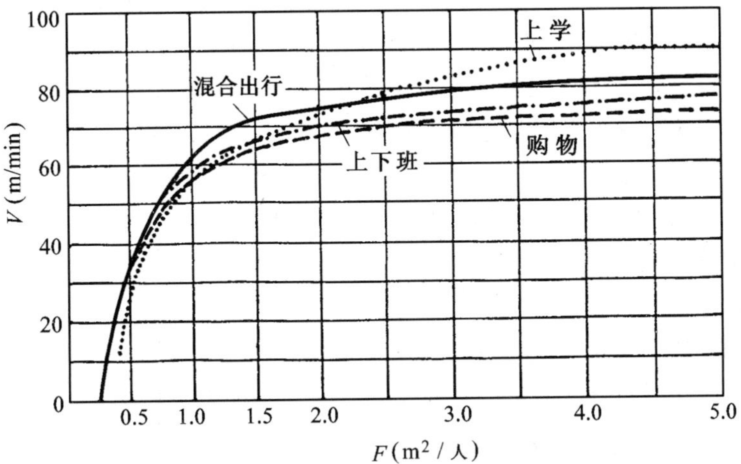

图 2-7　步行速度与人均步行面积的关系

4. 服务水平

美国研究步行交通的服务水平也可分为以下六级(图 2-8)。

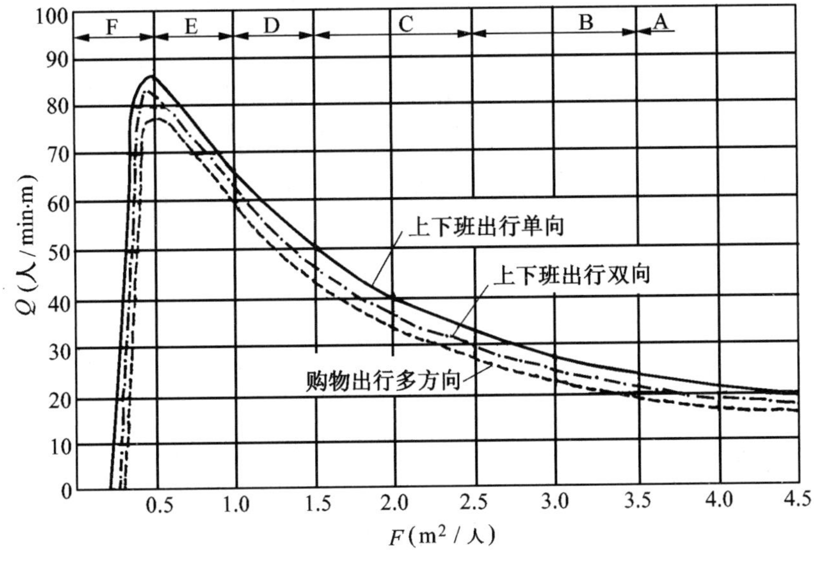

图 2-8　步行交通服务水平

(1) A 级,自由状态。可自由选择步行速度。不同方向行走没有避让的要求,可达最大流量的 20%以下。$F \geqslant 3.5\ m^2$/人,$Q<20$ 人/(m·min)。

(2) B 级,半自由状态。可以达到正常的步行速度。不同方向行走开始受到干扰,可以达到最大流量的 33%左右。$F=2.5\sim3.5\ m^2$/人,$Q=20\sim30$ 人/(m·min),可用为一般街道的规划标准。

(3) C级,制约状态。步行者尚可自行选择速度。交叉行走的冲突率高,超越行走需做急剧回避动作,可达最大流量的50%~70%。$F=1.5\sim2.5\ \mathrm{m}^2$/人,$Q=30\sim45$ 人/(m·min),可作为商业街、大型公共设施集散场地的规划标准。

(4) D级,聚集状态。步行速度需不断调整。步行时相互之间很有可能产生身体接触,可达最大流量的65%~80%。$F=1.0\sim1.5\ \mathrm{m}^2$/人,$Q=45\sim60$ 人/(m·min)。

(5) E级,拥挤状态。速度低,步行者只能随人群速度行走,相互之间身体接触不可避免,不能超越旁人。在拥挤状态下可以达到最大流量。$F=0.5\sim1.0\ \mathrm{m}^2$/人,$Q=60\sim80$ 人/(m·min)。

(6) F级,阻滞状态。步行速度极度受到限制,不能超越旁人、逆行或横穿,身体频繁接触,时走时停,直至完全阻塞。$F<0.5\ \mathrm{m}^2$/人,$Q\leqslant80$ 人/(m·min)。

5. 步行环境通行能力计算

一般步行人流的基本参数和通行能力可按下列数值匡算:相邻行人重心间距为1.0 m,步幅为0.6~0.7 m,步速为3~4.5 km/h,行人密度为0.4~0.6 人/m²。

不同步行环境规划步行通行能力可按表2-9选用。

表2-9 不同步行环境每米宽通行能力 人/m·h

场所 类型	车站、码头、市级商业中心、文娱体育设施附近	大型商场、文化中心、区中心附近	区级商业文化中心附近	支路、住宅区附近
人行道	1800	1900	2000	2100
人行横道	2000	2100	2300	2400
人行天桥地道	1400* ~1800	1900	2000	

* 表示一条人行带宽0.9 m。

注:本表考虑一条人行带宽0.75 m。

2.3 交通调查分析

交通调查是进行城市交通规划、城市道路系统规划和城市道路设计的基础工作。通过对城市交通现状的调查,摸清城市道路上的交通分布状况,以及城市交通的产生、分布、运行规律和现状存在的主要问题。

2.3.1 交通量调查

交通量调查主要是了解现状城市道路网的交通分布状况,包括对道路网、路段、交叉口、交通枢纽等的交通流量、流向调查以及公共交通的线路、客流量、集散量调查。

道路交通量调查包括机动车流量、非机动车(主要是自行车)流量和行人流量及其流向的调查，速度的调查，交通事故及设施状况的调查。一般选择控制路段和交叉口对全市道路网同时进行观测。国内大多采用人工观测记录的方法，目前已经开始使用一些自动观测记录设备进行观测和自动记录。国外多用自动观测记录装置，进行长期的连续观测。

最常进行的是交叉口交通量观测，根据不同的观测目的和要求设计观测记录表格和统计表格，表 2-10～表 2-12 是常用的交叉口交通流量观测表和汇总表。

表 2-10　自行车高峰小时交通量观测记录

北　西　东　南

交叉口名称______________　编号____________　路口方向______________

观测日期__________年______月______日　星期________　观测者__________

方向		左转		直行		右转		小计	
车种		自行车	其他	自行车	其他	自行车	其他	自行车	其他
时间	7：00～7：15								
	7：15～7：30								
	7：30～7：45								
	7：45～8：00								
合计									

表 2-11　机动车高峰小时交通量观测记录

北　西　东　南

交叉口名称______________　编号____________　路口方向______________

观测日期__________年______月______日　星期________　观测者__________

方向		左　转				直　行				右　转				小计
车种		货车	公汽	大客	小客	货车	公汽	大客	小客	货车	公汽	大客	小客	
时间	8：00～8：15													
	8：15～8：30													
	8：30～8：45													
	8：45～9：00													
	9：00～9：15													
	9：15～9：30													
合计														

表 2-12 交叉口交通量观测汇总表

交叉口名称________ 编号______ 车种______ 观测人______

观测日期_____年___月___日 星期____ 汇总人____ 天气_____

北 西 东 南

路口		东			南			西			北			合计
		左	直	右	左	直	右	左	直	右	左	直	右	
非机动车	7：00～7：15													
	7：15～7：30													
	7：30～7：45													
	7：45～8：00													
	小计													
	高峰小时合计													
机动车	8：00～8：15													
	8：15～8：30													
	8：30～8：45													
	8：45～9：00													
	9：00～9：15													
	9：15～9：30													
	小计													
	高峰小时合计													

对观测资料进行汇总、分析后，可以得到三种成果。

(1) 交通量空间分布——城市干路网交通流量流向分布图(图 2-9)。

(2) 交通量时间分布

① 路段交通量全年分布网(图 2-10)；

② 路段交通量全周分布图(图 2-11)；

③ 路段交通量全日分布图(图 2-12)；

④ 交叉口全日交通量分布图(图 2-13)。

(3) 交叉口高峰小时交通流量流向分布图(图 2-14)。

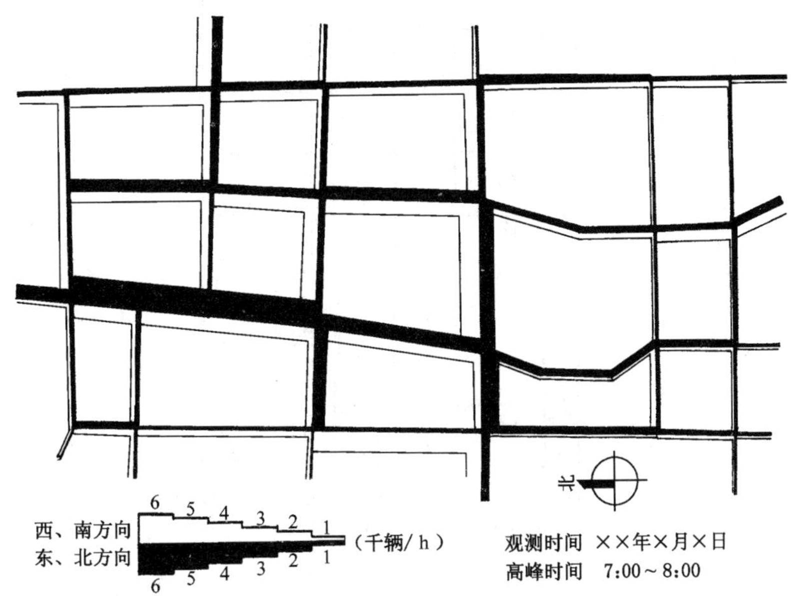

图 2-9　某市城市干路网高峰小时自行车流量流向分布图

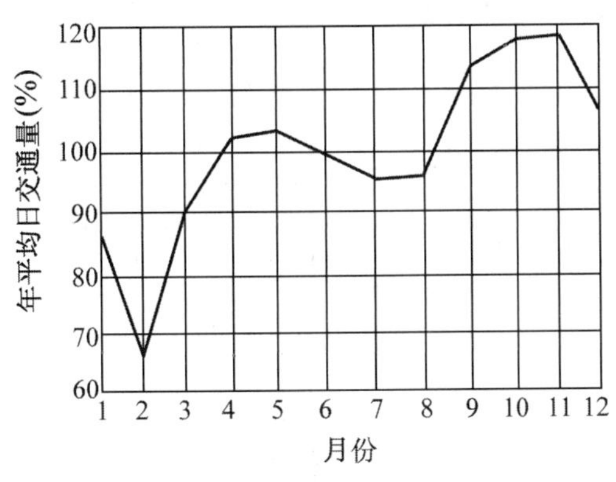

图 2-10　路段交通量全年分布图

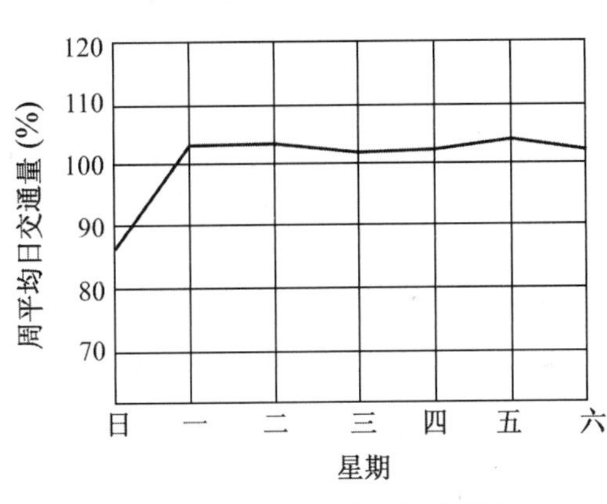

图 2-11　路段交通量全周分布图

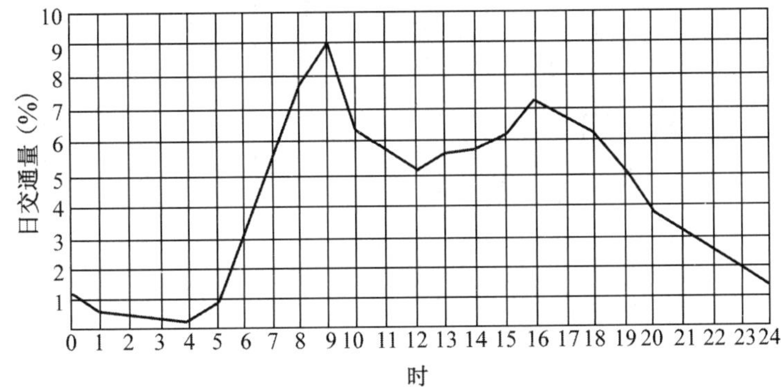

图 2-12　路段交通量全日分布图

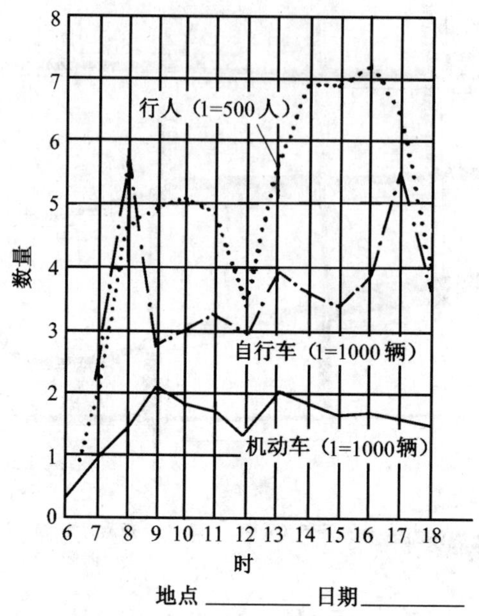

图 2-13 交叉口全日交通量分布图

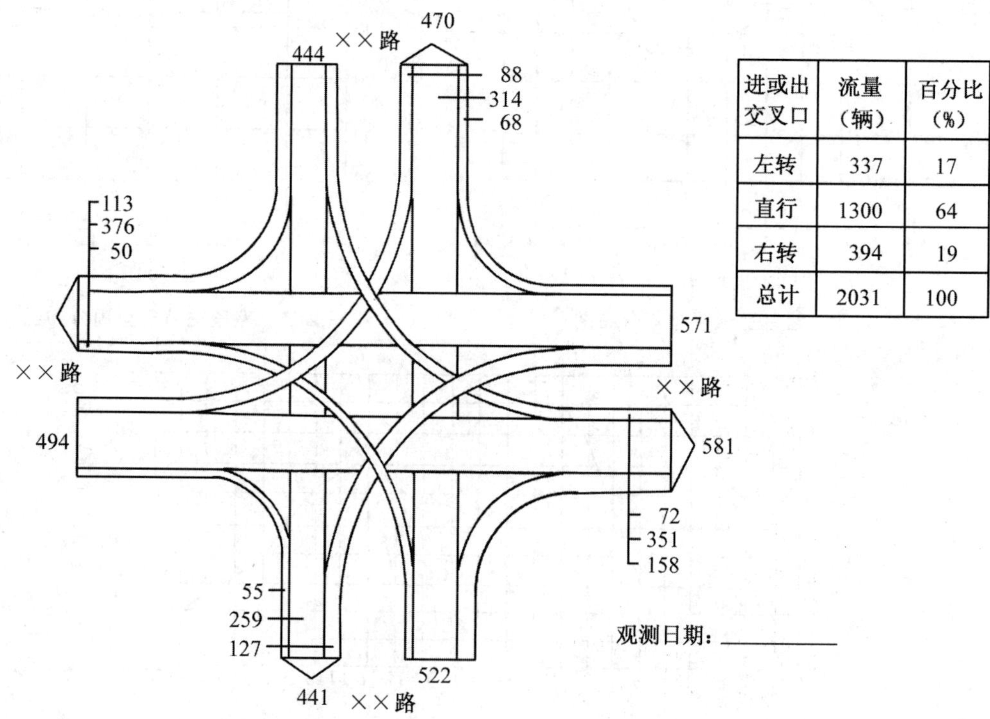

进或出交叉口	流量（辆）	百分比（%）
左转	337	17
直行	1300	64
右转	394	19
总计	2031	100

图 2-14 交叉口高峰小时交通流量流向分布图

2.3.2　OD 调查

OD 调查(origin-destination survey)就是出行的起终点调查,目的是为了得到现状出行生成形态、交通设备资料、土地使用动态及影响交通的社会、经济等各项因素。反映城市交通流动特征的 OD 调查主要包括居民出行抽样调查、货运抽样调查两类。根据交通规划的需要还可以分别进行流动人口出行调查,公共交通客流调查,对外交通客、货流调查,出租汽车出行调查等。

1. 交通区(traffic zone)的划分

为了对 OD 调查获得的资料进行科学分析,需要结合城市规划布局结构关系把调查区域分成若干交通区,每个交通区又可分为若干交通小区。调查区应该尽可能包括所有对出行形态发生影响的建成区和在预测期内可能发展的新建区。调查区以外的郊区也要分成比较大范围的外部交通区。

划分交通区应符合下列条件:

(1) 交通区应与城市规划和人口等调查的划区相协调,以便于综合一个交通区的土地使用和出行生成的各项资料;

(2) 交通区的划分应便于把该区的交通分配到交通网上,如城市干路网、城市公共交通网、地铁网等;

(3) 应使一个交通区预期的土地使用动态和交通的增长大致相似;

(4) 交通区的大小也取决于调查的类型和调查区域的大小。交通区划得越小,精确度越高,但资料整理工作会越困难。

在划定交通区后,还要考虑划出一条或多条分隔查核线(screen-line)。查核线是在外围境界线范围内分隔成几个大区的分界线,使每一个出行通过这条线不超过一次,用以查核所调查的资料。在可能的条件下,可选取对交通可以起障碍作用的天然地形(如河流)或人工障碍物(如铁路)作为查核线。

2. 居民出行调查

居民出行(OD)调查的目的是为了取得客流的出行生成规律以及土地使用特征、社会经济条件等。家庭是居民出行的主要来源,所以一般都采用抽样家访的方法进行调查。调查的内容包括家庭地址(交通区)、用地性质、家庭成员情况、经济收入、出行目的、每日出行次数、出行时间、出行路线、出行方式等,如表 2-13 所示。

抽样的多少取决于调查地区的人口数。根据美国"交通工程师学会"(The Institute of Traffic Engineers)所编的《交通工程调研手册》(Manual of Traffic Engineering Studies)推荐的抽样率,如表 2-14 所示。

表 2-13 城市居民出行调查表

居民编号 | | | | | |

户主填写	家庭人口(人)	自行车(辆)	小汽…

性别	年龄	职业	家庭人均月收入	家庭人均住房面积	家庭住址所在交通区号	工作或上学地址所在交通区号
0 男 1 女	出生年____ 月____ 周岁	1. 工人 4. 中小学生 2. 职员 5. 个体劳动者 3. 大中专学生 6. 被抚养人员 7. 退休人员 8. 外来人员	1. __元以下 2. ______元 3. ______元 4. ______元 5. ______元 6. __元以上	1. __m^2 以下 2. ______m^2 3. ______m^2 4. ______m^2 5. __m^2 以上		

设施种类

1. 住宅
2. 工厂
3. 学校
4. 商店市场
5. 行政单位
6. 办事机构
7. 交通运输
8. 仓库
9. 医院
10. 饮食服务
11. 影剧院
12. 体育设施
13. 娱乐场所
14. 公园绿地
15. 其他

出行目的分类

1. 上班
2. 上学
3. 公务
4. 购物
5. 文娱
6. 探访社交
7. 看病
8. 回家

出行方式分类

1. 公共交通
2. 自行车
3. 步行
4. 单位专用车
5. 小汽车
6. 出租汽车

公…通…

出行次序	出发时间 时	出发时间 分	到达时间 时	到达时间 分	出发地点 交通区号	出发地点 设施	到达地点 交通区号	到达地点 设施	出行目的	出行方式
1										
2										
3										
4										
5										
6										
7										
8										

从出发地点到公交站点的步行时间(分)	公交出行 公交类型	公交出行 线路编号	公交出行 上站站号	公交出行 落站站号	第一次换乘 公交类型	第一次换乘 线路编号	第一次换乘 上站站号	第一次换乘 落站站号	第二次换乘 公交类型	第二次换乘 线路编号	第二次换乘 上站站号	第二次换乘 落站站号	从出行终点站到目的地的步行时间(分)	换乘次数

自行车出行路径次序 交叉口1	交叉口2	交叉口3	交叉口4	交叉口5	交叉口6	交叉口7	交叉口8

注：1. 居民愿望调查：(1) 将来经济收入提高，您愿意购买小汽车以供出行之用吗？ 是 否

(2) 若居住地点与工作地点不变，当公共交通拥挤问题得到解决后，您愿意采用公交方式上下班吗？ 是 否

(3) 若居住地点与工作地点不变，您愿意采用自行车方式上下班吗？ 是 否

(4) 愿意调整住地，以接近您的工作地址吗？ 是 否

(5) 愿意调整工作单位，以接近您的住址吗？ 是 否

2. 家庭人均月收入和人均住宅面积等级划分依城市具体情况选定。

表 2-14　推荐居民出行抽样率

人口规模　　　　（万人）	推荐抽样率　　　　（%）
＜5	20
5～15	12.5
15～30	10
30～50	6.7
50～100	5
＞100	4

据某市居民出行调查分析，对于该市 156 km^2、178 万户、300 万居民的抽样率为 3%，精度可达 90%左右。

通过居民出行调查，可以研究居民出行生成形态，得到交通生成指标、居民出行生成与土地使用特征（性质、面积、密度）和社会经济条件之间的关系。如图 2-15 表示了职业与日平均出行次数的关系，图 2-16 表示了职业与交通结构的关系。

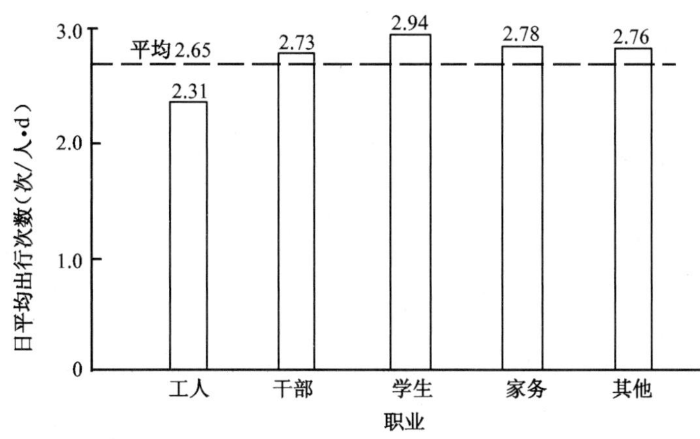

图 2-15　不同职业的日人均出行次数

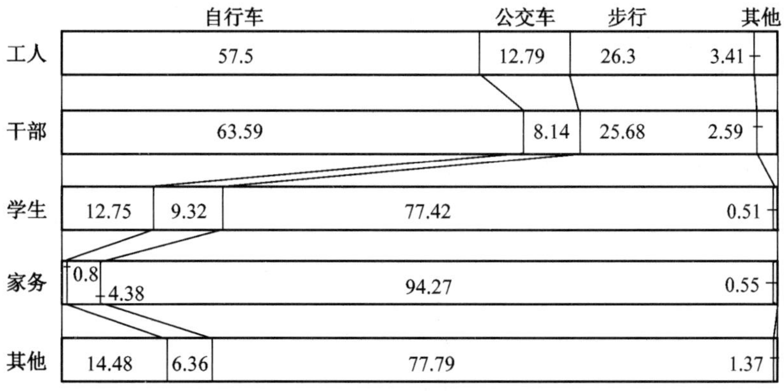

图 2-16　不同职业的交通结构比例（%）

通过调查分析还可以取得居民不同目的出行的数量、时间、路线、方式以及空间和时间分布规律等成果。例如,图 2-17 表示不同出行目的的交通结构关系,图 2-18 表示不同出行时间与交通结构的关系,图 2-19 为各交通区间居民出行的希望线图(desire line chart)。

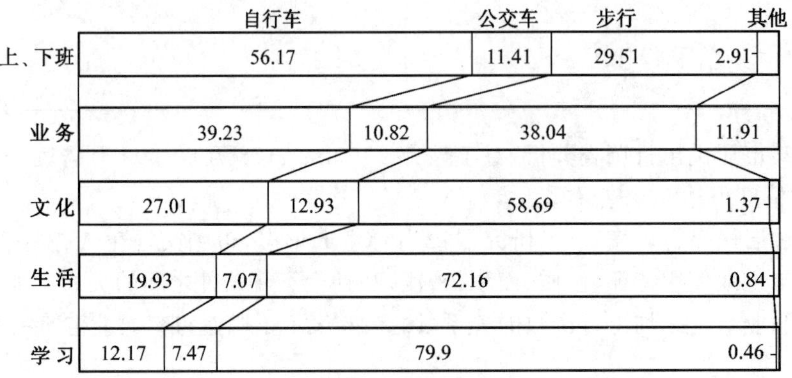

图 2-17　不同出行目的的交通结构比例(%)

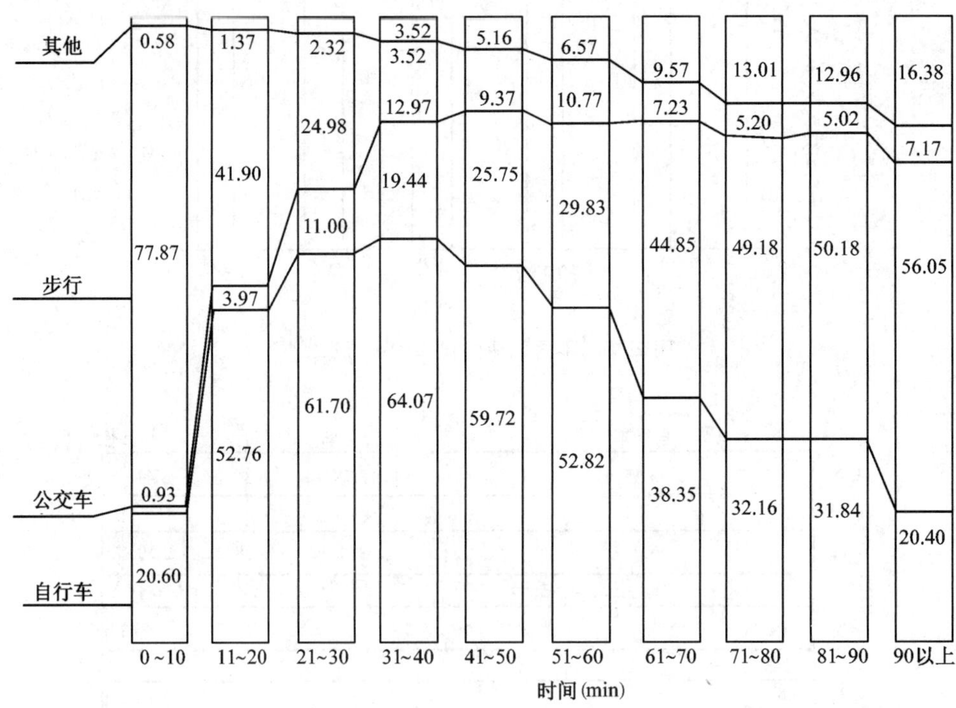

图 2-18　不同出行时间段的交通结构比例(%)

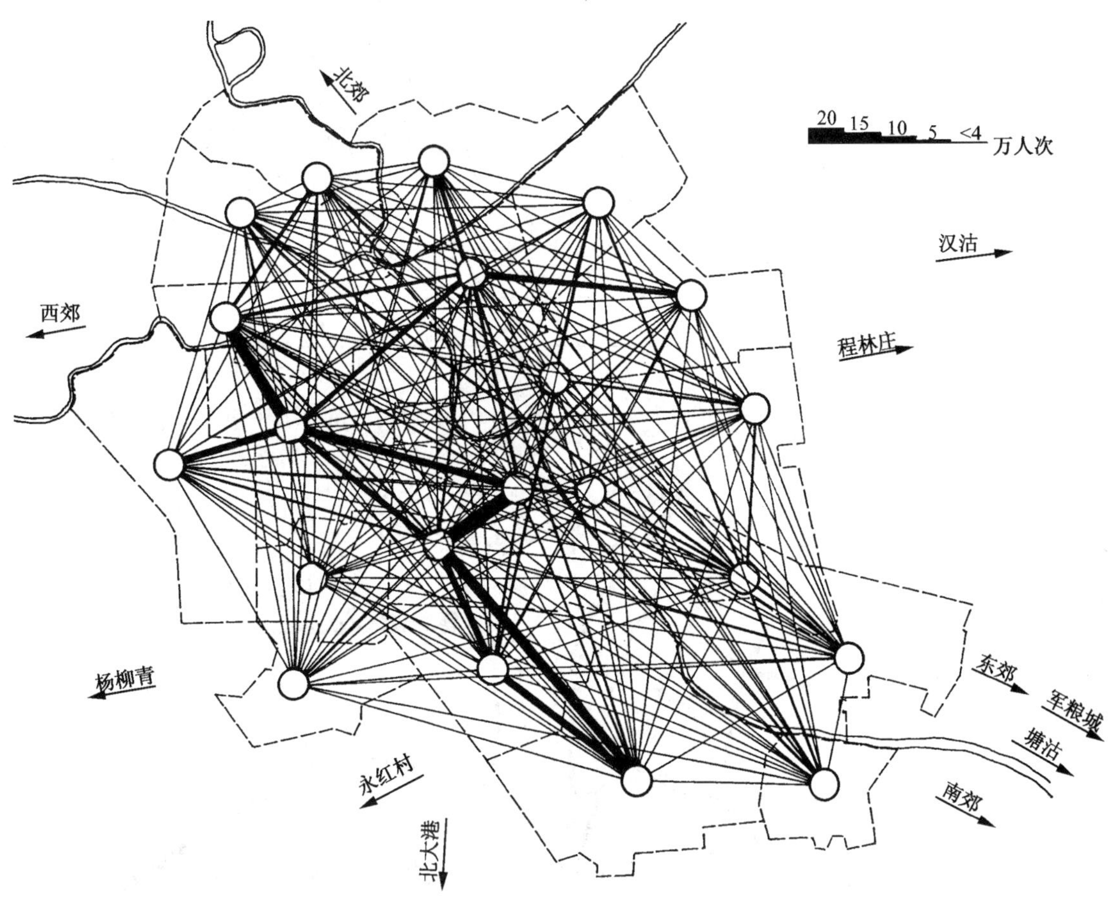

图 2-19　某市市区全目的、全方式居民出行希望线图

3. 货运调查

货运调查的目的同样在于取得出行生成规律以及土地使用特征和社会经济条件的资料。

货运调查常采用抽样发调查表或深入单位访问的方法，调查各工业企业、仓库、批发部、货运交通枢纽和专业运输单位的土地使用特征、产销储运情况、货物种类、运输方式、运输能力、吞吐情况、货运车种、出行时间、路线、空驶率以及发展趋势等情况。表 2-15 是常用的 OD 调查表格式。

通过分析可以研究货运出行生成的形态，取得货运交通生成指标，了解货运出行与土地使用特征（性质、面积、规模）、社会经济条件（产值、产量、货运总量、生产水平）之间的关系，得到全市不同货物运输量、货流及货运车辆的（道路）空间和时间分布规律。如图 2-20 所示为某市货流分布图，图 2-21 所示为各交通区间货运出行的希望线图。

表 2-15 货流 OD 调查表

车型__________ 核定载重__________ 所属单位__________
日期__________ 牌照号__________ 通行证号__________
单位__________ 出场时间__________ 回场时间__________

车次	发时-抵时	货种	载重(t)	起点路段名单位名	终点路段名单位名	经过主要路口	里程(km)

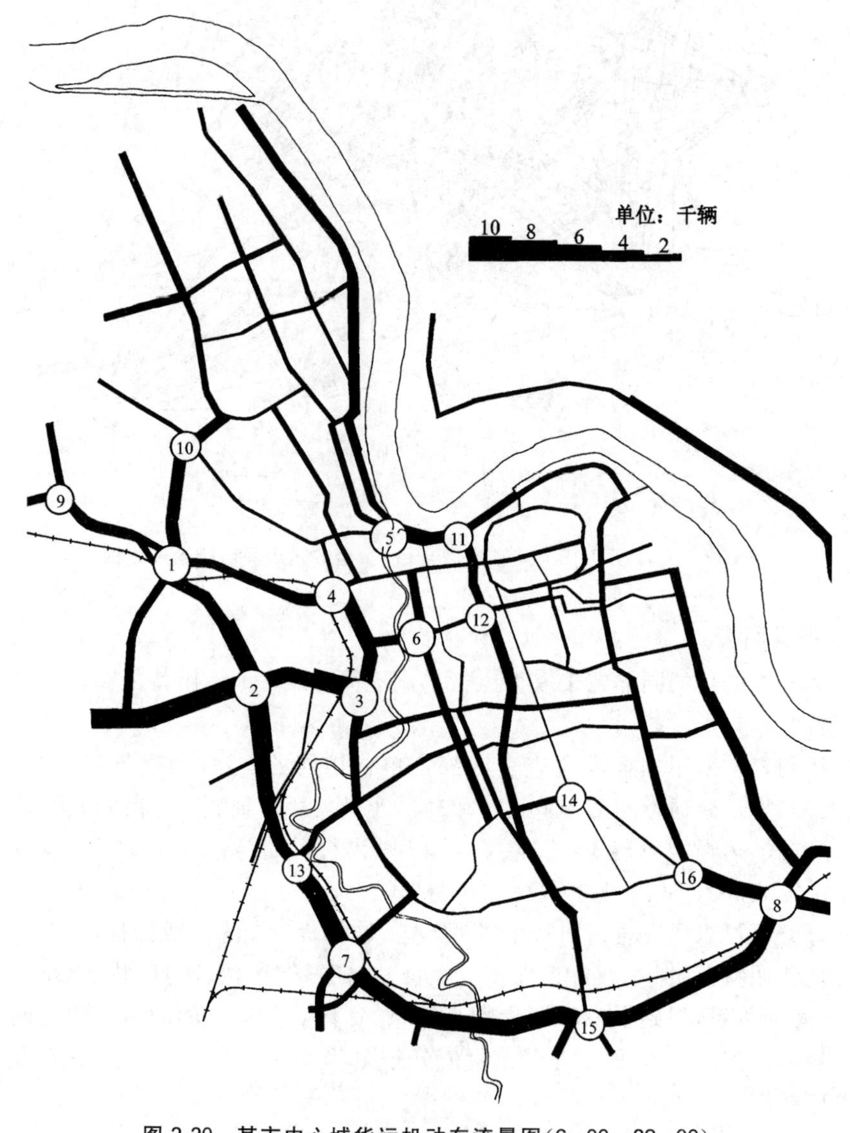

图 2-20 某市中心城货运机动车流量图(6：00～23：00)

图 2-21 某市货运车辆流向起讫(希望)线图

2.4 交通规划方法

2.4.1 出行生成(trip generation)

从交通调查与分析中得到了现状出行生成与规划原始资料用地因素之间的关系,假定这些关系式在将来也是可靠的,而且土地使用和社会经济因素的未来情况是可以预测的,就可以据此估计将来的交通系统中的出行数量,即从规划的土地使用得到规划的出行生成数量和方向。

出行产生与土地使用和社会经济因素的关系式是依交通规划程序而定的。一种程序是先把各交通区之间的出行划分为不同的出行方式,然后进行出行分布工作。另一种程序是先进行人流总出行量的预测和分布,然后划分出行方式。本书介绍后一种程序。

同一个出行对于不同的交通区有不同的含义。对于起点交通区,这一出行称为"发",该区称为"发区";对于终点交通区,这一出行称为"吸",该区称为"吸区"。出行的起、终点统称为出行端(trip end)。

每一个交通区都有出行产生,其数量为出行生成的"发量"。每一个交通区都有出行吸引,其数量为出行生成的"吸量"。

无论出行的"吸"还是"发",都以土地使用和社会经济条件为主要因素。可以采用分区最小二乘方回归分析法(zonal least squares regression analysis)和分类分析法[①](category analysis)对出行调查资料进行分析,得到不同情况下的出行生成模型(交通生成指标)。

2.4.2 出行分布(trip distribution)

出行分布是确定各交通区之间出行的形态,通常依据万有引力定律假设各交通区间交通出行的次数与各起终点交通区的大小范围成正比,而与其空间距离或隔离程度成反比。

在出行分布程序中,只需将两组已知的出行端交通量相连,不必规定出行的实际路径,也可不先考虑出行的方式,只在各出行端之间形成一个出行网络即可,如同希望线图一般。

通常采用两大类方法进行出行分布。

1. 增长系数法

增长系数法(growth factor method)假定将来的出行形态与现状相同,方法简

---

① [英]R. J. 索尔特. 道路交通分析与设计[M]. 张佐周,赵骅,杨佩昆,译. 北京:中国建筑工业出版社出版,1982

单，对于土地使用和外界因素变化不大的小城镇可满足一般要求。这类方法包括以下四种。

(1) 常系数法(constant factor method)

常系数法假定所有各交通区的交通量均匀增加，现状出行量同将来的出行量之间是常数关系，即有

$$t'_{ij} = t_{ij} E$$

式中　t'_{ij}——i、j 两交通区之间将来的出行量；

t_{ij}——i、j 两交通区之间现状出行量；

E——常系数。

(2) 平均系数法(average factor method)

平均系数法就是平均考虑起点和终点的出行增长率，作为起终端之间的增长系数，即有

$$t'_{ij} = t_{ij} \frac{E_i + E_j}{2}$$

且

$$E_i = \frac{P_i}{p_i}, \quad E_j = \frac{P_j}{p_j}$$

式中　P_i——交通区 i 将来的出行量；

p_i——交通区 i 现状出行量；

P_j——交通区 j 将来的出行量；

p_j——交通区 j 现状出行量。

(3) 弗拉塔法(Fratar method)

为了克服常系数法和平均系数法的缺点，弗拉塔法核定现有的出行量 t_{ij} 既按 E_i 的比例也按 E_j 的比例增加，引入了经过校正的公式，综合考虑了发区和吸区之间的联系强度，于是有

$$t'_{ij} = t_{ij} \cdot \frac{P_i}{p_i} \cdot \frac{A_j}{a_j} \cdot \frac{\sum^k t_{ik}}{\sum^k (A_k / a_k) t_{ik}}$$

式中　A_j——吸引到 j 区的将来的总出行量；

a_j——吸引到 j 区的现状总出行量；

A_k——吸引到 k 区的将来的总出行量；

a_k——吸引到 k 区的现状总出行量；

k——包括所有有关的交通区；

t_{ik}——i 区与所有有关交通区间的现状出行量。

弗拉塔法需要多次迭代计算。

(4) 弗内斯法(Furness method)

弗内斯法考虑由一个交通区产生的交通量首先取得平衡，随之吸引到一个区的交通量再取得平衡。这种方法更为复杂，也需要反复迭代计算，不作具体介绍。

2. 综合分布模型法

采用综合分布模型进行出行分布，有可能把不同的规划对策和各种交通系统的效果，特别是出行费用等估计进去。综合模型就是把现有的交通资料进行分析后得到的出行生成、出行产生和吸引以及出行阻抗之间的关系。

(1) 重力模型(gravity model)

重力模型又称引力模型，是最广泛采用的一种模型。其基本概念是吸区吸引各发区来本区出行的量与发区的总发量和吸区的总吸量成正比，与发区到吸区的出行阻力系数(即出行距离、出行时间或费用)成反比。

$$t'_{ij} = P_i \frac{A_j F_{ij} K_{ij}}{\sum_{j=1}^{n} A_j F_{ij} K_{ij}}$$

$$F_{ij} = L_{ij}^{-\alpha} \text{ 或 } T_{ij}^{-\alpha} \text{ 或 } e^{-\lambda T_{ij}} T_{ij}^{-\alpha}$$

式中 P_i——i 区总发量；

A_j——j 区总吸量；

K_{ij}——特定的区与区间的调整系数；

F_{ij}——经验导出的出行阻力系数；

L_{ij}——i、j 区间的距离；

T_{ij}——i、j 区间的出行时间；

α、λ——常数，根据现状 OD 调查用最小二乘法决定。

(2) 介入机会模型(the intervening opportunities model)

介入机会模型考虑到所有的出行都受到距离更近的吸点的吸引，假定所有出行都在尽可能短的距离内找到合适的目的地。

$$t'_{ij} = P_i (e^{-lV} - e^{-l(V+V_j)})$$

式中 P_i——i 区总发量；

l—— 概率常数，表示出行终止于所选交通区的概率，由 OD 调查求得或假定；

V—— i 区和 j 区的全部吸引点数，不包括 j 区内的吸引点；

V_j——j 区内的吸引点总数。

介入机会模型不受分区界限影响，计算较为简单，但概率常数的确定需大量 OD 调查资料。

(3) 竞争机会模型(the competing opportunities model)

竞争机会模型与介入机会模型的区别在于对出行概率的不同确定方法。

$$t'_{ij} = P_i \frac{A_j / A_x}{\sum_{j=1}^{n} A_j / A_x}$$

式中 A_x——包括 j 区在内的所有比 j 区更靠近 i 区的吸引区的吸引能力之和。

2.4.3 出行方式划分(modal split)

影响城市居民出行选择出行方式的因素很多,如城市居民经济生活水平,居民出行目的、出行时间,公共交通发达程度、服务水平、票价,道路交通状况,城市结构布局,地形、天气、季节,城市小汽车、自行车拥有量,居民的经济水平、生活习惯等。一般在公共交通较为方便可靠、布局合理的情况下,城市居民选择出行方式的主要因素是出行时间,遵循时间最省原则。

我国城市居民出行的主要方式为乘用公共交通工具、骑自行车和步行。

设 t_1(h)、t_2(h)、t_3(h)分别为乘(公交)车、骑(自行)车和步行的出行时间,则有

$$t_1 = \frac{L - 2l_3}{V_1} + \frac{2l_3}{V_3} + t_1'$$

$$t_2 = \frac{L}{V_2} + t_2'$$

$$t_3 = \frac{L}{V_3}$$

式中 L——出行距离,km;

V_1——公共交通运送速度,km/h;

t_1'——公交平均候车时间,h;

l_3——步行到公交站的距离,km;

V_3——步行速度,km/h;

V_2——自行车运送速度,km/h;

t_2'——存取自行车所需时间,h。

根据出行调查,可以得到城市居民出行分布曲线 $\varphi(L)$(图 2-22)。当 $L=a$ 时,$t_2=t_3$,为步行和骑车的分界点;当 $L=b$ 时,$t_2=t_1$,为骑车和乘车的分界点。

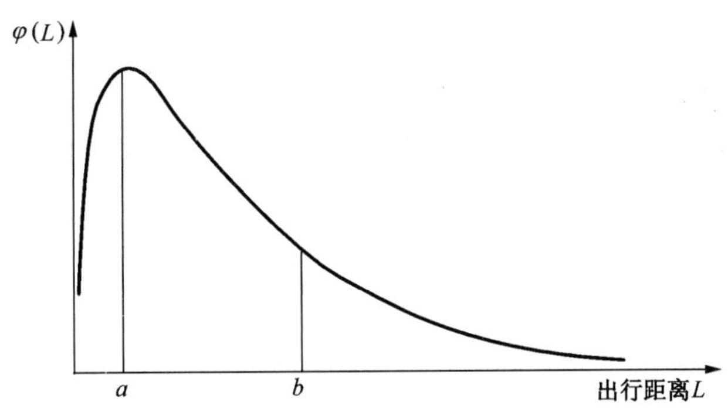

图 2-22　城市居民出行分布曲线

根据时间最省原则可知:

① $t_3<t_2$ 时,一般选择步行方式;

② $t_3 > t_2 < t_1$ 时,一般选择骑自行车方式;

③ $t_2 > t_1$ 时,一般选择乘公共交通或小汽车的方式。

根据调查,一般城市居民出行的步行时间范围在 15 min 以内,步行距离 1 km 左右。骑自行车的时间范围为 15~25 min,距离 3~5 km。

但是,实际使用交通工具并非严格按照等时效的出行距离为分界。出行调查的分析表明,有相当数量的步行量超出 a 值范围,有少量骑自行车量小于 a 值或大于 b 值范围,也有相当的乘公共交通量小于 b 值范围(图 2-23)。这种状况的形成主要与公共交通系统的吸引力、线路走向、站距、速度、班次频率、换乘条件、管理等因素有关。所以,对 a 值和 b 值的确定要进行修正,一般可依据居民出行方式的调查,通过统计计算对规划的出行方式的选择进行修正。

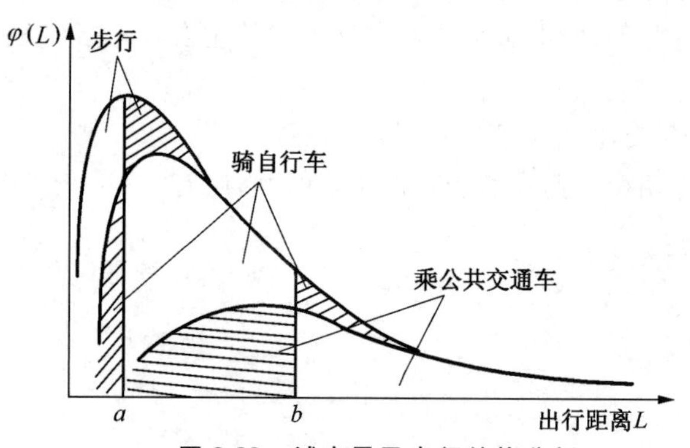

图 2-23 城市居民出行结构分析

根据出行距离和交通系统的布局,可以相应确定居民出行交通方式的划分,即居民出行按不同出行方式的分布,把出行量转换为不同交通流的交通量,作为交通分配的依据。

货运交通方式的划分要根据运输费用最少、周转最快、路线最近、空驶率最低的原则,通过运输管理的优化设计来进行安排。

2.4.4 交通分配(traffic assignment)

交通分配就是按照规划的道路网和公共交通网初步方案,根据出行确定的客货交通量,按照出行时间最少、费用最小的原则(即快、捷、方便的原则),决定交通量在起、终点之间路线上的分配。可以得到道路各路段和各交叉口的交通流量流向分布图,再与路段和交叉口的通行能力进行校核,确定道路的断面和交叉口的形式,必要时对土地使用、道路网规划方案及公共交通网规划方案进行调整,以期求得一个合理的、较为均衡分布的、留有适当余地的城市道路交通总的安排。

通常采用的交通分配方法有以下三种。

1. 零一分配法

零一分配法(all or nothing assignment)又称或全或无分配法,其基本假设是:两个交通区(在交通网络上为两个点)之间有两条或两条以上的道路相连时,选择一条距离最短、出行时间最少的路,把全部交通量分配在这条路上,其余道路均不承担交通量。这种方法简便易算,但绝对化,与实际交通状况相差较大。

下面举例说明具体分配步骤。

根据出行分布得到四个出行端的 OD 交通量(辆/h)矩阵表:

		终点			
		1	2	3	4
起点	1	0	500	350	750
	2	275	0	1050	475
	3	650	1870	0	950
	4	1250	350	2050	0

规划道路示意图见图 2-24。

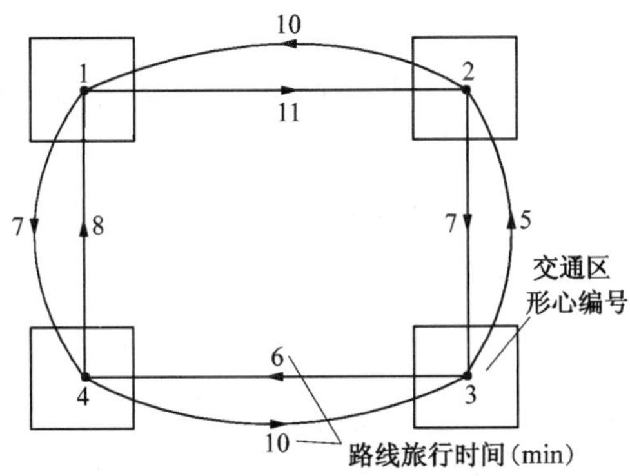

图 2-24　规划道路图解

步骤 1　找出各交通区形心(出行端)到其他交通区形心(出行端)之间的最短路径树(minimum tree)(图 2-25)。

步骤 2　把交通量分配到道路网的最短路径上(图 2-26)。

步骤 3　叠加各路径上的交通量,画出道路网上的交通量分配图(图 2-27)。

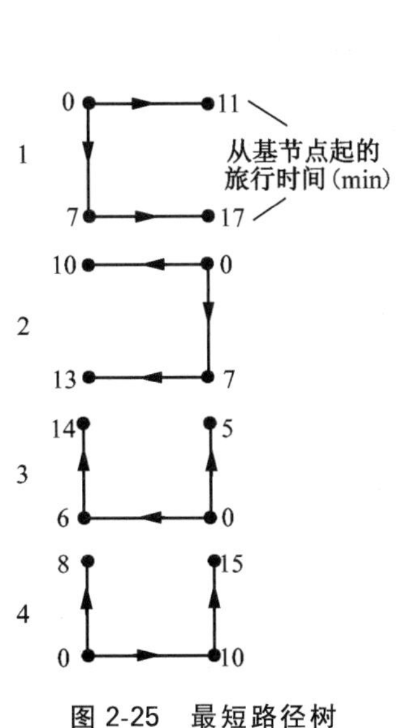

图 2-25　最短路径树

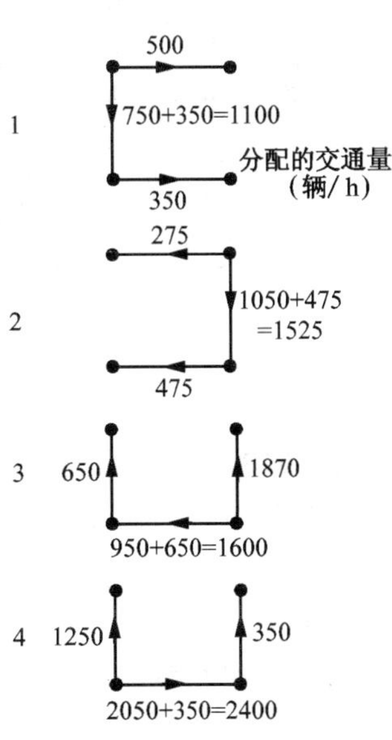

图 2-26　最短路径树交通分配

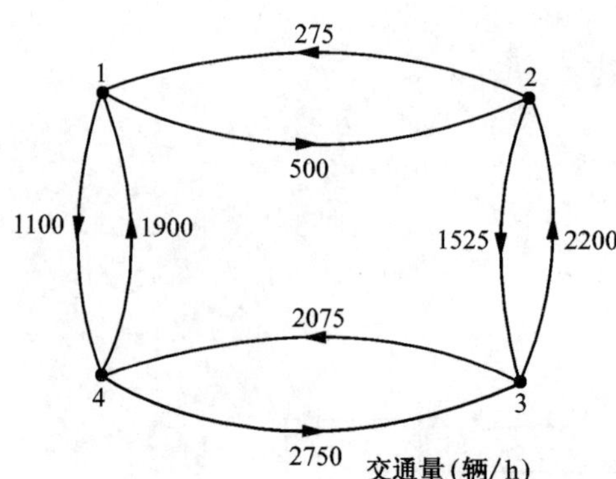

图 2-27 道路网上交通量分配

2. 转移曲线分配法

转移曲线分配法用于估计一条新的线路(或新的交通工具)对原有路线所吸引的交通量。美国加州 1965 年的公式:

$$转移到新线的百分率 = 50 + \frac{50(d + 0.5t)}{\sqrt{(d - 0.5t)^2 + 4.5}}(\%)$$

式中 d——新线对于原线所节省的距离(km);

t——新线对于原线所节省的时间(min)。

上述公式可用图 2-28 表示。

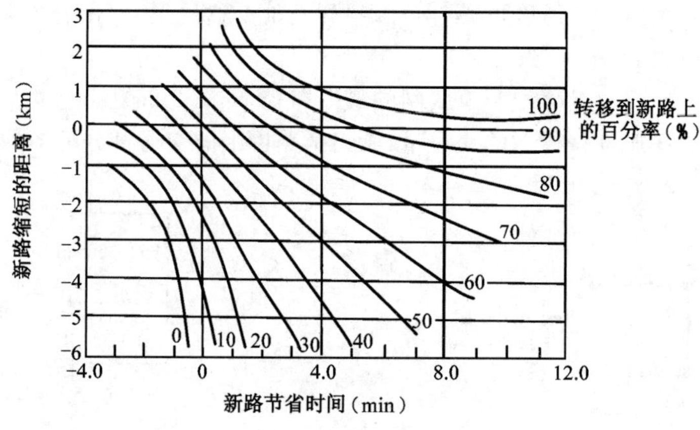

图 2-28 道路交通量转移曲线

3. 多路线按比例分配法

多路线按比例分配法就是把交通量按比例分配到起终点之间所有可能的路线上,步骤如下。

(1) 确定合理路线

一条合理的路径就是当交通从一个节点到另一个节点前进时,距离发点更近的一条路线是有效的——如果每一路段的初始节点比最后的节点更接近于起点。

如果有两条或两条以上的路线符合上述条件,则均有机会参加交通分配。

（2）计算各路段的交通量分配权数 α（表示了该路段使用的可能性）

对于 ij 路段，

$$\alpha_{ij} = e^{\Delta t}$$

且

$$\Delta t = M_j - M_i - M_t$$

式中　M_j——从发点到 ij 路段终点 j 的最短时间；

M_i——从发点到 ij 路段起点 i 的最短时间；

M_t——通过 ij 路段的时间。

当 $\Delta t = 0$ 时，ij 路段在最短时间路线上；当 $M_i > M_j$ 时，该路段不在最短路线上，但仍可能分配交通量。

路段 ij 交通量分配权数

$$W_{ij} = \alpha_{ij} \sum W_{(i-1)i}$$

式中，$\sum W_{(i-1)i}$——从发点到 ij 路段起点 i 时，进入该路段起点 i 的所有路线的分配权数之和。对于发点 $\sum W_{(i-1)i} = 1$。

（3）计算各路段交通量

通常把吸引点的吸入交通量向发点倒回去分配。

路段 ij 上的交通量计算式为

$$Q_{ij} = Q_j = \frac{W_{ij}}{\sum W_{ij}}$$

式中　Q_j——从发点到节点 j 的全部交通量；

W_{ij}——路段 ij 的交通量分配权数；

$\sum W_{ij}$——从发点进入节点 j 的各路段交通量分配权数之和。

（4）汇总叠加各路段交通量，画出道路网双向交通流量图

综上所述，城市交通规划与土地使用规划和道路系统规划是密切相关的。在预测交通的生成和发展时，要以土地使用规划和社会经济条件为依据；进行交通的分布和分配时，不但要以土地使用为依据，还要考虑道路的性质、功能和公共交通路线，对不同性质的交通流在城市道路网上的分布做出定性的安排；必要时还需对土地使用和道路系统作新的调整，计算过程可能是反复的。同时由于土地使用的复杂性，出行生成、出行分布、交通方式划分和交通量分配的计算量大以及反复计算的复杂性，很难用手工计算来完成，通常都使用电子计算机来完成整个交通规划的计算过程。

对于一个城市，在一定的发展时期内，交通的产生、分布和分配同这一时期的土地使用、社会经济因素、道路系统的关系具有一定的规律。使用电子计算机也有利于随时根据城市的发展，为土地使用和道路系统的建设做出决策，并妥善地对新增的城市交通量做出安排。

2.5 城市综合交通规划新方法研究思路

2.5.1 规划方法改进与创新的思路

城市现代化发展和现代城市交通机动化发展表明,城市综合交通规划与城市用地布局规划相结合是保证规划科学性的唯一途径。

目前在国内流行的综合交通规划采用国外引进的以交通工程为主的交通规划方法,基本上是以数学理性为主导的研究方法,与城市规划用地功能布局的定性研究结合不够,从规划方法和所取得的规划成果上存在两者深度结合不够的问题。与城市用地布局规划相结合的新的城市综合交通规划方法要力求将交通工程的定量计算与城市用地功能布局的定性研究相结合。新方法的主要特点是:

(1) 注重从城市交通的角度,认真研究城市用地的规划布局,尽可能做到城市组团内部功能的基本完善和居住与工作的基本平衡,实现城市交通的合理分布和良性循环。

(2) 从城市用地布局和人在城市中居住与工作的分布出发,研究城市交通的分布流动关系。

(3) 重视城市道路系统的现代化变革,实现城市道路的功能分工及城市道路功能与两旁用地性质的协调,加强城市交通的科学管理,努力提高与发挥城市道路系统的整体效率。

(4) 坚持"绿色交通"的理念和优先发展公共交通的国策,实现城市公共交通系统的现代化变革,重视非机动交通环境的营造。

(5) 在城市综合交通规划编制的体制上,形成以城市交通研究单位为主体,以城市规划研究设计单位为支撑,与地方城市规划设计单位相配合的三合一的规划合作团队的编制体制。

2.5.2 新方法的规划策略

1. 基本思路

(1) 规划要求实现"组团内居住与工作基本平衡"。其含义是——就近工作应占有较大比例,通过"组团内居住与工作基本平衡",减少跨组团的交通量和出行距离,从而从交通源上实现城市交通的合理分布。研究中同时应考虑到:

夫妻不在同一个交通区内工作的占有一定的比例;

仍然存在一定数量的跨组团出行。

(2) 中心组团对组团外的交通吸引力要大于综合功能组团对中心组团的交通吸引力。

(3) 总出行量中发生量与吸收量基本平衡。

2. 交通出行分布规划目标与过程

规划要进一步对组团内部出行及组团间出行的分配比例进行研究。规划希望组团内的交通出行达到一定的比例，按照不同的出行距离与交通方式挂钩，如《某市综合交通规划》中提出的规划远期期望达到的流动关系目标：

短距离流动：交通小区内的流动（比例占20%左右，以步行和自行车为主）。

中距离流动：组团内（交通大区）各功能用地间的流动（比例占50%左右，以公交普通线路为主）。

远距离流动：组团间的流动（比例占30%以下，以公交快速干线为主）。

规划要允许在城市发展过程中有一定的过渡期。近期中心组团与外围综合功能组团间的交通流动存在一定的钟摆流动关系，即：早高峰中心组团向外流动量大于向内流动量，晚高峰相反。过渡期的组团间流动比例，中心组团可以为70%以上，其他组团可以为50%以上。由于规划建设的逐渐平衡规律，远期逐渐趋于平衡。

3. 规划政策与策略

实现上述规划目标需要一定的政策支持和保障。

规划中应该从"居住与工作基本平衡"的角度分析并提出对各组团居住人口、工作岗位及用地安排的调整意见。

在政策方面，要鼓励居民职业与居住的相关关系，提倡产业发展的生活设施配套，鼓励房地产与产业的协调发展，在保障房的分配中提倡"以职定居"的原则。

2.5.3　调查分析方法的改进

1. 交通区划分

交通小区和交通大区的划分应该表现与城市规划用地布局的关系，建议以城市组团划为交通大区，组团内以用地的功能性质进行交通小区的划分。

2. 交通调查与分析

居民出行调查应该注意对不同组团、不同出行目的的出行距离、出行方式进行调查和分析，还应该对居住与工作距离关系进行调查和分析。

规划的居民出行分析计算也应该在城市中按城市组团划为交通大区，城市外围按方向划外围大区，交通大区间的出行流动主要表现组团间的出行流动关系，交通小区间的出行流动主要表现组团内部的出行流动关系，其中交通小区进出组团的流动应归入组团间的出行。因之，在规划中可以将居民出行希望线图分解为交通大区间流动的"全市居民出行希望线图"和组团内各交通小区间流动的"组团居民出行希望线图"，避免全市交通小区间出行流动的希望线图过于杂乱的状况。

分别按交通小区的用地分类调查各类用地的居住人口、流动人口和就业岗位（人口），并对城市土地使用现状及常住人口、流动人口（主要是在业流动人口）的居住与工作分布及流动规律进行调查和分析。

对远期土地使用规划图进行用地比例的平衡分析。例如,中心组团居住与公共设施所占比例较高,综合组团各功能用地应该较为平衡,工业为主的组团工业用地比例偏大。

研究分析组团内居住——工作流动所占比例,并对远期土地使用规划进行必要的调整。分别提出交通大区间的交通出行流动关系和交通小区内的流动关系。

3. 交通预测

要按照城市交通发展战略和交通模式、交通政策进行理性分析,提出规划交通结构。

注意在交通预测时,要依据城市用地布局所决定的交通流动关系,划分组团间交通流的性质和交通量的预测及组团内交通流的性质和交通量的预测。

例如,某珠江三角洲城市(图 2-29)在总体规划布局中设置了一个工业区组团,

图 2-29 推荐方案规划布局结构

组团内安排了打工人员的居住生活用地，基本实现了居住与工作的配套平衡。原中心区主要发展第三产业和原有周边第二产业，也基本实现居住与工作的配套平衡。中心区与工业区之间只有少量的交通流动，按照原来的交通预测方法已经不能科学计算中心区与工业区之间的交通流动量。城市规划只要安排好工业区与各个方向城区间的交通通道就可以满足交通的需要。

4. 研究与土地使用相关的交通规划方法

(1) 研究考虑居住——工作流动关系的新方法，如在居民交通出行调查表中如何考虑对出行距离的调查，以了解交通小区及组团内外的出行比例关系；如考虑如何建立居住人口分布和就业岗位分布间的流动关系，以改进出行分布的计算方法等。

(2) 进一步研究按出行距离进行出行方式划分的方法。

2.5.4 从城市交通的角度对城市规划用地和路网布局进行调整的案例

城市新的发展应该考虑与所形成的城市交通分布的关系。

某城市位于沙河两侧阶地上，城区南北两侧都是山地或台地。城市在发展过程中，由沙河北侧的旧城逐渐发展到沙河南部地区，并逐步向城区东部发展，呈沿河带状发展形态。新的城市总体规划，考虑在旧城东侧建设新的以行政管理为主要功能的中心区，带动城市继续向东扩展，并带动北部台地新城区的发展，形成带状组团式的城市布局。

在规划带状组团型城市时，通常要考虑城市出行的时效关系，按照城市轨道交通一小时出行的范围考虑，城市直径不宜超过 40 km。

同时，由于沙河宽度较大，应该成为城市组团划分的边界，城市组团的划分应该形成分别沿沙河两侧带状发展的布局形态，以 40 km 左右为限，再向东的发展应该按照城镇体系的发展模式进行布局。同时，中心城区向北和局部向南的扩展，形成了新的发展轴线。

据此，中心城区形成八个组团的布局(图 2-30)，其中：沙河北侧的老城中心组团、沙河南部的河南中心组团和新城市中心组团三个组团形成组合型的中心组团布局；沙河上游由于滩地较多，沙河南部已有成规模的工业发展，规划以滩地绿化为生态防护，在沙河北部加强与南部工业相配套的生活居住设施功能，组合为一个以工业为主的西部组团；在沙河南部中心组团以东的高新组团，新中心组团以东的东部组团和北部台地的北部组团，应按综合组团进行建设，分别依托三个中心组团；而沙河以南的东南组团，也规划为以工业为主的城市组团，应该加强生活居住设施配套。在城市布局结构调整的同时，应该考虑对组团内用地进行调整，以促进组团内居住与工作的关系趋于平衡。

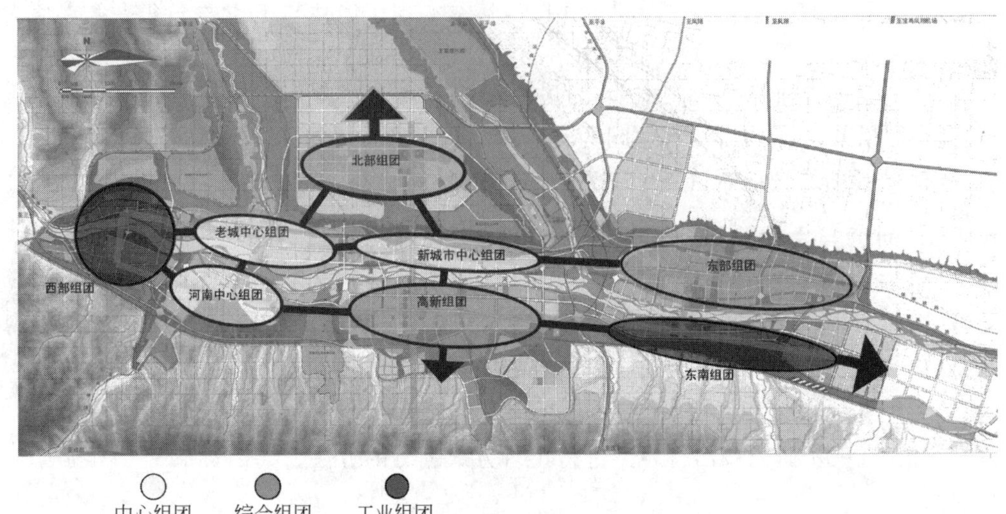

图 2-30 中心城规划结构构想

通过城市组团布局结构的调整,避免由于城市发展的不合理而带来新的城市交通问题。通过加强河两岸的联系,规划城市的疏通性道路网(图 2-31),有益于加强各城市组团的交通联系,提高各中心组团的服务作用,强化城市整体功能关系。

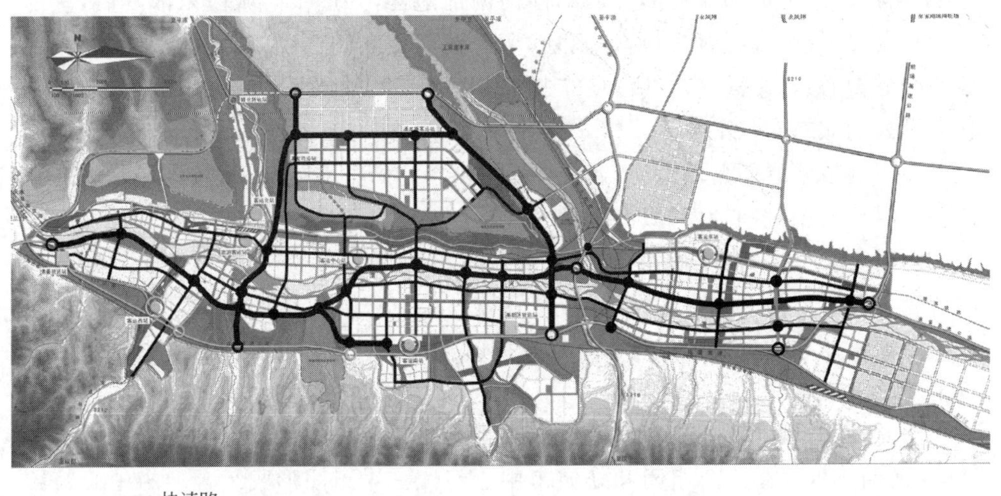

图 2-31 中心城疏通性道路网布局设想

第3章　城市道路系统规划

3.1　概述

城市道路系统是组织城市各种功能用地的“骨架”，又是城市进行生产和生活活动的“动脉”。城市道路系统布局是否合理，直接关系到城市是否可以合理、经济地运转和发展。城市道路系统一旦确定，实质上决定了城市发展的轮廓、形态。这种影响是深远的，在一个相当长的时期内发挥作用。影响城市道路系统布局的因素主要有三个：

① 城市在区域中的位置(城市外部交通联系和自然地理条件)；

② 城市用地布局形态(城市骨架关系)；

③ 城市交通运输系统(市内交通联系)。

3.1.1　城市道路系统规划的基本要求

1. 满足组织城市各部分用地布局的“骨架”要求

(1) 城市各级道路应该成为划分城市各分区、组团、各类城市用地的分界线。比如城市支路和次干路可能成为划分小街坊或小区的分界线；城市次干路和主干路可能成为划分大街坊或居住区的分界线；城市交通性主干路可能成为划分城市片区的分界线；城市快速路及两旁的绿带可能成为划分城市组团的分界线。

(2) 城市各级道路应该成为联系城市各分区、组团、各类城市用地的通道。比如城市支路可能成为联系小街坊或小区之间的通道；城市次干路可能成为联系各片区、组团内各大街坊或居住区的通道；城市主干路可能成为联系城市各片区、组团的通道；公路或快速路又可把郊区城镇、城市外围组团与中心城区联系起来。

(3) 城市道路的选线应该有利于组织城市的景观，并与城市绿地系统和主体建筑相配合形成城市的“景观骨架”。

从交通通畅和施工的观点，道路宜直宜平，有时甚至有意识地把自然弯曲的道路裁弯取直。结果往往使景观单调、呆板，即使有好的景点或建筑作为对景，也是角度不变、形体由远及近逐渐放大的“死对景”。规划中对于交通功能要求较高的道路，可以尽可能选线直接、两旁布置较为开敞的绿地，体现其交通性，但也可以适当弯曲变化，以活跃气氛，减少驾驶人员的视觉疲劳。对于生活性的道路，则应该充分结合地形，与城市绿地、水面、城市主体建筑、城市的特征景点组合成一个整体，使道路的选线随地形变化自然起伏，选择适当的变化角度，以山峰、宝塔、主体建筑、古树名木、城市雕塑等为对景而弯曲变化,创造生动、活泼、自然、协调、多变的城市面貌,给人以强烈的生活气息和美的享受,使道路从平面图上的布局功能的“骨架”成为城市居民心目中的“骨架”。

2. 满足城市交通运输的要求

(1) 道路的功能必须同毗邻道路的用地(道路两旁及两端的用地)的性质相协调

道路两旁的土地使用决定了联系这些用地的道路上将会有什么类型、性质及数量的交通,决定了道路的功能;反之,一旦道路的性质和功能已经确定,也就决定了道路两旁的土地应该如何使用。如果某条道路在城市中的位置决定了它是一条交通性的道路,那么就不应该在道路两侧(及两端)安排可能产生或吸引大量人流的生活性用地,如居住、商业服务中心和大型公共建筑;如果是生活性道路,则不应该在其两侧安排会产生或吸引大量车流、货流的交通性用地,如大中型工业、仓库和运输枢纽等。某市(图 3-1)解放路原来是新开辟的贯通全城的南北向交通性干

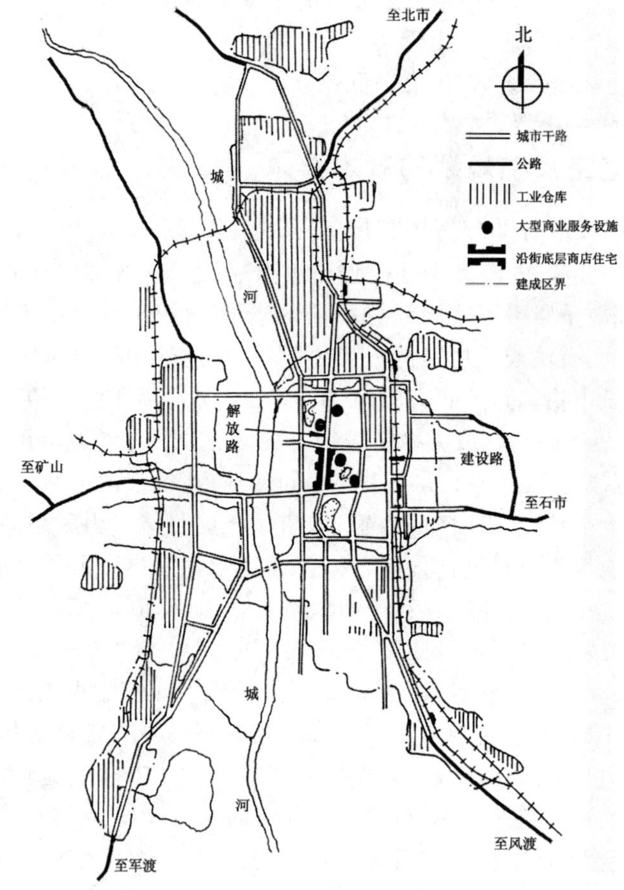

图 3-1 某市道路功能与用地性质的关系

路，在联系城市南、北、西各城区和对外交通上都起着十分重要的作用。然而后来在该路两侧逐渐布置了多处大型商场、影剧院、礼堂以及大量带有底层商铺的住宅，已经形成为新的商业中心。道路的交通性和用地的生活性发生了矛盾，在新的规划中不得不调整道路网布局，改变该路的性质。

某市（图 3-2）现状过境道路沿运河由西向东，道路两旁主要是工业、仓库和交通运输用地，而且铁路、运河、过境道路并排布置，形成了一个对外交通走廊，用地的性质和道路的性质是协调的。然而该市有一个规划方案拟将过境道路从城南绕行，一则增加了绕行距离，二则远离了货运集中的用地，可能导致货运交通穿过城市中心，三则阻挡了城市的发展方向，反而是不适宜的。

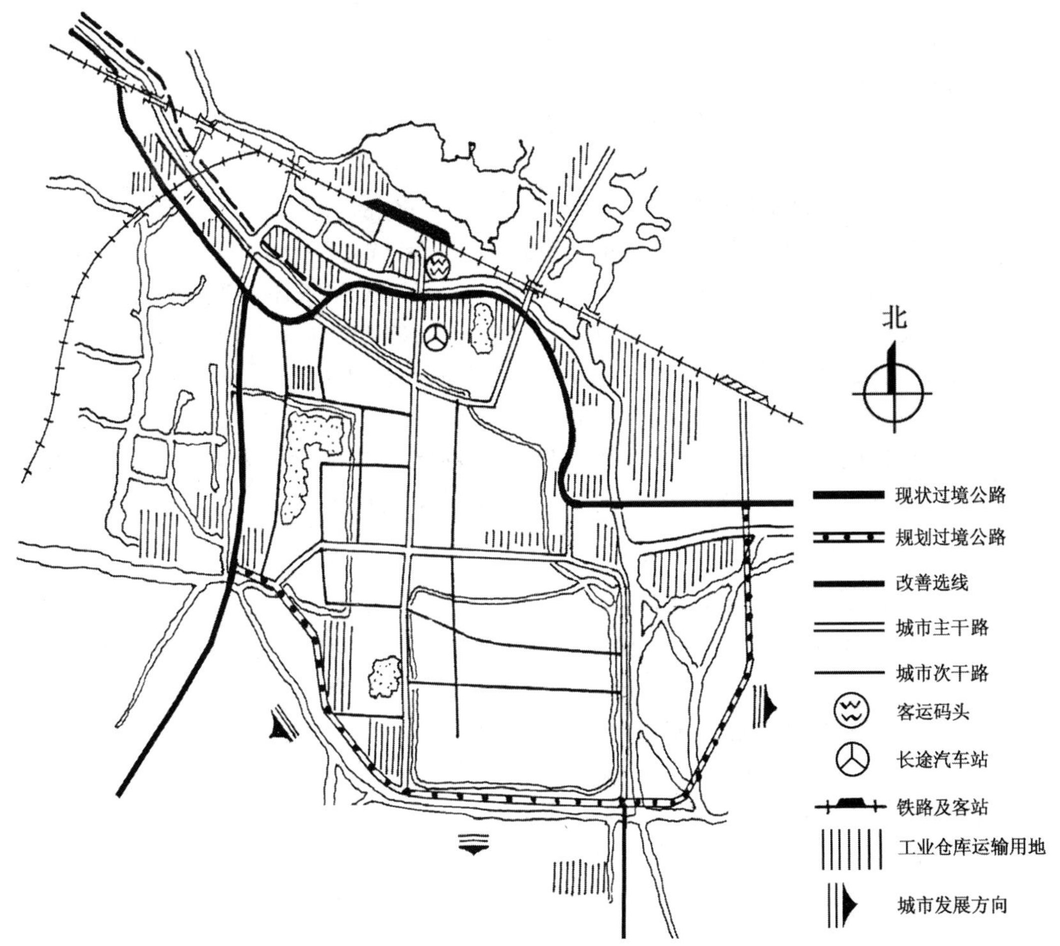

图 3-2　某市过境公路的选线分析

（2）城市道路系统完整、交通均衡分布

城市道路系统规划应该与城市用地规划相结合，做到布局合理，尽可能地减少交通。减少交通并非减少居民的出行次数和货物的运量，而是减少出行距离和不必要的往返运输和迂回运输。要尽可能把交通组织在城市分区或组团的内部,减少跨越分区或组团的远距离交通,并做到交通在道路系统上的均衡分布。

在城市道路系统规划中应该注意采取集中与分散相结合的原则。集中就是把相同性质、相同功能要求的交通相对集中起来,提高道路的使用效率;分散就是尽可能使交通均匀分布,简化交通矛盾,同时尽可能为使用者提供多种选择机会。所以,在规划中应该特别注意避免单一通道的做法,对于每一个交通需要,都应该提供两条以上的路线(通道)为使用者选择。

(3) 城市道路系统要有利于实现交通分流

城市道路系统应该满足不同功能交通(快速与常速、交通性与生活性、机动与非机动、车与人等)的不同要求。一个城市的道路系统规划要根据有利于交通的发展的要求,逐步形成快速与常速、交通性与生活性、机动与非机动、车与人等不同的系统,如快速机动系统(交通性)、常速混行系统(又可分为交通性和生活性两类)、公共交通系统(如公共汽车专用道)、自行车系统和步行系统,使每个系统都能高效率地为不同的使用对象服务。

(4) 城市道路系统应该与城市对外交通有方便的联系

城市内部的道路系统与城镇间道路(公路)系统是两种不同性质、不同服务对象、不同管理机制的系统。二者之间既要有方便的联系,又不能形成相互间的冲击和干扰。公路兼有过境和出入城两种作用,不能和城市内部的道路系统相混淆,而要根据交通的性质和功能要求与城市道路系统有合理的衔接、匹配关系。

城市道路系统又要与铁路站场、港区码头和机场有方便的联系,以满足对外交通与城市间的客货运输要求。要处理好铁路和城市道路的交叉问题。对于铁路两旁都有城市用地的城市,铁路与城市道路的立交设置至少应该保证城市干路无阻通过,必要时还应考虑适当设置过铁路的人行立交。

3. 满足城市环境的要求

城市道路的布局应尽可能使建筑用地取得良好的朝向,道路的走向最好由东向北偏转一定的角度(一般不大于15°)。城市道路又是城市的风道,要结合城市绿地规划,把绿地中的新鲜空气,通过道路引入城市。因此道路的走向又要有利于通风,一般应平行于夏季主导风向,同时又要考虑抗御冬季寒风和台风等灾害的正面袭击。

城市主要道路往往建设成为绿化良好的林荫路(或道路绿化带),由林荫路和道路绿化带构成的城市道路绿化网是城市绿色生态系统的重要组成部分。因此,在城市道路系统规划时,要满足城市绿色生态系统规划对道路绿化的要求。

4. 满足各种工程管线布置的要求

城市公共事业和市政工程管线,如给水管、雨水管、污水管、电力电缆、照明电缆、通信电缆、供热管道、煤气管道及地上架空线杆等一般都沿道路敷设。城市道路应根据城市工程管线的规划为管线的敷设预留足够的空间。城市道路系统规划还应与城市人防工程规划密切配合。

3.1.2 城市道路系统规划的程序

城市道路系统规划是城市总体布局规划的重要组成部分。它不是一项单独的工程技术设计,而是受到很多因素的影响和制约,一般规划程序如下。

1. 现状调查,资料准备

(1) 城市用地现状和地形图,包括城市市域(或区域)范围和中心城区范围两种图,比例分别为 1∶25 000(或 1∶50 000)、1∶10 000(或 1∶5000),一般还要有 1∶1000(或 1∶2000)的地形图作定线校核用。

(2) 城市发展经济资料,包括城市发展期限、性质、规模、经济和交通运输发展资料。

(3) 城市交通现状调查资料,包括城市机动车、非机动车数量统计资料,城市道路及交叉口的机动车、非机动车、行人交通量分布资料和对外过境交通资料等。

(4) 城市布局和综合交通系统初步方案,城市土地使用初步规划方案。

2. 城市道路系统初步方案设计

针对现状存在的交通问题,考虑城市发展和用地的调整,同时从“骨架”和“功能”两个角度提出城市道路系统的初步规划方案。

3. 综合交通规划初步方案

综合交通规划初步方案包括车辆、交通量增长的预测,交通的产生、分布和在道路上交通量的分配的预测,根据交通量对道路面积和密度的预测,形成适应城市发展的城市道路系统初步方案、城市客货运系统初步方案,以及对外交通系统初步方案。

4. 修改城市道路系统规划方案

根据土地使用规划和综合交通规划的方案检验和修改城市道路系统初步规划方案,并对各级城市道路的红线、横断面、交叉口等细部进行研究,提出城市道路系统规划设计及重要交通节点的设计方案,考虑其经济合理性。

5. 绘制城市道路系统规划图

城市道路系统规划图包括平面图及横断面图。平面图要求标画出城市主要用地的功能布局,干路网中心线,线形控制点的位置、坐标及高程,交通节点及交叉口的平面形状规划方案,比例为 1∶10 000 或 1∶5000。横断面图要标出道路红线控制宽度,横断面形式及标准横断面尺寸,比例为 1∶500 或 1∶200。

6. 编制道路系统规划文字说明

3.1.3 城市道路系统规划指标问题

目前我国城市采用“人均道路用地面积”和“道路用地面积率”两项规划指标评价城市道路设施水平。按城市非农业人口计算,要求人均道路用地面积为 7～

15 m^2/人(其中道路为6～13.5 m^2/人,交叉口、广场为0.2～0.5 m^2/人,公共停车场为0.8～1.0 m^2/人),道路用地面积率为8%～15%。

然而,采用"人均道路用地面积"和"道路用地面积率"这两项指标来评价城市道路设施水平是不尽妥当的,主要原因如下:

(1)"道路用地"既包括直接为交通使用的车行道和人行道,还包括间接为交通使用的分隔带和街道绿地。对于不同的城市和同一城市的不同地区,道路用地的构成比例有所不同,道路用地的交通使用率不同,因而所需的道路用地面积也不相同。

(2)在不同的交通结构状态下,所需的人均道路面积也不相同。经分析计算,居民出行使用小汽车、自行车或公共汽车等交通工具所需的道路交通面积之比大约为40∶10∶1。而城市地理条件不同,生活习俗不同,规模及经济水平不同,所处的发展时期不同,城市居民不同出行方式比例所形成的城市交通结构不同,其所需的道路交通面积也不相同。因而,从总体水平来说,现状中国城市以公共汽车和自行车为主体的交通结构所需的道路用地同发达国家城市以小汽车为主体的现代机动交通结构所需的道路用地水平是不可能相同的。

(3)城市用地布局结构的不同导致城市居民出行和货运的平均出行距离不同,生活习惯与经济水平的不同又导致城市居民出行强度和货运强度的不同,因而对城市道路交通面积的需求水平也不会相同。

改革开放以前,我国城市处于以非机动(自行车)交通为主的城市客运交通环境,机动车与非机动车交通混行现象比较普遍,非机动车占用道路面积较大,与国外城市交通状况比较时,应该将非机动车换算为机动车进行比较。

表3-1列出了当时中国7座特大城市与国外4座特大城市道路交通状况和道路面积的比较。比较结果表明,单纯以人均道路用地面积计算,国外城市的道路设施水平相当于中国城市的好几倍,然而如果将非机动车换算为机动车,以车均道路用地面积相比,中国城市道路设施水平并不低于国外城市。当时的实际交通状况是,国外许多城市的交通拥挤和阻塞现象比中国大城市更为严重。

表3-1 国内外某些特大城市道路设施水平对照

	上海	北京	天津	沈阳	南京	太原	济南	东京(23区)	纽约	华盛顿(市区)	内伦敦
人口 (万人)	894	550	499	322	197	180	152	854	798	276 *	274
建成区面积 (km^2)	446	470	239	231	177	168	153	581	819	178	310
道路用地面积 (万 m^2)	446	5170	2580	1964	1694	1380	1553	7900	28 672	7654	5146
汽车保有量 (万辆)	64	100	20	12	12	12	13	274	363	231	217
自行车保有量 (万辆)	200	385	280	260	100	120	140				
自行车换算系数	8	10	8	8	8	10	8				

续表

	上海	北京	天津	沈阳	南京	太原	济南	东京（23 区）	纽约	华盛顿（市区）	内伦敦
当量标准车数 （万辆）	88	138	55	44	24	24	30	274	363	231	217
人均道路用地 （m^2/人）	4.4	9.4	5.2	5.1	8.6	7.7	10.2	9.2	35.9	27.8	18.8
单位车辆拥有道路用地面积 （m^2/辆）	44.7	37.5	46.9	44.6	70.6	57.7	51.8	28.8	79.0	33.1	23.7
数据统计年份	1998	1995	1995	1995	1997	1997	1995	1976		1974	1976

* 包括外地进入市区的工作人口及车辆。

注：国内城市汽车保有量及当量标准车已换算成小汽车。

改革开放以后，城市机动交通迅速发展，城市交通机动化程度大大提高，非机动车交通大大减少，逐渐进入以机动交通为主的客运交通环境，机动车与非机动车混行现象有所减弱，城市主要道路在路段上基本实现了机动车与非机动车的分离，但将非机动车换算为机动车表现城市道路指标，仍然是较为科学的方法。但是，随着城市公共交通的发展，自行车将主要作为短距离的交通工具，自行车在城市客运交通所占份额将大大减少。

车行道是城市道路用地的主要交通面积，应该作为主要的道路设施用以评价道路设施水平。因此，我们可以使用"车均车行道面积"指标评价城市道路系统对交通的服务水平，也可以参照本章 3.6 节的方法进行评价，此外还可以采用"道路绿地率"来描述道路的舒适性水平。

3.2 城市道路系统的空间布置

3.2.1 城市干路网类型

城市道路系统是为适应城市发展，满足城市用地和城市交通以及其他需要而形成的。在不同的社会经济条件、城市自然条件和建设条件下，不同城市的道路系统有不同的发展形态。从形式上，常见的城市道路网可归纳为四种类型，其中前三类为基本型。

1. 方格网式道路系统（图 3-3(a)）

方格网式又称棋盘式，是最常见的一种道路网类型，适用于地形平坦的城市。用方格网道路划分的街坊形状整齐，有利于建筑的布置；由于平行方向有多条道路，交通分散，灵活性大，但是对角线方向的交通联系不便。有的城市在方格网的基础上增加若干条放射干线，以利于对角线方向的交通，但是因此又将形成三角形街坊和复杂的多路交叉口，既不利于建筑布置，又不利于交叉口的交通组织。完全方格网的大城市，如果不配合交通管制，容易形成不必要的穿越中心区的交通。一些大城市的旧城区历史形成的路幅狭窄，间隔均匀，密度较大的方格网，已不能适应现代城市交通的要求，可以采用组织单向交通的方法解决交通拥挤问题。

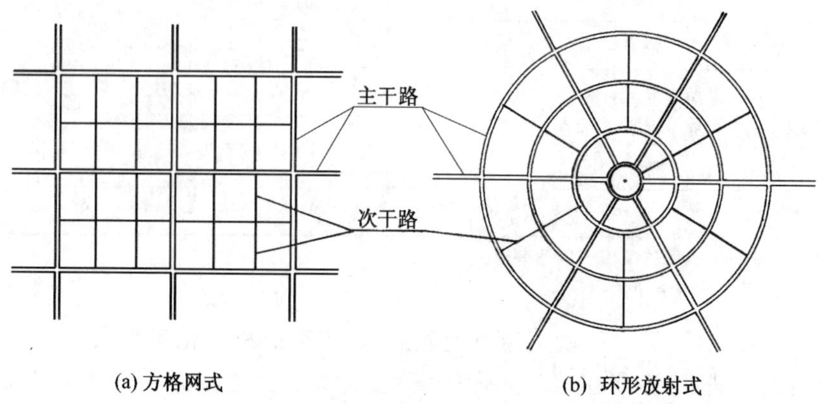

图 3-3 城市干路网类型

方格网式的道路也可以顺依地形条件弯曲变化，不一定死板地一律采用直线直角。

2. 环形放射式道路系统(图 3-3(b))

环形放射式道路系统起源于欧洲国家以广场为中心组织城市的规划手法，最初是几何构图的产物，有的是由港口城市或中心城市的对外交通特性所自然形成的，多用于大城市。这种道路系统的放射形干线道路有利于市中心同外围市区和郊区的联系，环形道路又有利于中心城区外的市区及郊区的相互联系，在功能上有一定的优点。但是，放射形干路又容易把外围的交通迅速引入城市中心地区，引起交通在城市中心地区过于集中，同时会出现许多不规则的街坊，交通灵活性不如方格网道路系统。环形干路也容易引发城市沿环路的发展，导致城市呈同心圆式不断向外扩张。

为了充分利用环形放射式道路系统的优点，避免其缺点，国外一些大城市在原有的环形放射路网基础上进行部分调整，改建形成快速路系统，对缓解城市中心的交通压力，促使城市转向沿放射形交通干线向外发展起了十分重要的作用(图 3-4)。

3. 自由式道路系统

自由式道路常是由于地形起伏变化较大，道路结合自然地形呈不规则状布置而形成的。这种类型的路网没有一定的格式，变化很多，非直线系数(道路距离与空间直线距离之比)较大。如果综合考虑城市用地的布局、建筑的布置、道路工程及创造城市景观等因素精心规划，不但能取得良好的经济效益和人车分流效果，而且还可以形成活泼、丰富的景观效果。

国外很多新城的规划都采用自由式的道路系统。美国阿肯色州 1970 年规划的新城茅美尔(Maumelle)，城市选址在一片丘陵地，在交通干路的一侧布置了工

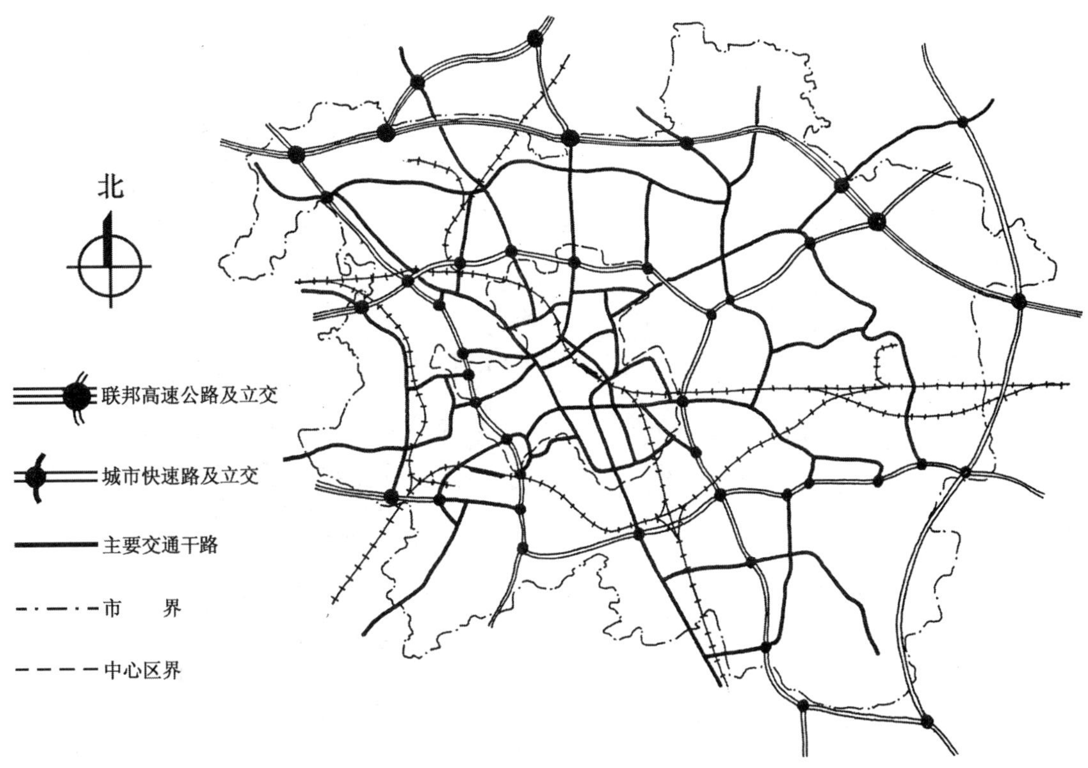

图 3-4　汉诺威（Hannover）道路系统示意图

业区，另一侧则结合地形、河湖水面和绿地，安排城市用地，道路呈自由式布置，形成很好的居住环境（图 3-5）。

我国山区和丘陵地区的一些城市也常采用自由式的道路系统，道路沿山麓或河岸布置，如青岛、重庆等城市，但这种布置多是从工程因素出发，有的道路仿照盘山公路修建，不十分自然。而且，在传统的规划思想下，只要有一些平地（或挖山填沟造平地），都尽可能采用方格式的道路系统，这些做法都不是好的做法。

4. 混合式道路系统

由于历史等原因，我国城市的发展经历了不同的阶段。在这些不同的发展阶段中，有的城区发展受地形条件约束，形成了与之前不同的道路形式；有的则是在不同的规划建设思想（包括半殖民地半封建时期外国的影响）下形成了不同的路网，以至于在同一城市中，同时存在几种类型的道路网，相组合而成为混合式的道路系统。还有一些城市，在现代城市规划思想的影响下，结合城市用地的条件和各种类型道路网的优点，有规划地对原有道路结构进行调整和改造，形成新型的混合式道路系统。

组团式布局的城市应该形成适应各组团布局的组团道路网，在组团之间设置联系各组团的快速路和主干路，也是一种组合式的道路网形式。

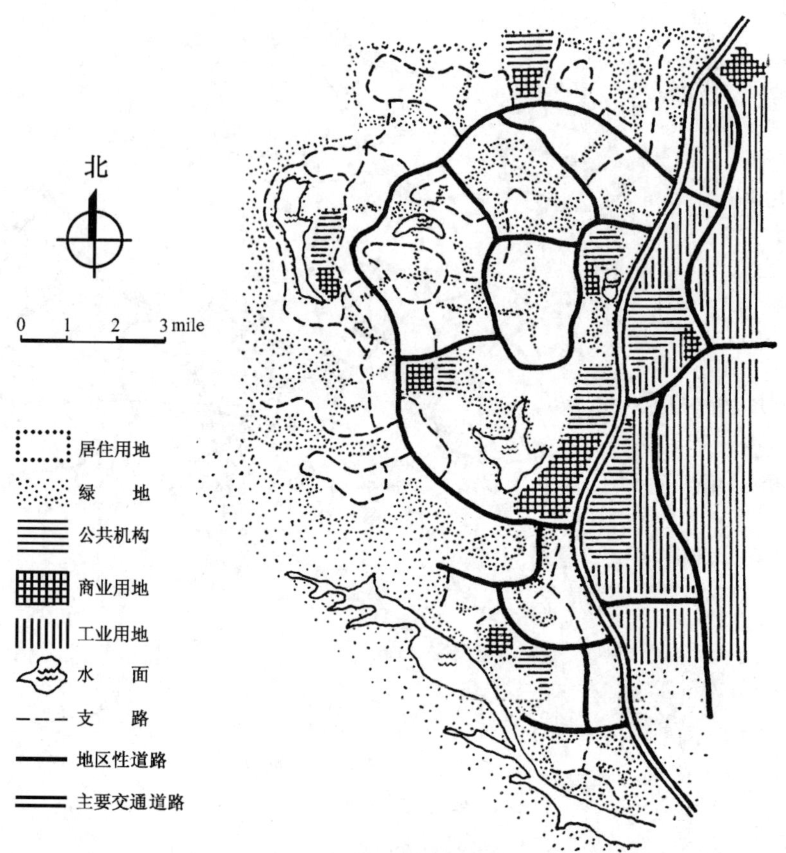

图3-5　茅美尔(Maumelle)道路系统示意图

常见的方格网加环形放射式的道路系统是大城市发展后期形成的一种混合式的道路网形式,如北京的道路网(图3-6)是以环形放射网为城市的主要交通性道路骨架,以方格网为城市的基础性路网。在该城市的建设中,由于过于重视环路的建设和沿环路两侧的用地发展建设,导致形成"摊大饼"的城市形态,如果强调放射道路对城市发展的导向作用,用一般环形路分散交通,以环形放射快速路网划分城市组团,组织城市组团间的隔离绿地,就可以避免"摊大饼"式的发展,将会取得更好的效果。

还有一种常见的链式道路网,是由一两条主要交通干路作为纽带(链),好像脊骨一样联系着各类较小范围的道路网而形成的。常见于组合型城市或带状发展的组团式城市,如兰州(图3-7)等城市。

经历了不同阶段发展的大城市的这种混合式道路系统,如果在好的规划思想的指导下,对城市结构和道路网进行认真的分析和调整,因地制宜地规划,仍可以很好地组织城市生活和城市交通,取得较好的效果。

但是,目前我国许多城市的总体规划中常以"几纵几横"、"几环几射"的范式化的描述来叙述城市道路网的规划,并不能表现道路网的功能特性,也不能说明与城市用地规划布局的关系,因此是毫无意义的。

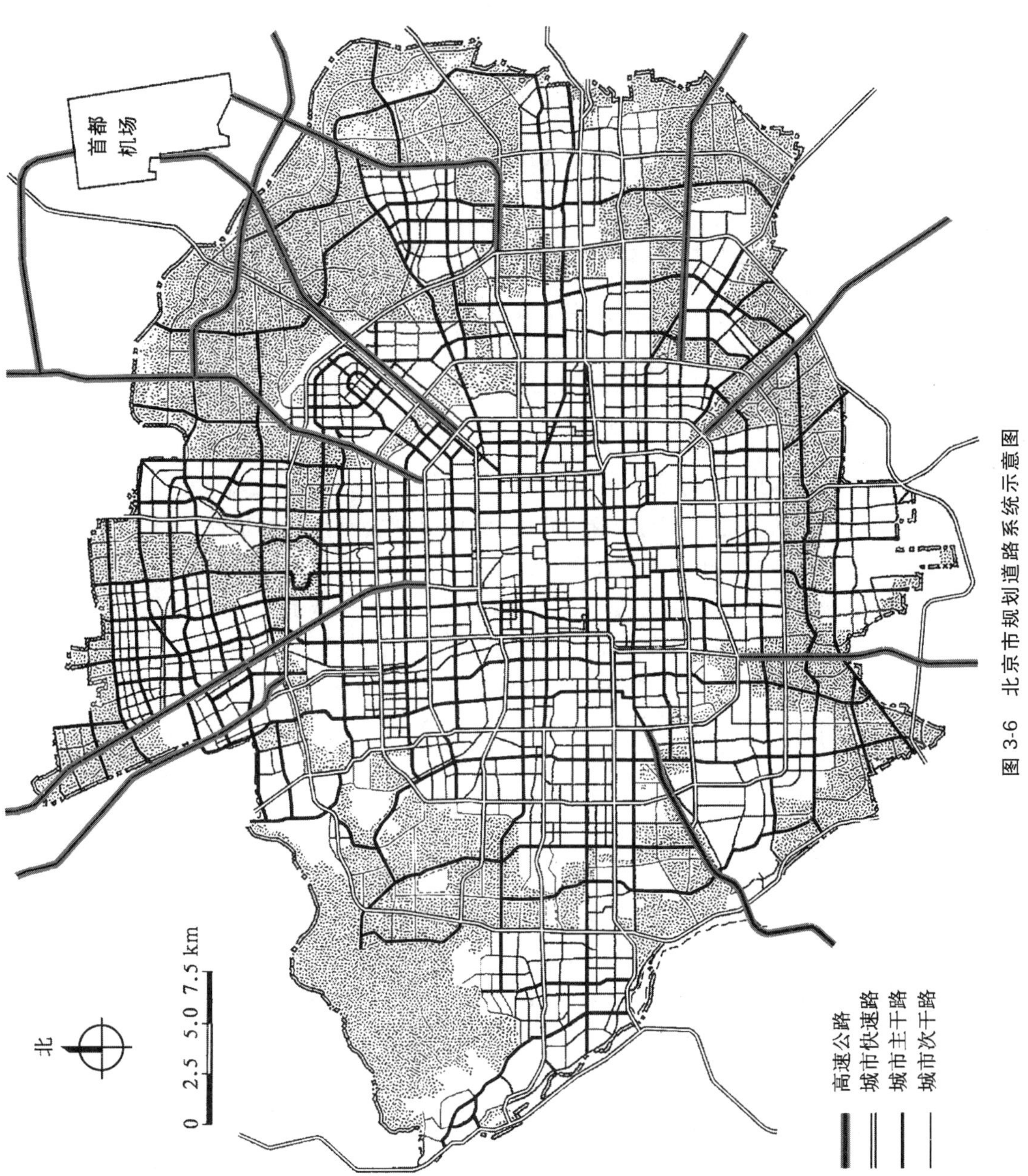

图 3-6　北京市规划道路系统示意图

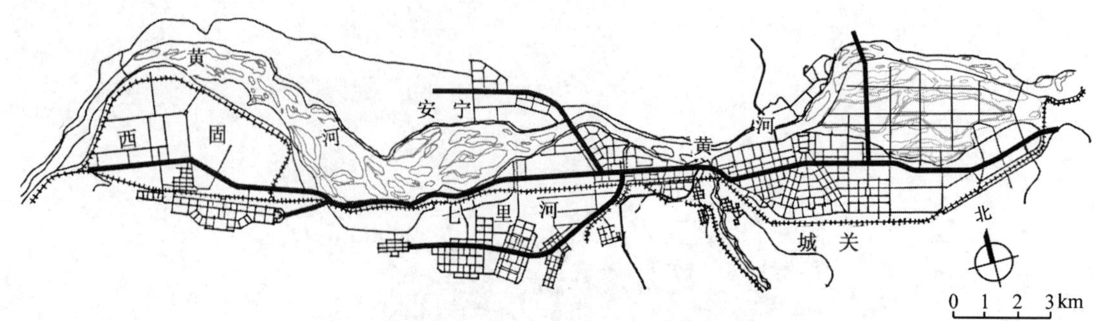

图 3-7 1954 年兰州市规划道路系统分析图

3.2.2 城市道路网的结构分工和功能分工

前述四类道路系统形式,有的是自然发展而成的,有的是在传统思想下形成的,有的则是新规划思想下对旧系统进行改造的产物。实际上,从现代城市规划的观点来看,城市道路网的分工在考虑与城市用地布局的关系的同时,还应该从道路的性质、功能分工来研究道路网的形式。

1. 城市道路网的结构分工

从规划编制的角度,要按照城市布局结构的骨架关系将城市道路网分为城市快速路网、主干路网、次干路网和支路网。

城市快速路网是城市组团间的快速通道,应该布置在城市组团间的隔离绿地中。城市快速路网表现了城市大的组团结构关系。

城市主干路网是串连各城市组团和组团内的主要交通通道网,并具有划分分组团(片区)和居住区的作用,在整个城区内应该形成完整的网络。其中交通性主干路具有划分城市片区的作用,又是城市中重要的疏通性道路,是快速路与其他常速道路联系衔接的纽带。交通性主干路与快速路组成城市的主要交通性道路骨架,是城市总体规划中道路系统规划的重点。

城市次干路网是城市组团内的基础性路网和分组团(片区)的道路骨架,并具有划分小区和主要街坊的作用。次干路网不一定要与相邻组团的次干路条条连接,应该在组团内形成较为完整的网络。

支路是为局部用地服务的道路,在城市中不可能形成整体网络,只是在城市的局部地段,如中心商业服务地段、街坊式居住地段等形成局部支路网,以方便为用地的服务。

2. 城市道路网的功能分工

城市道路网按其功能可以大致分为交通性(疏通性)路网和生活(服务性)路网两个相对独立又有机联系(也可能部分重合为混合性道路)的网络。

交通性路网要求快速、畅通,避免行人频繁过街的干扰,对于快速的、以机动车为主的交通性干路要求避免非机动车的干扰，而对于自行车专用路则要求避免机动车的干扰。除了自行车专用路以外，交通性道路网还必须与公路网有方便的联系，与城市中除交通性用地（工业、仓库、交通运输用地）以外的城市用地（居住、公共建筑、游憩用地等）有较好的隔离，又希望能有顺直的线形。所以，特别是在大城市和特大城市，常常由城市各分区（组团）之间的规则或不规则的方格状道路，与对外交通道路（公路）呈放射式的联系，再加上若干条环线，构成环形放射（部分方格状）式的道路系统，如图 3-8 所示，1983 年上海市城市总体规划的道路网结构中，由快速路和市级干路构成城市的交通性路网（即城市疏通性路网，市级干路就是城市的交通性主干路）。在组合型的城市、带状发展的城市和指状发展的城市，通常以

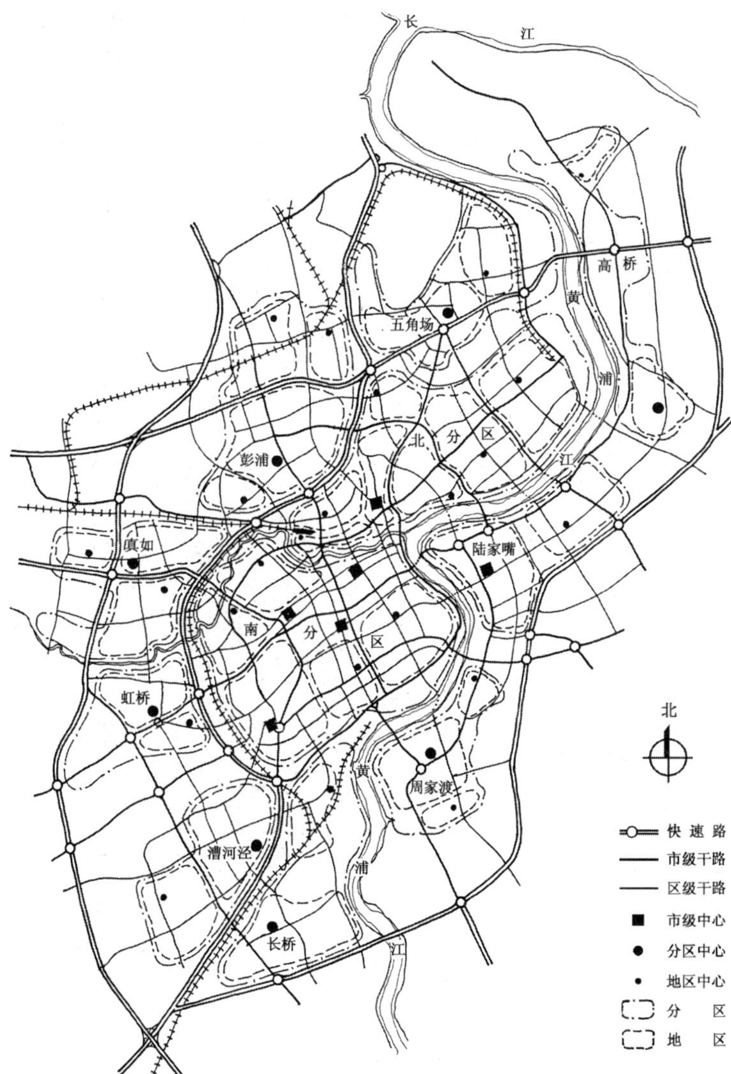

图 3-8　1983 年上海市中心区规划结构与道路系统分析图

链式或放射式的交通性干路为骨架,形成交通性路网。在小城市,交通性路网的骨架可能会形成环形或其他较为简单的形状。

在大城市和特大城市,疏通性路网往往由城市快速路和交通性主干路组合而成,是城市中快速、畅通的通道,是联系对外公路和城市生活性服务路网的媒介,是与城市用地布局结构紧密配合的城市结构性路网。因此,规划好城市疏通性路网在城市总体规划中具有十分重要的意义。

生活性道路网要求的行车速度相对低一些,要求不受交通性车辆的干扰,有较方便和较多的停车条件,同居民要有方便的联系,同时又有一定的景观要求,主要反映城市的中观和微观面貌。生活性道路一般由两部分组成,一部分是联系城市各分区(组团)的生活性主干路,一部分是分区(组团)内部的道路网。前一部分常根据城市布局的形态形成为方格状或放射环状的路网,后一部分常形成为方格状(常在旧城中心部分)或自由式(常在城市边缘新区)的道路网。生活性道路的人行道比较宽,也要求有好的绿化环境。所以,在城市新区的开发中,为了增加对城市居民的吸引力,除了配套建设形成完善的城市设施外,特别要注意因地制宜地采用活泼的道路系统和绿地系统,在组织好城市生活的同时,组织好城市的景观。如果简单地采用规整的方格网,又不注意绿化的多样化,很容易产生单调、呆板甚至荒凉的感觉。

某城市的城市道路系统规划方案(图3-9)十分重视城市道路的性质和功能的分工,用城市道路系统组织城市,是一个较好的例子。城市在发展中已经跨越河流向南发展为工业组团,同时又向北有适度发展,新的发展是跨越高速公路向西发

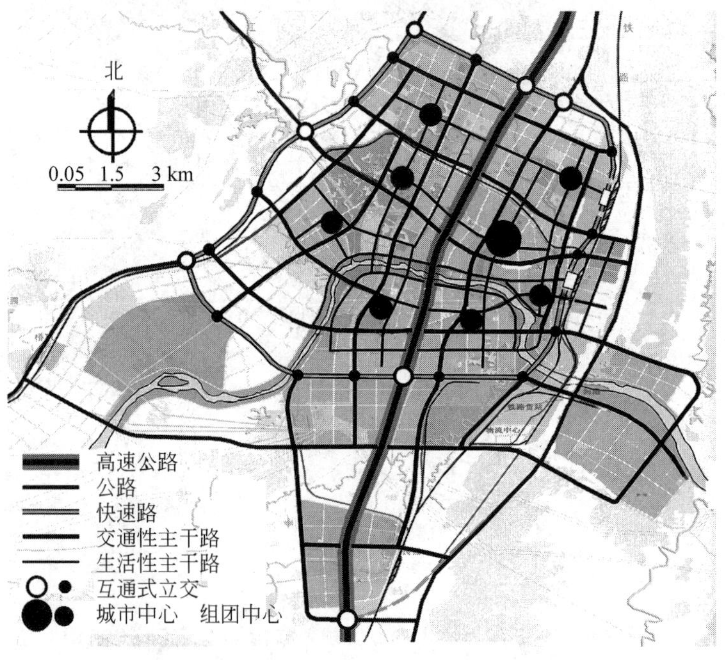

图3-9 某城市道路系统规划方案分析图

展。规划布置了环形快速路与高速公路相联系，又是高速公路两侧城区相联系的快速通道；规划又根据用地布局的功能关系布置了交通性主干路网和生活性主干路网。由于高速公路高于城市地面，主干路在跨越高速公路时采用分离式立交，有利于两侧城区的交通联系。交通性主干路网和快速路组成疏通性路网，主要保证机动车辆畅通，并与公路干线直接相联；生活性主干路与次干路、支路构成生活服务性路网，为各级城市中心和生活性用地服务。规划还同时安排了全市自行车路和步行街。

3.2.3　城市各级道路的衔接

1. 城市道路衔接原则

城市道路（及与高速公路和一般公路）衔接的原则是要充分发挥各类道路的交通作用，形成有序的交通联系，归纳起来有四点：

(1) 低速让高速；

(2) 次要让主要；

(3) 生活性让交通性；

(4) 有序而适当分离。

各级城市道路及与公路之间的衔接关系可由图 3-10 表示。

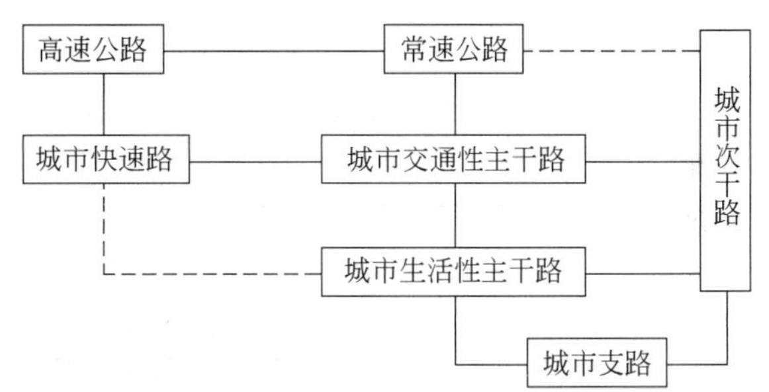

图 3-10　各级城市道路及与公路的衔接关系

表 3-2 是城市各级各类道路及与公路的一般衔接方式，可供参考。

表 3-2　城市各级道路及与公路的衔接方式

		城镇间道路		全市性干路（组团间）			次干路（组团内）	支　路	
		高速公路	一般公路	快速路	交通性主干路	生活性主干路		服务性支路	步行路自行车专用路
城镇间道路	高速公路	¤							
	一般公路	Φ ⊕	+						
全市性干路	快速路	Φ	⊖	¤					
	交通性主干路	Φ	+	Φ	+ Φ				
	生活性主干路	⊕	+	Φ	╋	+			
次干路		×	╋	×	╋	╋	+		
支路	服务性支路	×	×	×	×	╋	╋	+	
	步行路自行车专用路	×	×	×	×	╋	╋	╋	+

注：¤ 互通式立交（平等机会）；Φ 互通式立交（直通方向优先）；⊕ 分离式立交；╋ 平面交叉（主线优先）；+ 平面交叉（平等机会）；× 不相交（必要时设分离式立交）。

2. 城镇间道路与城内道路网的连接

城镇间道路把城市对外联络的交通引出城市,又把大量入城交通引入城市,所以城镇间道路与城内道路网的连接应该有利于把城市对外联络交通迅速引出城市,并避免入城交通对城内道路,特别是城市中心地区道路上的交通的过多冲击;还要有利于过境交通方便地绕过城市,而不应该把穿越性过境交通引入城市和城市中心区。

城镇间道路分为高速公路和一般公路。一般公路可以直接与城市外围的干路相连,要避免与直通城市中心的干路相连。高速公路则应该采用立体交叉与城市疏通性路网相连,由一处(小城镇)或两处(较大城市)以上的立体交叉牵出汇集性的交通性道路(入城干路)连接城市快速路、城市外围交通性主干路和一般公路(图 3-11)。

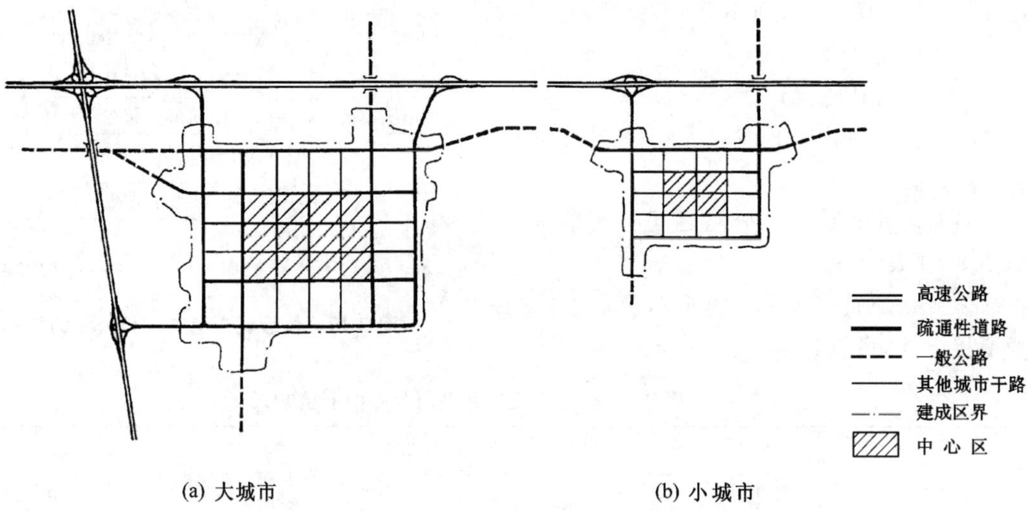

图 3-11 城内道路与公路的衔接图式

目前我国许多小城镇沿公路发展,公路同时作为城镇内部主要道路使用。因此,公路穿越性交通受到城镇内交通的影响,经常发生减速、拥挤和阻塞现象,城镇内部交通也受到公路交通的阻隔而不畅通。规划时应该考虑在条件成熟时选择适当的方式处理好公路与城镇内道路的连接问题,把公路交通与城镇内交通分离开来。一般可采取以下两种方式:

(1) 公路立体穿越城镇(图 3-12)

利用地形条件将公路改为路堤式(高架式)或路堑式,从公路上引出交通性道路分别与两侧的镇区相联系,两侧镇区之间的其他联系可设置分离式立交穿越公路。

(2) 公路绕过城镇(图 3-13)

选择适当位置将公路移出城镇,改变城镇道路与公路的连接位置,原公路成为城镇内部道路。改建时应注意同时处理好城镇发展与公路之间的关系,并对移出的公路的两侧实施绿化保护,防止形成新的建设区。

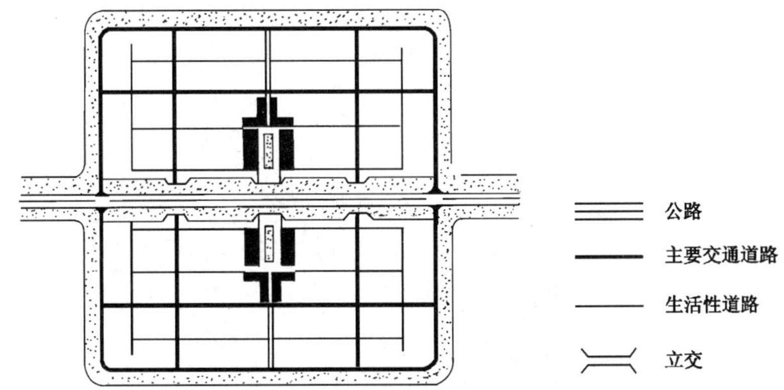

图 3-12　公路以立体方式穿越城镇

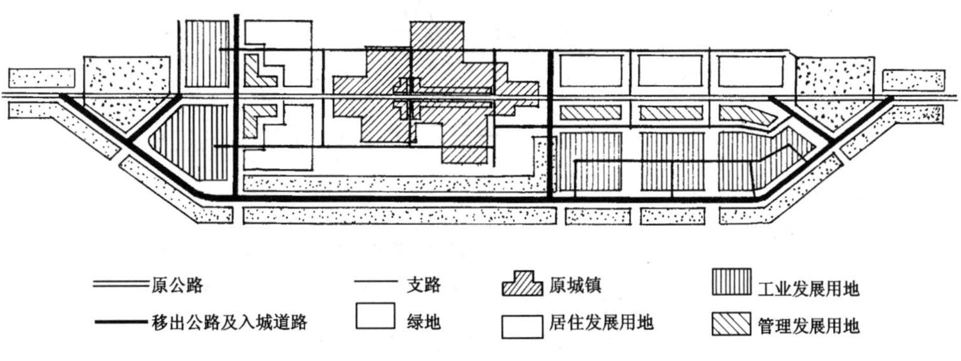

图 3-13　公路绕过城镇方式

对于有快速路的特大城市，应该使城市快速路与高速公路直接衔接，高速公路可以直接引到城市中心地区的边缘，同城市（快速）交通环线相连。必要时也可采用高架或地下快速路的方式通过城市中心地区边缘。城市常速道路则应与一般公路相衔接。

高速公路不得直接与城市生活性道路和次干路相连。

某市（图 3-14）西侧规划有一条南北向高速公路，原方案计划由 A 点建立体交叉接人民路进入城市，不但穿过生活居住和商业用地，而且把交通直接引到市中心和车站繁华地区，将造成对市中心的冲击。后来经协商，改进方案，选在 B 点建立体交叉，沿工业区南侧绿带进入城市，从市中心北侧通过，交通逐渐经过几条环线分散到城市的各个地区，这样既避免了入城交通对生活居住、商业环境的干扰，又避免了对市中心的冲击，改进后的方案是一个合理的方案。

某市北临黄河。由于黄河大桥选在铁路桥东侧，公路接入城市直通两侧为大量住宅和公共建筑的历山路，主要过境流量的南北向车流很容易穿越市区（图 3-15(a)）。如果桥位选在铁路桥西侧，使南北向过境车流可以直捷从城区边缘通过，东西向过境车流可以经过外环（小清河路）在绿带中绕过城市中心区，不容易形成穿越市区的现象，入城车流可以经过纬十二路进入内环，分散到城市各个地区（图 3-15(b)）。

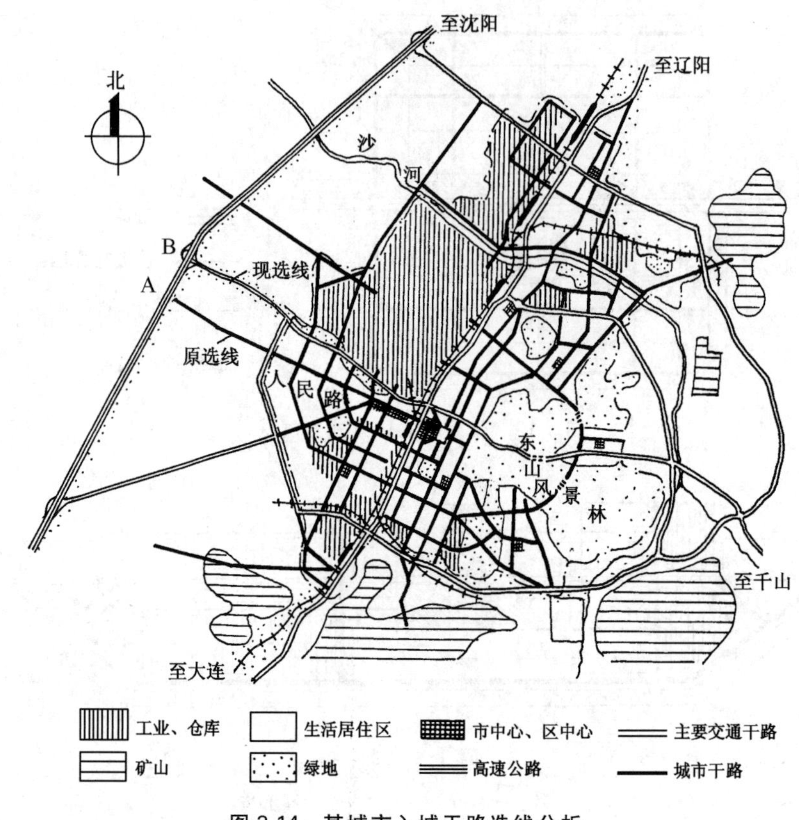

图 3-14　某城市入城干路选线分析

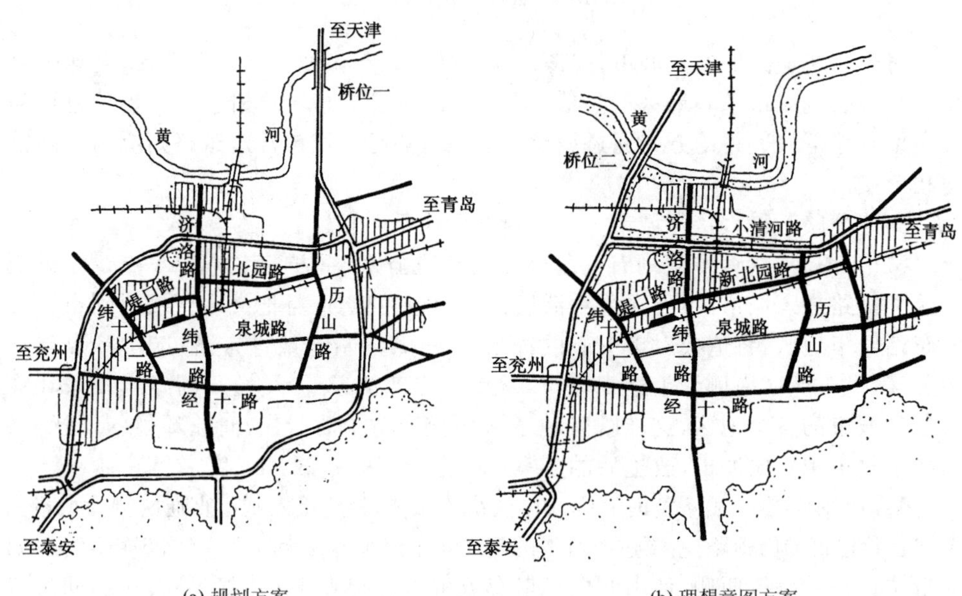

(a) 规划方案　　(b) 理想意图方案

图 3-15　某城市桥位选择对城市道路系统的影响

下面介绍两个城市的城市规划结构与城市道路系统规划的分析。

某市(图 3-16)规划铁路正线及客货站位于城北,高速公路由城北、城东经过,于东北方向设一处立交与城市道路网相接。城市以自然山地环境和岐江分为 4 个城市组团。按照城市组团的布局和与对外交通线的联系,规划主要连续性交通干路(即交通性主干路)呈环状布置于城区外围,城内交通干路从城市组团间穿过,对外与高速公路和主要公路相连。城内规划一个以客运为主的主干路网,呈环状联系各组团商业服务中心。次干路级以下道路网根据各组团地形地貌和现状道路状况进行布置:河西区由于水网发达,又有山地居中,道路布置为自由式;旧城区北部历史上形成为半自由式路网;南部已形成为方格状路网;北区和东区地形平坦规整,规划为方格状路网。城市道路网由西向东,从自由式、半自由式逐渐过渡为方格状。北区设置一条辅助性联系道路把铁路车站、长途汽车站和客运码头连在一起,形成城市对外客运枢纽,并分别通过南北向的主干路、次干路与各城区相联系。

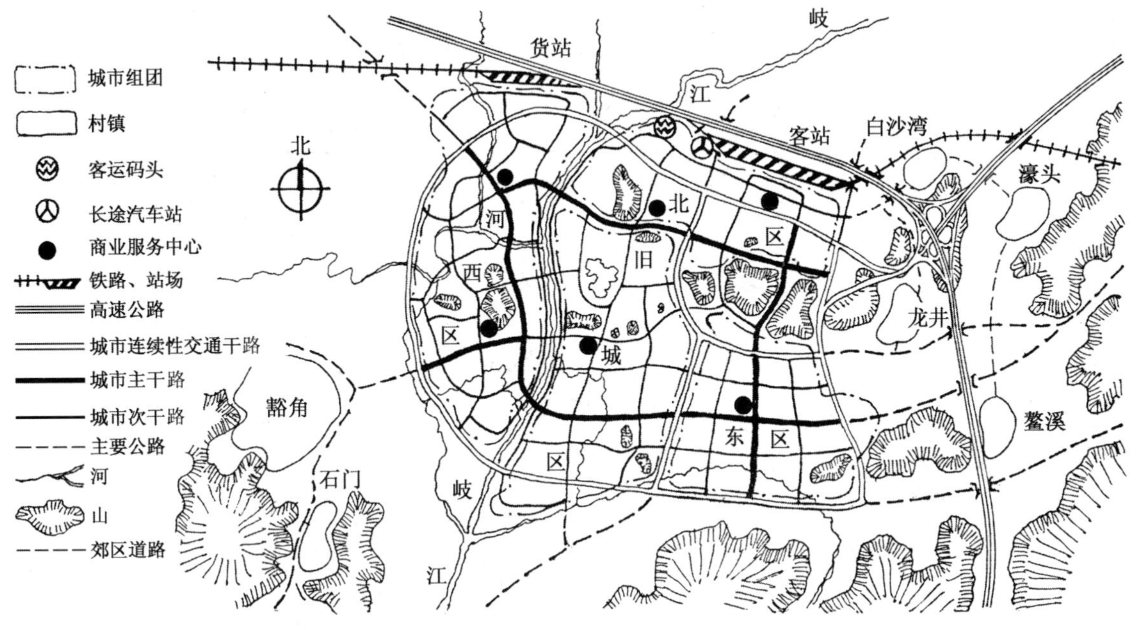

图 3-16 某城市规划结构与道路系统的分析

某港口新城(图 3-17)被山地和疏港公路分为三个城区,疏港公路以南为中心城区和海滨旅游度假区,疏港公路以北为经济技术开发区和科研文教区,西部由山地分隔为沿港湾两端的港区和港口城区。疏港公路由港区向东与城市以东外围的高速公路相连,南北向有一条交通性主干路穿过开发区的工业用地、中心城区的非中心地带及旅游度假城区的东侧与城外地方公路相连,并以立交与疏港公路相连。南北城区有一条南北向生活性主干路把北部开发区的生活轴与南部城区的商业中心及海滨中心大道相连,形成为城市的生活轴线。中心城区偏北部规划一条东西向中心大道,向东连接中心城市,向西连接港口中心,由东向西依次布置行政中心、商务中心、商业中心,并可直通客运码头。行政中心向南对景南山,规划为南北轴线,南端依山布置文化中心和体育中心。北部科研文教中心与行政中心有干路相连,并与经济技术开发区的管理中心有干路相连。港口城区依山布置,道路以海湾口为中心呈放射半环状布置,形成山景与海景的呼应对景关系。三个城区的道路系统与用地布局协调,与山、海景观结合适当,自成一体又有机联系。

图 3-17 某港口新城规划结构与道路系统的分析

3.2.4　城市交通枢纽在城市中的布置

城市交通枢纽可分为货运交通枢纽、客运交通枢纽及设施性交通枢纽三类，设施性交通枢纽又包括为解决人流、车流相互交叉的立体交叉（包括人行天桥和地道）和为车辆停驻而设置的公共停车设施等。

1. 货运交通枢纽的布置

货运交通枢纽包括城市仓库、铁路货站、公路运输货站、水运货运码头、市内汽车运输站场，就是市内和城市对外的仓储、转运的枢纽，是城市主要货流的重要的出行端。一般来说，城市在发展过程中，虽然各种货运交通枢纽是各自自然发展形成的，在城市的空间分布比较零散，而且由于城市的不断发展，也会存在大型仓储设施被包围在市区内部乃至中心的状况，但是在布局上仍然有一定的规律。比如，仓储设施一般是靠近转运设施布置的。关于仓储设施的布置，在城市规划原理中已有论述，这里不再重复。在城市道路系统规划中，应注意使货运交通枢纽尽可能与交通性的货运道路有良好的联系，尽可能在城市中结合转运枢纽布置若干个集中的货运交通枢纽。这种综合性的货运交通枢纽，称为"物流中心"，在日本称为"流通中心"(synthetic center for distribution)。图 3-18 是日本东京市的流通中心分布示意图。

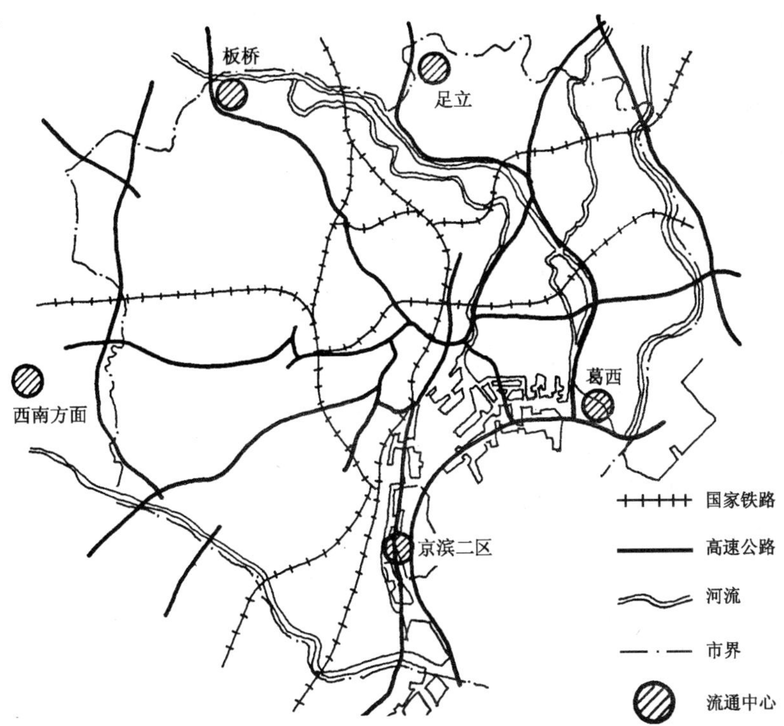

图 3-18　东京市流通中心分布示意图

物流中心是组织城市货运的一种新的形式,是以对外交通(公路、铁路、水运、空运等)的货运枢纽为中心,包括仓库、批发、城市货物运输,甚至包括小型加工、包装工场等组织在一起的综合性中心,减少了货物在供销、流通、分配、经营等几个环节中的不必要的周转,从而减少了自身的往返运输和城市的交通量。市级物流中心通常布置在城市外围环路与通往其他城市的高速公路相交的地方,有的还结合铁路站场和水运货运码头布置。这种布置方式有利于货物流通的经济合理和货运车辆的集疏,并减少了对城市中心地区交通过多的干扰。

同时,在城市中心地区可以结合城市商业中心和市内的工业用地的布置,安排若干个市区内次一级的物流中心,也可以安排地下的仓储批发设施,采用地下货运通道与城市外围货运交通干路连接,以减少城市中心地区产生大量生产性和生活性货物运输对市中心地面交通的干扰。

国外一些城市的物流中心一般分为地方性物流中心(主要服务于一个城市或城市的局部地区)和区域性物流中心(跨地区)两种。地方性物流中心用地一般为1～5 hm^2,以食品和日用品等生活资料的存储和配送为主。区域性物流中心用地在1～10 hm^2,多在5 hm^2以上,最大规模不超过40 hm^2,存储和配送的产品以食品、木材、工业产品等大宗生产、生活性资料为主。

有关研究将货运枢纽分为货运站场、物流中心和物流园区三个层次。其中,货运站场为传统的货运集散点,主要承担货物的储存、分拣、集散、车辆停放等功能;物流中心为现代化的组织、转运、调节和管理物流的场所,集货物储存、运输、商贸为一体的重要集散点,含有集货、分货、配送、转运、储调、加工等功能;物流园区为多种物流设施与不同物流企业在空间上集中布局的场所,具有一定规模和综合服务功能的物流集散点,层次和规模更为先进,更为广泛,又可分为国际辐射型物流园区、产业及港口服务型物流中心和生产及生活性货运站场。

过去,我国城市货物仓储运输体制高度分散,条块分割,没有条件直接推行物流中心的经营方式。目前国内城市已着手研究改革货物流通体制,如北京市规划建设的物流网络系统包括西南、东南、西北三个物流基地,东南、南、西四个物流中心,和若干个专业化配送中心、企业分散仓库或配送中心。现已在东南方向京津高速公路与四环路交叉处附近的十八里店兴建了一个市级物流中心——北京物流港,占地5000多亩(330 hm^2左右),集国际物流、区域物流和城市物流为一体,依托于高科技园区(生产资料物流)、中央商务区(入驻企业物流)和居民消费区(生活资料物流),建设成为以陆港、空港、海港为特色的口岸物流平台、以多方式联运为基础的现代物流服务平台、以现代物流服务为支撑的会展商贸平台和以口岸电子信息为核心的电子物流信息平台,是一个物流、商流和信息流为一体的综合物流体系。许多城市在新一轮城市总体规划中都设置了城市对外和内部的物流系统。

2. 客运交通枢纽的布置

城市客运交通枢纽是城市中各种客运交通方式相互衔接、转换的设施,是城市交通系统不可或缺的重要组成部分。

(1) 城市客运交通枢纽的分类

城市客运交通枢纽大致可以分为以城市对外客运交通设施为主的城市对外客运交通枢纽和以城市公共交通为主的城市公共交通换乘枢纽两大类,其分类和交通构成如表 3-3 所示。

表 3-3　客运交通枢纽分类及交通构成表

客运交通枢纽分类	次级分类	交通构成
城市对外客运交通枢纽	以航空港为中心的对外客运交通枢纽 以铁路客站为中心的综合客运交通枢纽 以长途客站为中心的综合客运交通枢纽 以水运客港为中心的对外客运交通枢纽	对外客运交通 市级公交干线　城市轨道交通线 公交快车线 其他:小汽车、自行车、步行、小货车(停车)
城市公共交通换乘枢纽	市级公共交通换乘枢纽	城市轨道交通线 市级公交干线 组团级公交线 其他:小汽车、自行车(停车)
	组团级公共交通换乘枢纽	市级公交干线 组团级公交线 其他:小汽车、自行车(停车)
	市郊级换乘枢纽	市区公交线路 郊区公交线路 其他:小汽车、自行车(停车)
	公交换乘站 (多条公交线路交汇、换乘的组合站) (公交运营线路的起终点站)	公交线路 自行存(停车)
特定设施客运枢纽	交通限控区换乘枢纽(R+P)	小汽车(停车) 限控区外部公交线 限控区内部交通工具 其他:自行车(停车)
	大型体育中心、游览中心、购物中心等	公交线 小汽车、大客车(停车)

城市对外客运交通枢纽是城市内部客运交通与对外客运交通相互衔接、换乘的设施,特别是大城市和特大城市的主要对外交通设施(如铁路客站),由于设施内组合的交通方式种类较多,衔接、换乘、管理较为复杂,综合性强,又称为"城市综合客运交通枢纽"。

城市公共交通换乘枢纽则可按照公交系统衔接的重要性和不同线路衔接的要求,分为市级、组团级、市郊换乘枢纽和公交换乘站(公交组合换乘站和公交首末站等)。其中,在城市对外客运交通枢纽中应该设置市级城市公共交通换乘枢纽,以承担对外客运交通与城市交通的衔接和转换。

此外,在交通限控区的外围和一些大型公共设施附近还应设置特定的客运交通枢纽。

城市客运交通枢纽的设计过去一般由各交通部门各自完成。现代城市和城市交通的发展要求我们对城市对外客运交通设施和各类城市内部客运交通设施进行综合布置,在规划中先行研究,提出对城市客运交通枢纽设计的规划要求和设计条件,以及在空间组合上的规划方案,以在满足各类交通线路运行、管理要求的同时,合理组织各类交通,方便旅客使用,合理使用城市空间和土地资源。

(2) 各类客运交通枢纽的区位布局及主要配套组合设施

航空、铁路、公路、水运等城市对外客运设施的布置主要取决于城市对外交通在城市中的布局。在城市布局中应有意识地结合城市对外客运设施的布置,形成城市对外客运与市内公共交通客运相互转换的客运交通枢纽。

城市的机场、铁路客站、长途汽车客站等对外客运交通枢纽和城市公共交通换乘枢纽在城市布局中的区位布局及与中心城区的关系不同,所需配套、组合的交通设施也有所不同,在规划中应该予以充分考虑(表 3-4)。

表 3-4 各类客运交通枢纽区位布局及配套设施组合关系表

<table>
<tr><th colspan="2">客运交通枢纽类型</th><th>区 位 布 局</th><th>与中心城区关系</th><th>主要配套、组合设施</th></tr>
<tr><td rowspan="3">对外交通枢纽</td><td>机场航站</td><td>城市外围
距城区边缘 5 km 以上</td><td>机场高速公路联系</td><td>城市公共交通干线首末站
机场客运专线首末站</td></tr>
<tr><td>铁路客站</td><td rowspan="2">城市中心区边缘
或核心区边缘</td><td>中心城区内
靠近城市交通性主干路</td><td>长途客站
市级公交换乘枢纽</td></tr>
<tr><td>长途汽车客站</td><td>中心城区内
靠近干线公路和城市交通性主干路</td><td>公交换乘枢纽</td></tr>
<tr><td colspan="2">城市公交换乘枢纽</td><td>各级城市中心附近
城市对外客运交通枢纽</td><td>中心城区内和边缘附近
靠近城市主干路</td><td>城市公共交通干线停靠站
城市公共交通普线停靠站</td></tr>
</table>

由于机场运行环境的要求,机场航站应远离城市设置。机场航站与城市的联系一般要依靠机场高速公路和机场轨道交通线、城市公共交通专线(包括机场巴士)服务,与城市轨道交通站、巴士站、出租车站及社会车辆停车设施组合成为城市对外(航空)客运交通枢纽,这种交通枢纽一般可以不称为"综合客运交通枢纽"。对于特大型机场,由于客流量大,所需交通方式较为复杂,换乘关系复杂,也可能成为"综合客运交通枢纽"。

铁路客站和长途汽车客站与城市间应该形成既紧密结合又不过多影响城市的关系,一般布置在城市中心区或核心区的边缘,并与城市公共交通换乘枢纽(包括城市轨道交通线和公共交通干线）及城市社会车辆停车设施组合成为城市对外（铁路、公路）客运交通枢纽，应该有城市交通性主干路为其服务，可以方便与对外公路干线相联系。

通常，大城市及特大城市的主要铁路客站可能与长途汽车客站组合设置，并与城市公共交通换乘枢纽、城市社会车辆停车设施组合为城市对外综合客运交通枢纽。中、小城市的铁路客站与长途汽车客站不一定进行组合设置，由于规模较小，一般只能形成城市的对外客运交通枢纽，而不能形成综合客运交通枢纽。

必须指出，由于机场航站、铁路客站、长途汽车客站与城市的位置关系不同，以及机场航站所具有的特殊安全要求，除特殊情况外，一般不宜将三者组合为一个城市综合客运交通枢纽。

与此同时，规划应该结合公共交通线路网的布局、市内大型人流集散点（商业服务中心、大型文化娱乐中心、体育中心）的布置，形成若干个以公共交通枢纽为核心的市内客运交通枢纽；在市中心区与近郊市区结合部或市区与郊区结合部形成若干个市内与市郊换乘的公共交通枢纽。在特大城市还应注意结合地铁、轻轨等大运量快速公共交通站点的布置，形成客运换乘枢纽，以满足大流量客流集散与换乘的要求。

客运交通枢纽必须与城市客运交通干路有方便的联系，又不能过多地冲击和影响客运交通干路的畅通。可以采取组织立体交通的方式，形成地上、地下相结合的综合性枢纽。

客运交通枢纽位置的选择主要结合城市交通系统的布局，并与城市中心、生活居住区的布置综合考虑。好的选址不但能方便居民换乘，有利于道路客流的均衡分布，而且还可以促进城市中心的发展建设。

北京市的客运枢纽布局结合对外客运交通设施、地铁线路、商业中心、文化中心等的布局，规划为市级综合客运枢纽（对外交通铁路客站、长途汽车客站与公交的换乘）、市级公交换乘枢纽、市郊公交换乘枢纽和地区级公交换乘枢纽四类客运交通枢纽，如图 3-19 所示。

3. 城市道路立体交叉的布置

城市道路立体交叉的布置主要取决于城市道路系统的布局，是为快速交通之间的转换和快速交通与常速交通之间的转换或分离而设置的，应主要设置在快速路的沿线上。由于道路立体交叉的技术性、专业性较强，安排在 5.3 节详述。

城市道路的人行过街立交设施通常在详细规划中布置，安排在 3.3 节详述。

4. 城市公共停车设施布置

城市中的公共停车设施按车辆性质和类别可分为外来机动车公共停车场、市内机动车公共停车场和自行车公共停车场三类。规范规定城市公共停车场（包括自行车公共停车场）的用地总面积可以按规划城市人口每人 0.8～1.0 m^2 安排。其

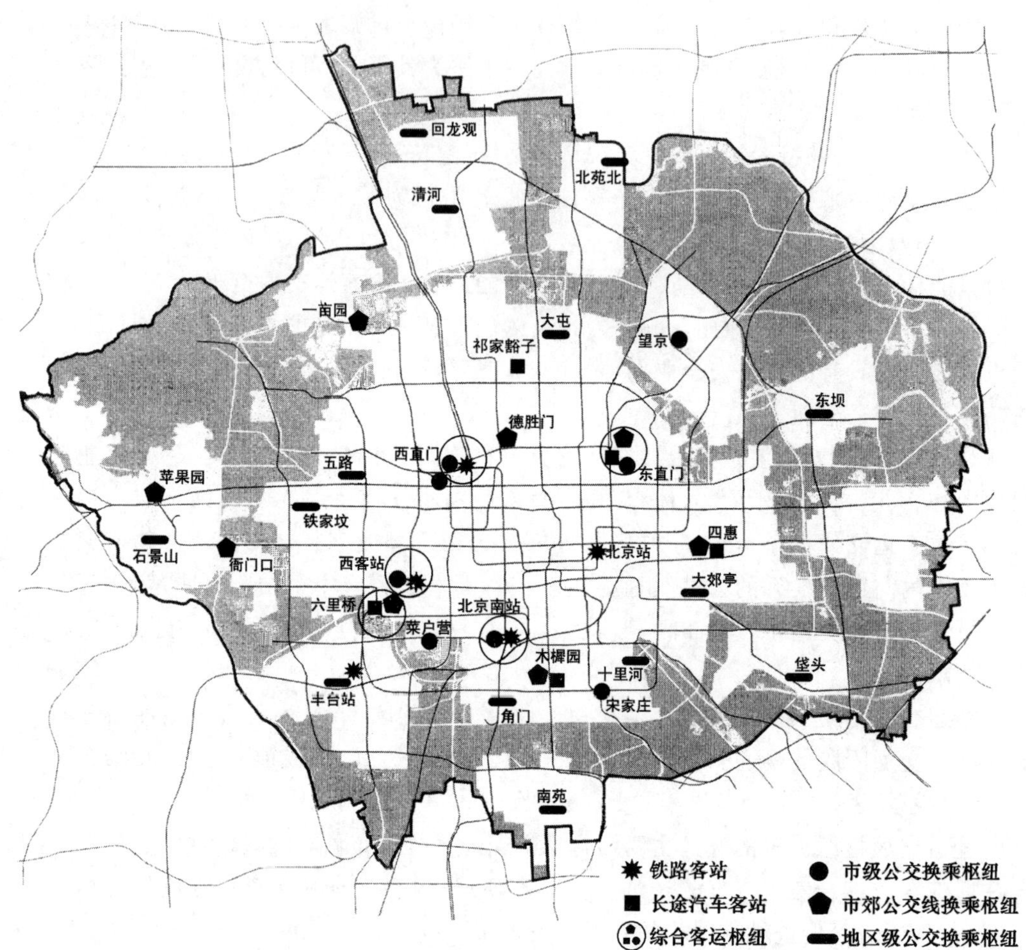

图 3-19 北京市规划市区客运交通枢纽的分布

中,机动车停车场的用地宜占 80%～90%,自行车停车场的用地宜占 10%～20%。市中心和组团中心的机动车停车位应占全部机动车停车位数的 50%～70%,城市对外道路主要出入口的停车场的机动车停车位数占 5%～10%。

城市中的自行车停车遍及生活居住区和城市各公共活动场所,在规划中常予规定一定的配套建设指标。

城市机动车、自行车停车设施是专用的道路设施,其分类及在城市中的布置详见 3.3 节。

在城市总体规划中,除分别对居住区、公共建筑规定配套停车指标外,主要要对外来机动车公共停车场、市内各类城市中心附近的公共停车场和城市外围的大型超级商场、大型城外游憩地、大型体育设施配套的停车场进行规划布局,并对道路停车设施的建设做出规定。

3.3　城市道路系统的技术空间布置

3.3.1　城市道路网密度

城市道路网密度有以下两种：

（1）城市干路网密度 $\delta_{干}$（km/km²）

$$\delta_{干}=\frac{城市干路总长度}{城市用地总面积}$$

城市干路总长度包括城市快速路、城市主干路和次干路的总长度。

《城市道路交通规划设计规范》（GB 50220—1995）规定大城市一般 $\delta_{干}=2.4\sim3\ km/km^2$；中等城市一般 $\delta_{干}=2.2\sim2.6\ km/km^2$。实际上该数据值偏低。由于《规范》对道路密度的计算有误[①]，所以在规划中采用《规范》中城市各级道路的路网密度及配比关系来衡量路网密度是否合理是不适宜的。城市规划编制中应强化对各级道路进行间距控制，按照现行规范密度推算的道路间距明显与规划的间距控制数据相差悬殊，因此，城市总体规划中应该强化对道路间距的控制，弱化对道路密度的控制。

城市中可以分别计算主干路网密度和干路网密度。建议：大城市主干路网密度 $\delta_{主干}=2\sim3\ km/km^2$，干路网密度 $\delta_{干}=4\sim6\ km/km^2$，中、小城市干路网密度 $\delta_{干}=5\sim6\ km/km^2$。

（2）城市道路网密度 $\delta_{路}$（km/km²）

$$\delta_{路}=\frac{城市道路总长度}{城市用地总面积}$$

城市道路总长度包括所有城市道路的总长度。在单纯考虑机动车交通时可忽略步行、自行车专用道。规范规定大城市一般 $\delta_{路}=5\sim7\ km/km^2$；中等城市一般 $\delta_{路}=5\sim6.6\ km/km^2$。建议一般选用 $\delta_{路}=7\sim8\ km/km^2$。

原则上，可列入城市道路网密度计算的包括城市快速路、主干路、次干路和支路等四类道路，街坊内部小路一般不列入计算。有的城市以路面宽 6 m 以上的道路计入城市道路，没有多少依据，应该按照是否参加城市交通分配来决定是否应列入城市道路网密度的计算范围。

从道路的使用功能结构上考虑，城市快速路是位于城市组团间绿地内的、与城市用地分离的道路，如果组团间绿地不纳入用地计算，则快速路也可以不计入道路网密度。

---

① 《城市道路交通规划设计规范》对道路密度的计算有误。如：按照该规范规定的道路密度折算，主干路的道路间距为 1600～2500 m，明显大于 700～1200 m 的间距控制标准；次干路的道路间距为 1400～1600 m，如果考虑与主干路的关系，则道路间距为 770～1000 m，明显大于 350～600 m 的间距控制标准。

城市各级道路要根据用地的交通需求考虑道路的布置,如快速路的布置要考虑城市组团的规模、形态及组团间的位置关系、与公路的衔接等因素;城市主干路的布置要考虑与城市结构和不同性质功能用地的组织的关系;次干路的布置要考虑城市组团内交通联系及与主干路的配合关系;支路是在详细规划根据对用地细化分而划定的,一般多在商业地段和街坊式布局的居住地段布置支路,并非在全城市或全组团成网。所以,把城市道路网密度细分为快速路密度、主干路密度、次干路密度、支路密度等毫无意义,确定道路网密度 $\delta_{路}$ 的意义也不大,也无法进行规划控制。在实际规划工作中,对道路密度的规划控制是宏观的。在城市总体规划中,可以对城市道路网密度有一个大致的控制,对城市干路网密度则要结合城市用地布局,强化对各级道路的间距控制而定;在详细规划中,也要从实际需要出发,因地制宜地考虑支路的规划,不宜硬性规定支路的密度控制指标。

3.3.2　各级城市道路间距和交叉口间距

城市各级道路要根据道路在用地布局中的骨架关系和交通的需求关系进行布置。

由于城市快速路基本上围合一个城市组团,按照城市组团20万~50万人的规模及相应的用地规模,快速路的间距应该为5~8 km;由于城市交通性主干路基本上围合一个城市片区的规模单元(约10 km^2),其间距应为2~3 km;按照城市规划的惯例,城市主干路基本围合一个居住区的规模单元(约1 km^2),其间距应该为1 km左右;次干路基本围合一个小区的规模单元,其间距应为500 m左右。

不同规模的城市有不同的道路交叉口间距要求,不同性质、不同等级的道路也有不同的交叉口间距要求。要注意道路间距与道路上的交叉口间距的概念的不同。交叉口的间距主要取决于规划规定的设计车速及隔离程度,同时也要考虑各级道路的相关关系和不同使用对象的方便要求。

城市各级道路的间距和交叉口间距可按表3-5的推荐值选用。

表3-5　各级城市道路间距和交叉口间距推荐值

道路类型	快速路	主干路		次干路	支路
		交通性主干路	一般主干路		
设计车速 (km/h)	≥80	40~60	40~60	40	≤30
道路间距 (m)	5000~8000	2000~3000	700~1200	350 * ~600	150 * ~250
路上交叉口间距 (m)	1000~2500	500~1200	350~600	150~250	

* 小城市取低值。

3.3.3　城市道路红线宽度

道路红线是道路用地和两侧建筑用地的分界线,即道路横断面中各种用地总宽度的边界线。一般情况下，道路红线就是建筑红线，即为建筑不可逾越线。但许多城市在道路红线外侧另行划定建筑红线，增加绿化用地，并为将来道路红线向外扩展留有余地。

确定道路红线宽度时，还应根据道路的性质、位置、道路与两旁建筑的关系、街景设计的要求等，考虑街道空间尺度比例(见 3.6 节)。

道路红线内的用地包括车行道、步行道、绿化带、分隔带四部分。在道路的不同部位，这四种部分的宽度有不同的要求。比如在道路交叉口附近，要求车行道加宽以利于不同方向车流在交叉口的分行；步行道部分加宽以减少交叉口人流的拥挤状况；在设有公共交通停靠站附近，要求增加乘客候车和集散的用地；在公共建筑附近需要增加停车场地和人流集散的用地。这些场地都不应该占用正常的通行空间。所以，道路红线实际需要的宽度是变化的，红线不应该是一条直线(图 3-20)。

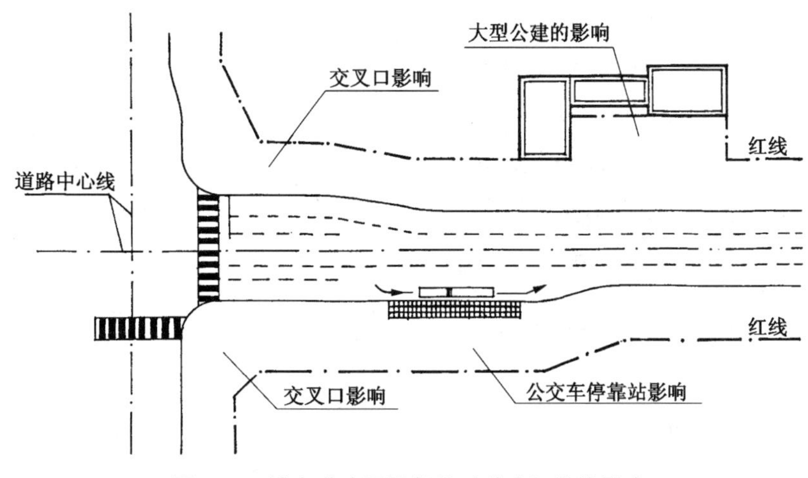

图 3-20　城市道路不同部位对道路红线的影响

城市总体规划阶段的任务主要是确定城市总的用地布局及各项工程设施的安排，不可能对每一项细部的用地建设和设施布置做出具体的安排。因此，在城市总体规划阶段，通常根据交通规划、绿地规划和工程管线规划的要求确定道路红线的大致的宽度要求，以满足交通、绿化、通风日照和建筑景观等的要求，并留有足够的地下空间用以敷设地下管线。

不同等级道路对道路红线宽度的要求如表 3-6 所示。

表 3-6　城市道路红线宽度推荐值　m

	快速路	交通性主干路	其他主干路	次干路	支路
红线宽度	60～100 *	60～70 *	40～60	30～50	20～30

* 含两侧绿化隔离带。

在详细规划阶段，则应该根据毗邻道路用地和交通的实际需要确定道路的红线宽度，有进有退。规划实施管理中也可根据具体用地建设的要求，采取退后红线的布置手法,以求得好的景观效果,并为将来的发展和改造留有余地。

3.3.4 城市道路横断面类型

城市道路是板状结构,人们通常依据车行道的板块数量来命名横断面的基本类型,不用分隔带划分车行道的道路横断面称为一块板断面;用分隔带划分车行道为两部分的道路横断面称为两块板断面;用分隔带将车行道划分为三部分的道路横断面称为三块板断面;用分隔带将车行道划分为四部分的道路横断面称为四块板断面(图3-21)。

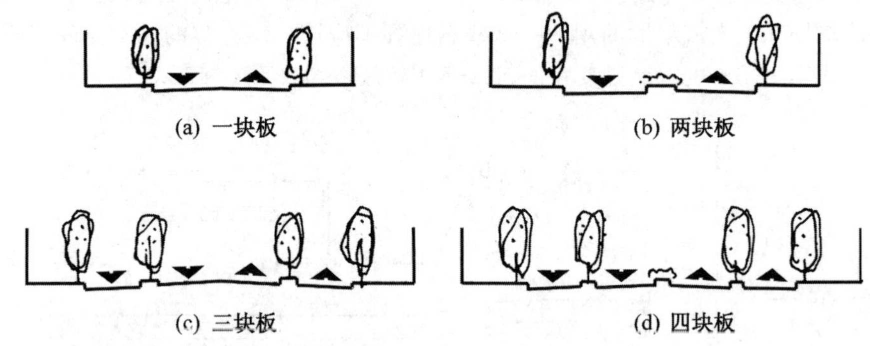

图3-21 城市道路横断面的基本类型

另有一种提法,将上述四类横断面分别称为一幅路、二幅路、三幅路和四幅路。这种命名易与"路幅"的概念混淆,不十分恰当。

1. 一块板道路横断面

一块板道路的车行道可以用作机动车专用道、自行车专用道以及大量作为机动车与非机动车混合行驶的次干路及支路。

在混行状态下,机动车的车速较低。所以,一块板道路在机动车交通量较小,自行车交通量较大,或机动车交通量较大、自行车交通量较小,或两种车流交通量都不大的状况下都能取得较好的使用效果。

由于一块板道路能适应"钟摆式"的交通流(即上班早高峰时某一个方向交通量所占比例特别大,下班晚高峰时相反方向交通量所占比例特别大),以及可以利用自行车和机动车的高峰时间在不同时间出现的状况,调节横断面的使用宽度,而且具有占地小、投资省、通过交叉口时间短、交叉口通行效率高的优点,仍是一种很好的横断面类型。

2. 两块板道路横断面

两块板道路通常是利用中央分隔带(可布置低矮绿化)将车行道分成两部分。中央分隔带的设置和两块板道路的交通组织有下列四种考虑。

(1) 解决对向机动车流的相互干扰问题。规范规定,当道路设计车速 $V>$

50 km/h 时，必须设置中央分隔带。这种形式的两块板道路主要用于纯机动车行驶的车速高、交通量大的交通性干路，包括城市快速路和高速公路。

(2) 有较高的景观、绿化要求。对于景观、绿化要求较高的生活性道路，可以采用较宽的绿化分隔带形成景观绿化环境。这种形式的两块板道路采用同方向机动车和非机动车分车道行驶的交通组织，也可以利用机动车和非机动车高峰错时的现象，在不同时段调节横断面各车道的使用性质，或调节不同车流的使用宽度。

(3) 地形起伏变化较大的地段。将两个方向的车行道布置在不同的平面上，形成有高差的中央分隔带，宽度可随地形变化而变动，以减少土方量和道路造价。对于交通性道路，可组织纯机动车交通的单向行驶；对于混合性道路和生活性道路，则可以考虑在每一个车行道上组织机动车单向行驶和非机动车双向行驶(图 3-22)。

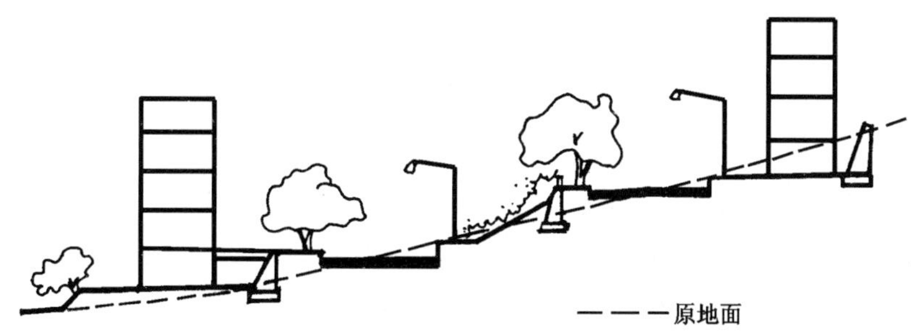

图 3-22　坡地有高差的两块板道路

(4) 机动车与非机动车分离。对于机动车和自行车流量、车速都很大的近郊区道路，可以用较宽的绿带分别组织机动车路和自行车路，形成类两块板式横断面的道路(图 3-23)。这种横断面可以大大减少机动车与自行车的矛盾，使两种交通流都能获得良好的交通环境，但在交叉口的交通组织不易处理得很好，故而较少采用。

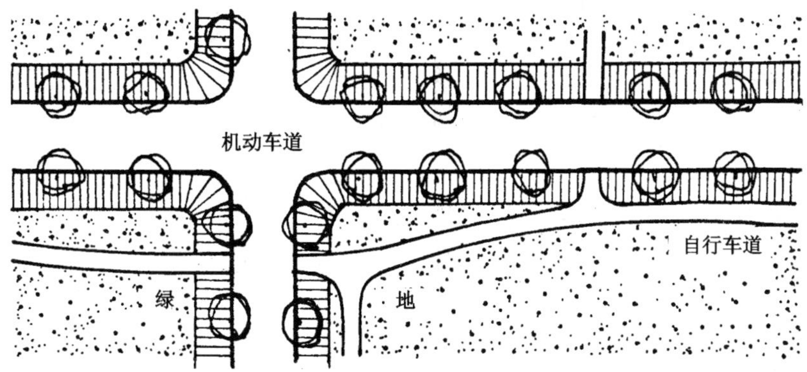

图 3-23　机动车与非机动车分离的两块板道路

此外，当主要交通性干路的一侧布置有产生大量车流出入和集散的用地时，可以在该侧设置辅助道路,以减少这些车流对主要交通性干路正常行驶车流的冲击干扰,在形式上类同于两块板道路(图 3-24)。辅助道路两端出入口(与该交通干路的交叉口)间距应大致等于该交通性干路的合理交叉口间距,如采用禁止左转驶入干路的交通管制,则间距可以缩小。

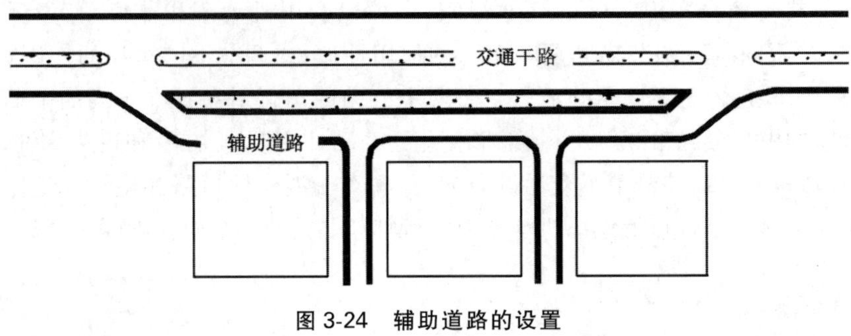

图 3-24　辅助道路的设置

3. 三块板道路横断面

三块板道路通常是利用两条分隔带将机动车流和自行车(非机动车)流分开,机动车与非机动车分道行驶,可以提高机动车和自行车的行驶速度,保障交通安全。同时,三块板道路可以在分隔带上布置多层次的绿化,从景观上可以取得较好的美化城市的效果。

但是,三块板道路由于没有解决对向机动车的相互影响,行车车速受到限制;机动车与沿街用地之间受到自行车道的隔离,经常发生机动车正向或逆向驶入自行车道的现象,占用自行车道断面,影响自行车的正常通行,而且易发生交通事故;自行车的行驶也受到分隔带的限制,与街道另一侧的联系不方便,经常出现自行车在自行车道甚至机动车道上逆向行驶的状况。同时,三块板道路的红线宽度至少在 40 m 以上,占地大,投资高;一般车行道部分的宽度在 20～30 m 以上,所以车辆通过交叉口的距离加大,交叉口的通行效率不如一块板道路。根据以上的分析,一般地,三块板横断面适用于机动车交通量不十分大而又有一定的车速和车流畅通要求、自行车交通量又较大的生活性主干路或有大量客流交通的主干路,不适用于机动车和自行车交通量都很大的交通性干路和要求机动车车速快而畅通的城市快速路。

有的城市为了避免自行车驶入机动车道,将机动车道与非机动车道用栏杆隔开,自行车在交叉口按人行横道方式通过。交叉口和路段非机动车与机动车的相互干扰减小,但导致交叉口非机动车与行人的矛盾加大。同时,机动车必须驶入非机动车道才能与路旁用地联系,加大了机动车对非机动车正常行驶的影响,不是一种好的交通组织方式。

有的城市为了适应机动交通的发展,在交通量不大的非机动车道上设置一条机动车道,虽然不利于机动车与非机动车的分离,但有利于机动车与两侧用地的联系,特别是有利于公共汽车线路与人行道的联系,减少了公共汽车停站对行驶车道的占用(常规公共汽车线路与非机动车道的组合,是较好的组合方式,既方便乘客,又不会产生很大的矛盾),综合考虑在一定程度上对交通的组织与秩序是有利的。

4. 四块板道路横断面

四块板横断面就是在三块板的基础上,增加一条中央分隔带,解决对向机动车相互干扰的问题。

四块板横断面本身存在着矛盾:一般当机动车车速超过50 km/h时才有必要设置中央分隔带,所以机动车流应是速度较快的车流,而四块板道路由于设有低速的自行车道,存在低速自行车流不时穿越机动车道的状况,必然会影响机动车流的车速、畅通和安全;如果限制非机动车横穿道路,则使车辆与道路两侧用地的联系造成不便,又可能出现在少数允许车辆过街口的交通过于集中的现象,反而影响机动车的畅通和快速。同时,四块板道路的占地和投资都很大,交叉口通行能力也较低,并不经济。

一些城市的快速路(或环路)选用这类横断面,又称"主辅路断面",实际上是将快速路同两块板的城市主干路或次干路组合在一个断面,快速交通与常速交通间的转换和常速交通间的转换集中在一个组合式平面交叉口,出现了立体交叉、灯控平面交叉(或无灯控平面交叉)在一个交叉口同时存在的不合理现象。快速交通与常速交通间的转换和常速交通间的转换集中在一个组合式平面交叉口,当道路交通量不十分大时,矛盾不太突出;当交通量达到一定程度,经常出现交通量大于交叉口通行能力的情况,会导致交通拥挤和阻塞,尤其是在高峰时间,交叉口的阻塞会蔓延到快速路上,所有交通参与者(司机、骑车人、行人、交通警察)都感到十分紧张,快速路应有的畅通性也受到了破坏。同时由于行人任意翻栏杆、穿越道路而容易发生交通事故。所以,一般在城市快速路规划中除非迫不得已,最好不要与城市常速道路在同一平面上组合,不宜采用主辅路(四块板)横断面类型。如果必须与城市常速路共用同一断面,则应该将快速路与常速路形成立体分离式布置,上面是高架的快速路,下面是与城市用地相联系的城市主干路(尽可能不与次干路组合),快速路另设立交桥与垂直交叉的城市主干路相衔接,或设匝道与并行的常速道路联系。

对于城市交通性主干路,需要同时满足其快速交通的通行要求和慢速交通与两侧用地的联系的要求,可以采用四块板的横断面,实现快车道(中间)与慢车道(两侧)的组合。为了保证快车道交通的畅通和快速,避免快车道交通与慢车道交通之间的相互干扰,交通性主干路应在交叉口之间通长布置快、慢车道间的分隔带,不能间断。快、慢车道交通之间的转换结合交叉口布置进行组织。

3.3.5 疏通性道路进出口的设置

疏通性道路进出口的设置必须考虑车流交织对道路正常行驶车流的影响。对于全封闭机动车专用的快速路,由于道路两侧不设慢速辅路,只通过立交(或进出匝道)与其他道路(高速公路、快速路、城市常速路等)连接,所以其进出口要结合立交设置。一般快速路进口设在立交桥后,出口设在立交桥前,在进出口处都应设置集散变速道进行车流交织,即所谓"先进后出"方式,如图 3-25(a)所示。对于由快主路和慢车道组合的城市交通性主干路,进出快车道的机动车交织量很大。一般车辆交织是慢速行为,为避免对正常行驶车流的过大影响,应该将车流交织段设置在慢车道上。所以,规划设计时应考虑在交叉口或跨线桥后约 200 m 路段设置分线减速(半交织)车道,之后设快车道出口;在下一个交叉口或跨线桥前约 200 m 路段设置加速并线(半交织)车道,之前设置进入快车道的进口。同时应考虑在出口后约 150 m 和进口前约 150 m 的慢车道路段上增设集散车道,完成进出快车道车流与慢车道车流的交织,即所谓"先出后进"方式,如图 3-25(b)所示。

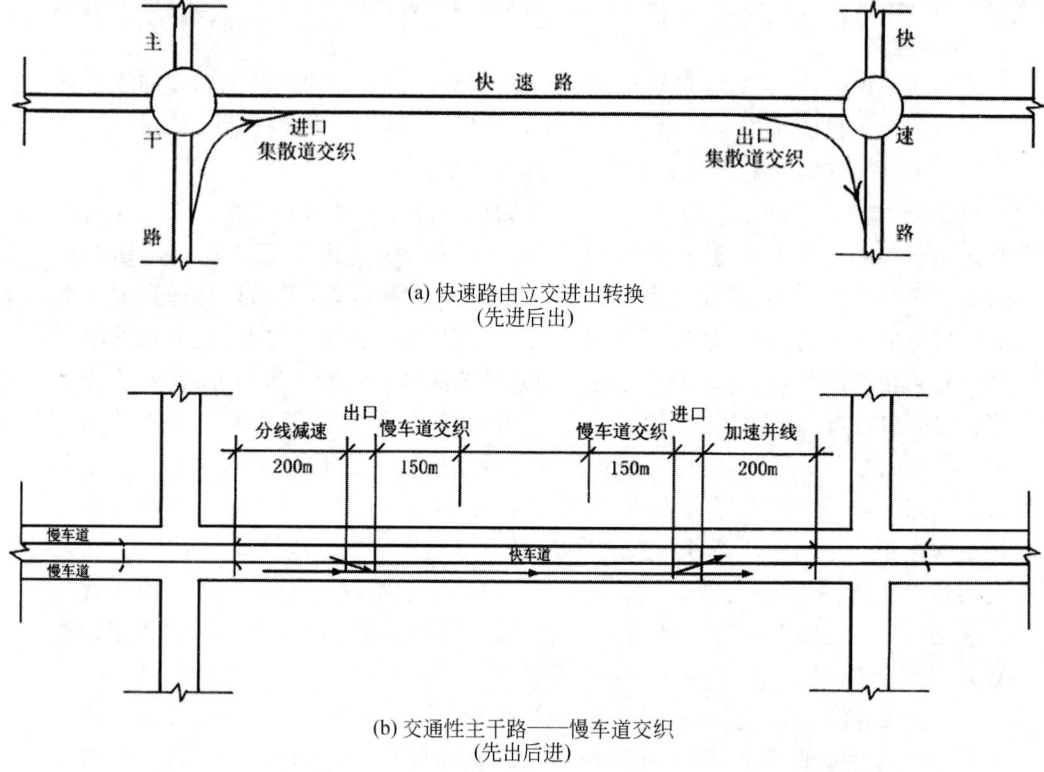

(a) 快速路由立交进出转换
(先进后出)

(b) 交通性主干路——慢车道交织
(先出后进)

图 3-25 疏通性道路进出口设置

交通性主干路上公交车站常与快速主路的进出口组合在一起布置。有的城市在公交车站前设置主路进口,在公交车站后设置主路进口,这种布置方式导致大量进出主路的机动车流与公交进出站位的车流在快速主路上的频繁交织,以及进出主路的机动车流与正常行驶车流的频繁交织,导致对主路通过车流的阻滞,当交织量达到一定量时,不但造成主路外侧车道车速的降低,而且会影响到第二条车道,形成交通拥堵点,如图 3-26(a)所示。

为了避免上述情况发生，应将主路进出口分开设置，交叉口后先设置主路出口，在辅路上进行交织；公交车站设在主路出口后，设置公交停靠车道，用隔离栏与主路通行车道分开；主路进口设在靠近下一个交叉口处。这样主路上只有少量的半交织行为，车辆进出主路和公交车进出车站对主路正常行驶车流的影响被减少到最小程度，主路交通拥堵将大大缓解，如图 3-26(b)所示。

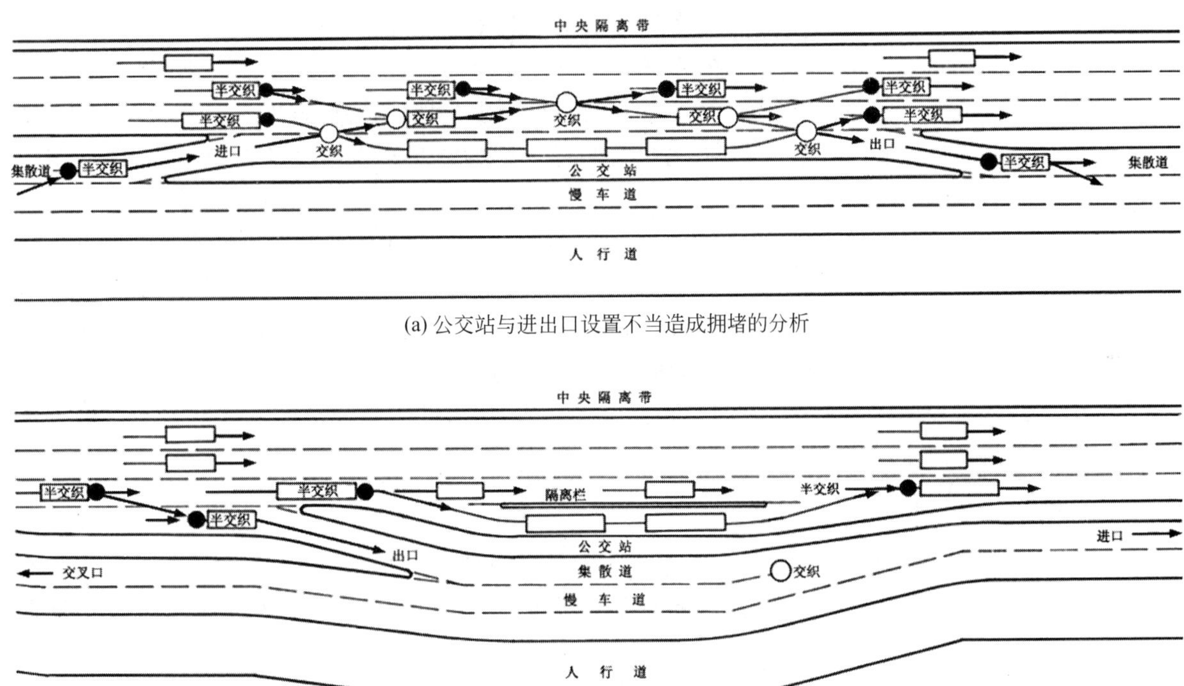

(a) 公交站与进出口设置不当造成拥堵的分析

(b) 公交站和进出口合理设置减少拥堵的分析

图 3-26　交通性主干路进出口和公交车站组合布置分析

3.4　城市专用道路系统空间布置

3.4.1　城市自行车道路系统

所谓城市自行车道路系统是指由自行车所使用的三种不同形式所组成的一个系统。城市自行车道路系统的设置，是解决我国城市道路交通混杂问题，提高道路通行效率的重要措施和方法，也是实现交通分流和绿色交通的方式，可以收到显著的效果。

1. 自行车专用路

自行车专用路是单独设置为自行车使用的道路，主要为满足全市或组团内主要流量、流向上的自行车交通的需要而设置。在自行车高峰时,不允许其他车辆通行;在非自行车高峰时,可以允许少量机动车(多为客车)限速使用。

对于我国大多数城市来说,自行车目前仍然是上下班出行的重要交通工具,因此在可能的情况下,可以考虑设置一两条贯通全城的通畅的自行车专用路,作为城市自行车道路系统的骨干。在优先发展公共交通的政策下,将来城市客运交通系统完善后,自行车将成为中短距离上下班出行和休闲、健身的交通工具,可能不再担负上下班出行的重任,在城区内可能不再需要设置全市性或组团内的自行车专用路,可以将城区内的自行车专用路作为服务性的道路,同时注意在沿河绿地、城市绿带和风景游览区内设置休闲、健身性的与步行道组合的自行车路(即所谓的"绿道")。

从规划上要求城区中的自行车专用路两旁的用地不至于产生或吸引大量机动车流,应尽可能把主要的自行车交通的出行端联系起来。要求自行车专用路线路通畅、路面平坦、绿化遮荫好、坡度小、有较好的景观,并接近商业服务中心和游憩地,还需设置自行车专用的交通标识。车道路面宽度一般在6.5 m左右,必要时可以增加到7.5 m。如仍不能满足流量的要求,则应充分考虑平行道路的自行车车道的使用。

2. 自行车车道

自行车车道是指在一条道路上单独设置的自行车车道,用分隔带与机动车道隔离(即为三块板或四块板的道路断面形式),成为城市自行车道路系统另一类骨干路。

自行车车道的宽度一般单向为4.5～6 m,在特别重要的干路上可增宽到8 m(可考虑公共汽车的通行),车道在交叉口附近也可适当放宽。

3. 自行车道

自行车道可以是一块板道路上划线(车道)或不划线的自行车行驶空间,宽度单向3～4 m;也可以是街坊内的一般主要供自行车和行人使用的主要道路,宽度一般为3～4 m。

各种自行车道路的密度应满足交通流量、出行方便和行车安全的要求。城市中心地区的自行车道路密度以10 km/km^2为宜,此时可通行自行车的道路间距为150～200 m;一般地区可通行自行车的道路密度不应小于5 km/km^2,此时通行自行车的道路间距为300～400 m。

当自行车车速为10～16 km/h时,自行车道路的最小弯道半径为4～10 m,供自行车交通使用的环形交叉的中心岛直径为10～15 m。

由于自行车适合于近距离的出行,城市公共交通发展后,我国城市自行车过长距离出行的交通会逐渐减少。所以,城市中除为旅游、健身规划的自行车专用路外,可以不考虑规划专为上下班出行使用的自行车专用路。

3.4.2　城市步行系统

我国城市人口密集，步行交通流量很大，这也是我国城市交通的特点之一。过去普遍存在交通上重视车、忽视人的思想，使得至今许多城市没有形成较为完善的步行系统。

1. 城市步行系统的规划要求

目前我国城市的步行交通主要是上下班出行的步行交通和商业服务、文体游憩设施附近的生活出行的步行交通。在城市中，以上下班、上下学为目的的步行交通主要依靠设在道路两侧的人行道。此外，在主要商业服务中心，多从解决交通拥挤、保证行人安全的角度出发设置“步行街”或“步行区”，如北京的大栅栏商业步行街、天津的劝业场步行区、上海的城隍庙商业步行区等。但是一般常在尚有条件允许部分机动车(主要是公交车)或自行车通行的地段，仍然采用限时、限速、限车种的管理办法组织人车交通，形成以步行为主、兼有其他车行交通的准步行环境，如北京的西单商业街、上海的南京路商业街西段和苏州的观前街商业街等。

城市步行系统除了担负上下班出行交通外，还应考虑生活出行的功能要求。在保证安全的要求的同时，还应结合服务性公用设施(如坐椅、垃圾桶、电话亭、报刊亭等)的布置、建筑小品(如雕塑、灯柱、水池喷泉、廊亭台等)的布置和绿化的布置(花坛、树丛、草地等)，创造幽雅、活泼、丰富、生动、使人感到亲切的环境。在步行系统中还必须考虑在必要的位置设置穿越机动车道的设施(如人行天桥、人行地道、人行过街信号装置等)，以及指示行人路线的各种标识(如指引符号标识、公交站点及交通路线图、步行街导游图等)。在规划中应该考虑逐步在城市中形成一个有机的、多功能的、环境宜人的、连续的步行空间，把城市的各种主要商业服务、文体游憩、交通(枢纽)设施以及居住区联系起来，活跃城市的生活气息。日本横滨市就是在城市中布置了一个城市步行系统(图 3-27)，将城市中的中华街、伊势佐木町商业步行街(区)、马车道步行街、棒球场、横滨广场、港口、铁路和地铁站、山下公园等联系为一个连续的系统，并设置了地面步行导引标识系统，强化了城市的步行环境。

2. 商业步行街(区)的规划要求

商业步行环境有两种类型：一种是以广场为中心的商业区，一种是以街道为轴线的商业街。前者在我国常以庙会的形式逐渐形成，如开封的相国寺、上海的城隍庙；后者则是在集市的基础上逐渐发展而成的，如北京前门外的鲜鱼口、大栅栏等。

在规划中，常选择传统商业街进行改造，成为新的步行街(区)，把原来商业街上的车行交通移到附近的城市道路上，使步行的环境要求同交通方便要求都能得到保证。

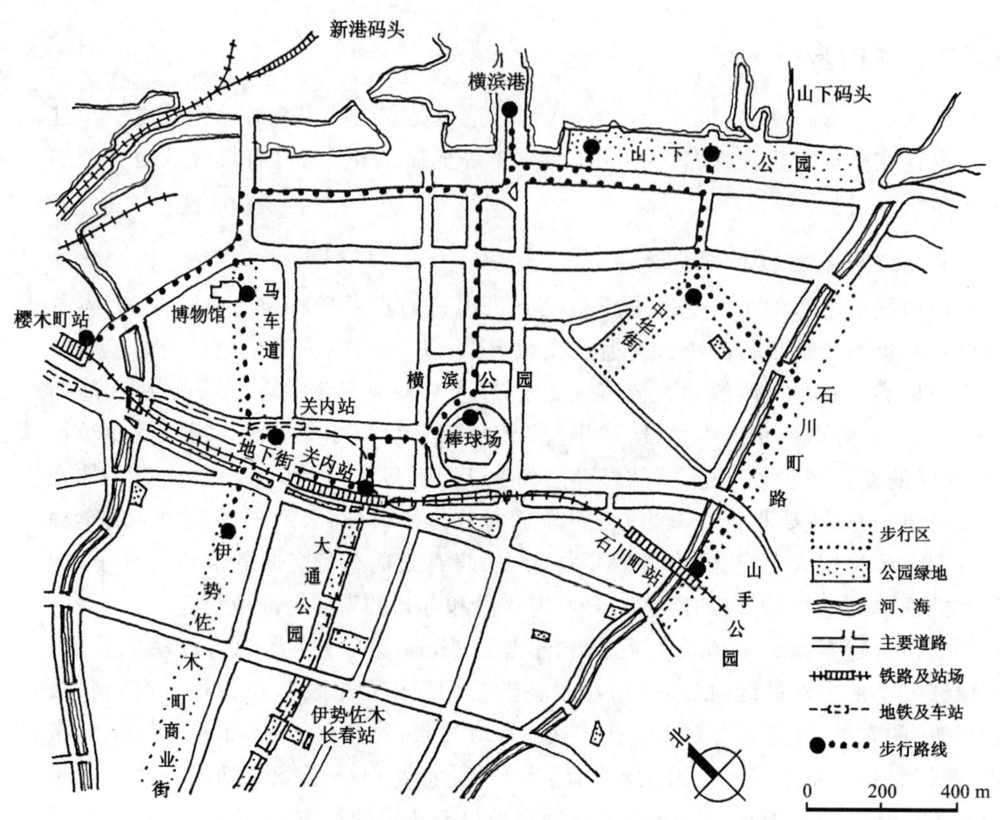

图 3-27 横滨市中心区步行系统示意图

现代城市的商业步行街(区)与传统的商业街相比较,要求有更多的功能、更丰富的内容。现今人们除了仍旧依恋于熙熙攘攘的街市之外,还希望有一些供观赏、休息、娱乐的场所和设施以及社交活动的场所。对步行空间的要求也绝非简单的一条狭街走到头的基本格式,而希望能有适应功能要求和景观的空间变化。所以,对于商业步行街(区)的内部规划,首先应该结合商业服务、游憩娱乐设施的具体布置,对整个步行空间环境进行功能分析和环境营造。

商业步行街(区)的空间主要由以下三种空间组成。

(1) 流动空间

流动空间是引导人流,并为人流提供流动条件的连续空间。流动空间组成了步行环境的主要骨架。流动空间两侧也可以布置商店,称为"街式布置"方式。

(2) 集散空间

步行街(区)的集散空间有两种。一种是步行街(区)出入口处为人流进出、交汇的集散空间。出入口的集散空间往往需要有较为开敞的用地环境,需要布置一些标志性的建筑或小品,如牌楼、雕塑、特征性的建筑等。这些建筑和小品具有吸引人流的作用,在建筑环境的艺术处理上也是颇为重要的。另一种是在大型商业服务、娱乐游憩设施附近的人流集散空间。这种空间又是若干商店共同使用的空间，可以是小型广场，也可以是庭院，也可以布置一些公共活动的设施和建筑小品，成为人们进行重点购物活动或娱乐活动的中心，称为“院式布置”方式。

(3) 停留空间

停留空间主要是为人流在相对较为宁静的环境中短暂停留休息而提供的空间，休息往往又结合进餐、消暑解渴、聚会、交谈、交流信息等活动而进行。这类空间常布置有绿地、水面、喷泉、雕塑等以休息、观赏为目的的设施和其他服务性公用设施。它与公园绿地的主要区别在于它不是封闭的空间，而是与流动空间、集散空间，甚至室内空间密切联系、融为一体的，具有调节步行购物节奏、活跃步行环境气氛的作用。

在步行环境中，三类空间有各自的功能要求和布置特点，又相互联系、相互依赖，组成为一个完整的系统。内部集散空间又往往同停留空间组合成为一个空间，具体布置时应主要依据人在步行街(区)各用地之间的活动规律，并考虑建筑环境艺术处理而进行安排。步行空间的结构模式如图 3-28 所示。

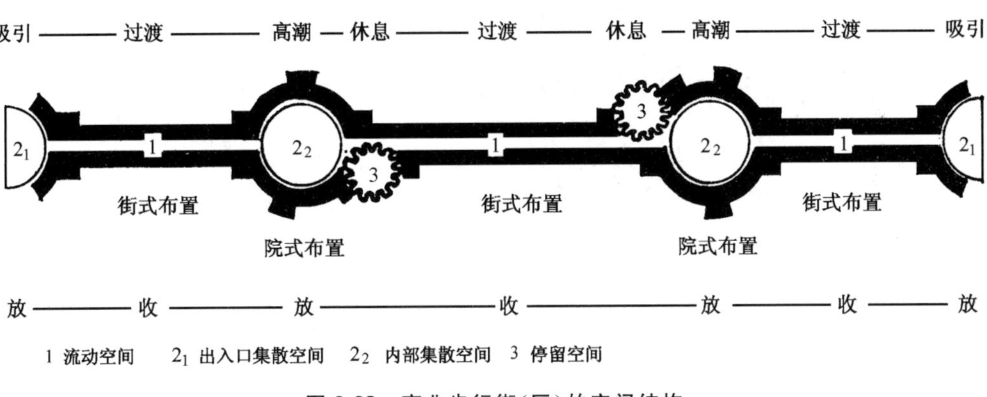

图 3-28 商业步行街(区)的空间结构

图 3-29 是某市鼓楼商业步行街的空间分析和规划方案。步行街南北两端为主要出入口，设较大的出入口集散广场；东侧次要出入口位置依对应胡同位置确定，也设有集散广场。根据现状条件，步行街设两个集中的购物广场(内部集散空间)，周围布置较大的商店和文娱设施；购物广场与各出入口之间按流动空间布置“街式”商店；在两个购物广场之间结合西侧前海滨水空间和古迹火神庙以及东侧河道水面，安排为休息停留空间，布置相应的饮食服务等设施。为保持地安门到钟鼓楼的轴线，在空间上保留轴线方向一定宽度的视觉走廊，局部空间采用变化的平面，同时满足购物人流和商业街街景的功能要求。

3. 人行立交的规划要求

人行立交包括人行天桥和人行地道两类。人行立交是在城市交通繁忙混杂的路段或交叉口为保证行车和行人过街安全而设置的行人过街设施。人行立交，特

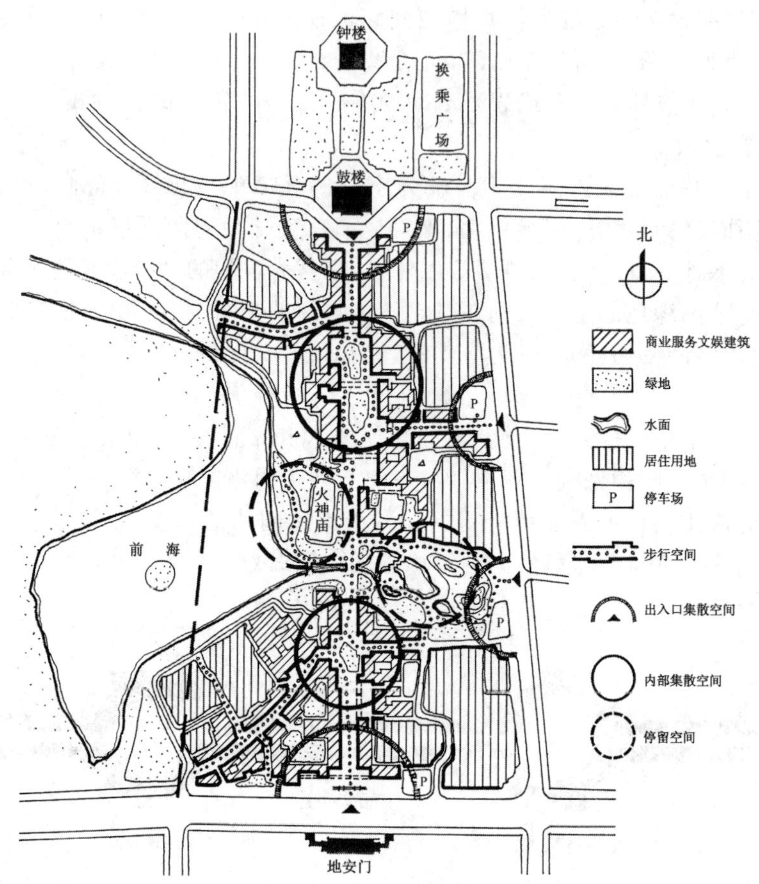

图 3-29 某市鼓楼商业步行街规划方案的空间分析

别是人行天桥的设置对城市景观有重要的影响,如果设置得当,将成为现代城市景观的组成部分;如果设置不当,将会形成对城市景观的破坏。因此,人行立交的规划设计在满足交通功能要求的同时,必须注意人行立交位置的选定及造型的设计。

(1) 人行立交平面形式(图 3-30)

① 非定向型人行立交:适用于各个方向过街人流量相对均匀的交叉口,有环状布置、X 状布置、H 状布置等型式。

② 定向型人行立交:适用于路段过街点、异形交叉口和某方向过街人流量相对较大的交叉口,布置比较灵活。

(2) 人行立交设置条件

① 城市繁华地段过街人流密集、车流量大的路段或交叉口,行人过街与车流相互影响,造成人车交通阻塞或危及过街行人安全时,应该设置立交。一般当某方向行人过街流量大于 7000 人次/h,且同时交叉口一个进口或路段上的双向当量小汽车交通量超过 1200 辆/h 时,应该设置人行立交。

② 行人穿越快速路或交通性主干路必须设置人行立交。

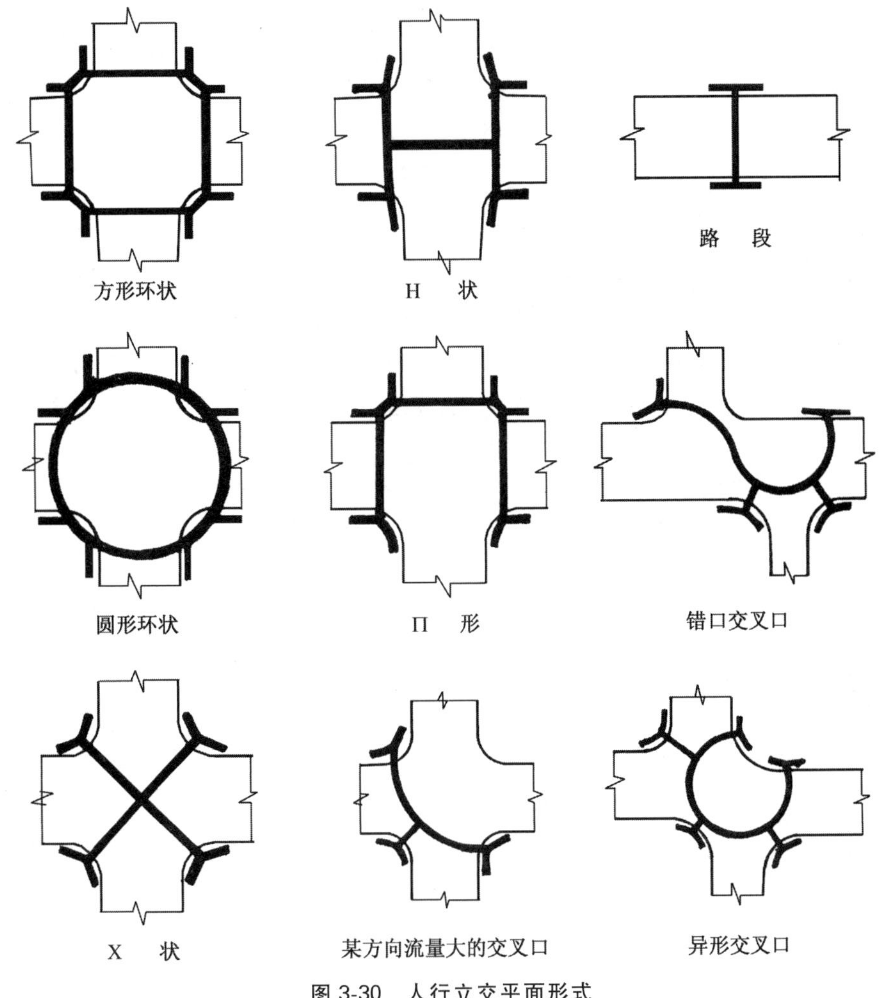

图 3-30　人行立交平面形式

③ 铁路道口因列车通过一次阻塞人流超过 1000 人次，或道口关闭时间一次超过 15 min 时，应该设置人行立交（此两项数值偏高）。

（3）人行立交设置的规划要求

① 人行立交应该尽可能结合交叉口四周建筑物设置，充分利用临近建筑的建筑内部空间，将上下梯道设在建筑物内（结合自动扶梯），加强建筑物之间的联系，提高人行立交和建筑物的使用效率。

② 人行天桥和人行地道应该分别满足车行、人行交通的净空限界要求。

③ 人行立交的设计通行能力一般为 2400 人/(h·m)，位于城市交通枢纽、商业服务中心、文化体育中心等繁华地段的人行立交的设计通行能力可以考虑为 1800 人/(h·m) 左右。

人行立交通道宽度应该根据规划人流量确定（参照表 3-7）并不得小于 3 m。

表3-7 人行立交通道宽度

规划步行流量(人/min)	通道宽度(m)	步行带数(条)
120～160	3.00	4
160～200	3.75	5
200～240	4.50	6

④ 人行立交一般采用梯道方式解决垂直交通，规划时应该考虑将来用机械代步装置的可能性。梯道口附近应该留有足够的人流集散场地并设置醒目的标识，梯道占用部分人行道面积时不得影响人行道的正常使用。

⑤ 人行立交不宜考虑自行车骑行，但应该考虑轮椅、童车和自行车的推行，单独或结合梯道设置缓坡道或推行坡道，缓坡道坡度不大于1∶7，推行坡道坡度应与梯道一致，一般不大于1∶4。

⑥ 在地震多发地区的城市人行立交应该采用地道形式。

⑦ 人行立交的设置地点和造型不得影响城市景观。

3.4.3 居住区内部道路

居住区内部道路习惯上分四级布置(图3-31)，除以城市干路作为居住区的外围道路外，还有：

(1) 居住区级道路，相当于城市次干路等级，是划分小区的道路。红线宽度20～40 m，路面宽9～16 m。

(2) 小区级道路，相当于城市支路等级，是划分并联系小区内各居住生活单元的道路。红线宽度15～20 m，路面宽7～10 m。

(3) 居住生活单元级道路，是居住生活单元内的主要道路，路面宽4～6 m。

(4) 宅前小路，是通向各户(院)各单元的门前小路，路面铺装宽度2～3 m。

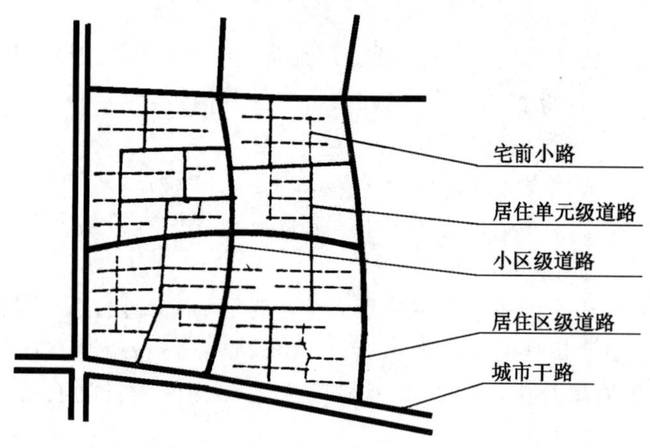

图3-31 居住区内部道路的四级布置

这种分级布置方法主要是基于交通集散的思想。

居住区内部道路也应该考虑按照功能分为步行和车行两个系统，实现小区内的人车分流。在西方城市中，由于小汽车已成为主要出行工具，所以两个系统分离的必要性十分明显。而在我国城市的大部分居住区内，小汽车交通还未占主要地位，主要是大量的自行车流和步行人流，汽车、自行车和步行交通流之间的矛盾还没有达到激化的程度，对安全的影响也不十分突出，分级布置的方法仍然能够在一定时期内适应交通流的出行规律，所以仍然是可行的。但是，近年来，我国许多城市的居住区内已经出现大量的小汽车，为了适应小汽车的大量发展，从提高居住区人居环境质量和提高道路交通安全性的角度考虑，应当合理组织居住区内的交通，尽可能在居住区内实施人车分流，将内部道路分成步行和车行两个系统。自行车和小汽车车流可以通过车行路系统（相当于居住生活单元级以上的道路）汇集到城市道路系统中去，按车流方向用少量的交叉口与城市干路或城市支路相连，既保证车行的畅通，又避免了对城市干路过多的冲击，同时又能起划分居住小区、居住生活单元的作用。步行人流则可以通过步行路系统（相当于部分居住生活单元级道路和宅前小路）更方便地设置多个出口，就近与城市步行系统（包括城市干路上的人行道）和公共交通系统连接。这种布置方式也有利于将来城市过渡到以机动交通为主的状况。车行和步行两个系统的布置如图 3-32 所示。

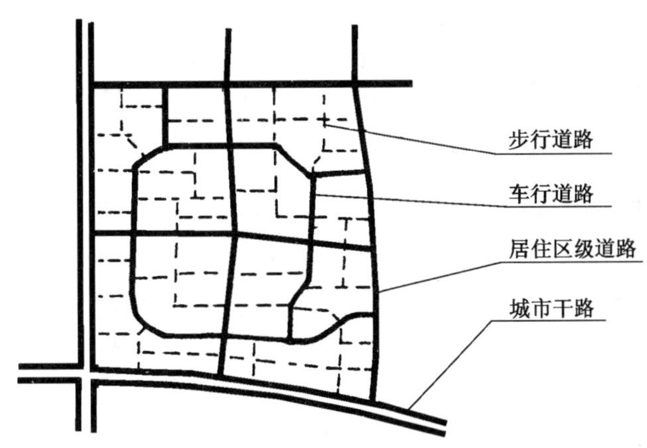

图 3-32　居住区内部道路按功能布置

为了减少机动车对居住区内宁静、安全环境的影响，小区级和居住生活单元级道路等车行道路可以有意识地采用曲折的线路，小半径的弯道，以及起伏的坡度、粗糙的铺装等，迫使机动车减速，同时又可以丰富街道景观，增加生活气息。道路横断面也可以布置得灵活多变，如布置非对称横断面、可变道路横断面、单侧人行道等。车行路系统路面宽度应该保证 5 m（单行线）～8 m（双行线）的通行车道，在一侧或两侧布置人行道；步行路系统的路面宽度以 3 m 为宜，但可在与城市人行道连接处控制为 2×2 m 宽，或设中间柱以防止机动车驶入。为了从视觉上明显区分车行道路和步行道路，可以规定车行道路采用沥青路面，步行道路采用混凝土或地砖铺装。

住宅区的人车分流交通组织还应从住宅区内人、车交通行为进行分析。居民从住宅建筑到街道的交通行为有三种方式,如图3-33所示。

① 住宅建筑→步行→机动车停车场→街道;

② 住宅建筑→步行→自行车停车处→街道;

③ 住宅建筑→步行→街道人行道、公交站。

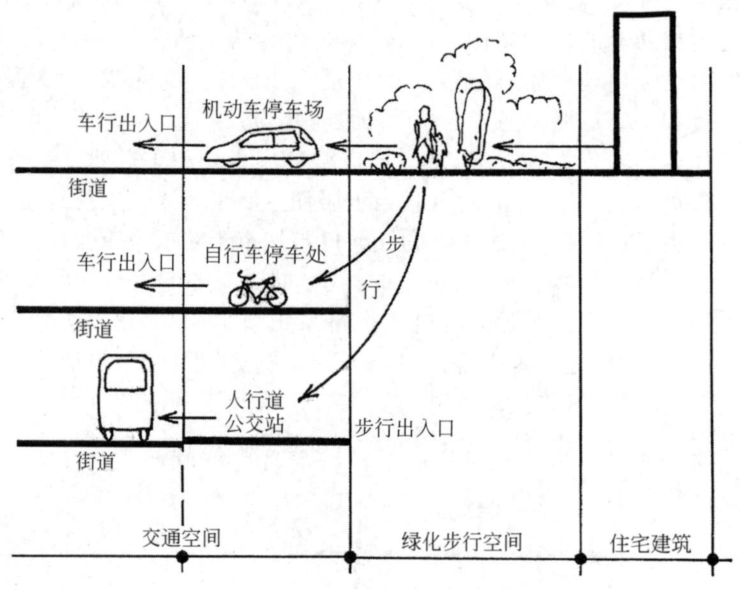

图3-33 住宅区内交通行为分析

住宅区内实际会形成建筑、绿化步行空间和交通空间三种环境。住宅区规划中考虑三种环境的合理组合至关重要。

近年来,在一些居住区和小区规划中出现一种人车分流方式(图3-34(a)),即在住宅区边缘设置环行车行道,沿环道布置停车场,环道内为住宅和绿化步行空间。这种布置方式不但使人与车之间至少会产生两次以上的交叉,增加了车辆的噪声和废气污染对小区的影响,而且也使车辆在小区内绕行距离过多,在出入口附近形成交通冲突点,不是好的分流方式。

图3-34(b)所示为一种合理的交通环境组合模式,规划考虑将车行出入口与人行出入口分开设置,车行出入口连接地面或地下停车场,居民停车后经过绿化步行空间进入住宅建筑;步行居民则直接从步行出入口(可结合公交车站多点布置)经过绿化步行空间进入住宅建筑。这样可以真正实现人和车的分流。

某住宅区规划采用人车分流道路系统,分别设置机动车出入口、机动车主路和步行出入口、步行主路。机动车出入口设在城市次干路和支路上,减少对城市主干路的干扰;步行出入口可以设在城市主干路和次干路上,与城市公共交通线路方便联系。机动车主路贯穿住宅区,在适当位置分散设置多个停车场,方便各住宅楼使用;步行主路则连接各住宅楼宅前小路,以及分散布置的楼间绿地。这类住宅区的

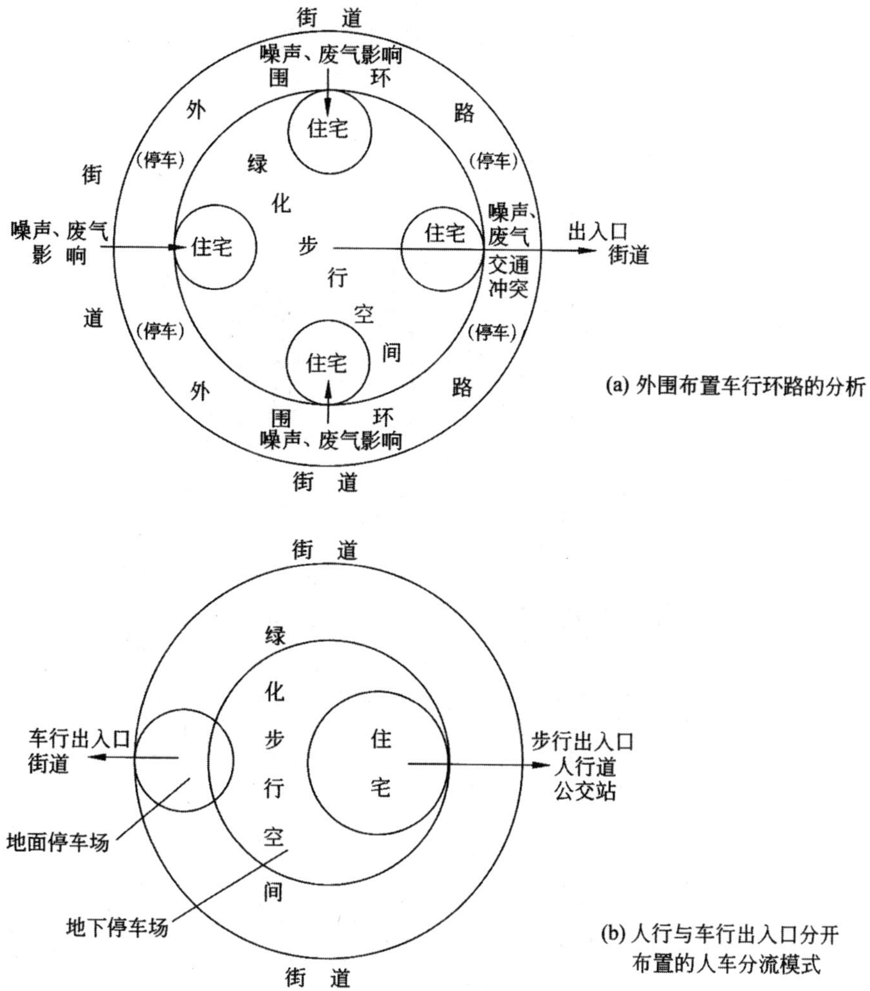

图 3-34　住宅区交通环境组合模式分析

道路系统又可称为"主路型"人车分流系统，也是一种常见的布置方式。

某住宅区规划在住宅组群外围设置车行路，路边出入口处设置停车空间，包括自行车、摩托车存车棚和露天汽车停车场(图 3-36)。住宅组群内均为步行绿化空间，有大面积的硬地活动场所，楼间步行路轴线把各楼间活动场所联系起来，这条步行路又可兼作紧急车辆(救护、消防、警务、搬家等)的临时通道，在与车行路连接处设置相应标识。

在城市中心地区，居住区的布置宜采用街坊式的布局，而不宜采用小区式的布局。街坊式的布局就是要布置支路格网，支路围合的小街坊内布置住宅组群或住宅社区的公共设施、绿地等，沿支路的街面也可布置小型便民商业服务设施。支路是服务性城市道路，限制货运交通通行，有较好的绿化步行条件，交通量较少，小街坊内是步行交通环境，除紧急车辆外禁止机动车辆通行。

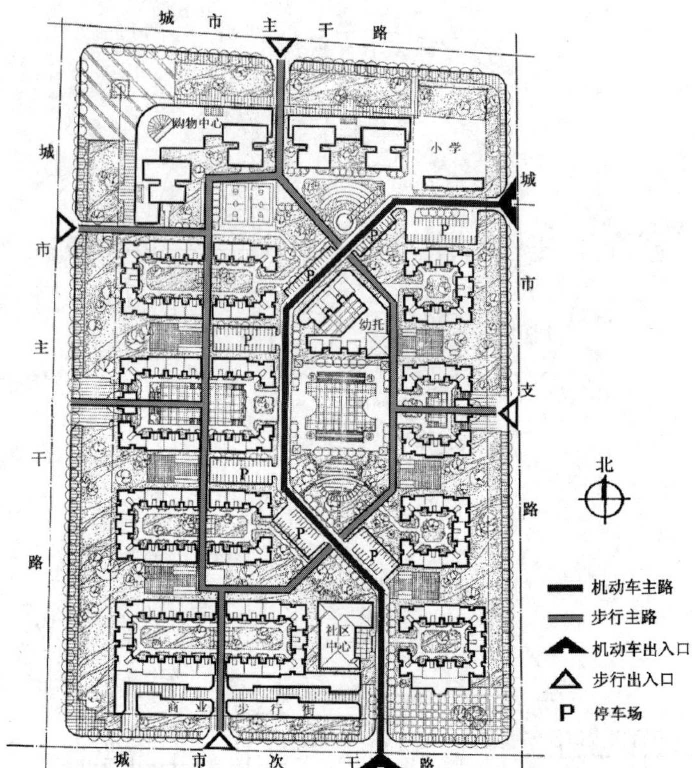

图 3-35　某住宅区主路型人车分流系统

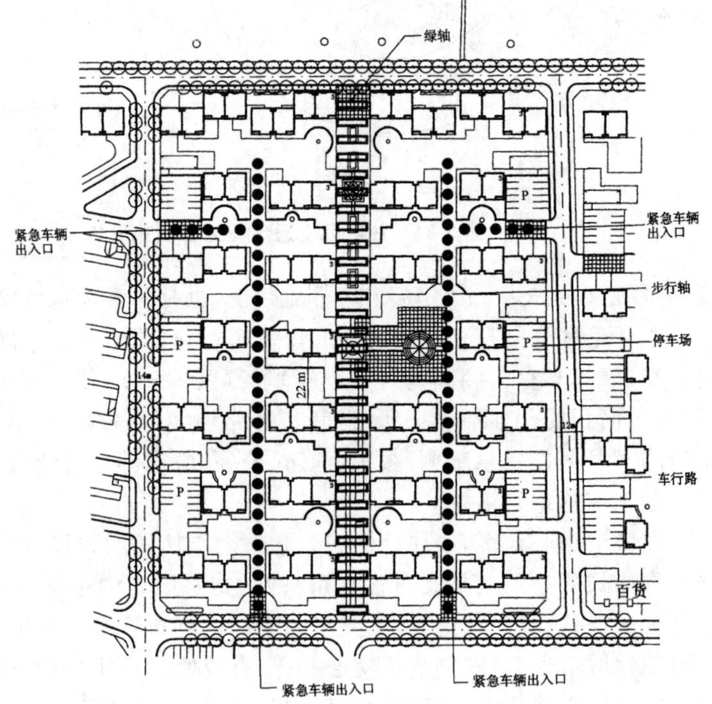

图 3-36　某住宅组群人车分流系统示意图

3.4.4　城市停车设施

城市停车设施是城市道路系统的重要组成部分。现代城市交通机动化的发展带来了城市越来越严重的停车问题，城市中往往由于停车设施能力不足或布局不合理，所造成的占用道路行车面积停车现象对道路交通的影响很大。因此，在规划中要认真研究城市停车和停车设施的建设问题。城市规划停车指标在城市中不是均匀分布的，要根据城市中不同的停车需求进行规划布局。城市社会停车设施的布局不仅要同城市用地布局配合，还要与城市交通的组织和管理相配合，建立一个由专用停车设施和社会公用停车设施组成的城市停车系统。各种类型停车设施的停车位规划指标和停车场设计见 6.4 节。

根据城市交通的停车要求，可以将停车设施分为三大类型。

(1) 用地(单位)内部停车设施

用地(单位)内部停车设施是指各类用地内部所需要配套建设的停车设施，要根据机动车发展的水平制定相关的停车设施配建标准。主要包括：

① 工业、仓储设施用地内部货运停车设施

② 公共建筑内部配套停车设施

③ 生活居住区停车设施

住宅区内要为自行车和私人小汽车配套建设停车设施。从安全的角度考虑，一个住宅组群应设置一处有人管理的自行车停放设施，并在生活居住区服务中心附近安排一定规模的机动车、自行车停放场地。面对私人小汽车的发展趋势，许多城市在规划管理中规定了小区的配套停车指标，对于不同类型的居住区，可以有不同的配套标准，一般大城市新建居住区的机动车停车标准已达到 30 辆/100 户以上。规划中可以预留集中式公用地下机动车停车库的位置，也可以考虑近期在住宅楼附近设置与车行道路相连的地面停车区，将来按照人车分流的要求在小区出入口附近或地下建设停车设施。

一些居住小区在住宅底层设置半地下的私用停车库，只可停放自行车，并可兼作杂物储藏室，如停放机动车将会导致噪声影响。

(2) 社会公共停车设施

社会公共停车设施是指服务于各种社会停车需求的公共停车设施，主要包括：

① 城市出入口停车设施

是为外来或过境货运机动车服务的公共停车设施。其作用是从城市安全、卫生和对市内交通的影响出发，截流外来车辆或过境车辆，经检验后方可按指定时间段进入城市装卸货物。这类停车设施应设在城市外围的城市主要出入干路附近，附有车辆检查站，配备旅馆、饮食服务、日用品商店及加油、车辆检修、通信等服务设施，还可配备一定的文娱设施。

② 客运交通枢纽配套停车设施

主要是在城市对外客运交通枢纽和城市客运交通换乘枢纽所需配备的停车设施,是为疏散交通枢纽的客流、完成客运转换而服务的。近年来,城市中出现了个体或小集体长途汽车运输,作为国营长途汽车服务的补充。规划中应考虑为其安排一定的停车场地和服务设施,从布局上也可以设置在国营长途汽车站合理服务范围之外的地点,方便群众使用。这类停车设施一般都结合交通枢纽布置,规划设计要求详见本章3.6节。

③ 城市各级商业、文化娱乐、体育设施配套停车设施

根据城市商业、文化娱乐设施的布局应该安排规模适宜的以停放中、小型客车为主的社会公用停车设施和一定规模的自行车停车设施。在城市中心地区,可以按社会拥有客运车辆数的15%~20%规划停车场的用地。一般这类停车场应布置在商业、文娱中心的外围,步行距离以不超过100~150 m为宜,并应避免对商业中心入口广场、影剧院等建筑正立面景观和空间的遮挡和破坏。

大型公共设施的停车首选地下停车库或专用停车楼,同时要考虑设置一定的地面(临近建筑)停车场。也可以近期建设地面停车场,远期改建为一定规模的多层(地上或地下)停车库。自行车停放场地可以集中布置,也可以分散布置,步行距离以不超过50~100 m为宜。大型公共设施占用人行空间停车只能是临时过渡性的,不能固定化、永久化。

城市外围大型公共活动场所,如体育场馆、大型超级商场、大型公园等设施配套的停车设施,停车量大而且集中,高峰期明显,要求集散迅速。规划时既要处理好停车设施的交通集散与城市干路的关系,又要考虑与建筑、景观的协调,并使步行距离不超过100~150 m。停车场布置在设施的出入口附近,以停放客车为主,也可以结合公共汽车首末站进行布置,并要考虑自行车停车场地的设置。

(3) 城市交通组织和管理配建的停车设施

为了缓解城市中心地段的交通,实现城市中心地段对机动车的交通管制,规划可以考虑在城市中心地段交通限制区外围干路附近设置截流性的停车设施,也可以结合公共交通换乘枢纽,形成包括小汽车停车功能在内的小汽车与中心地段内部交通工具的换乘设施。

在上述三大类停车设施之外,还有一类道路停车设施。是指道路用地内规划设置的路边停车带等临时停车设施,不应该计入城市停车指标,同时要明确路边停车不得占用行车车道。

城市总体规划应该明确城市主干路不允许路边临时停车,只能在适当位置设置路外停车场;城市次干路应尽可能设置路外停车场,也可以考虑设置少量的路边临时停车带,但需要设分隔带与车行道分离;城市支路应结合路边用地的实际情况和对停车的需求,在适当位置考虑允许路边停车的横断面设计。总体规划不应该明确规定城市路边停车带的停车指标,布置路边停车带位置,以免把临时停车正规化。

为了避免沿街任意停车造成的交通混乱现象，方便服务性道路对两侧用地的停车服务，在次干路和支路的必要位置规划设置的临时路边停车带，要保证不对道路交通产生过多的影响。一般一处路边临时停车带的停放车位数以不超过 10 辆为宜，宜采用港湾式停车方式布置。

3.5 城市道路系统规划思路与评析

3.5.1 城市道路系统规划的思路及规划步骤

1. 城市道路系统规划基本思路

(1) 立足于对现状的充分考虑

现状分析是道路系统规划的基本依据之一。通过对道路现状的分析，发现现状存在的问题，再结合城市发展对道路系统的需要，才能提出规划的策略和措施。城市道路系统现状分析要体现对历史传统的尊重，优点的继承，以及对现状保留的需求分析。其基本内容包括：

① 现状地形，现状建筑的保留与拆除的分析；

② 现状道路交通存在的问题及其产生的原因分析；

③ 解决交通问题的基本思路，交通组织方案及可能性分析。

(2) 理顺基本关系，优化道路网

基本要求是要适应城市发展的需要，理顺与用地结构和布局的关系。

① 按照规划的城市布局结构对全市交通系统(包括对外交通系统)重新认识并进行调整，强调城市道路系统的系统性；

② 尽可能利用原有道路，以适应人们的交通习惯和识别性要求，交通习惯的改变需要一个长期的过程；

③ 道路间距应适应机动车交通(250 m)和自行车(150～200 m)对路网间距的要求；

④ 应充分考虑支路和街坊小路对城市干路网的辅助作用，并注意避免对城市干路的过多的冲击；

⑤ 应注意尽量避免错口交叉，并尽可能采用公共交通港湾式停车站。

2. 城市道路系统规划的步骤

(1) 确定道路网结构及交通组织方案；

(2) 选定道路标准横断面；

(3) 道路中心线坐标定位：尽量减少对永久性建筑物的拆迁，选定交叉口和主要转点(控制点)，弯道半径，计算控制点坐标；

(4) 选定交叉口形式及转角半径，分隔导向岛尺寸，曲线等；

(5) 确定控制点高程及坡度等道路竖向要素；

(6) 其他辅助设计：停车场、站、带等。

3.5.2 城市道路网系统性分析

城市综合交通系统是城市大系统中的一个子系统，城市道路网又是城市综合交通系统中的一个子系统。城市道路网对城市交通服务的好坏，很大程度上取决于其系统性的好坏。城市道路网的系统性表现在：城市道路网同与之相关的子系统——对外交通系统、公共交通系统、交通管理系统之间的功能衔接、转换、偶合关系，城市道路网同为之服务的子系统——城市用地之间的功能协调关系以及城市道路网系统内各组成要素间的协同配合关系等。具体可以从以下五个方面进行分析：

1. 城市道路网与对外交通设施的配合、衔接关系

应该遵循以下原则：

(1) 城市快速路网与高速公路相衔接；

(2) 城市常速交通性(或疏通性)道路网与一般公路相衔接，必要时主要景观性干路可与一般公路衔接；

(3) 公路应方便地从外围绕过城市中心地区；

(4) 为城市服务的对外客、货运交通枢纽设施应该分别与城市客、货运交通干路有良好的衔接关系；

(5) 对于中、小城市，可由高速公路引出常速的入城干路与城市主要交通性干路相衔接。

2. 城市道路系统与城市用地布局的配合关系

一定的城市布局形态会产生一定的交通分布形态，一定的交通分布形态要求一定的道路结构与之配合。因此要对城市用地布局形态与交通分布形态和交通分布形态与道路结构进行相关性分析。同时要研究下列问题：

(1) 城市各相邻组团间和跨组团的交通解决得如何？相邻组团间是否有两条以上的交通性干路和生活性干路相联系？跨组团的交通是否通畅、快捷？是否避免了对途经的城市组团的干扰？

(2) 各级各类道路的走向是否适应用地布局带来的交通流及体现道路对用地发展建设的引导作用？

3. 城市道路系统的功能分工及结构的合理性

要研究城市道路网的功能分工，重点是疏通性与服务性的分工和与用地性质的协调；要研究城市道路中的微观影响问题，包括道路衔接关系、交叉口设计、公交站设置等。要在分析中回答下列问题：

(1) 城市道路系统的功能分类是否清晰？道路结构是否完整？

(2) 主要道路的功能是否与两侧的用地的性质相协调？

(3) 不同等级道路的衔接是否合理？交叉节点的选型和处理是否合理？

(4) 公交系统与道路建设是否匹配?

4. 各级各类城市道路的密度和横断面匹配关系

城市道路网的密度不一定要与规范完全一致,而应该与城市的交通形态相适应。简单提出城市整体的各级道路网密度及比例关系是没有实际意义的,而具有实际意义的是不同性质用地对道路密度的不同要求和各级道路的间距要求。

不同规模的城市,城市中不同区位、不同性质的城市地段,其道路网密度应有所不同。一般认为小城市、城市中心地段、商业地段的路网密度要密一些,大城市、城市边缘地段、工业仓储地段的路网密度要稀一些。一般城市中主干路和次干路相间布置,其"密度"相近;而快速路网取决于总体布局,支路取决于建筑的布置和交通的需求强度,也不能一概而论。

城市各级道路的横断面组合应有利于引导交通流的合理分布。城市不同区位、不同地段、不同性质道路对道路横断面的要求不同。交通的性质不同,流量不同,对通行能力的要求不同,应避免由于横断面组合的偏差出现道路瓶颈问题。

城市快速路的横断面应该是封闭的汽车专用路,在必须穿越城市组团内中心地段时可以采用高架方式与城市主干路相组合,或降低等级为城市交通性主干路。

城市交通性主干路的横断面应该是机动车通行的快车道与机非混行的慢车道的组合形式(一般为四块板形式),而不是一般常采用的机非分行的三块板断面形式。城市交通性主干路的机动车快车道可以保证机动车辆的畅通和准快速,满足道路"疏通性"的要求;而机非混行的慢车道则可满足道路为两侧用地服务的功能要求。

城市生活性主干路宜布置为机非分行的三块板或分向通行的两块板横断面。

次干路和支路宜布置为一块板横断面。

5. 城市道路网与城市公共交通系统的配合关系

特别是城市公共交通干线对公交专用道的需求及在横断面上布置方式,应该在道路系统规划中予以安排。在道路系统规划中要对公交站的设置提出规范性的要求。

6. 城市道路网的交通控制与管理方案

城市道路系统的规划要考虑交通的组织与管理措施,应该有交通组织规划作为制定交通管理方案(包括对一定的城市区域、地段、道路路段、交叉口的交通控制)的依据。

3.5.3　城市总体规划道路系统规划的评析与决策

1. 影响城市道路交通的因素分析

(1) 城市区位的影响

城市在区域中所处的区位实际上决定了城市与区域中其他城镇的关系,以及城市活动中"涉外活动"的性质、类型和强度。

① 中心城市必然成为区域性人和物的流通中心，城市的对外交通联系比一般城市要强，对外交通设施的建设用地需求量也比较大，城市道路网必须与对外交通设施有良好的联系。

② 区域性交通枢纽城市为城市带来流通的便利条件，但又常常形成为铁路、公路（甚至河流码头）对城市的分割或对城市新发展的阻隔，直接影响了城市道路系统的结构布局。

③ 依托于中心城市的城镇的主要交通方向明确。除受天然条件限制，城市发展和道路系统的发展都呈向心形态。

④ 城镇发展带中的节点型城镇有多因素共同作用，应该在自我服务良好的基础上强调有利于与城市发展带的交通联系。

(2) 城市发展阶段的影响

伴随城市经济的发展，城市也在不断地发展。不同发展阶段的城市布局及交通结构对城市道路系统的需求是不同的。城市发展到一定阶段就会出现突破性的发展，即跨门槛的发展。城市用地上可能出现跨越自然或人工障碍的新城市地段（组团）的发展；城市交通上可能出现非机动交通到机动交通到城市轨道交通、地方性近距离交通到跨组团远距离交通、常速交通甚至快速交通的发展。此时，规划要考虑城市对外交通设施和城市道路系统对这一发展相适应，规划要特别重视以下三点：

① 对外交通设施的外移

矛盾比较突出的是铁路和公路的外移。在过去的城市建设中，普遍存在围绕铁路和公路建设的现象，忽视铁路、公路对城市用地的使用和与城市道路交通的相互影响，以致发展到铁路、公路逐渐被围在城市核心地段，成为分割城市的障碍，并影响城市进一步的发展。铁路、公路以及客货站场的外移就成为城市发展的必然的要求。如上海铁路北站的西迁，杭州东站的建设，柳州和重庆规划铁路主线及车站的外迁等。此外过境公路、河港、机场的适时外迁也应在规划中予以考虑。

② 城市快速交通线的发展

城市快速交通线的发展，包括城市快速路的建设和城市轨道公共交通的建设，规划要有预见性和发展的可能性。

③ 城市道路与桥梁建设对新区建设的引导

规划除对新区的道路系统有所安排外，特别要注意城市主干路和快速路（以及公共交通）向新区的延伸，以及必要的桥梁（隧道）的建设。

(3) 城市规模的影响

不同规模的城市对城市道路交通系统的需求不同，城市道路结构不同，交通系统结构不同，对外交通设施水平不同。

① 城市交通系统结构上，小城市可能会以步行和自行车交通为主，将来的发展有可能有较多的摩托车或微型汽车交通；中等城市有培育公共交通的要求，规划

要充分考虑形成以公共交通为主体的客运结构;大都市(200 万以上人口)应该考虑城市轨道交通的发展以及与城市道路系统的衔接配合。

② 对外交通系统上,特大城市(100 万以上人口)应该考虑布置多个铁路客站和货物流通中心,并可能有多条高速公路与城市道路系统的联系,因此要考虑高速公路环线的布局。一般城市也应该考虑公路在城区外围的公路绕行线的布局。

③ 城市道路系统上,大城市(50 万以上人口)应该考虑城市快速路的规划建设,大都市(200 万以上人口)则必须形成城市快速路网。

(4) 城市布局形态的影响

① 集中型城市:一般为中小城市,常为均衡性和向心性的交通。

② 分散组团城市:一般为大城市和特大城市,应该强化组团间的绿化分隔,强化组团中心的建设和加强组团间的交通联系。

③ 指状、带状发展的城市:常沿城市发展轴方向形成主要流向的交通,规划应该重视疏通主要流向交通,并协调好主要交通道路与两侧用地性质的关系,以及与其他道路的关系。

④ 水网城市:要充分利用水运条件,重点解决桥位布局及与道路网的关系。

⑤ 铁路枢纽城市:铁路主线应该尽可能从城市组团间通过,解决好城市道路跨越铁路的位置与方式,并为铁路客货设施所产生的路上交通提供好的服务。

2. 现状道路交通分析

(1) 对外交通系统的现状和发展分析

① 货运站场服务半径及用地适宜性,城市道路对铁路设施的服务状况,铁路正线、专用线与城市发展及城市道路交通的矛盾。

② 公路对城市和城镇体系的服务状况及矛盾分析:各级公路与各级城市道路的衔接关系,市际公路与城镇间公路的联系,过境交通的疏解。

③ 对外客、货运站场设施服务状况及矛盾分析:站场设施的布局、位置、服务状况,是否与城市对外交通方向相适应,对城市道路交通的影响及城市道路网的服务配套状况。

(2) 城市交通基本状况分析

① 居民出行分析:出行次数,出行距离,出行分布等;

② 客运交通结构分析与预测:包括交通政策研究;

③ 机动车及自行车发展状况分析:各类机动车应换算为标准小汽车进行分析;

④ 高峰小时城市道路网交通分布研究。

(3) 城市道路交通状况分析

① 城市交通特性分析:与城市形态、社会经济状况、自然地理条件结合分析。

特大城市——流动人口多,公共交通压力大;

旅游城市——旅游交通量大,必要时应考虑布置旅游道路网;

山地城市——自行车交通少，城市交通有机动化发展的趋势；

发达地区城市——现状摩托车保有量大，私人小客车发展势头大。

② 城市道路网系统性分析(见3.4.2节)。

③ 道路的交通性质及功能分析：客运、货运、人流、生活性、交通性、服务性、疏通性。

④ 道路交通阻塞状况分析：道路与交叉口容载比(Q/C)分析，阻塞原因(用地、路网、线路等)分析。

⑤ 交通设施分析：铁路、公路客货站及公交枢纽附近道路交通状况分析，桥梁交通状况分析，停车设施及附近道路交通状况分析。

⑥ 路段车辆密度及车速分析。

(4) 城市公共交通分析

① 现状公共交通系统结构与运营组织方式分析；

② 现状公共交通线网与站场布局分析：线网密度、线路密度、平均线路长度，结构进化要求；

③ 服务水平分析：人均车辆指标、线网覆盖率、车时间隔、车辆完好率。

3. 规划对策

(1) 确定指导思想

① 根据城市的特点(性质、规模、经济发展、区位、地理、交通条件等)确定城市对外交通和城市交通的发展水平和标准；

② 根据城市用地的规划布局研究，预测城市交通形态，进而选择城市道路系统的结构类型；

③ 根据城市的发展需求，选择解决城市交通问题的战略措施。

(2) 综合构架对外交通系统与城市道路交通系统

规划中要结合道路的功能分工，对各种交通流向进行定性分析：

① 注意与城市用地发展布局结构的协调。对于组团式布局结构，组团间的道路联系是需要，而相对独立的组团建设是目标，最终要形成相互合理的关系，从依附于中心城发展到组团的相对独立。

② 注意解决疏通性道路网的布局问题。

③ 注意与对外交通及城市各级中心的衔接关系。

④ 注意城市景观环境及经济等问题。

⑤ 科学分析城市轨道交通的建设需求、条件、经济的可行性和建设时机，确有需要，可以提出初步的城市轨道线网规划方案并预留线路位置和站场建设用地。

(3) 逐步形成合理的现代化城市客运交通系统，规划好城市交通设施的布局，包括客、货运枢纽，公共交通站场、城市各类停车场等。

(4) 重视服务性道路的布置，生活性道路要避开疏通性道路，但与之要有便捷的联系，生活性路网可以在各组团内自成系统，市级生活性主干路可以联系相邻组团。

3.6　城市道路景观设计

3.6.1　城市道路景观设计的基本指导思想

城市道路不仅仅是城市交通的通道，具有交通性，而且也是城市居民购物、娱乐、散步、休憩的重要城市公共空间，具有生活服务性和观赏性。从城市整体来说，城市道路不但是组织城市用地的骨架，也是组织城市景观的骨架，应该成为城市居民观赏城市景观的重要场所；从城市局部来说，城市街道景观又是城市景观的重要组成部分，城市道路应该成为体现城市景观、历史文脉的宜人的公共空间环境。因此，城市道路除了交通功能性规划设计之外，还应该引入城市设计的概念和方法，进行道路动态视觉艺术环境的设计——城市道路景观设计。

3.6.2　城市道路景观的设计原则

(1) 城市道路系统规划应该与城市景观系统规划相结合，把城市道路空间纳入到城市景观系统中去；

(2) 城市道路系统规划应该与城市绿地系统规划相结合，把城市道路绿地作为城市绿地系统的一个重要组成部分；

(3) 城市道路系统规划与城市道路的详细规划设计应该与城市历史文化环境保护规划相结合，成为继承和表现城市历史文化环境的重要公共空间；

(4) 城市道路景观设计应该与道路的功能性规划相结合，与道路的性质和功能要求相协调；

(5) 城市道路景观设计应该做到静态规划设计与动态规划设计相结合，创造既优美宜人又生动活泼、富于变化的城市街道景观环境。

3.6.3　城市道路景观的设计方法与内容

1. 城市道路景观要素

城市道路景观要素可分为主景要素和配景要素两类。

(1) 主景要素。是在城市道路景观中起中心作用、主体作用的视觉对象，通常采用轴线、对景的手法予以表现。包括：

① 山景，主要是可以构成为“景”的山峰及山峰上的建、构筑物，如塔、亭、楼阁等；

② 水景，主要是具有特色的水面及水中岛屿、绿化、岛上或岸边的建、构筑物；

③ 绿景，古树名木，指在城市街道上可以成为视觉中心、有观赏价值的高大乔木；

④ 实景，主体建、构筑物，主要指从建筑高度、建筑形式、建筑造型、建筑位置等方面在城市形体上或城市街道局部建筑环境中具有突出主导作用的建、构筑物，

包括城市标志性雕塑。

(2) 配景要素。是在城市道路景观中对主景起烘衬、背景作用,营造环境气氛的视觉对象,通常采用借景、呼应的手法予以表现。包括:

① 山景,延续的山峦地形,作为景观构图环境的空间背景轮廓线;

② 水景,大片的水面,作为景观环境的借景对象;

③ 绿景,成片的绿地、花卉,可以用作景观环境的背景,烘托环境气氛;

④ 实景,建筑群,作为景观环境中的建筑背景,或宜人、亲人的小尺度雕塑,一般作为街道景观环境,起呼应、点缀作用的因素,特殊情况下也可以作为主景要素,成为一定视觉景观环境的中心视觉对象。

2. 城市道路景观系统规划的思路

(1) 确定道路景观要素

在进行城市道路景观系统规划时,首先要结合城市景观系统规划、绿地系统规划确定哪些景点(自然景点和人文景点)可以或应该成为城市道路的景观要素。比如哪些山景、水景可以作为对景和借景的对象;哪些山体和水面通过一些建筑处理可以作为对景和借景的对象;哪些在城市形体结构中有重要作用的历史性建筑可以作为对景的对象;哪些与自然景观环境协调或具有时代感的标志性现代建筑可以作为街道景观的主景要素;哪些重要的古树名木可以用于景观设计。同时还应对这些景观要素的价值、环境、相互之间的关系进一步进行分析。

在确定道路景观要素时特别要注意发掘景观资源。图3-37所示为某城市外围地段规划图。城市外围西环路与城区联系的入城道路要经过一道南北向沙丘梁,从工程角度无论挖山做路堑还是做隧洞都不是好的方案。如果从沙丘上向东望城区,可以见到白墙红瓦、鳞次栉比的特色城市景观;向西遥望,则是一派山云相间、层峦叠翠的美丽自然景观。因此,沙丘是一个观赏城市景观和自然景观的极好的观赏空间,应该加以利用。规划将入城道路从沙丘南侧绕过,沙丘开辟为城市公园,在公园的东西两端布置观景建筑,在沙丘的南段布置与南侧居住区方便联系的出入口和观景平台。这是一个在道路规划中发掘、利用城市景观资源的方案。

(2) 确定景观环境气氛

在进行景观系统组合设计之前,应该根据城市景观系统规划和历史文化环境保护规划的要求,提出如何在道路空间中展现城市的自然景观、整体景观、历史文化景观和现代城市景观,即对城市街道的环境气氛要求进行分析:哪些道路可以成为观赏城市和城市外围自然景观的空间环境,哪些道路应该考虑作为城市整体景观的观赏空间,哪些道路应该成为体现城市历史文化环境的街道空间,哪些道路又应体现城市的现代化气息。一般来说,城市入城道路的选线应该考虑对城市整体景观的观赏要求,城市生活性道路和客运交通干路应该成为城市主要景点、城市特色与历史文化景观乃至自然景观的观赏性空间,城市交通干路应该成为现代城市景观的观赏空间。

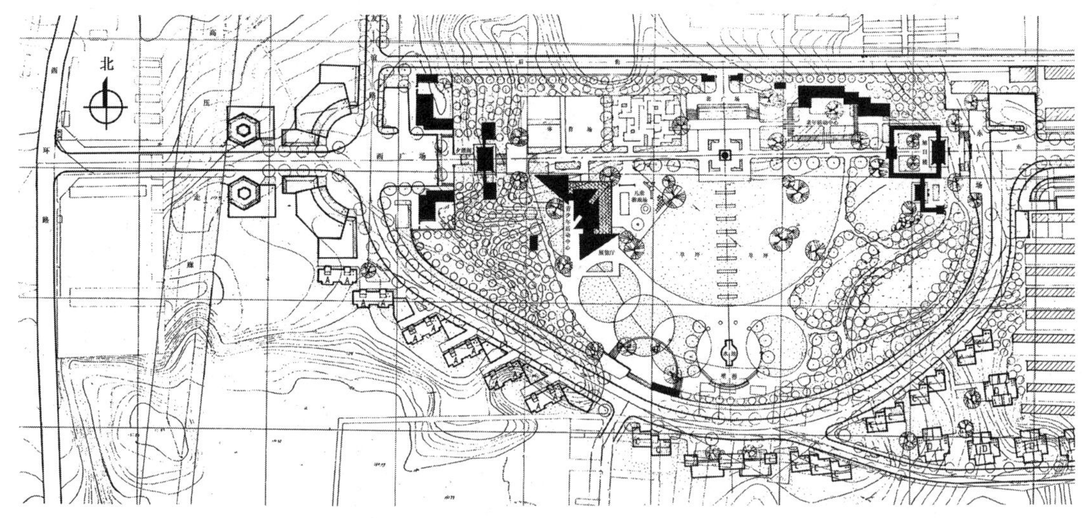

图 3-37　某城市入城道路景观规划方案

(3) 景观系统的组合

城市道路景观系统可以由外部道路景观系统、自然与历史道路景观系统和现代道路景观系统组合而成。

城市外围入城道路是观赏城市整体轮廓景观的重要场所，在选线时特别要考虑对城市整体轮廓特色景观的观赏，并考虑一定的视觉保护域，以使在入城道路上对城市整体建筑群的面貌特色、城市主要自然景点和城市主要特色建筑的观赏有好的效果。如德国著名古城吕贝克(Lübeck)(图 3-38(a))，入城道路选择在观赏城市整体轮廓景观的最佳位置，从入城道路上可以同时观赏到三个景观建筑荷尔斯滕门(Holstentor)、圣玛丽恩教堂和圣彼得教堂(图 3-38(b))。从城堡门旁绕进城

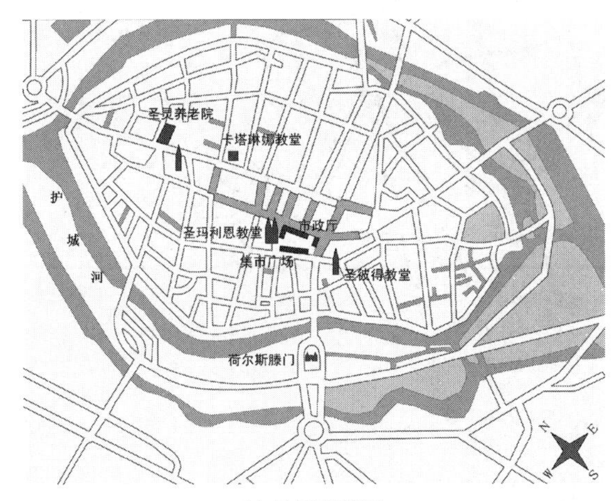

(a) 吕贝克简图

(b) 吕贝克入城道路景观

图 3-38　吕贝克城市道路景观

市,沿略弯而上坡的大道,到达由市政厅(Rathaus)、圣玛丽恩教堂和市场建筑围合的城市中心集市广场(Markt),形成了由道路引导的主次呼应、视角动态变化的多层次的视觉环境。

城市生活性道路和客运交通道路的选线应该力求在道路视野范围内把城市(四周和城内)的自然景观景点和城市人文景观建筑、古树名木组织起来,形成一个联系城市自然和历史性景观的骨架,成为城市主要景点的观赏性道路空间。桂林(图 3-39)城市主要道路的选线都尽量做到与城市四周和城内山景(叠彩山、独秀峰、象鼻山、普陀山、西山等)、城市重要古迹(王城、古南门、文庙等)形成对景,使人们在城市道路空间里能感受到桂林自然山水的美和城市悠久历史文化的内涵。

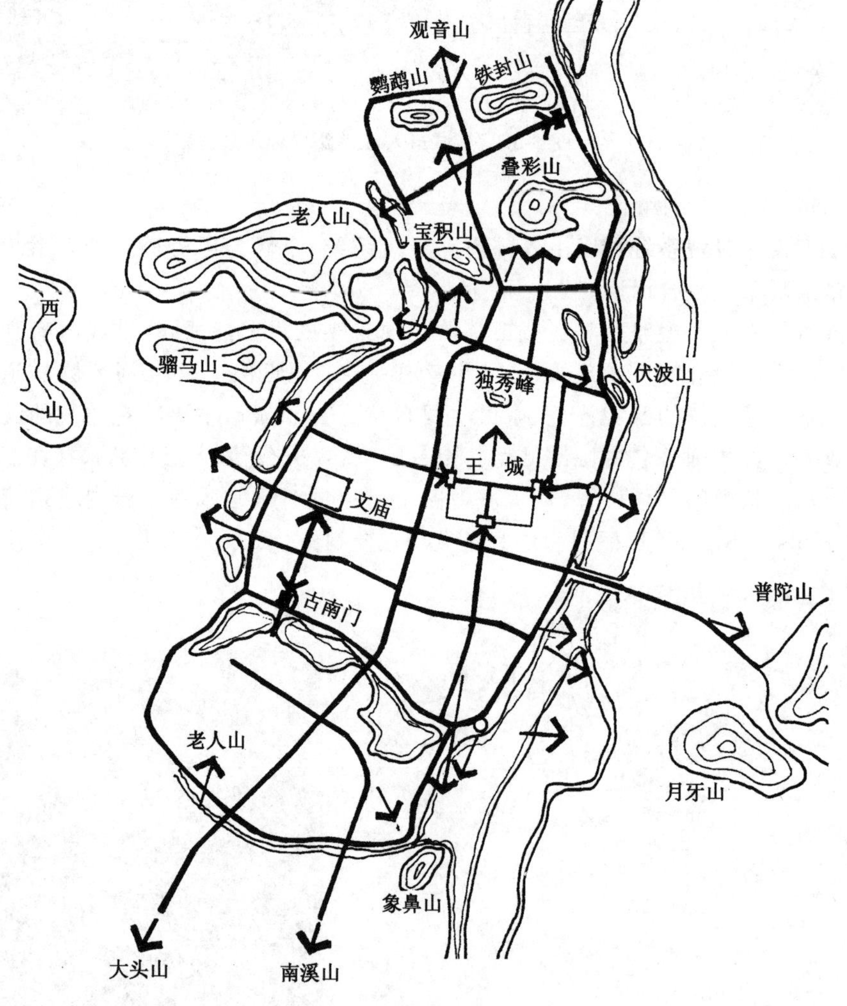

图 3-39　桂林市道路景观关系

城市交通性道路一般都伴随有两侧现代化的城市生产、生活建筑设施或现代化交通设施,如立体交叉桥等。城市现代化沿街建筑的面貌结合城市道路立交的设置，可以形成反映强烈现代城市生活气氛和城市时代感的城市街道景观系统。

城市道路景观系统的组合，可以使人们从不同的角度，不同的空间环境去体会从宏观到微观、从历史到现代、从自然到人文的丰富多层次的城市景观趣味，表现城市既有优美的自然环境，深沉的历史内涵，又富现代生气勃勃生命力的整体形象。

3. 城市街景的组织与设计

城市道路是城市居民活动的重要公共空间，城市道路往往容易形成一种单调呆板的形象：一条笔直的、无尽头的车行道，有快速而拥挤的交通流穿过，两侧是缺少绿化的单调的人行道，被一个接一个的建筑立面所限定，建筑轮廓透视线都集中于地平线的灭点(图 3-40)。因此，街道景观的组织与设计，除了建筑群和路旁空间的组织与设计外，还应该考虑通过道路的选线，进行街道景点和景观环境的动态组合，从而创造一定的街道景观气氛。

图 3-40 单调的道路景观

根据道路景观系统的组织，在一条道路的不同路段可能同时要求形成不同气氛的景观环境，道路视野范围内也可能存在多种多样的景观要素可以利用。同时，可能存在一种需要(或机会)，在某些特定的地点，增加一些建筑物、构筑物、绿地、雕塑等景观要素，去除一些有碍于景观环境的因素，以创造更好的景观环境。所以，街道景观的规划设计是一项综合而又复杂的工作。

(1) 道路选线与景观环境的组合

为了创造动态变化而又连续的视觉环境，通常使用对景和借景的手法，把道路沿线附近的景观对象有机地组织起来，互为因借，生动活泼。如北京北海前的道路选线，从文津街到景山前街一段就充分运用道路选线配合对景、借景的手法，由西向东道路曲折变化，在动态中创造了对景团城，借景北海、中南海，对景故宫角楼，对景景山，借景故宫、景山等五个道路景观环境，五个景观环境有机联系，有近有远，有高有低，有建筑有水面，过渡自然，富于乐趣，是道路选线与景观环境组合的一个范例(图3-41)。

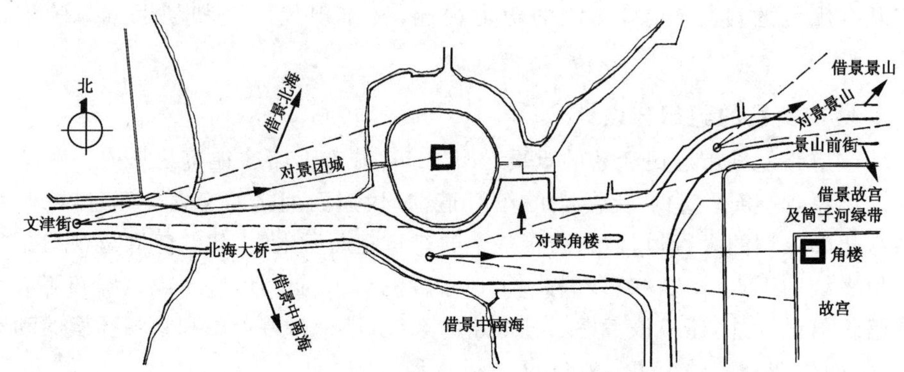

图3-41　北海前道路景观环境组合分析

在道路选线时，为了避免形成单调呆板的街道景观，应该尽可能运用变化构图的手法，通过道路有意识地曲折变化，直线与曲线的组合，建筑轮廓线的组织，改变对景在构图中的位置和视角，并考虑主景对象与配景对象之间的呼应组合与相互转化，创造动态的对景构图景观效果(图3-42)，同时还要考虑视域的保护和绿化与坡度对景观构图的影响。

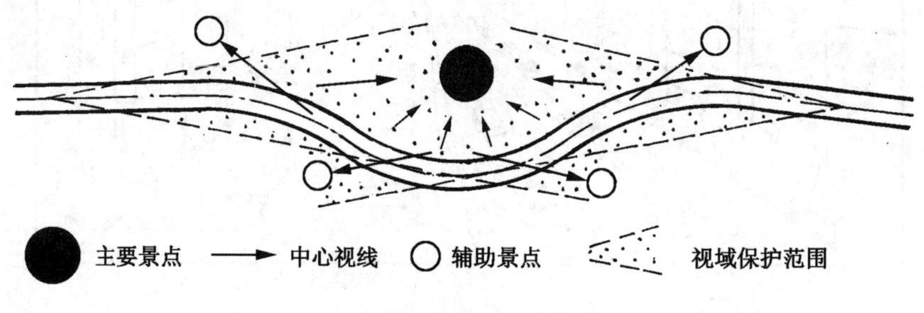

图3-42　动态对景景观分析

(2) 街道空间尺度与环境气氛

街道空间尺度常指街道宽度(红线宽度)B与两旁建筑控制高度H的比值B/H(图3-43)。

当$B/H \leqslant 1$时，建筑与街道之间有一种亲切感，街道空间具有较强的方向性和流动感，容易形成繁华热闹的气氛。此时街道绿化对街道空间尺度感的影响不大，过多的绿化会遮挡空间视线，亦可取得幽静的感觉。但当$B/H < 0.7$时，会形成建筑空间压抑感。

当$B/H = 1 \sim 2$时，绿化对空间的影响作用开始明显，由于绿化形成界面的衬托作用，在步行空间仍可保持一定的建筑亲切感和较为热闹的气氛。道路越宽，绿

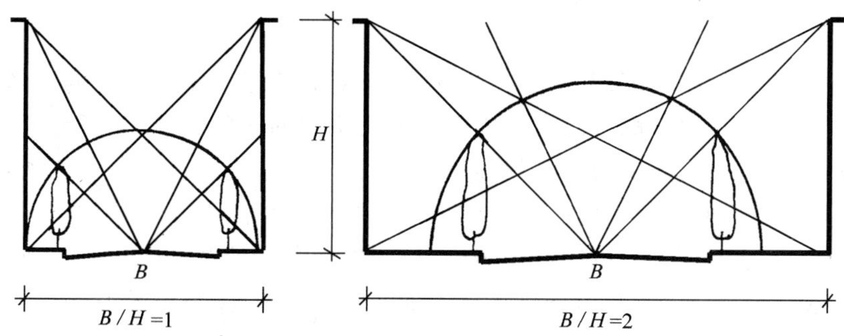

图 3-43 道路横断面空间尺度分析

带的宽度和高度就应随之增大，以弥补由于建筑后退而产生的空间离散作用，绿化带对于丰富街景、增加城市自然气氛的作用更为显著。

当 $B/H>2$ 时，道路往往布置多条绿化带，城市气氛逐渐被冲淡，空间更为开敞，大自然气氛逐渐加强。

所以在考虑街道景观气氛时，就要运用空间尺度比例对气氛的影响作用，根据不同的要求考虑街道的空间尺度。一般城市边缘地区的城市干路和城内交通干路 $B/H>2$，城内一般干路 $B/H=1\sim2$，城市商业街道 $B/H\leqslant1$，城市历史传统街道可根据地方特点选用，但尽可能使 $B/H>1$，小巷亦不得 $<0.5\sim0.7$。

(3) 街道空间围合度与环境气氛

街道两旁建筑的空间围合度对环境气氛也有重要影响作用。两旁建筑布置可分为三种空间布置方式(图 3-44)。

① 封闭式空间布置：建筑基本上沿道路红线连续布置，具有强烈的城市繁华气息，常用于城市中心繁华地区的生活性街道和客运交通干路的空间布置。

② 半封闭式空间布置：建筑沿道路红线方向有限间断布置，或建筑虽间断布置但用低层裙房相连。常用于现代城市街景的重要街道或交通干路的空间布置。

③ 开敞式空间布置：建筑间隔布置，建筑之间有开敞的绿化空间，具有安静、舒畅、与自然融合的气氛。常用于新住宅区内部道

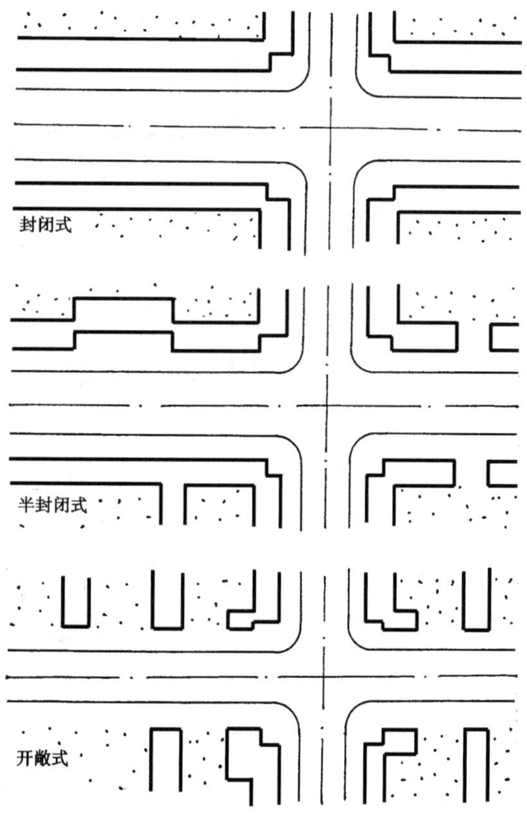

图 3-44 道路纵向空间的布置

路及城乡结合部道路的空间组织。

(4) 横断面功能空间的组合

城市各级道路的横断面组合应有利于引导交通流在道路断面上的合理分布。道路横断面的选择要考虑由两旁城市用地性质决定的道路功能、交通流的性质与组合、交通流量、交通组织与管理等多种因素,还要考虑不同的地形条件和环境气氛的要求,按照道路各种功能空间的功能需要和各自的空间尺度进行组合。

城市道路横断面空间可以分为车行交通空间(车行道及分隔带)、一般步行空间(人行道及绿带)、商业购物空间、休憩空间(步行道、绿地、休息空地)和观赏性空间(绿地、水面、雕塑等)五种。城市交通干路主要由车行交通空间和一般步行空间组成对称型的道路横断面,在适当位置可以布置一些观赏性空间(图 3-45(a));临近水面的道路应尽量在靠近水面一侧布置休憩空间和观赏性空间,呈非对称布置(图 3-45(b))。此外,根据地形条件又可以有不同的布置形式,为了解决客运交通干路与商业街功能混杂的矛盾,可以用休憩空间把车行交通空间与商业购物空间分隔设置,组成非对称的道路横断面(图 3-45(c))。根据功能和环境的要求,按照功能空间组合来设计道路横断面,有利于打破中心对称型道路横断面的僵化呆板的单一形式,丰富城市街道景观。

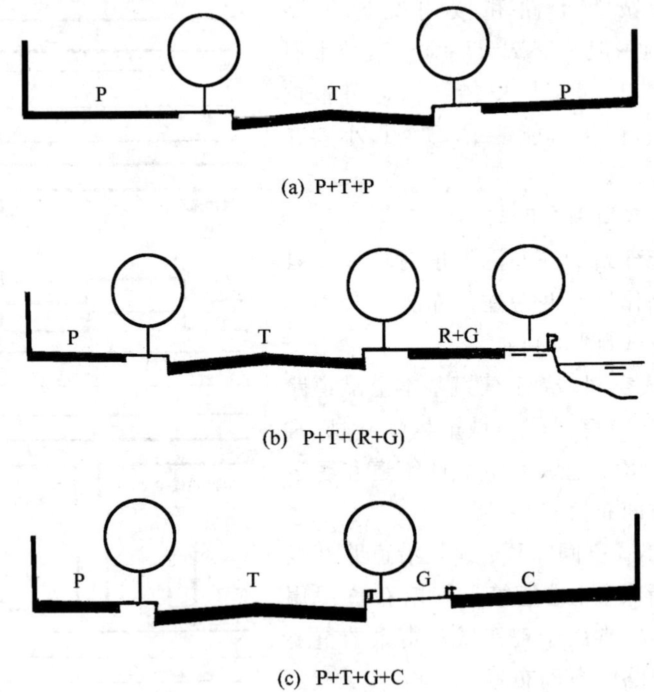

图 3-45 道路横断面的组织形式

P—一般步行空间;T—车行交通空间;G—观赏性空间;C—商业购物空间;R—休憩空间

3.7　城市道路系统的容量估算

车辆在城市不同等级的道路上的分布是不同的，不能简单地用单位长度道路上的车辆数（即所谓的“道路车辆密度”）来估算城市道路系统的容量。城市各级道路的车道数量不同，使用率不同，对车辆的容量也不同。所以，城市道路系统的容量估算要根据道路系统的具体情况细致地进行。

3.7.1　车辆预测

1. 城市车辆保有量预测

城市车辆保有量是进行城市道路系统容量估算的基础数据之一。常见的有两种方法。

（1）回归分析方法

回归分析方法就是把历年的车辆保有量资料加以整理，进行线性回归，并认为今后若干年仍按照以前的发展趋势增加，推测今后若干年的车辆保有量的估计值（图 3-46）。这种预测方法简单，可适用于车辆增速平缓的中、小城市；但对于大城市，由于城市车辆实际增长的趋势变化较大，预测结果往往不准确。

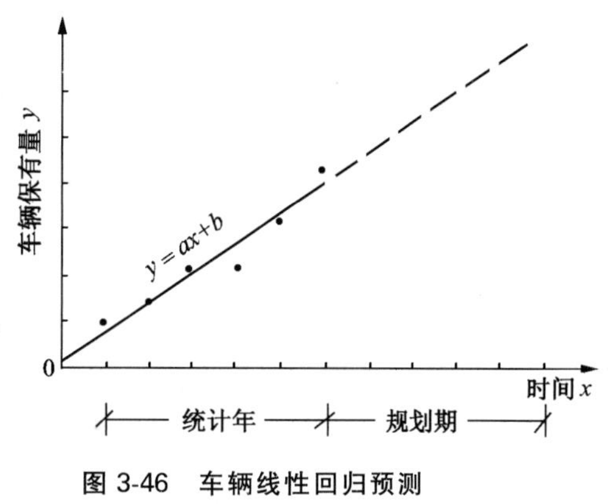

图 3-46　车辆线性回归预测

（2）相关分析方法

相关分析方法就是分别吸取与城市各种车辆增长有关的因素及影响关系，认为在一定时期内这种影响关系相对稳定，然后根据今后若干年内这些影响因素的发展情况预测城市各种车辆的增长，得到城市车辆保有量的估计值。常将货运车辆与客运车辆分别计算。

货运车辆的数量 W_1（辆）一般与工业产值、主要工业品产量、商品零售总额等因素有关。由历年统计资料的相关分析可以得到经验公式

$$W_1 = a_1x_1 + b_1y_1 + c_1z_1 + \cdots + C_1$$

再把规划的相关因素数值代入公式，得到规划的货运车辆预测值。

客运车辆的数量一般与城市人口、人均收入等因素有关。根据历年统计资料的相关分析得到经验公式。

居民每人每日出行次数 n_1（次/人·d）

$$n_1 = a_2x_2 + b_2y_2 + \cdots + C_2$$

然后根据规划的城市总人口 N 和规划的居民每人每日出行次数 n，可以得到

全市客流出行总量:

$$T = Nn$$

按照规划的客运交通构成比例,可以得到居民步行客流量、骑(自行车)车流量和乘(公共交通)车流量,进而算得城市所需客运车辆数 W_2 和自行车数 W_3。

综合客货车辆的预测值,并给出一定的发展余地,可以估计城市在规划期年份的车辆保有量。

2. 私人小汽车发展预测

目前我国许多城市私人小汽车的发展正处于快速发展期,城市规划必须对私人小汽车的发展做好准备,所以要对城市私人小汽车的增长进行预测。

城市私人小汽车的增长与经济发展水平相关,我国不同发展水平的城市应该有不同的小汽车发展水平指标。一般情况下规划可按 10～20 辆/百人(城市人口)的水平进行控制(如香港对私人小汽车拥有率的控制指标为 12 辆/百人);在西部城市和需要对小汽车严格控制的城市,可以采用较低的指标。

3.7.2 汽车与自行车出行占用的车行道面积

车辆在行驶中占有一定的道路净空面积,在一次出行时间内以动态的方式只占有一次,每辆车出行使用的道路面积在高峰小时内又可提供给其他车辆重复使用。我们又知道车辆出行时间与车速和出行距离有关。所以,车辆出行占用的车行道面积就与车辆的几何尺寸,车速和出行距离有关。

1. 汽车出行占用的车行道面积

如果采用综合车型计算,车身长 $l_{车}=7.4\ \mathrm{m}$,司机反应时间 $t_{反}=1.5\ \mathrm{s}$,路面附着系数 $\phi=0.4$,纵坡 $i=0$,安全距离 $l_0=5\ \mathrm{m}$,每条车道宽度 $b=3.5\ \mathrm{m}$,可得到汽车在高峰小时内平均每次出行所占用的车行道面积 f_1(m^2/次)

$$f_1 = \frac{\bar{l}_1}{\beta_1}(86.8V_1^{-1} + 2.92 + 0.027V_1)$$

式中 $\bar{l}_1$——汽车平均出行距离(km);

β_1——汽车对道路网的综合使用系数;

V_1——汽车平均车速(km/h)。

图 3-47 所示为当 $\beta_1=0.8$ 时汽车每次出行占用的车行道面积诺谟图。

2. 自行车出行占用的车行道面积

设自行车车身长 $l_{车}=1.9\ \mathrm{m}$,反应时间 $t_{反}=1.5\ \mathrm{s}$;路面附着系数 $\phi=0.4$,纵坡 $i=0$,安全距离 $l_0=0.5\ \mathrm{m}$,每条车带宽 $b=1.25\ \mathrm{m}$,可以得到自行车在高峰小时内平均每次出行所占用的车行道面积 f_2(m^2/次)

$$f_2 = \frac{\bar{l}_2}{\beta_2}(6V_2^{-1} + 1.04 + 0.0098V_2)$$

式中 $\bar{l}_2$——自行车平均出行距离(km);

β_2——自行车对道路网的综合使用系数;

V_2——自行车平均车速(km/h)。

图 3-48 所示为当 $\beta_2=0.8$ 时自行车每次出行所占用的车行道面积诺谟图。

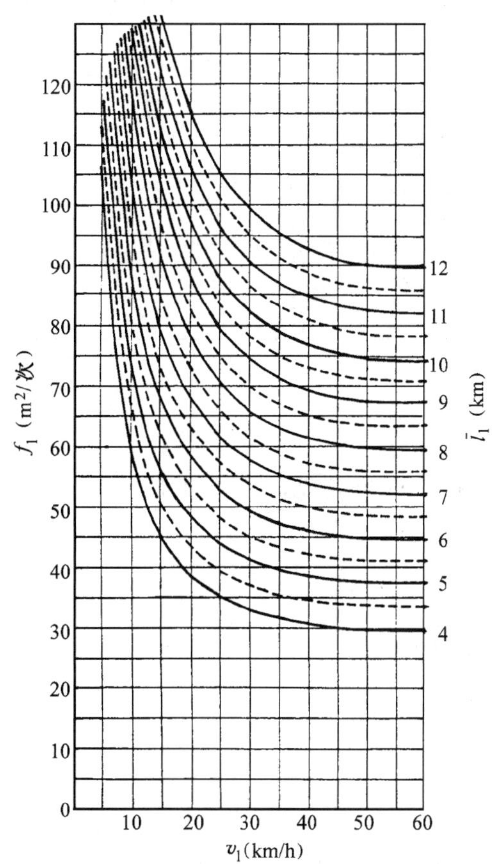

图 3-47 汽车每次出行占用车行道面积诺谟图($\beta_1=0.8$)

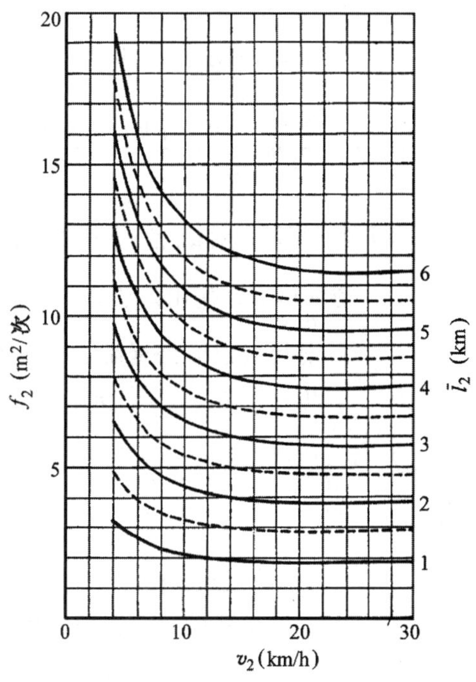

图 3-48 自行车每次出行占用车行道面积诺谟图($\beta_2=0.8$)

3.7.3 车辆换算

在进行城市道路交通状况分析和道路系统容量估算时,常将自行车换算成汽车标准车。

由于自行车和汽车是以动态出现在城市道路上的,应该以运动状态下车辆所占有的道路空间为依据来进行换算。自行车与汽车标准车的换算系数(亦称换算比)即为各自每次出行所占用的车行道面积之比。

一辆汽车标准车相当于自行车数量的换算系数 K,设 $\beta_1\approx\beta_2$,则

$$K=\frac{\bar{l}_1}{\bar{l}_2}\times\frac{86.8V_1^{-1}+2.92}{6V_2^{-1}+1.04}$$

规范规定的当量小汽车换算系数如表 3-8 所示。

表 3-8 当量小汽车换算系数表

车　　种	换算系数
自行车	0.2
二轮摩托车	0.4
三轮摩托车或微型汽车	0.6
小客车或小于 3 t 的货车	1.0
旅行车	1.2
大客车或小于 9 t 的货车	2.0
9～15 t 货车	3.0
铰接客车或大平板拖挂货车	4.0

3.7.4 道路网综合使用系数

道路网综合使用系数 β 在城市的不同地区、不同路段，有不同的值。

1. 现状城市道路网综合使用系数

可以根据调查分析确定：

$$\beta=\frac{\sum\beta_iL_i}{\sum L_i}$$

$$\beta_i=\beta_{ti}+\beta_{si}$$

式中 L_i——i 路段里程(km)；

β_i——i 路段综合使用系数；

β_{ti}——i 路段时间分布系数，即该路段高峰小时平均交通量与高峰小时内某时段交通量峰值之比；

β_{si}——i 路段空间分布系数，即该路段高峰小时流量与考虑交叉口影响的路段通行能力之比。

2. 规划城市道路网综合使用系数

可以用叠加法选定：

$$\beta=\frac{\sum\beta_iL_i}{\sum L_i}$$

$$\beta=\beta_{1i}\beta_{2i}\beta_{3i}$$

式中 L_i——i 路段里程(km)；

β_i——i 路段综合使用系数；

β_{1i}——地区不均匀系数，内环以内的道路取 1，内环至外环之间取 0.8；外环以外取 0.6；

β_{2i}——道路等级不均匀系数，主干路取 1，次干路取 0.8，一般道路取 0.6；

β_{3i}——交通不均匀系数，为日不均匀系数(0.95)与方向不均匀系数(0.7～1)之积。高峰小时只考虑方向不均匀系数。

3.7.5　城市道路系统车行道容量估算

1. 按自行车和汽车占用的车行道面积分别计算

高峰小时可容纳的汽车出行总数 W_1(辆)为

$$W_1 = \frac{F_1}{f_1\gamma_1}$$

式中　F_1——机动车道总面积(m^2)；

f_1——汽车每次出行占用的车行道面积(m^2/次)，可查图表求得；

γ_1——高峰小时汽车出车率。

高峰小时可容纳的自行车出行总数 W_2(辆)为

$$W_2 = \frac{F_2}{f_2\gamma_2}$$

式中　F_2——自行车道总面积(m^2)；

f_2——自行车每次出行占用的车行道面积(m^2/次)，可查图表求得；

γ_2——高峰小时自行车出车率。

例：某城市现有划定机动车道 $F_1=355$ 万 m^2，自行车道 $F_2=434$ 万 m^2，汽车平均出行距离 $l_1=10.5$ km，车速 $V_1=25$ km/h，出车率 $\gamma_1=0.8$；自行车平均出行距离 $l_2=5$ km，车速 $V_2=12$ km/h，出车率 $\gamma_2=0.7$，综合使用系数 $\beta=0.8$。求该城市道路系统可容纳的汽车标准车总数和自行车总数。

解：由 l_1、V_1、β 查图表可得 $f_1=92.8$ m^2/次；由 l_2、V_2、β 查图表可得 $f_2=10.4$ m^2/次。则有

$$W_1 = \frac{F_1}{f_1\gamma_1} = \frac{355}{92.8\times 0.8} = 4.78\ (万辆)$$

$$W_2 = \frac{F_2}{f_2\gamma_2} = \frac{434}{10.4\times 0.7} = 59\ (万辆)$$

该城市道路系统可容纳汽车标准车 4.78 万辆、自行车 59 万辆。

2. 将自行车换算成汽车标准车进行计算

高峰小时当量出行总车数 W(辆)为

$$W = W_1\gamma_1 + \frac{W_2\gamma_2}{K}$$

所需车行道总面积 F_R(m^2)为

$$F_R = Wf_1$$

例：某城市现有城市道路车行道总面积 $F=913$ 万 m^2，机动车折合汽车标准

车 $W_1=7.3$ 万辆,自行车 $W_2=80$ 万辆;汽车平均出行距离 $l_1=10$ km,车速 $V_1=25$ km/h,早高峰小时出车率 $\gamma_1=0.2$;自行车平均出行距离 $l_2=5$ km,车速 $V_2=14$ km/h,早高峰小时出车率 $\gamma_2=0.8$;综合利用系数 $\beta=0.8$。试验算现有城市道路车行道总面积是否能满足需要。

解:自行车换算系数为

$$K=\frac{\bar{l}_1}{\bar{l}_2}\cdot\frac{86.8V_1^{-1}+2.92}{6V_2^{-1}+1.04}=8.7$$

换算后高峰小时当量出行总车数

$$W=W_1\gamma_1+\frac{W_2\gamma_2}{K}=7.3\times0.2+\frac{80\times0.8}{8.7}=9.36\ (\text{万辆})$$

由 l_1、V_1,β 查表得 $f_1=92.8\ \text{m}^2$/次,则所需车行道总面积

$$F_R=Wf_1=9.36\times92.8=868.3\ (\text{万 m}^2)$$

$$F>F_R$$

经验算,现有城市道路车行道能够满足需要。

第 4 章　城市客运系统规划

4.1　基本概念

城市客运系统是以城市公共交通为主体，包括大客车、小汽车（公用车和私用车）、自行车和步行交通在内的综合系统。由于大客车、小汽车、自行车和步行交通是分散的交通行为，由各自的通行功能要求决定与城市道路系统的关系，而公共交通则是有组织的线网系统，为城市居民提供集量性的出行服务，需要有更为系统的规划安排，所以本章以介绍城市公共交通系统规划为主。

4.1.1　各类客运交通方式比较

城市客运交通是城市交通的主要组成部分。我国将城市客运交通划分为集量行为的“公共交通”和个体行为的由步行、自行车、摩托车、小汽车交通构成的“个体客运交通”两大类。各种交通方式在客运交通中根据本身的特点有不同的分工。

从出行范围看，不同的交通方式有各自适宜的出行范围。步行适宜的出行范围为 400～1000 m，自行车适宜的出行范围为 4～8 km，公共交通适宜的出行范围在 20 km 以内，小汽车适宜的出行范围为 10～40 km。

从出行形态（图 4-1）看，步行交通只有步行一个过程；自行车交通包括取车、行车、存车 3 个过程；公共交通则有步行、候车、乘车、步行 4 个过程。公共汽车站距短，车速较低，发车频率较大，所以步行距离短，候车时间较短；地铁和轻轨

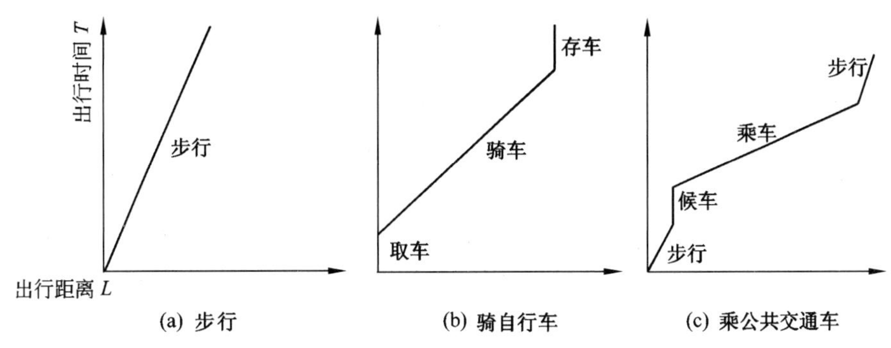

图 4-1　各种出行方式的出行形态

的站距较长,车速较高,发车频率较小,所以步行距离较长,候车时间较长。

从城市环境的角度考虑,交通环境是城市生态环境的重要组成部分,人们在享受便利的交通的同时要求享有舒适、洁净的交通环境。为了减少交通污染,应该鼓励使用污染最少、交通整体效率最高的交通工具,从而构建合理的交通结构,促进城市交通协调发展的动态平衡。

城市公共汽车交通相对于自行车和私人小汽车,在方便程度、运送速度上不占优势,但在经济技术上更为合理。表4-1所示为这3种客运方式的经济技术指标的比较。

表4-1 公共汽车、私人小汽车、自行车经济技术指标的比较

指　　标		公共汽车	私人小汽车	自行车
运送速度	(km/h)	15～25	30～60	10～15
载客量	(人/车)	90～160	1～4	1
运行占用的道路面积	(m^2/人)	1.0～1.5	40～60	8～12
停车占用的面积	(m^2/人)	1.5～2	4～6	1.5
耗油比		1	6	
客运成本比		1	10～12	

从表4-1中数值可以看出:无论运送能力、运输成本,还是所需要的道路设施建设(道路利用率)、环境影响方面,公共汽车都具有明显的优势,是最佳的客运交通方式,应该成为城市客运交通的主体,这不但是城市中多数人的交通需求所决定的,也是高效、可持续的城市交通系统的本质特征。

对于大城市和特大城市,各种交通方式都有相对于其他交通方式更为优越的出行范围(图4-2),在整个城市客运系统中各自担负不同的客运任务。各城市可根据居民平均出行距离和不同的出行目的的要求选择不同的交通方式,形成各自完整的客运系统。但是对于小城镇,由于其出行范围大多在步行范围和自行车出行范围之内,公共汽车交通相应处于辅助地位,主要为市中心、名胜游览地、体育场和车站、码头的大量人流的集散和弱势人群服务。

城市公共交通主要包括城市道路上的公共交通(公共汽车和无轨电车)、专用通道上的城市轨道公共交通(地铁、轻轨、有轨电车)和出租汽车交通等。地铁等城市轨道公共交通具有速度快、载客量大、能耗和对环境的污染小,对道路上的交通干扰少等优点,但建设和运营成本高;出租汽车交通具有灵活、速度快、门到门服务等优点;而以公共汽车为代表的常规路上公共交通在经营良好、服务质量高的情况下具有安全、迅速、准时、方便、可靠、成本低等优点,服务面比上述两种公共交通要广。各类公共交通工具技术经济特征如表4-2所示。

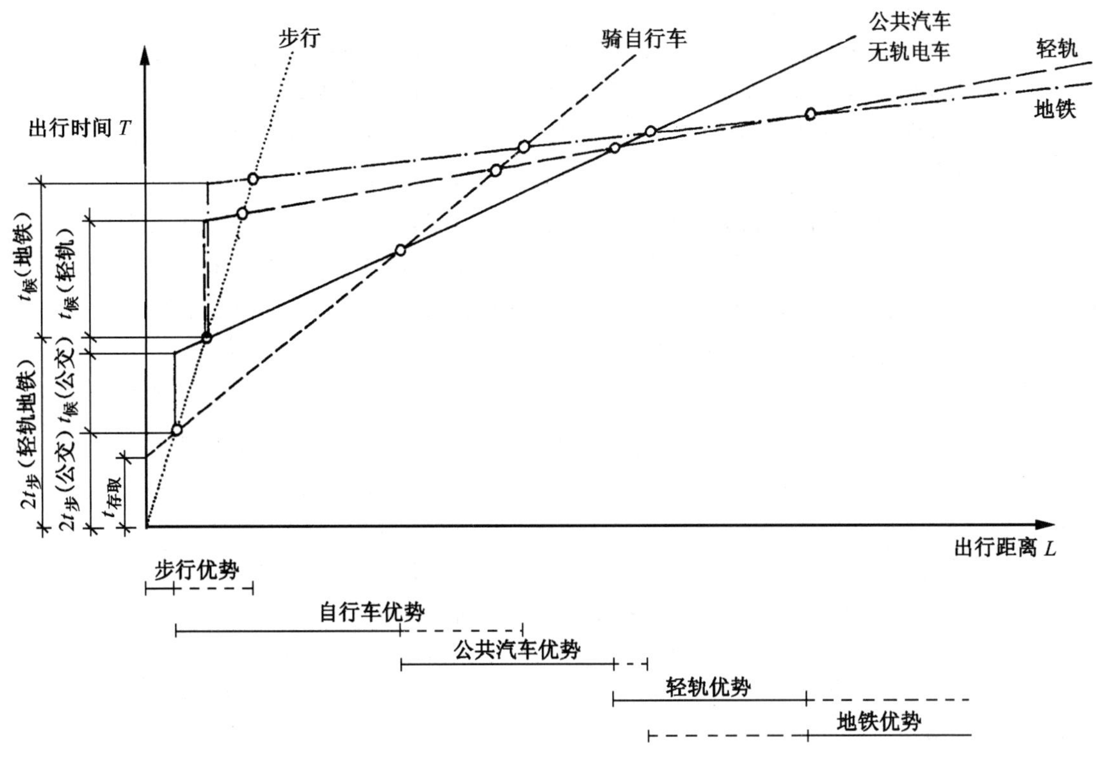

图 4-2　各种客运交通方式对比

表 4-2　公共交通工具技术经济特征

通行空间	专用通道		专用通道	城市道路	
类别	大运量快速轨道交通(地铁)	中运量快速轨道交通(轻轨)	快速公交(BRT)	公共汽车普线	公共汽车快线
单向客运能力　(万人次/h)	3.0～6.0	1.5～3.0	0.3～0.8	0.3～1.2	0.3～0.8
平均运送速度　(km/h)	>35	25～35	23～30	15～25	25～60
发车频率　(车次/h)	20～30	40～60	15～30	60～90	20～30
运输成本　(%)	100	>100	>200	>200	
建设投资　(万元人民币/km)	40 000～70 000	20 000～40 000	3500～5000	200～300	
使用年限　(年)	30	30	20～30	15～20	

4.1.2　现代城市公共交通系统规划的思考

1. 对城市公共交通发展的理性认识

“优先发展公共交通”的核心是实现城市公共客运系统的现代化，要重视和处理好公共交通系统与城市用地布局和城市道路系统的协同配合关系，提高公共交通系统的服务质量和服务效率，逐渐形成现代化的公共交通系统结构。

城市公共交通是为城市用地所产生的交通需求服务的。而交通需求的产生取决于城市的用地布局。一定的城市用地布局产生一定的交通需求和交通分布与流动的形态,一定的交通形态就需要有一定形式的道路系统和公共交通的服务。因此,现代公共交通系统模式一定要与城市的用地布局模式相匹配,城市公共交通系统要立足于为城市用地所产生的交通需求服务。

同时,我们也要充分重视城市公共交通的发展对城市发展的能动作用。特别是当城市由一个发展阶段进入另一个发展阶段时,必须注意发挥包括公共交通在内的城市交通运输系统对城市布局结构的能动作用,通过交通运输系统的变革引导城市用地向更为合理的布局结构形态发展。

我们还应该认识到城市公共交通与城市道路系统的密切关系。城市道路系统同样对城市的发展具有服务和能动作用,对城市新的发展更加具有引导作用。因此,城市公共交通的发展离不开与城市道路系统的协调配合。

城市公共交通是城市客运系统的重要组成部分,公共交通和城市中的其他交通共同使用城市的道路资源,要通过城市交通系统的整体和谐发展,合理分配和使用道路资源,以更好地发挥城市交通系统的整体效率。过分强调某一类交通的需求而忽视其他交通的需求,不但是不科学的,而且可能会造成对道路资源的不合理使用,破坏整个城市交通系统的和谐发展,进而影响城市交通系统的整体效率。

2. 公共交通线路、城市道路与城市用地的关系分析

公共交通的常规普通线路与城市服务性道路的布置思路和方式大致相同。公共交通常规普通线路要体现为乘客服务的方便性,所以同服务性道路一样要与城市用地密切联系,布置在城市服务性道路上。杭州市把公共交通线路开到居住小区,开到城市支路上,不但方便了城市居民,大大提高了公共交通的客运量,使公共交通由亏转盈,而且还减少了自行车的出行量,提高了公共交通的客运比例。

快速公共交通线路与城市快速道路的布置思路和方式则有所不同。城市快速道路为了保证其快速畅通的功能要求,应该尽可能与城市用地分离,与城市组团布局形成“藤与瓜”的关系;而快速公共交通线则要与客流集中的用地或节点衔接,以适应客流的需要,所以,快速公共交通线路应该尽可能串接各城市中心及对外客运交通枢纽,与城市组团布局形成“串糖葫芦”的关系。

由于快速公共交通线路布置的特点要求,要认真研究它与城市用地布局和与城市道路的关系。根据我国的实际国情和实践经验,城市快速轨道交通应该与城市道路分离而不宜互相组合,非轨道的公共交通骨干线路则应布置在城市的主干路上,如表4-3所示。

表 4-3　公交线路与城市道路的匹配关系

与道路分离的专用通道	城市道路				
	城市快速路	交通性主干路	生活性主干路	次干路	支路
地铁 高架轻轨 (BRT)	公交直达快车线	公交大站快车线 (公交专用道) 公交普通线	公交大站快车线 公交普通线 (公交专用道)	公交普通线	公交普通线

注：城市快速路上不宜设置公交专用道，一般不设置公交停车站，否则会对快速路的通畅性产生不利影响；城市交通性主干路可在快车道上为快车线路设置公交专用道，生活性主干路上的公交专用道为所有的公交线路服务。BRT 应在专用道路上运行，只有采用大站快车运行时才可以与其他交通组织在一个道路断面上。

3. 实现快慢分流、主次分流，建设公交换乘枢纽是提高公共交通效率和服务性的关键

现代城市的发展使城市居民的出行量大大增加，对城市公共交通的需求越来越高。

现代化就是要高效率。要实现城市交通的高效率，就要有快捷的交通方式，而保证快捷的条件是要有不受干扰的独立的专用通道。所以，为了提高城市道路交通的效率，满足一部分机动车对快速的要求，出现了机动车专用的高速公路和城市快速路；同样，为了提高公共交通的效率，就要满足一部分公共交通乘客对快速的要求，就需要开设快速公共交通线路，就要设置公共交通的快速专用通道，地铁和高架轻轨就是独立设置的快速公交专用通道。当城市发展到大城市以上规模时，城市道路的通行能力逐渐不能适应客运量的发展，应该考虑将集量性的城市客运交通从城市道路上分离出来，设置地下或架空的城市轨道客运系统，这也是运用交通分流的思想进行城市交通系统变革的一种重要的方式。

现代化的公共交通要求能提供优质、方便的服务。就是要使城市居民能方便地使用公共交通服务，这样才能提高公共交通的吸引力，发挥公共交通在城市客运系统中的主体作用。而提高服务方便性的一个重要措施是提高公共交通线网的覆盖率，减少居民到公共交通站点的步行距离，把公共交通线路开到支路上，开到居住区内。

公共交通高效率要求同方便优质服务需求的结合，要求我们改变传统的公共交通线路的设置方法，要根据城市用地的布局结构和不同的交通需求，分别设置城市公共交通的骨干线路(主要线路)和常规普通线路(次要线路)。骨干线路要实现快速服务，就是快车线路；常规普通线路要实现方便服务，就是慢车线路。

公交交通骨干线路和普通线路实现系统衔接的重要设施是公交换乘枢纽，公交换乘枢纽担负着整个公共交通系统的核心的重要作用，就是要把“快速”与“方便”有机结合起来，实现公共交通系统整体运作的高效率。因此，在公共交通系统的规划建设中，公交换乘枢纽是关键性的设施，必须予以足够的重视，要在城市总体规划阶段作为重要布局用地予以落实。

4.1.3 城市公共交通基本术语与规划指标

1. 客运周转量(年或日)

$$M_{日} = A_{日} L_{乘} = P_{乘} P_{出} N_{居民} L_{乘}$$

$$L_{乘} = L_{出} - 2 l_{步}$$

式中 $A_{日}$——年或日平均乘车总人次;

$L_{乘}$——平均乘车距离;

$L_{出}$——平均出行距离;

$l_{步}$——步行到站点的平均距离。

$P_{乘}$——乘车率;

$P_{出}$——出行率;

$N_{居民}$——城市居民总数。

2. 公共交通线网密度$\delta_{网}$(km/km^2)

$$\delta_{网} = \frac{L_{网}}{F}$$

式中 $L_{网}$——有公交线路的道路中心线总长度(km);

F——有公共交通服务的城市用地面积(km^2)。

$\delta_{网}$体现了居民使用公共交通的方便程度。线网密度$\delta_{网}$越大,城市居民步行到公共交通站点的时间$t_{步}$越短。但线路越多,每条线路上分配到的行驶车数就越少,行车间隔时间就会加长,居民在站点候车的时间$t_{候}$就越长。反之,$\delta_{网}$越小,$t_{步}$越长,而$t_{候}$越短,如图4-3所示。

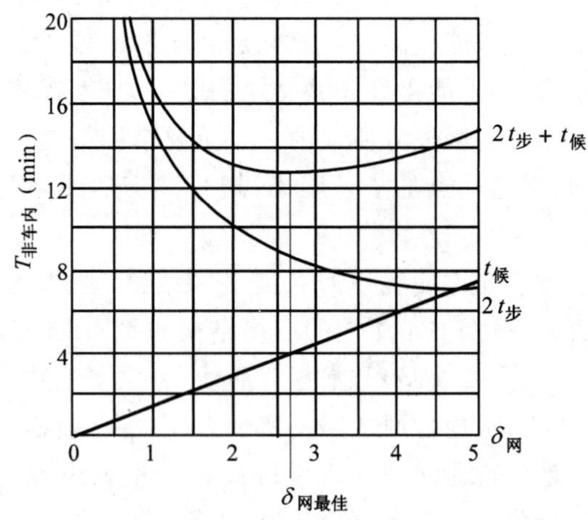

图4-3 公交线网密度与出行时间关系

因此需要找到一个最佳的线网密度$\delta_{网最佳}$。

居民乘车出行的时间构成如下：

$$T_{出} = t_{步} + t_{候} + t_{车} + t_{步} = 2\,t_{步} + t_{候} + t_{车}$$

式中　$2t_{步} + t_{候}$——非车内时间；

$t_{车}$——车内时间(min)；

$t_{步} = \dfrac{(l_{向线} + l_{向站})60}{V_{步}}$(min)。

对于公共交通线路平行布置的地区(图 4-4(a))：

$$l_{向线} = \frac{1}{4}$$

而

$$\delta_{网} = \frac{l}{l^2} = \frac{1}{l}$$

所以

$$l_{向线} = \frac{1}{4\delta_{网}}$$

对于公共交通线路呈方格网布置的地区(图 4-4(b))：

向线步行平均距离

$$l_{向线} = \frac{l}{4}$$

而

$$\delta_{网} = \frac{2l}{l^2} = \frac{2}{l}$$

所以

$$l_{向线} = \frac{1}{2\delta_{网}}$$

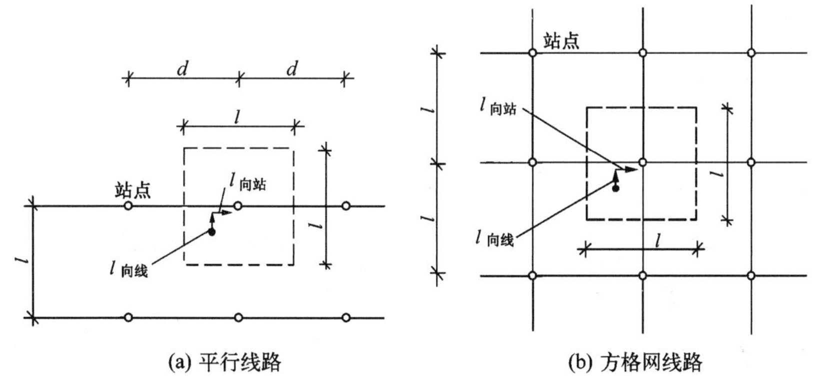

(a) 平行线路　　(b) 方格网线路

图 4-4　公交线网步行距离

根据一般情况，城市公共交通网既有平行线路又有方格网线网，取平均值：

$$l_{向线} \approx \frac{1}{3\delta_{网}}$$

向站步行平均距离为

$$l_{向站} = \frac{d}{4}$$

所以

$$t_{步} = \frac{\left(\frac{1}{3\delta} + \frac{d}{4}\right)60}{V_{步}}$$

$$t_{候} = \frac{t_{间}}{2} = \frac{L_{线}\ 60}{W_{行}\ V_{营}}$$

对于全市:

$$L = F\delta_{网}\mu$$

式中 μ——线路重复系数。

全市居民平均候车时间为

$$t_{候} = \frac{60F\delta_{网}\ \mu}{W_{行}\ V_{营}}$$

非车内时间为

$$t_{非车内} = 2t_{步} + t_{候} = 2\left(\frac{1}{3\delta} + \frac{d}{4}\right)\frac{60}{V_{步}} + \frac{60F\delta_{网}\ \mu}{W_{行}\ V_{营}}$$

为使 $t_{非车内}$ 最少,对上式求导得:

$$\delta_{网最佳} = \sqrt{\frac{2W_{行}\ V_{步}}{3F\mu V_{营}}}$$

通常全市 $\delta_{网最佳}=2.5\sim3\ \text{km/km}^2$;

城市中心地区:$\delta>\delta_{网最佳}$,一般为 $3\sim4\ \text{km/km}^2$;

城市边缘地区:$\delta<\delta_{网最佳}$,一般为 $2\sim2.5\ \text{km/km}^2$。

同时,$\delta_{网最佳}$应与城市道路网密度(可通行公共交通的道路)相适应。

此外,还有一项密度指标:

公共交通线路密度

$$\delta_{线} = \frac{L_{线}}{F}$$

式中 $L_{线}$——公共交通线路总长度(km)。

线路重复系数 $\mu=\frac{\delta_{线}}{\delta_{网}}$,$\mu=1.2\sim1.5$。现代城市公共交通服务需求量大大增加,线路重复系数也相应要增大。

3. 公共交通路线长度

公共交通线路平均长度 $l_{线}$ 通常与城市的大小、形状和公交线路的布线形式有关。在大城市,常在人流集散量特别大的地方(如城市客运交通设施、城市中心)和城市中心区边缘适当位置设置市内公共交通换乘枢纽和市内与市郊公共交通换乘枢纽,结合城市对外客运设施设置城市公共交通与对外客运交通的换乘枢纽。依此结合城市交通规划的客流流量和流向确定公共交通线路的走向、路线安排以及每条线路的长度。

通常公共交通线路取中、小城市的直径或大城市的半径作为平均线路长度，或取乘客平均运距的 2～3 倍。市区的公共交通线路长度为 6～8 km 或 10 km 左右，特大城市公交线路长度不宜超过 20 km，郊区线路的长度视实际情况而定。

有了公共交通线路的平均长度，就可以估算路线的条数：

$$n = \frac{L_{线}}{l_{线}}$$

在市内某些地区(如市中心或通往工业区的干路)，客流量往往超过一条线路的最大运载能力，可以同时重复设置公共交通路线，或设置高峰路线，有道路条件时也可平行设置公共交通路线。

4. 站距

公共交通路线的合理站距(d)应使 $2t_{步}+t_{车}$ 时间最少。

$$t_{车} = \frac{60L_{乘}}{V_{送}} = \frac{60L_{乘}}{V_{行}} + \left(\frac{L_{乘}}{d} - 1\right)t_{上下}$$

式中　$t_{上下}$——乘车上下车时间，即 $t_{停}$。

同样对 $2t_{步}+t_{车}$ 求导得 $d_{最佳}$(km)为

$$d_{最佳} = \sqrt{\frac{V_{步}\ L_{乘}\ t_{上下}}{30}}$$

市区 $d_{最佳}$＝0.5～0.8 km，市区站点布置还要结合道路系统交叉口间距确定；城市边缘地区及郊区的站距可适当加大到 0.8～1.0 km。

大站快车(公共汽车快车线路)站距可为 1.5～2 km，郊区线可增大至 2.5 km 左右；城市轨道交通站距在市中心区以 1 km 左右为宜，近郊区可增大至 1.5～2 km。

5. 公共汽车拥有量指标

国家规定车长 7～10 m 的 640 型单节公共汽车为城市公共汽车标准车，规划公共汽车拥有量指标：大城市为 800～1000 人/标准车，中、小城市为 1200～1500 人/标准车。

4.1.4　城市轨道公共交通知识

1. 城市轨道公共交通的基本概念

城市轨道公共交通是指“城市中修建的，在全封闭线路上采用专用轨道、专用信号，独立经营的大运量城市轨道交通系统，单向高峰小时客运能力一般在 30 000 人次以上，线路通常设在地下的隧道内，有时也延伸到地面或设在高架桥上”。城市轨道公共交通线路是以电能为动力，在轨道上运行的公共交通线路。

现代城市轨道公共交通可分为地铁、轻轨、城市铁路等。城市中还有一类在城市道路中运行的轨道交通线路——有轨电车。在欧美国家的一些城市，由于城市中道路上的人行交通量和机动车交通量都不大，有轨电车与城市道路上的其他交通矛盾不突出,在城市交通中还具有一定的地位和作用。但在许多现代交通发达的大城市,有轨电车与现代城市道路交通的矛盾很大,特别是在中国城市人行交通量十分大的情况下,旧时代遗留下来的有轨电车已不适宜在道路上运行,在多数地段已被拆除,有的则已改建组合到新的城市轻轨线路中。

必须强调的是,城市轨道公共交通是使用专用轨道的快速交通,与城市道路上的各类交通类型不同、运行方式不同、运行条件不同,存在不可调和的矛盾。因此,城市轨道公共交通必须与城市道路分离设置,这样就不会受到道路上其他交通的干扰,可以实现快速运行,可以实现多节车厢组合,实现大运量载客,才可以成为大运量的快速公共交通系统。

2. 城市轨道公共交通的分类

城市轨道公共交通可分为以下四大类型。

(1) 地铁(Metro,Underground,Subway,U-Bahn)

1863 年首先在英国伦敦建造了由蒸汽机驱动的地铁,运营几年后便开始实现电气化,第一条电力驱动的地铁线路是 1890 年在伦敦开通的。时至今日,地铁已遍及世界各大城市。1969 年北京建成我国第一条地铁线路,2012 年底我国内地已有北京、上海、天津、广州、深圳、南京、武汉、重庆、成都、西安、沈阳、大连、长春、杭州、苏州、佛山等 16 座城市建成 58 条、约 1766 km 的城市轨道公交运营线路。

地铁的概念不仅仅局限于地下运行,随着城市规模的扩大与延伸,地铁线路延伸到市郊时,为了降低工程造价,一般都爬出地面,采用高架或地面线路。单向高峰小时运力在 25 000 人次以上。

地铁采用直流供电,我国供电电压标准为直流 750 V 和直流 1500 V 两种。接触网分接触轨(又称第三轨)和架空接触网两种类型,接触轨供电一般为直流 750 V,架空接触网采用直流 1500 V 或直流 750 V。

地铁车辆的类型分为带牵引电机的机车和无动力的拖车。必须编在一起运行的机车与拖车的最小独立组合称为列车单元,连挂成列的可以正常运行的若干单元或车辆的完整组合称为列车或电动列车。

(2) 轻轨(Lightrail transit,又称 LRT)

轻轨起源于有轨电车。20 世纪 60 年代,欧洲一些发达国家为满足城市公共交通运量增长的需要,在改造旧式有轨电车的基础上,利用现代技术改造并发展有轨电车系统,提高其技术水平和运行质量,成为新型的轻轨系统。轻轨是一个范围比较宽的概念。国际公共交通联合会(UITP)为轻轨下的定义认为:轻轨车辆施加在轨道上的载荷重量,相对于铁路和地铁的载荷来说比较轻,因而称之为轻轨。现代化的轻轨是一种集中了多种专业先进技术的系统工程,在技术上具有小转弯半径、低地板(低站台)、信号优先等特点,在信号自动控制下,能安全快速地完成中等客运量的客运任务。轻轨系统车辆轻,乘降方便,车站设施简单,线路工程量小,造价较低。

轻轨通常建于 10 万～100 万人口的城市，对于更大的城市，则多布置在郊区或城市边缘区域。轻轨在人口密度不大的中小城市可采用地面线路与其他交通组合运行(类似于有轨电车)，在大城市规划时应尽可能考虑轻轨在城区采用高架线路，在郊区采用有绿化保护的封闭地面线路。

轻轨高架线路在与城市道路空间组合时，如果布置在道路中央，一则乘客上下要穿越车行道，须设人行立交通道，造价多，不方便；二则分割道路空间，对城市景观造成破坏。如果置于道路一侧，虽对道路一侧有噪声、震动等影响，但可至少方便一侧乘客上下，且不破坏城市景观。规划时应因地制宜地对此做出适宜的选择。

轻轨系统有几种类型，一种基本上是由有轨电车改造而成，较多地保留了原有轨电车线路，在平交路口设智能信号，拥有先行权。即在交叉路口前一定距离有车辆检测器，车辆经过检测器时即通知信号灯清理路口的车辆，给轻轨车通过的信号。另一种轻轨大部分是新建的或利用原市郊铁路改建的，为提高运行效率，一般要求至少有 40%以上的封闭线路(隔离线或高架桥等)，并有与地铁系统相同的信号控制和集中调度系统。轻轨交通的输电一般为架空线形式，电压制式多为直流 750 V，也有沿用旧式有轨电车的直流 600 V。轻轨车辆有单节 4 轴车、双节单铰 6 轴车和三节双铰 8 轴车，可多车连挂。铰接可实现车辆节间贯通，由于铰接车体较短，便于车辆转弯。为了方便乘客上下车，又出现了低地板型轻轨车辆，即地板最低处只有 300～450 mm，低地板车又有 50%低地板、70%低地板与全低地板之分。低地板车结构复杂、造价高，一般只应用于街道行驶，如用于封闭线路，则应采用结构简单的高地板车。

许多城市的高架轻轨线路的车辆采用橡胶车轮，可以大大减小运行噪声，如果采用导向轮系统，则又可大大提高其安全性，是在轻轨交通规划时应该十分重视的问题。

(3) 市郊铁路(Urban railway，S-Bahn)

市郊铁路源于市郊铁路通勤线路，是位于城市外围，联系城市与郊区的轨道交通方式。市郊铁路一般由铁路部门经营，与铁路合线、合站或平行线布置，是为城市服务的快速客运交通线路。由于市郊铁路服务于人口密度相对稀疏的郊区，站间距离比市区大，使得列车的运行速度可以提高很多，其最高速度可达 100 km/h 以上。伦敦、巴黎以及美国一些城市如纽约、芝加哥、费城都有较大规模的市郊铁路运输网络。

德国的市郊铁路(S-Bahn)由德国国铁(DB)经营，与国家铁路共用线路和车站空间，线路深入中心城区，并在城区与地铁形成很方便的换乘关系；在城市郊区又可以方便地联系城市外围的城区和城镇。S-Bahn 的运行纳入城市公共交通运行计划和时刻表，成为城市重要的公共交通线路。图 4-5 所示为柏林城市的 S-Bahn 与U-Bahn 的组合轨道公共交通网及换乘枢纽的布局。

北京已建成第一条城市铁路线路(13 号线)，就是利用国家铁路空间，平行布置线路与车站，将城市外围的发展区与城市两大客运交通枢纽(东直门、西直门)联

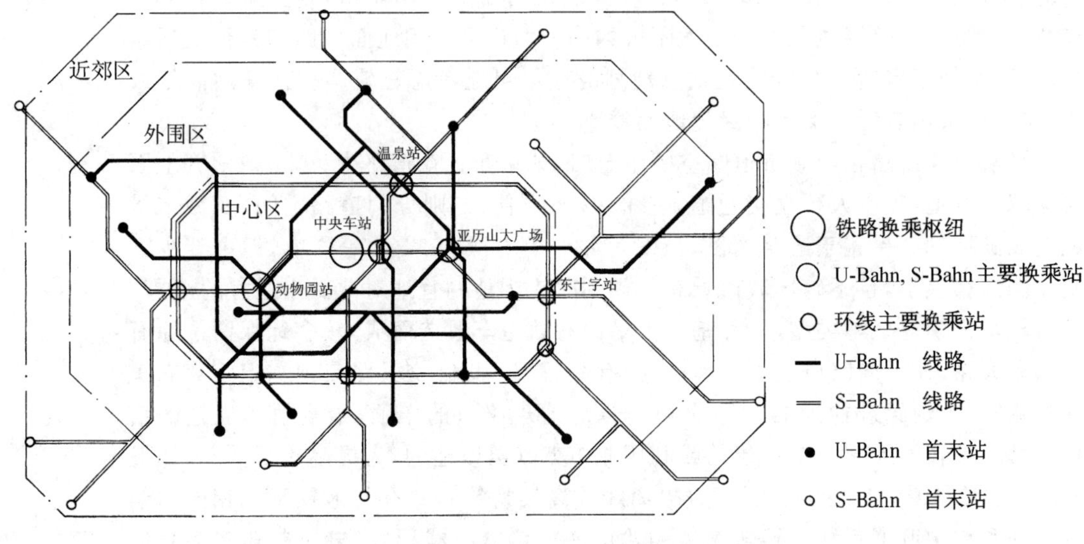

图 4-5 柏林 S-Bahn + U-Bahn 网

系起来,由城市公共交通部门管理,运营效果良好。

(4) 其他轨道交通线路

① 磁(悬)浮列车(Magnetic levitation train, Maglev train)

磁(悬)浮列车是利用电磁力克服重力,使列车在轨道上悬浮,采用线性电机运行的交通工具。根据磁浮列车的悬浮原理和结构,主要分为常导型和超导型。常导型磁浮列车属于电磁型,常温状态下通过置于车体下电磁铁绕组的电流,使车体与导磁轨道之间产生磁力(磁吸力或磁斥力),平衡车体重量,使车体与轨道之间保持一定距离而悬浮起来;超导型磁浮列车属于电动型,车上载有低温超导线圈,通电后产生强大磁场,轨道中安装有导电环,当列车运行时,导电环中产生感应电流,对车体产生使车体上浮的磁斥力,磁斥力随车速增高而增大,当车速达到一定时速(150 km/h)以上时,磁斥力与重力平衡而使车浮起。超导型磁悬浮列车适用于高速运行,最高运行车速可达 500 km/h。磁浮列车安全、舒适、快捷、噪声小、无污染,特别适合于城市(镇)间长距离的轨道交通线路,具有美好的发展前景。

② 单轨铁路(Monorail)

单轨铁路又分跨座型与悬挂型两种,一般使用道路上部空间,故占用土地少,视野开阔,利于城市观光。大多数单轨铁路采用橡胶轮胎,具有导向轮装置,线路可以采用钢轨或混凝土板结构,可用于地铁或高架线路。其爬坡能力较强,噪声较低,可适应于小弯道及大坡度等复杂地形线路的要求,但车辆结构及道岔系统复杂,轮胎承重不如钢轨,不适合大运量客运系统;由于高速运行时轮胎可能过热,实际速度不能过高。

3. 城市轨道公共交通的技术参数及与公共汽车的比较

各种城市轨道公共交通线路系统的技术参数如表 4-4 所示。

表 4-4　各种城市轨道公共交通线路系统比较

方　式	平均运行速度(km/h)	最大爬坡能力(‰)	最小转弯半径(m)	定员(座)	客运能力(万人/h)	系统造价(亿元/km)
地铁	≥35	35～—60	100～300	200～300	2.5～7	4～7
轻轨	25～35	60	≥50	150～300	1～3	2～4
有轨电车	15～25	≤60	≥30	110～260	0.6～1.0	0.4～0.6

各种城市轨道公共交通与公共汽车的综合比较如表 4-5 所示。

表 4-5　城市轨道交通与公共汽车综合特征比较

		公共汽车	轻轨	地铁	城市铁路
系统成本	建设成本	低	中	高	低～高
	运营维护成本	高	中	低	高
技术因子	可靠性	中	优	优	良
	道路隔离	不	隔离	隔离	隔离
	自动化运行	不	可	是	不
	列车编组	1	多	多	多
公众印象	舒适、乘车质量	中	良	优	良
	线路识别	难	易	易	易
	社会可接受性	低	高	高	高

4.2　城市公共交通系统规划

4.2.1　规划目标与原则

城市公共交通规划的目标是：根据城市发展规模、用地布局和道路网规划，在客流预测的基础上，确定公共交通的系统结构和公交线网，布置各级公交换乘枢纽和站场设施，配置公共交通的车辆等，使公共交通的客运能力满足城市高峰客流的需求。

城市公共交通规划必须符合下列原则：

(1) 适应并能促进城市和城市用地布局的发展；

(2) 满足一定时期城市客运交通发展的需要，并留有余地；

(3) 与城市其他客运方式相协调；

(4) 与城市道路系统相协调；

(5) 运行快捷、使用方便、高效、节能、环保、经济。

4.2.2 现代化城市公共交通系统结构

现代化的城市公共交通系统(除出租车外),要体现高效率和高服务质量,应该是:以公共交通换乘枢纽为中心,以轨道交通线路和市级地面公交快线路为骨干,以组团级公交普通(常规)线路为基础的配合良好的完整系统(图 4-6)。

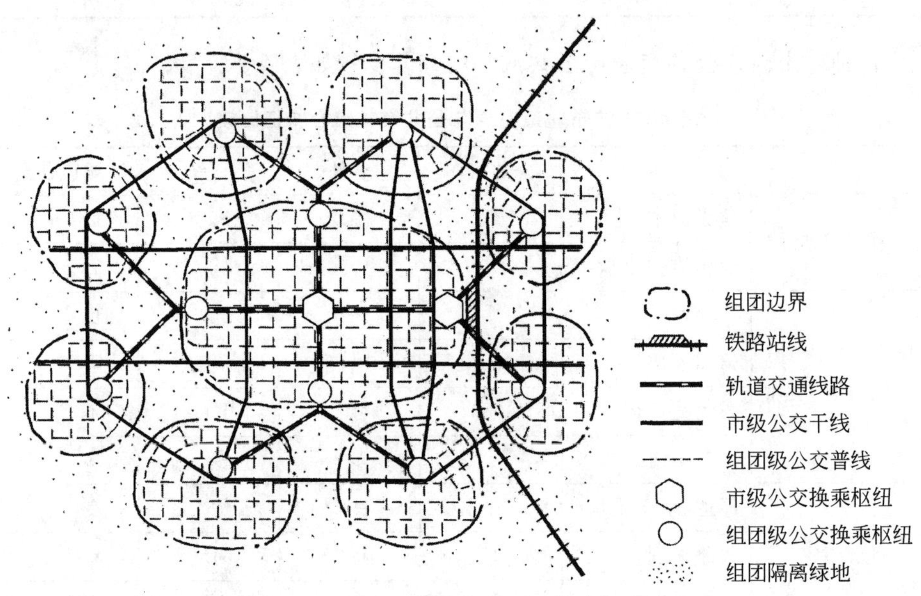

图 4-6 组团式布局的城市公共交通系统结构示意图

要实现公共交通的高效率,满足公共交通的快速要求,就需要设置公共交通的快速通道和快速、运量大的市级公交线路,形成城市公共交通的骨架线网。市级公交线路主要体现"快速"和"高效率"的交通服务性,可由地下或高架的城市轨道公共交通线路和地面公交快车线路构成,为大运量、中远距离交通需求服务,实现公交换乘枢纽间(跨组团)的联系。根据国情,我国的城市轨道交通线路宜使用与道路分离的独立的"专用通道"空间,而要真正实现地面公交的"准快速",则应采用大站快车或直达快车的方式,使用性能好的大型公交车,尽可能使用城市快速道路(直达线)和交通性主干路(大站快车线)或特别设置的"公共交通专用路"。特别是在以方格网道路为主的城市中心地段,不宜设置与其他交通混行的、在道路上占有独立空间、高站台的、类似轨道的 BRT 专用线路。在大城市和特大城市特别要强调轨道公共交通线路和网络的建设。在轨道交通网未建成之前,近期可以以公交快车线路过渡;在中等城市,则要力推地面公交快车线路的建设,有条件时在城市主干路上科学合理地设置公交专用道。

要实现公共交通的优质、方便的服务,提高公交服务质量,就要提高公共交通线网的覆盖率和线网密度,设置地方性(组团级)的公交普通线路,体现"方便"的交通服务性，为小运量、短距离交通需求服务，减少居民到公共交通站点的步行距离，使城市居民能方便地使用公共交通，这样才能提高公共交通的吸引力，发挥公共交通在城市客运系统中的主体作用。地方性(组团级)公交普通线路一方面应该采用小车型，布置在城市次干路甚至布置在支路上，在居住小区设置首末站、到发站，以方便城市居民乘用；一方面也要与市级公交线路和公交换乘枢纽形成好的衔接。

公共交通骨干线路和普通线路实现系统衔接的重要设施是公交换乘枢纽，在公共交通系统的规划建设中，公交换乘枢纽是城市公共交通系统的核心设施，只有设置公交换乘枢纽，才能使快速的公共交通骨干线路同常规的公共交通普通线路衔接为一个整体，发挥现代公共交通的系统作用，适应不同乘客的不同交通需求。要把公交换乘枢纽作为公共交通系统的中心，结合城市对外客运交通枢纽、城市各级公共中心、市级公交干线的交汇点布置公交换乘枢纽，实现内外客运交通的衔接和转换以及市级公交干线同组团级公交普通线路间的衔接和转换。

4.2.3　公共交通线网规划

1. 系统的确定

公共交通线路系统的形式要根据不同城市的规模、布局和居民出行特征进行选定。

公共交通具有集量性的运送能力(非个体客运方式)，主要为城市各人流集散点之间(如居住地点、工作地点、城市中心、对外交通枢纽、文体活动和商业服务设施、游憩设施等)的客流服务。公共交通线路系统应该满足并便于城市各人流集散点之间有良好联系的要求。不同类型的城市应该有不同的公共交通线路系统形式。

小城镇可以不设公共交通线路，或所设的公共交通线路只起联系城市中心、对外交通枢纽、工业中心、体育游憩设施和乡村的辅助作用(图 4-7)。

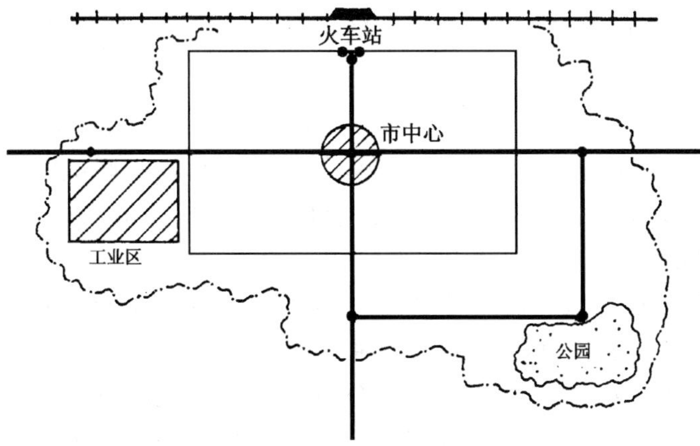

图 4-7　小城市公共交通网

中等城市应形成以公共汽车为主体的公共交通线路系统。在带状发展的组合型城市,可能需要设置公共汽车快车线路(或在特设的专用公交路上运行的类BRT线)或轻轨线路,以加强各分散城区之间的联系(图4-8)。

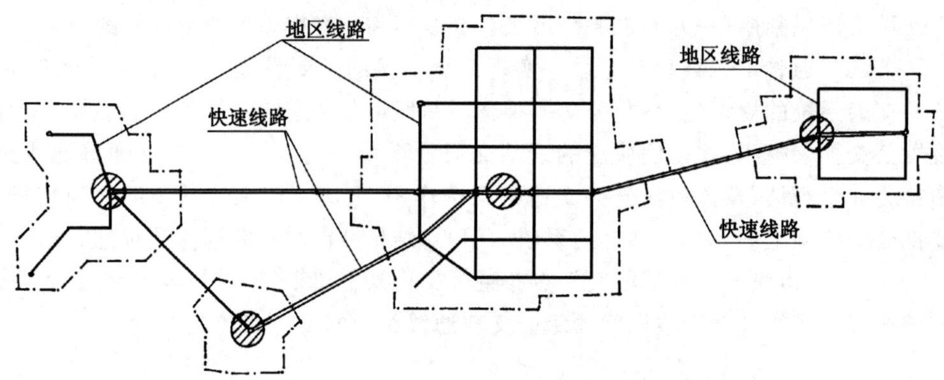

图4-8 分散组合型城市公共交通网

对于大城市和特大城市,应该形成以快速大运量城市轨道公共交通和准快速市级公共汽车快车线路为骨干的方便的公共交通网(见图4-6),理想的系统是:

(1) 城市轨道线网承担城市组团间、组团与市中心以及联系市级大型人流集散点(如体育场、市级公园、市级商业服务中心等)的客运交通。

(2) 市级公共汽车干线网作为城市轨道交通线网的补充,承担着各城市组团、市级大型人流集散点及轨道交通线横向联系的客运交通。公交快车线路在城市中心地段采用大站快车线路(运行在城市生活性主干路的公交专用道上)或直达快车线路(运行在城市交通性主干路和快速路上),在城市外围的城区间或带状发展模式的地段可采用类BRT线路(运行在特设的专用的公交路上)。

(3) 组团级公共汽车线网是以组团中心或多条轨道交通线交汇站点为中心(形成客运换乘枢纽)联系次一级(组团级)的人流集散点的组团内的地方公共汽车网,主要承担组团内的客流及与城市轨道交通的联系。

以公共汽车和城市轨道交通站点为集散点,形成步行和自行车的交通网。

为了方便职工上下班和满足居民夜间出行的需要,在一些城市需要设置三套公共交通线路网,即在平时线路网上增加高峰小时的线路(高峰线、区间线)和夜间通宵公共交通线路。

一般城市公共交通线网类型有棋盘型、中心放射型(又分单中心放射型和多中心放射型)、环线型、混合型、主辅线型5种(图4-9)。

作为城市公共交通骨干的城市轨道公共交通线路在城市中有5种布置形式,各种布置形式的特点,优、缺点和规划布置的基本要求如表4-6所示。

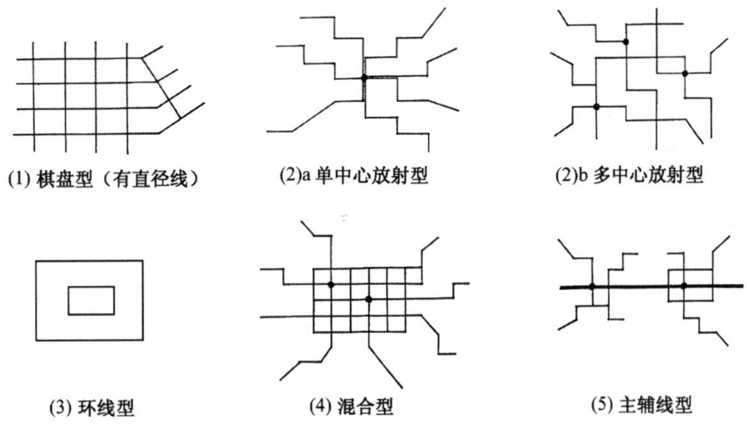

图 4-9　公共交通线网类型

表 4-6　城市轨道交通线路的基本类型与特点

线路类型	线路特点	优　点	缺　点	规划要点
放射线	线路通常沿客流量最大的方向，从城市中心向城市外围布线，通常运送大量的通勤乘客，因而高峰期流量较大。客流从市中心向外围逐渐减少	是城市公共交通的主要干线，形成公共交通走廊服务	由于线路通过城市中心，市内终点站受限制，用地费用高，建设难度大，运营管理困难	可形成由中心区内环线向外放射的形式，通过在环线的换乘分散中心客运量
径向线	径向线连接城市郊区的两地并经过市中心，通常相当于两条在城市中心相连的放射线	避免了在市中心出现终点站，因而克服了放射线的缺点		布置在城市外围两端间及与城市中心均有较大客流需求的位置，以尽可能充分利用线路的客运能力
切线	绕过城市中心区，承担城市外围地区间的客流运输			布置于城市外围地区活动最频繁地段间
环线	位于城市中心外围，为中心外围地段间或组团间的出行提供交通服务，缩短放射线间的客流距离，有利于满足城市各方向出行的需求。是组团结构的特大城市的主体线网形式	能适应多方向、多种出行目的和不同流量的客流，运营较为经济	由于线路连续，使其运营中的延误较难弥补，从而降低了线路的可靠性	布置在城市中心外的各次级中心之间，及联系城市主要的对外客运交通枢纽
支线	位于局部有较大客流的地段			

2. 线路网规划

(1) 规划依据

公共交通线路网规划的依据有:

① 城市土地使用规划方案确定的用地和主要人流集散点布局;

② 城市交通系统规划方案(与城市结构一起考虑的交通系统结构构思);

③ 城市交通调查和交通规划的出行形态分布分配资料。

(2) 规划原则

① 首先满足城市居民上下班出行的乘车需要,其次还需满足生活出行、旅游等乘车需要;

② 合理安排公共交通线路网,提高公共交通覆盖(服务)面积,使客流量尽可能均匀并与运载能力相适应;

③ 尽可能在城市主要人流集散点(如对外客运交通枢纽、大型商业文体中心、大居住区中心等)设置公交换乘枢纽,并在枢纽间开辟直接(快速骨干)线路,线路走向必须与主要客流流向一致;

④ 尽可能减少居民乘车出行的换乘次数。

(3) 公共交通线网规划的基本步骤

现状城区公共交通线路网规划通常是在现有公共交通线路基础上,根据客流变化情况、道路建设及新客流吸引中心的需要,对原有线路的走线、站点设置、运营指标等进行调整,或开辟新的公共交通线路。

当城市用地结构、城市干路网发生大的变动(如对外客运交通枢纽的迁建、新交通干路的开辟),或开通新的大运量快速城市轨道客运线路时,应考虑结合城市公共交通系统的现代化对城市公共交通系统进行整体调整。

对于新建城市或规划期内将有大的发展的城市,公共交通线路网需要密切配合城市用地规划结构进行全面规划。通常按下列步骤进行(图4-10):

① 根据城市性质、规模、总体规划的用地布局结构,确定公共交通线路网的系统类型;

② 分析城市各组团和主要活动中心的空间分布及相互之间的关系,如居住区、小区中心,工业、办公等就业中心,商业服务中心、文娱体育中心、对外客运交通中心及公园等游憩中心,以及公共交通系统中可能设置的换乘枢纽等,都是城市居民出行的主要出发点和吸引点;

③ 在城市居民出行调查和交通规划的客运交通分配的基础上,分析城市主要客流吸引中心的客流吸引希望线及吸引量;

④ 综合各城市组合和城市活动中心客流相互流动的空间分布要求,设置公交换乘枢纽,初步确定在主要客流流向上满足客流量要求,并把各居民出行的主要出发点和吸引点联系起来的公共交通骨干线路网方案;

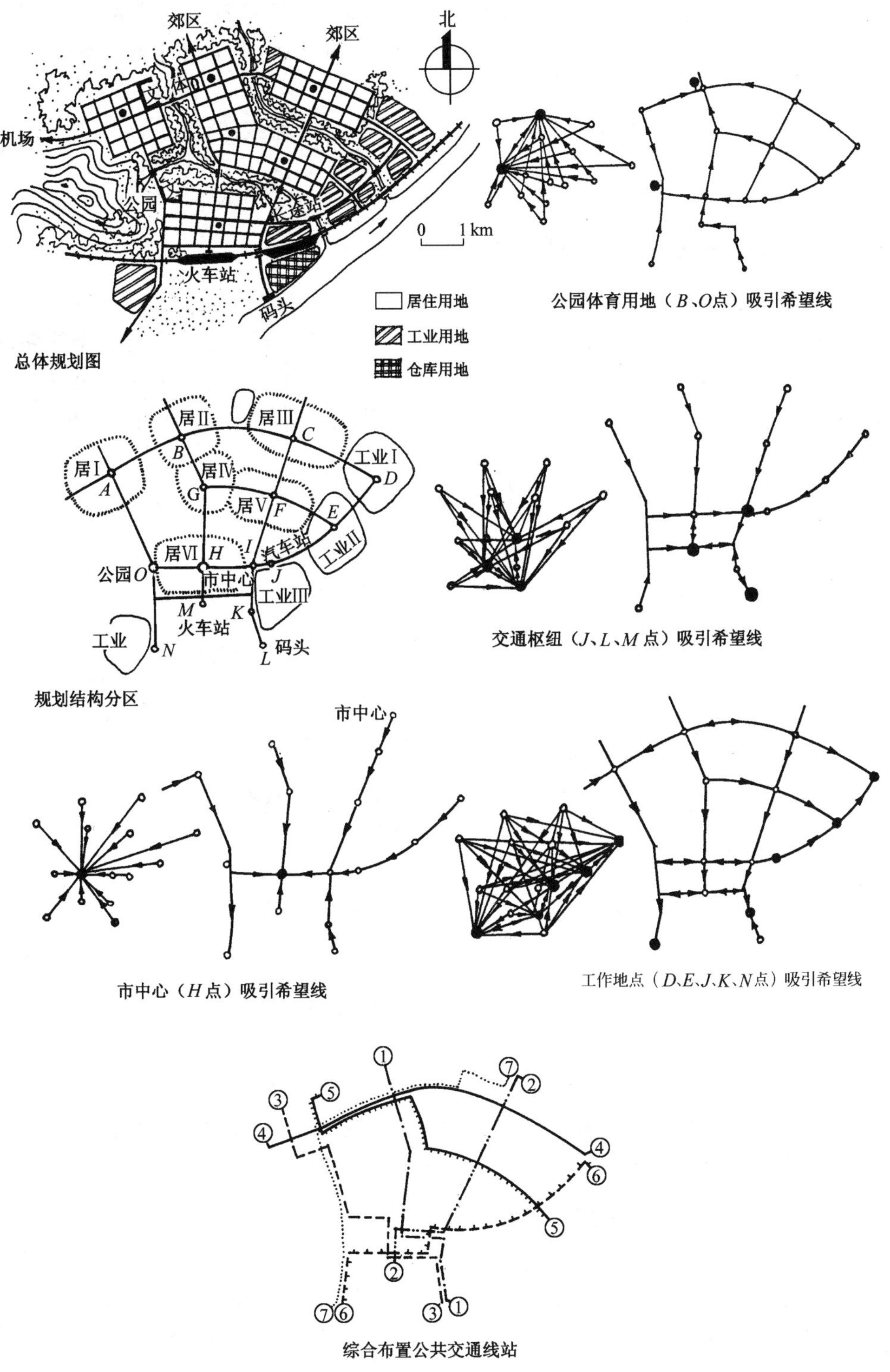

图 4-10　公共交通线网规划的分析步骤

⑤ 根据城市总客流量的要求及公共交通运营的要求进行线路网的优化设计，满足各项规划指标，首先确定公共交通骨干线路网规划，进而确定组团级公交网规划；

⑥ 随着城市的发展和逐步建成，逐条开辟公共交通线路，并不断根据客流的变化和需求进行调整。

4.2.4 公共交通换乘枢纽规划

公共交通换乘枢纽是城市客运交通枢纽的主体。公共交通换乘枢纽除要完成城市对外客运交通与城市公共交通的换乘外，主要完成多条公共交通骨干线路间的换乘，完成公共交通骨干线路与组团级地方公交普通线路间的换乘。公共交通线路与对外客运交通线路的换乘可以采用平面组合换乘，也可以采用多层衔接、立体换乘，设置机械化代步装置等形式(详见6.3节)。

1. 城市客运交通枢纽分类

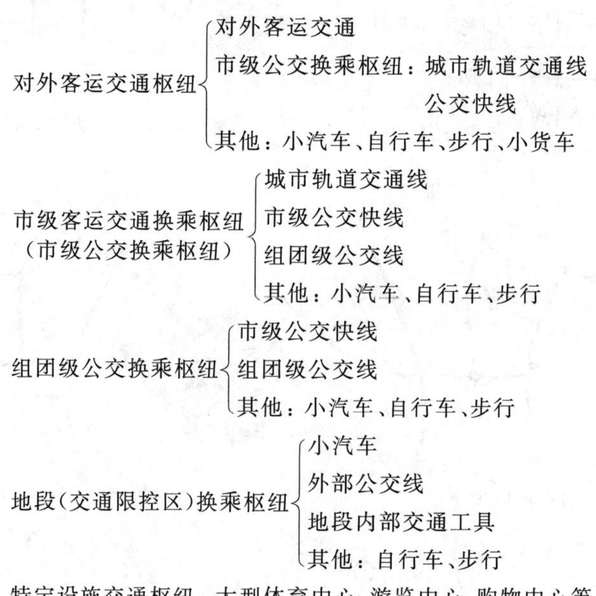

从以上分类中可以得知：公共交通换乘枢纽是城市客运交通枢纽的重要组成部分，城市客运交通枢纽大多是以公交换乘枢纽为核心的。

2. 公交换乘枢纽的分级分规模设置

公交换乘枢纽可以相应按需要分级分规模设置，比如：

市级公交换乘枢纽——与城市对外客运交通枢纽(铁路客站、长途客站等)结合布置的公交换乘枢纽，以及设置在市级城市中心附近的多条市级公交干线换乘的枢纽等。

组团级公交换乘枢纽——各组团中心或主要客流集中地设置的市级公交干线

与组团级普通线路衔接换乘的公共交通换乘枢纽。

市级公交换乘枢纽的功能空间布局如图 4-11 所示。

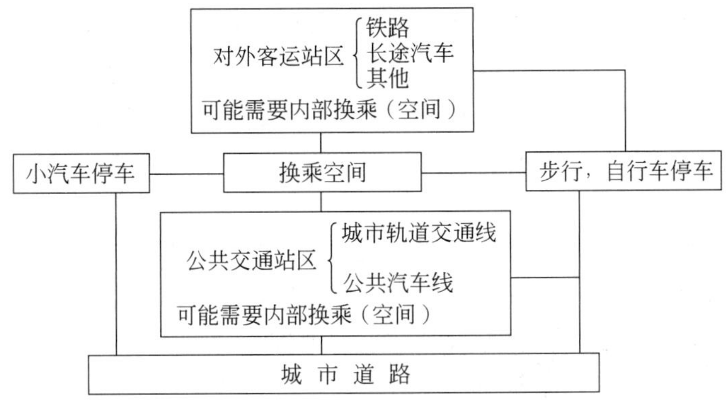

图 4-11　市级换乘枢纽基本框图

其他换乘枢纽——包括城市中心交通限控区的地段换乘设施、市区公共交通线路与郊区公共交通线路衔接的换乘枢纽和为特定大型公共设施(如体育中心、游览中心、购物中心等)服务的交通枢纽等。

交通限控区(地段)换乘设施的功能空间布局如图 4-12 所示。

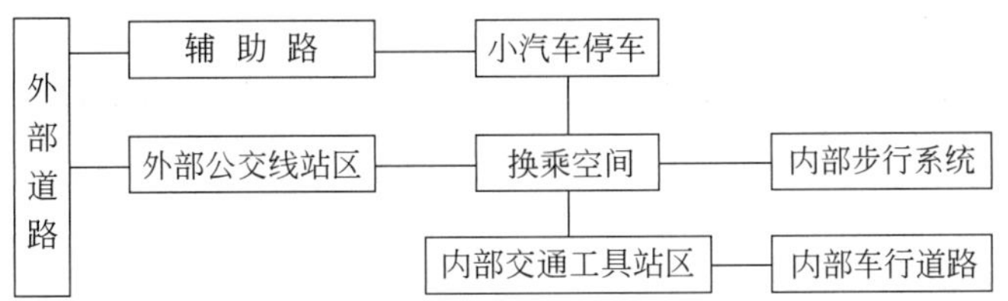

图 4-12　交通限控区换乘设施基本框图

规划还可以在一些换乘量大、重复线路多的站点,设置换乘方便的公共交通组合站(换乘站),作为公共交通换乘枢纽的补充,如图 4-13 所示。

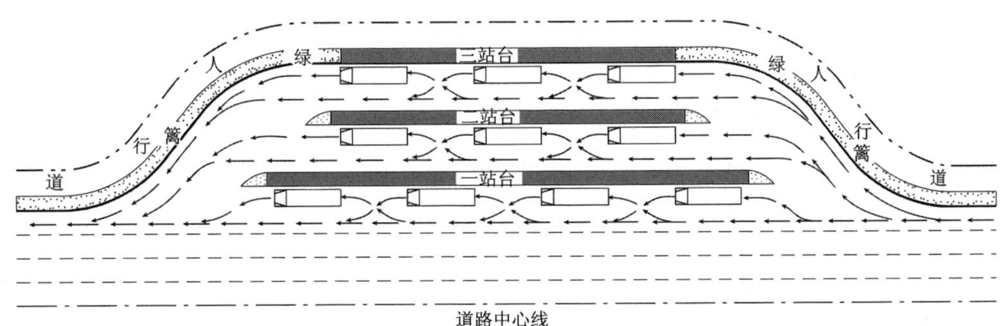

图 4-13　公交组合换乘站示意图

4.2.5 公共交通运营场站规划

城市公共交通运营管理应该形成以“车场”为核心的管理体制，大城市公共交通形成多个车场组合的综合体。公共交通场站的设置应与管理体系相配合。

公共交通运营场站有两类：一类是担负公共交通线路分区、分类运营管理和车辆维修的“公交车场”；一类是担负公共交通线路运营调度和换乘的各类“公交站”。

(1) 公交车场

公交车场通常设置为综合性管理、车辆保养和停放的“中心车场”，也可以专为车辆大修设“大修厂”和专为车辆保养设“保养场”，或专为车辆停放设“中心站”。

北京市公共交通运营管理是以“保养场”为核心的管理体制：按照中心车场的要求设置分区、分类管理、保养和停车的综合性“保养场”，下设若干“运营场”，负责若干条运营线路的调度、低级保养和停车。保养场和运营场都设有较为完善的后勤服务设施；两类车场的规模如表4-7所示。

表4-7 北京市公交车场规模指标

类型	占地(hm^2)	职工数(人)	建筑面积(m^2)	停车数(辆)	保养车数	
					低保	高保
保养场	6.0	1000	1.8	100～150	200	700～750
运营场	2.0	1600	0.4	100～150	200	

(2) 公交站

公交站可以分为三大类。

① 公交停靠站或称中途站

公交停靠站是为居住与工作出行客流服务的一般公交站，公交停靠站在公交系统中的作用十分重要，应该以方便乘客在城市中较为均匀地设置，客流量不宜过于集中，按常规进行规划即可。

公交停靠站又可以分为设在人行道边的路边停靠站(图4-14(a))和设在人行道或公交专用道边的港湾式停靠站(4-14(b))两种。一般一个公交站台可以停靠3条公交线路，长度约为20 m；超过3条线路就需设置第二个站台，超过三个站台就需要考虑设置组合式公交站。

公交快车停靠站与公交普线车停靠站可以组合设置(图4-14(c))；高架路公交快车停靠站应考虑与地面公交停靠站形成方便的换乘关系(图4-14(d))。各种公交停靠站的设置形式如图4-14所示。

一般公交停靠站应该布置在交叉口附近，以方便不同线路公交车的换乘。考虑到交叉口的交通组织，应该将公交停靠站设置在交叉口出口道50 m以外，大城市主干路上宜设置在100 m以外，避免对交叉口进口道其他车辆交通的影响。在路段上设置公交停靠站时，应该将对称设置的上、下行停靠站在道路平面上错开布

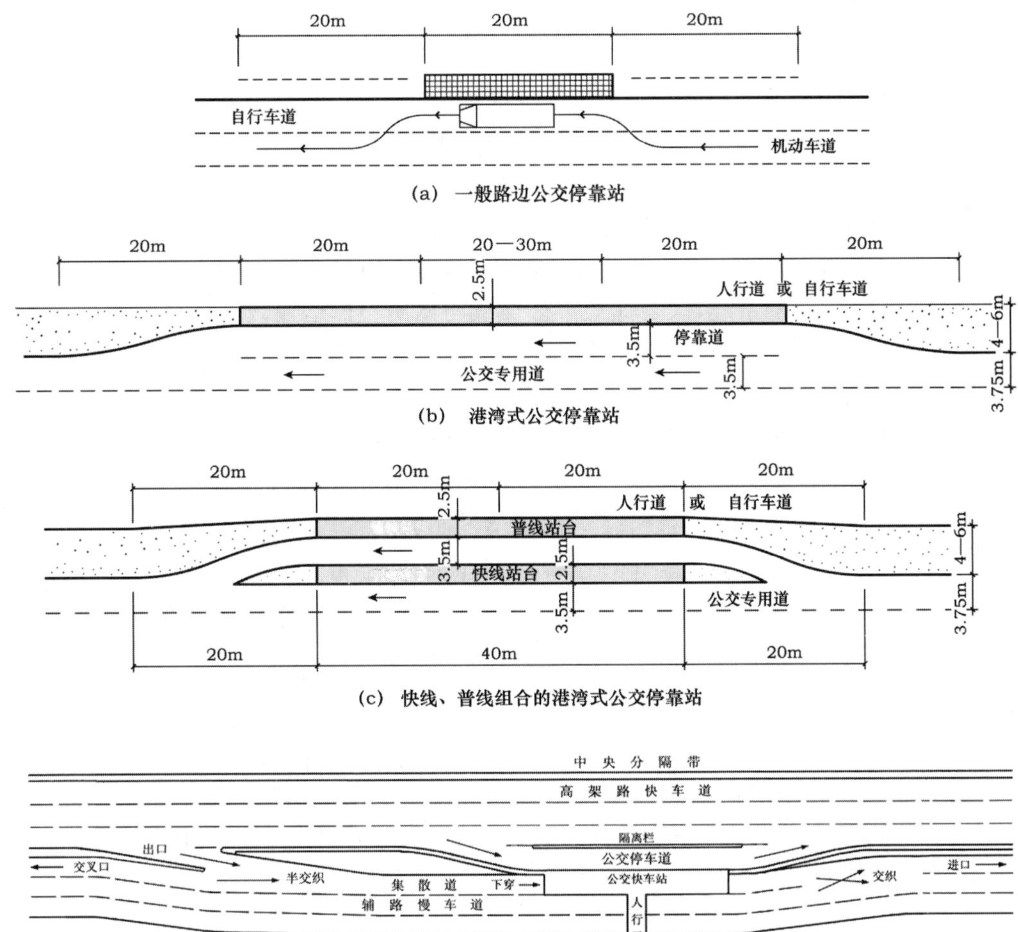

图 4-14　公交停靠站图式

置，错开距离不宜小于 50 m。

② 首末站、到发站

公交首末站和到发站是公交线路运营所需要设置的公交站。

首末站一般是多条公共交通运营线路的起终点，到发站则用于一条公共交通线路的运营到、发。首末站一般布置在城市主要客流集散点如人口较为集中的居住区、商业区或文化娱乐体育中心附近，周围需要有一定空地，道路使用面积较为富裕。除满足调度等设施设置要求外，每条线路要安排一定数量的停车位，一般可以考虑按照线路所配运营车辆总数的 60% 安排停车位，配车总数(折算为标准车)大于 50 辆的为大型站，26～50 辆的为中型站，小于 25 辆的为小型站。一条线路使用的到发站的占地约 1000 m^2 左右，3 条线路共同使用的首末站的占地约 3000 m^2

左右。

③ 换乘枢纽

为城市主要的公共活动中心服务的重要的公交站,可能形成为公交换乘枢纽,如城市对外客运交通枢纽、市级、区级商业服务、文化娱乐中心等处的公交换乘枢纽或公交换乘站。换乘枢纽和换乘站的客流量较大、较为集中,应该结合公共活动中心及周边的土地使用进行布置,做好该地段的一体化规划。

换乘枢纽通常位于多条公共交通线路汇合点,通过换乘把城市公交线路有机联系为一个完整的系统,以发挥全市公交线路网的整体运输效益。换乘枢纽一般设置在城市对外客运交通枢纽、城市轨道公共交通线路交汇站点、市级公共汽车骨干线路交汇站点及市区与市郊公交线路交汇站附近。

换乘枢纽的形式可以多种多样,通常在换乘枢纽中要安排一定的运营管理调度设施及必要的后勤服务设施。北京市公共交通换乘枢纽规划确定了大、中、小 3 种不同规模的换乘枢纽规模指标,如表 4-8 所示。

表 4-8 北京市公交换乘枢纽规模

规　　模	线路(条)	高峰换乘量(人次/h)	配车数(辆)	占地(hm^2)	建筑面积(m^2)	高峰发车车次(车次/h)
大型换乘枢纽	8	14 000	200	2.0	>2000	>180
中型换乘枢纽	5～8	12 000	150～200	1.5	1200～2000	<150
小型换乘枢纽	3～5	8000	80～150	1.0	800～1200	<100

此外,城市中还可能需要布置有多条公交线路并行的中途换乘站,又可称为组合式公交站(图 4-13)。

4.2.6 公共交通系统评价

衡量一个城市的公共交通线网是否合理,主要看是否能满足客运量的要求,居民乘车是否方便,大多数居民出行时间是否减少到满意的程度。

(1) 等时线分析

等时线是使用出行时间,即纯步行时间和交通时间(步行时间＋候车时间＋乘车时间＋换车时间)联合绘制而成的。在等时线上的任意一点到指定中心(点)所花的出行时间相等。

对于某一个指定点,可以绘制一组不同时间的等时线。

等时线图一般是沿公共交通线绘制的。例如在方格网道路网中(图 4-15),有一条公共交通线路 OA,作居民到 O 点的等时线图。该等时线由居民到 O 点的直接步行的步行等时线和乘车的交通等时线组成。

直接步行到 O 点的步行距离为 $l_{步}$(km)

$$l_{步} = \frac{TV_{步}}{60}$$

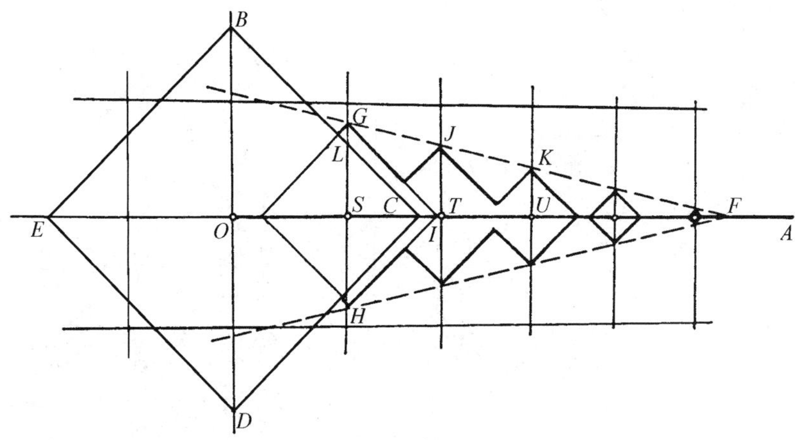

图 4-15　到 O 点的等时线图

式中　T——规定的等时线时间(min)；

$V_{步}$——步行速度(km/h)。

乘车到 O 点的出行距离为 $l_{车}+l'_{步}$。$l_{车}$ 为若干站距之和，扣除乘车时间之后，在所余时间内可步行的距离为

$$l'_{步}=V_{步}\left(\frac{T-t_{候}}{60}-\frac{l_{车}}{V_{送}}\right)$$

式中　$t_{候}$——平均候车时间(min)；

$V_{送}$——公交运送速度(km/h)。

根据计算得到的每个公共交通站点的步行距离和直接步行距离，可绘制成到 O 点出行的规定的等时线时间的等时线图。

按照不同的时间指数，可以绘制到某一中心点的不同时间的城市等时线图。从这张图上可以看出居民到吸引中心所需花费的最大出行时间，以及该中心在不同出行时间内所能服务的用地范围。某一等时线所能服务的范围越大，公共交通线路规划就越完善。

(2) 公交线网覆盖率分析

一般公共交通线路的服务范围是距站点 300～500 m 步行距离的城市用地。考虑自行车换乘的因素，在公共交通线网密度较稀的地区，一般公共交通站点的服务半径可以扩大到 600 m，城市轨道公共交通线站点的服务半径可以扩大到 1000 m。按照上述要求，可以按公交线路网的站点分布位置绘制出公交线路网服务范围图，计算公交线网覆盖面积或服务人口，进而计算出公交线网的服务面积覆盖率或服务人口覆盖率，作为评价公交线网布局合理性的一项重要指标。

如果进一步考虑每条公交线路的运载能力、运营时间、车时间距(或发车频率)，并考虑线路的超载情况，分析各条公交线路对沿线地区居民出行的引力，可以对公共交通线路网的服务质量进行综合评价。图 4-16 是某市某城区的公交线网

服务范围及服务质量分析图。

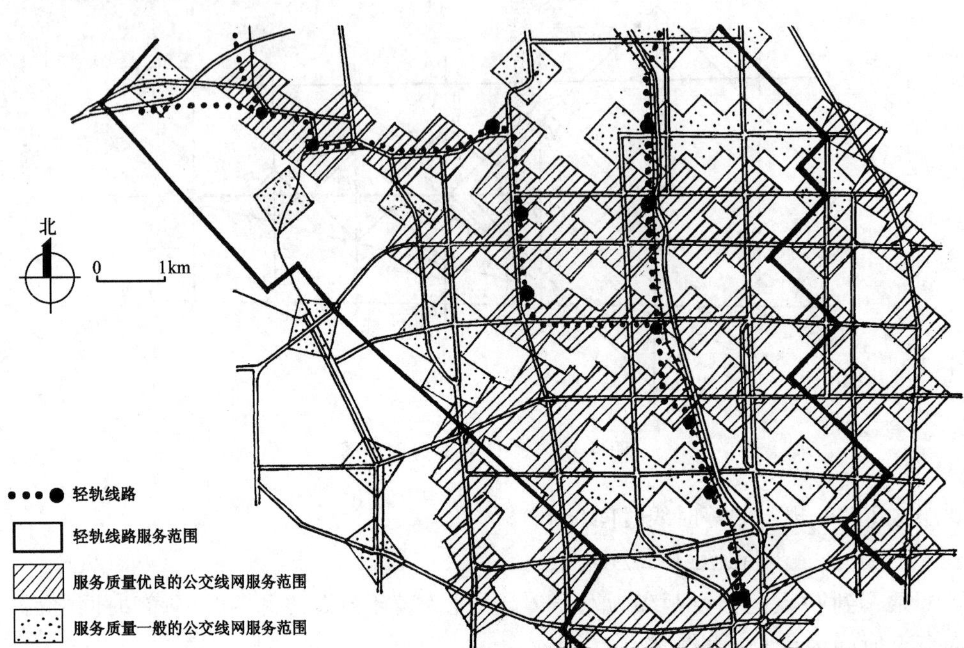

图 4-16 某市某城区公交线网服务范围及服务质量分析图

4.2.7 城市公共交通工具车数的确定

以公共汽车为例,相关指标及计算程序如下:

1. 额定载客量 m

额定载客量指车辆规定的客位总数,包括车内的座席数和有效站立面积上的站立人数。每 m^2 站立人数的定额反映车辆的服务水平,在较理想状态下每 m^2 站立人数为 5～6 人,现行定额为 9 人/m^2。

实际载客量在不同时间、不同站段是不同的。通常为保证中途乘客能上下交替,线路的两端载客量少一些,中间载客量大一些;非高峰时载客少一些,高峰时载客多一些,运行中允许在高峰小时某些站段超载。

车辆满载系数:$\eta=\frac{\text{实际载客量}}{\text{额定载客量}}$;

全线满载系数:$\eta_{线}=0.6\sim0.7$;

全日满载系数:$\eta_{日}=0.5\sim0.6$;

高峰小时满载系数:$\eta_{高峰}>1$。

2. 速度

公共汽车按固定线路作间断性运行,沿途需要停靠站点,其速度变化与一般道路上行驶的其他车辆不同。通常描述公共汽车运行情况有以下 3 种速度。

(1) 行驶速度 $V_{行}$(km/h)

$$V_{行}=\frac{路线长度}{全线各站间行驶时间总和(全线总行驶时间)}$$

(2) 运送速度 $V_{送}$(km/h)

$$V_{送}=\frac{路线长度}{全线总行驶时间+总停站时间(全线总运行时间)}$$

运送速度是衡量乘客在车内消耗时间多少的重要指标，是公共交通规划的依据。目前我国城市公共汽车运送速度市区约 15 km/h，郊区大于 20 km/h。

(3) 运营速度 $V_{营}$(km/h)

$$V_{营}=\frac{2\times 路线长度}{2\times 全线总运行时间+始终点停留时间}$$

运营速度是衡量客运效率、经营水平的重要指标。

3. 单车生产率

单车生产率指单位时间(时、日、年)内，一辆车所能完成的额定客运周转量(客运周转量的单位是乘位·km 或客·km)。

单车小时额定生产率 $M_{1时额}$(乘位·km/h)

$$M_{1时额}=mV_{营}$$

实际运行时的生产率受满载系数影响，称为有效生产率。

单车小时有效生产率 $M_{1时效}$(客·km/h)

$$M_{1时效}=m\eta_{线}V_{营}$$

单车日有效生产率 $M_{1日效}$(客·km/d)

$$M_{1日效}=m\eta_{日}V_{营}h$$

式中　h——每日工作时间，通常为 12～18 h。

4. 线路上所需车数

如果已知某线路日(或年)双向客运周转量(可由交通规划确定)$M_{日双向}$，则该路线所需车数 $W_{行}$(辆)

$$W_{行}=\frac{M_{日双向}}{M_{1日效}}$$

高峰小时所需车数 $W_{行高峰}$(辆)

$$W_{行高峰}=\frac{M_{高峰时双向}}{M_{1高峰时效}}$$

5. 行车间隔时间 $t_{间}$ 和发车频率 n

公共汽车是按一定的间隔时间发车，准时沿规定路线往返行驶的。这个间隔时间称为行车间隔时间(min)，单位时间(h)内按一定的行车间隔时间的发车次数称为发车频率(车次/h)。

$$n = \frac{60}{t_{间}}$$

非高峰小时 $t_{间}=4\sim8$ min,$n=7.5\sim15$ 车次/h;

高峰小时 $t_{间}\leqslant2$ min,$n>30$ 车次/h,最高可达 100 车次/h;

夜间 $t_{间}>8\sim15$ h,$n<4\sim7.5$ 车次/h。

为保证一定的行车间隔时间,需对用客运周转量算得的车数进行验算:

$$t_{间}=\frac{2L_{线}\times60}{W_{行}V_{营}}\ (\text{min})$$

式中　$L_{线}$——路线长度(km)。

决定公共交通线路上的行驶车数的两个条件是:

(1) 能够完成客运任务(客运量);

(2) 能够按照一定的 $t_{间}$ 在路线上运行。

6. 运载能力

公共交通线路的运载能力 U 是指单位时间(h)内沿路线一定方向(单向)所能运载乘客的数量 $U_{最大}$(人/h)

$$U_{最大}=m_{最大}n_{最大}$$

式中　$m_{最大}$——单车额定载客量。

发车频率 n 的限定条件:

(1) $n_{最大}<N_{站点}$

站点通过能力 $N_{站点}$(车次/h)

$$N_{站点}=\frac{60}{t_{停}}$$

式中　$t_{停}$——站点停车时间。

即应该保证 $t_{间}>t_{停}$,否则将会发生站点阻塞现象。

(2) $n_{最大}$ 在路线通过的所有交叉口的通行能力允许范围之内(见 2.2 节)。

同时,高峰小时路线上的发车频率必须满足 n(车次/h)

$$n\geqslant\frac{Q_{最大}}{m_{最大}}$$

路线上所需配备的行驶车数为 $W_{行}$(辆)

$$W_{行}=\frac{2L_{线}n}{V_{营}}$$

路线上所需配备的车数为 $W_{配}$(辆)

$$W_{配}=\frac{W_{行}}{\gamma}$$

式中　γ——车辆利用率,通常 $\gamma=90\%$左右。

第 5 章　城市道路设计

5.1　概述

城市道路设计的内容一般包括路线设计、交叉口设计、道路附属设施设计和路面设计四个部分，其中道路选线、道路横断面组合、道路交叉口选型等都是城市总体规划和详细规划的重要内容。城市规划工作者必须掌握城市道路设计的基本知识和技能。城市道路交通管理设施设计在第 7 章中详述。

5.1.1　城市道路的设计原则

(1) 城市道路的设计必须在城市规划，特别是城市土地使用规划和城市道路系统规划的指导下进行。必要时，可以提出局部修改规划的道路走向、横断面形式、道路红线等建议，经批准后进行设计。

(2) 要求满足交通量在一定时期内的发展要求。

(3) 要求在经济、合理的条件下，考虑道路建设的远近结合、分期发展，避免不符合规划的临时性建设。

(4) 综合考虑道路的平面线形、纵断面线形、横断面布置、道路交叉口、各种道路附属设施、路面类型，满足人行及各种车辆通行的技术要求。

(5) 设计时应同时兼顾道路两侧城市用地、房屋建筑和各种工程管线设施的高程及功能要求，与周围环境协调，创造好的街道景观。

(6) 除满足城市规划的技术标准外，要合理使用城市道路设计的各项技术标准，尽可能采用较高的线形标准，除特殊情况外，应避免采用极限标准。

5.1.2　城市道路的设计步骤

1. 资料准备

进行城市道路设计需要准备下列资料：

(1) 城市规划确定的道路性质和控制性要求资料；

(2) 道路沿线的地质资料、水文资料和气象资料；

(3) 道路沿线现状地形图，其比例按平面图设计要求；

(4) 现状道路交通量资料和规划交通量资料。

2. 测设定线

(1) 先在现状地形图上(或较大比例地形图)按照规划给定的控制坐标、红线、横断面等,初步确定道路的走向及平面布置;

(2) 现场测设道路中心线,并按照道路中心线测量原地面的纵断面和横断面。

3. 综合进行道路平面、横断面、纵断面和路基路面设计,以及道路附属设施设计。

4. 完成设计文件,包括:

(1) 设计说明书;

(2) 道路设计资料(现状及设计计算资料);

(3) 道路设计图:平面设计图(含横断面)、纵断面设计图、交叉口设计图、道路附属设施设计图(或选用标准图);

(4) 施工横断面图及土方平衡表。

5.1.3 净空及限界

人和车辆在城市道路上通行要占有一定的通行断面,称为净空。同时,为了保证交通的畅通,避免发生安全事故,要求街道和道路构筑物为车辆和行人的通行提供一定的限制性空间,称为限界。净空加上必要的安全距离即构成为限界。城市道路设计必须满足各类净空和限界的要求。

1. 行人净空

(1) 净高要求:2.2 m;

(2) 宽度要求:如图5-1所示。

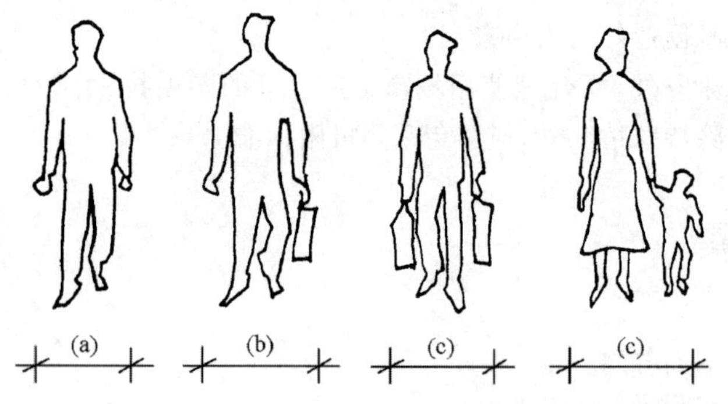

(a) 单身行走无携带物:0.7～0.8 m(平均0.75 m);
(b) 单身行走一侧携带物品:0.75～0.85 m(平均0.8 m);
(c) 单身行走两侧携带物品或大人带一个小孩行走:0.85～1.10 m(平均1.0 m)。

图5-1 步行净宽要求

2. 非机动车净空

我国城市道路设计规范中规定的各种非机动车的净空要求如表5-1所示。

表 5-1　非机动车净空要求　　m

	自行车	三轮车	兽力车	板车
车长	1.93	3.40	4.2	3.7
车宽	0.60	1.25	1.7	1.5
最小净高	2.5	3.5	3.5	3.5
不含安全距离的净高	2.25	2.5	2.5	2.5
每侧横向安全距离	0.4～0.5	0.4～0.5	0.4～0.5	0.4～0.5
一条车带宽度	1.0	2.0	2.5	2.0～2.5

注：前 3 项为规范规定。

3. 机动车净空

机动车在道路上行驶的横向行车安全距离如图 5-2 所示。

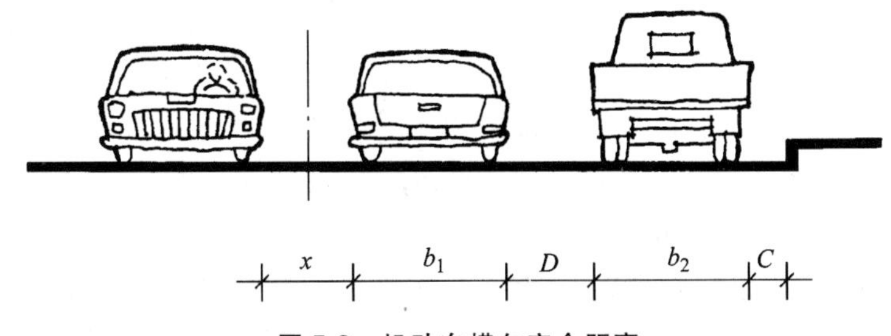

图 5-2　机动车横向安全距离

对向行车安全距离：$x=0.7+0.02(V_1+V_2)^{3/4}$(m)；

V_1、V_2 分别为两个方向的车速(km/h)；

同向行车安全距离：$D=0.7+0.02V^{3/4}$(m)；

与路缘石的安全距离：$C=0.4+0.02V^{3/4}$(m)。

我国城市道路设计规范中规定机动车分为小型汽车、普通汽车和铰接车三类，各类机动车的净空要求如表 5-2 所示。

表 5-2　我国机动车分类及净空要求　　m

		小型汽车 Ⅰ	普通汽车 Ⅱ	铰接车 Ⅲ
车长		5.0	1.2	18.0
车宽		1.8	2.5	2.5
车高		1.6	4.0	4.0
最小净高			4.5	无轨电车 5.0
横向安全距离	C	0.5～0.8		
	D	1.0～1.4		
	X	1.2～1.4		
一条车道宽		3.5	3.5～3.75	3.5～3.75
不含安全距离的净高		2.5	4.0	4.0

注：前 3 项为规范规定。

4. 道路桥洞净空限界

道路桥洞净空限界要求如图 5-3 所示。

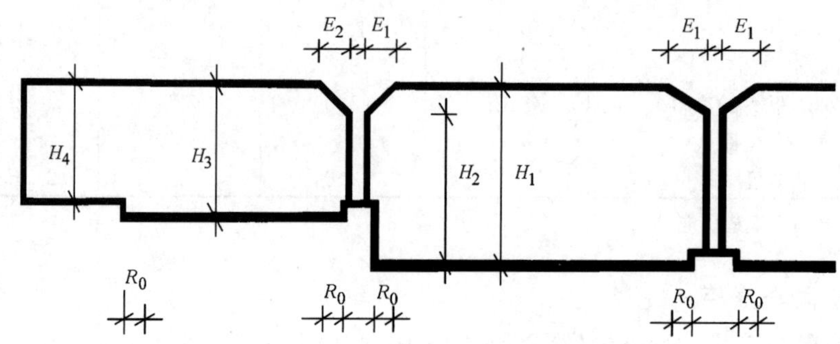

图 5-3 道路桥洞净空限界

图 5-3 中:

R_0——路缘宽,自行车道取 0.25 m,机动车道取 0.25～0.5 m;

E_1——机动车道顶角宽,取 0.5～1.0 m;

E_2——非机动车道顶角宽,取 0.5 m;

H_1——机动车道净高限界,一般汽车取 4.5 m(特殊情况可降至4.2 m),无轨电车及公路桥洞取 5.0 m,有轨电车取 5.5 m,超高汽车(工程车等)取 5.7 m;

H_2——机动车道洞边净高限界,取 4.0 m;

H_3——非机动车净高限界,自行车取 2.5 m,其他非机动车取 3.5 m,特殊情况(允许机动车临时通行时)取 3.3～3.7 m;

H_4——人行道净高限界,取 2.5 m。

5. 铁路净空限界

铁路净空限界要求如图 5-4 所示。

主要控制尺寸为:

高度限界:一般蒸汽和内燃机车为 5.5 m;

电力机车为 6.5 m;

高速铁路电力车组为 7.5 m;

双层集装箱电力车为 8 m。

宽度限界:4.88 m。

6. 桥下通航净空限界

桥下通航净空限界主要取决于航道等级,如表 5-3 所示,并依此决定桥面的高程。

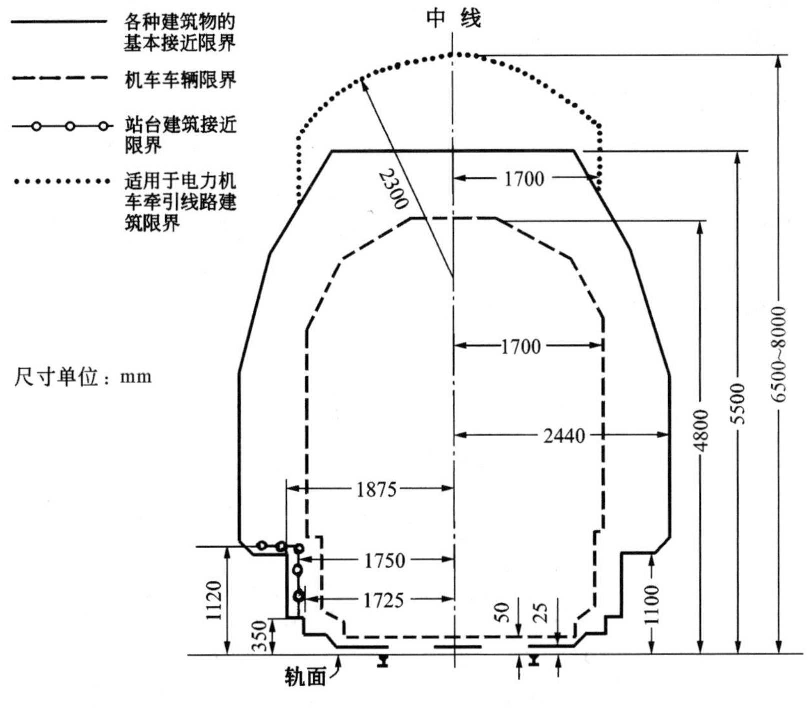

图 5-4　铁路净空限界

表 5-3　桥下通航净空限界表

航道等级		一	二	三	四	五	六
通航船只等级　(t)		3000	2000	1000	500	300	50～100
净跨 (m)	天然及渠化河流	70	70	60	44	32～38.5(40)	20(28～30)
	人工运河	50	50	40	28～30	25(28)	13(25)
净高　(m)		12.5	11	10	7～8	4.5～5.5	3.5～4.5

注：(　)内数值系通航船队又通航木排的水道上采用的标准。

5.1.4　车辆视距与视距限界

机动车辆行驶时，驾驶人员为保证交通安全必须保持的最短距离称为行车视距。行车视距与机动车制动效率、行车速度和驾驶人员所采取的措施有关。行车视距一般分停车视距、会车视距、错车视距和超车视距等。城市道路规划设计中以停车视距和会车视距两种较为重要。停车视距在第 2 章已有介绍，会车视距就是两辆机动车在一条车行道上对向行驶，保证安全的最短视线距离(此时驾驶人员视点高度离路面 1.2 m)，一般会车视距常简化按两倍的停车视距计算。

车辆在道路上行驶时,要求道路及道路两旁提供一定的视距空间以保证行车安全,称为视距限界。视距限界主要有以下三种。

1. 平面弯道视距限界

车辆在平曲线路段上行驶时,曲线内侧的边坡、建筑物、树木或其他障碍物可能会遮挡驾驶人员的视线,影响行车安全。为此,按照车辆行驶轨迹及保证行车安全所需的停车视距(表 2-4),画出驾驶人员所应保证的视线,弯道上诸条视线组合成行车应保证的最小视距空间,诸视线的包络线即为弯道的视距限界,如图 5-5 所示。弯道内侧道路红线不得进入视距限界。

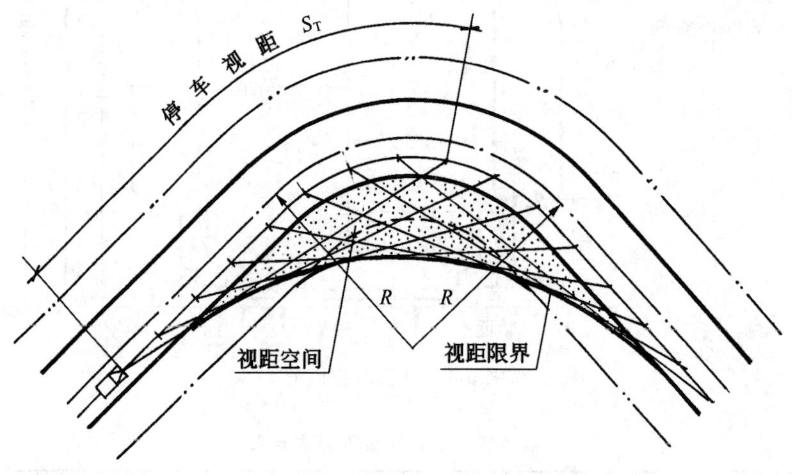

图 5-5 平面弯道的视距限界

设计时要求在限界内必须清除高于 1.2 m 的障碍物,包括高于 1.2 m 的灌木和乔木。如果因障碍物难以清除,则应限制行车速度并设置警告标志,以保证安全。

2. 纵向视距限界

车辆翻越坡顶时,与对面驶来的车辆之间应保证必要的安全视距,即为会车视距,约等于两车的停车视距之和(图 5-6)。通常在转坡处设置凸形竖曲线,并以竖曲线半径来表示纵向视距限界。该竖曲线半径即为凸形竖曲线的最小半径 R_{min}(m)

$$R_{min} = \frac{S_T^2}{2d_1} = \frac{S_T^2}{2.4}$$

式中 S_T^2——停车视距(m);

d_1——驾驶人员视线高度(m)。

3. 交叉口视距限界

为了保证交叉口上的行车安全,需要让驾驶人员在进入交叉口前的一段距离

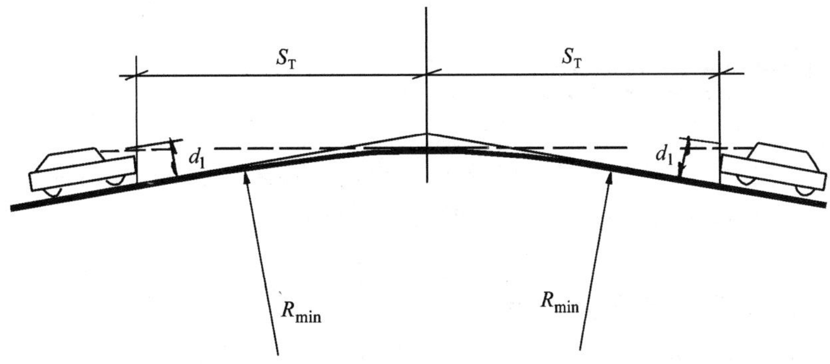

图 5-6　纵向视距限界

内，看清驶来交会的车辆，以便及时采取措施，避免两车交会时发生碰撞。因此在保证两条相交道路上直行车辆都有安全的停车视距的情况下，还必须保证驾驶人员的视线不受遮挡，由两车各自的停车视距和视线组成了交叉口视距空间和限界，又称为视距三角形（图 5-7），视距三角形是确定交叉口转角红线的必要条件。同样要求在限界内清除高于 1.2 m 的障碍物。按最不利的情况，考虑最靠右的一条直行车道与相交道路最靠中间的直行车道的停车视距的组合来确定视距三角形的位置。

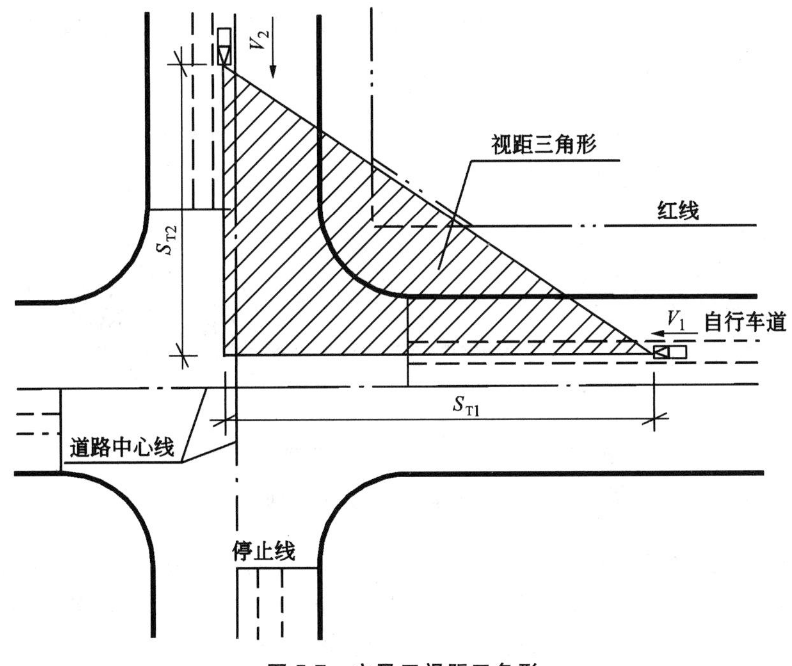

图 5-7　交叉口视距三角形

5.2 城市道路路线设计

城市道路路线设计包括横断面设计、平面设计和纵断面设计三部分,三部分的设计不可分割,应当综合考虑、协调进行。

5.2.1 城市道路横断面设计

城市道路横断面是指垂直于道路中心线的道路剖面。道路横断面的规划宽度又称为路幅宽度,即规划红线间的道路用地总宽度。城市道路横断面由车行道(机动车道和非机动车道)、人行道、绿化带和分隔带四部分组成,如图 5-8 所示。

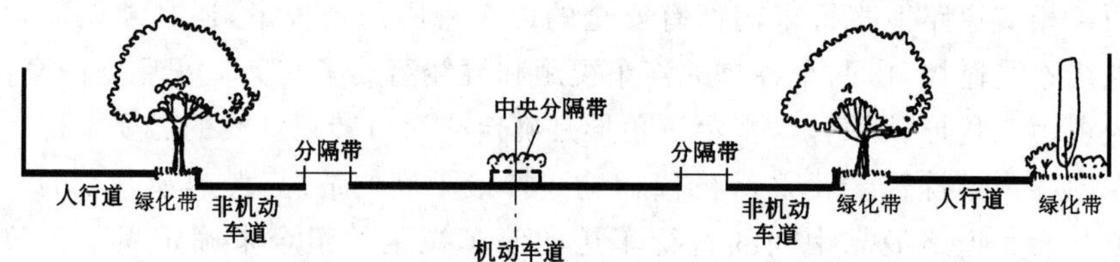

图 5-8 城市道路横断面组成

城市郊区道路一般可采用公路型,其横断面由路面(车行道)、路肩(人行道)和边沟(排水沟)三部分组成,如图 5-9 所示。

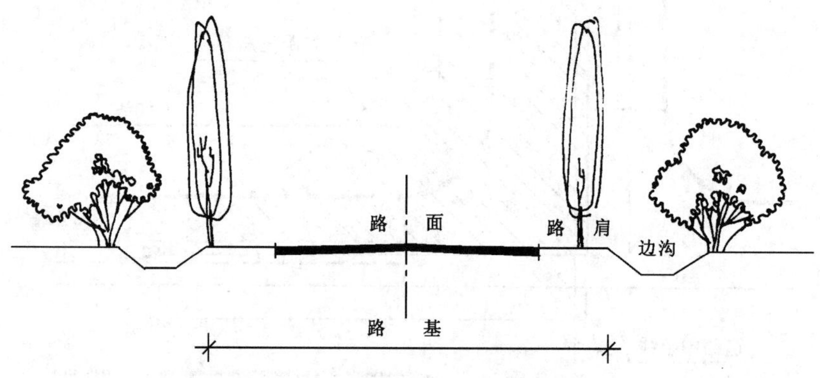

图 5-9 城市郊区道路(公路型)横断面组成

道路横断面的选择与组合要考虑由两旁城市用地性质决定的道路功能要求、交通流的性质与组合、交通流量、交通组织与管理等多种因素,城市各级道路的横断面组合应该有利于引导交通流在道路断面上的合理分布。

横断面设计要合理确定道路各组成部分的相互位置、宽度和高差。通常先确定道路的标准横断面,分别对道路的机动车道、非机动车道、人行道和分隔带、绿化带进行设计、组合,在特殊地段要结合平面和纵断面设计进行调整和补充。

1. 机动车道设计

不同类型的机动车有不同的净空要求，在机动车道设计时，要根据不同的交通组织确定机动车道的具体尺寸。一般来说：

(1) 各类机动车混合行驶时，考虑最宽的净空要求，即每条车道宽度 3.5～3.75 m。

(2) 各类机动车分道行驶时，小客车每条车道宽度 3.5 m；其他车型当设计车速小于 40 km/h 时每条车道宽度 3.5 m，当设计车速大于 40 km/h 时每条车道宽度 3.75 m。

(3) 停车道宽 2.5～3.0 m。

一条道路的机动车道需要多少条车道，取决于规划的要求及交通量的计算。根据规划可以确定交通组织的方式，是否需要停车道，以及由于建筑艺术、城市景观或政治国防等特殊要求所需要的路宽，如游行、临时起降飞机及与高层建筑相适应的开敞街道等。根据交通量要求，机动车道的通行能力必须适应一定时期交通量的发展。由于一条车道的通行能力又决定于车型、车速、服务水平、交叉口折减、坡度折减等，计算比较复杂，实际应用时，各国都在规范中给出一定的规定值或参考值。我国一般推荐的一条车道的通行能力值(考虑交叉口折减后)如表 5-4 所示。

表 5-4　一条机动车道的通行能力推荐值

	小客车	载重汽车	公共汽车	混合汽车
每小时最大通行车辆数	500～1000	300～600	50～60	400

城市道路机动车道宽度也可以计算求得，混合车道和分行车道的宽度的计算公式如下：

$$\text{混合车道宽度}=\frac{\text{单向高峰小时交通量}}{\text{一条混合车道平均通行能力}}\times 2\times \text{一条混合车道宽度}$$

$$\text{分行车道宽度}=\sum\left(\frac{\text{某型车辆单向高峰小时的交通量}}{\text{该型车辆一条车道通行能力}}\times 2\times \text{一条车道宽度}\right)$$

如果所计算的车道数不是整数，则可选择略大于或略小于计算值的整数值，再计算车道的总宽度。

一般从合理组织交通的观点考虑，城市道路机动车道的行驶车道不宜大于(双向)4～6 条车道。如果一条道路的交通量需要多于双向 6 条行驶车道，与其盲目加宽道路，不如调整交通组织，加大道路网密度，开辟平行道路分散交通量更为经济合理。

在城市主要干路上，常在机动车道边侧设置应急车道，宽度 2 m 左右。

2. 非机动车道设计

非机动车车型复杂、车速相差很大。当非机动车与机动车混行时，非机动车道经常受到机动车，特别是公共交通车辆停靠的干扰，非机动车也常驶入机动车道。

因此,非机动车道的设计需考虑各种情况的组合,根据组合情况选定非机动车道的宽度。常见的组合情况如表5-5所示。

表5-5 非机动车道车型组合情况表

	组合类型	自行车(辆)	三轮车(辆)	兽力车(辆)	板车(辆)	公共汽车(辆)	总宽(m)
独立设置的非机动车道	1	3～5(6)					4～6(7)
	2	2	1				4.5
	3	2		(1)	1		5.5
机、非混行时的非机动车道	4	3					4.0
	5	1			1		4.0
	6	2				1	6.0
	7			(1)	1	1	6.0

我国大多数城市中兽力车和板车货运基本上已被机动车辆所取代,非机动车道已基本成为行驶自行车的车道。非机动车道的横断面设计可以按自行车道的标准进行设计。一条自行车道的通行能力在平原城市可选用1000辆/h左右,地形起伏大的城市可选用500辆/h左右。依此,根据规划交通量确定所需要的自行车带的条数和自行车道的宽度。但是,由于一些城市尚存有货运三轮车等货运非机动车,单向非机动车道的宽度一般以不小于4.5 m为宜。

3. 分隔带、绿化带与人行道设计

(1) 分隔带

分隔带是为保证行车安全而设置的起分隔车道和导流作用的用地空间,活动式的隔离设施(如混凝土墩柱、铁制柱链、栅栏等)也可起到同样的作用。

分隔带常与绿化带结合布置,分隔带的绿化应以花草和低矮灌木为主。通常分隔带的宽度为1.5～2.5 m,除为远期发展预留备用地之外,一般城市道路分隔带宽度不宜大于4～6 m,不宜小于2 m。有的城市分隔带宽度选用4 m,有利于组织绿化、布置公交车站和未来调整横断面组合。

交通性干路的中央分隔带和导向分隔带不允许种植高大乔木,也不宜布置灯柱、电线杆。机动车道与非机动车道间的分隔带可布置公共汽车停靠站,所种植的乔木不得过密,过密种植的乔木会影响机动车司机的视线,容易发生交通事故。

(2) 绿化带与人行道

绿化带常与人行道组合布置。道路绿化带既是整个城市绿地系统的重要组成部分,又是为步行、车行交通创造良好环境及分隔交通的重要手段。道路绿化带可分为行道树绿带、分隔带绿地和街边绿地,总断面宽度一般占道路总宽度的15%～30%为宜(可计作道路绿地率)。绿化带的种植及宽度要求已在城市绿地规划中有所论述,这里不再重复。人行道上的绿带和树穴的最小尺寸为1.25 m。

人行道所需的通行宽度可根据步行交通量确定。在城市没有详细步行交通规划时,可参照表5-6确定人行道的宽度。

表 5-6　人行道宽度选用参考表　m

	一般道路	生活性主干路	大型公共设施附近
一条步行带宽度	0.75	0.85	1.0
常用人行道铺砌宽度	2.5～3.0	4.5～6.0	6.0～10.0

注：人行道模数为 0.25 m，常用人行道方砖尺寸为 0.25×0.25 m(包括灰缝)。

绿化带和人行道的布置形式一般有四种，如图 5-10 所示。

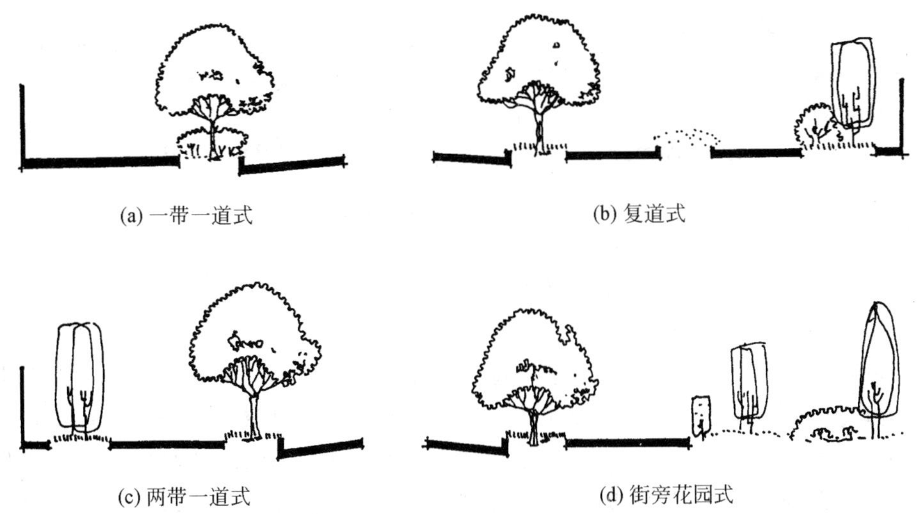

图 5-10　绿化带与人行道组合形式

人行道与绿化带组合设计时，可先按步行量确定人行道的宽度，其余的用作绿化带。如果车行道的交通量较大，可以沿车行道布置较宽的绿化带，如果车行道交通量较小，则尽可能在靠近红线的一侧布置较宽的绿带，或布置多条绿化带。

人行道和绿化带的宽度还必须满足埋地上、地下管线的宽度要求。

在南方炎热多雨的城市以及一些旧城狭窄街道的改建中，常在临街建筑的底层设置骑楼式人行道(图 5-11)用以行人躲避日晒雨淋，并利于旧有狭窄街道的拓宽。

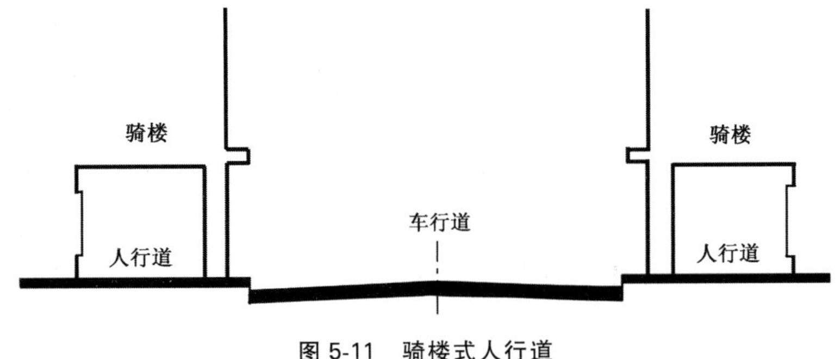

图 5-11　骑楼式人行道

(3) 郊区道路路肩及边沟

郊区道路路肩兼有保护路面、人行、绿化、停车、避让的作用。每侧路肩宽度一般不宜小于 1.5 m。路肩及排水边沟的标准横断面如图 5-12(a)所示。

国外一些城市近郊道路的边坡由若干个缓坡组合而成,坡度不大于 1∶5,路旁的边坡铺上石块、种植草皮,连同自然地形融为一体,不但有利于车行安全、而且可以取得好的景观效果,如图 5-12(b)所示。

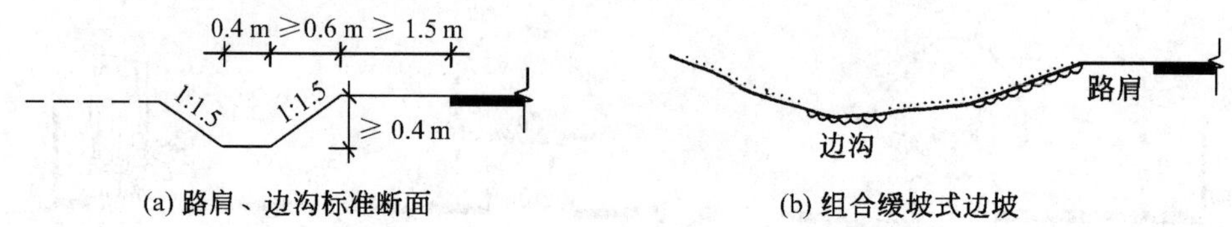

图 5-12 郊区道路路肩及边沟

4. 道路路缘石、横坡和路拱设计

(1) 路缘石

道路铺筑部分两侧边缘常设置路缘石。车行道路缘石又称为道牙、路牙,分侧石(立道牙,又称 I 形路牙)和平石(平道牙)两种。一般道路侧石高度为 12~18 cm、标准采用 15 cm。在居住区或郊区道路、工厂内部道路,可以将路缘石与路面基本做平,遇特殊情况时可以利用路面外的地面调剂行车宽度,也利于自然排水。平石宽度一般为 30 cm。在一些城市也有将侧石、平石连在一起呈 L 形,又称为 L 形路牙。每块路缘石长度一般为 50~75 cm。

各类预制混凝土路缘石的断面尺寸如图 5-13 所示。

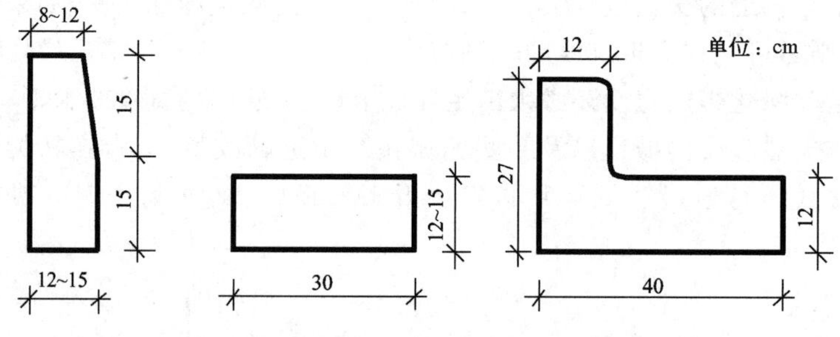

图 5-13 各种预制混凝土路缘石断面

(2) 横坡

道路车行道、人行道、绿化带、分隔带为自然排水,均设置横向坡度称为横坡。横坡的坡度大小主要取决于铺筑的材料、纵坡和铺筑宽度。纵坡越大、横坡可以减少;铺筑宽度越大、横坡越需加大。各种路面及道路组成部分的横坡如表 5-7 所示。

表 5-7　道路横坡参考值　%

	车行道			铺砌人行道	绿化带	分隔带	广场、停车场	郊区道路路肩
	高级路面	次高级路面	中低级路面					
横坡	1.0～2.0	1.5～2.0	2.0～3.0	1.0～2.0	0.5～1.0	随路拱	0.5～1.5	2.5～3.5

(3) 路拱

车行道横断面常采用双向坡面、由路中央向两边倾斜、形成路拱。车行道路拱形式有以下四种。

① 直线形(图 5-14)

计算公式

$$y = xi$$

式中　y——纵距(cm)；

x——横距(cm)；

i——设计路面横坡,以小数计。

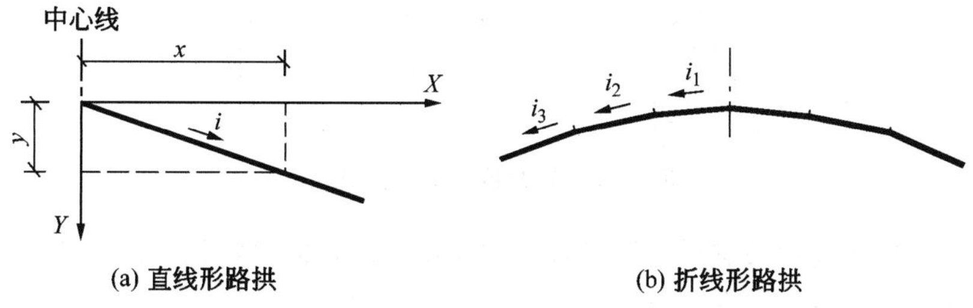

(a) 直线形路拱　(b) 折线形路拱

图 5-14　直线形路拱

直线型路拱常用于水泥混凝土路面、预制混凝土块路面、大块料石路面、停车场、广场以及单向排水路面宽小于 9 m 的较窄道路和设置超高的曲线路段。

在较宽的水泥混凝土路面中亦可采用不同坡度直线组成的折线形路拱。

② 抛物线形(图 5-15)

北京采用变方二次抛物线形路拱,计算公式

$$y = \frac{2^{n-1}i}{B^{n-1}}x^n$$

式中　B——路面宽度(cm)；

n——抛物线方次,n=1.25～2.0。

上海采用修正三次抛物线形路拱,计算公式

$$y = \frac{4h}{B^3}x^3 + \frac{h}{B}x$$

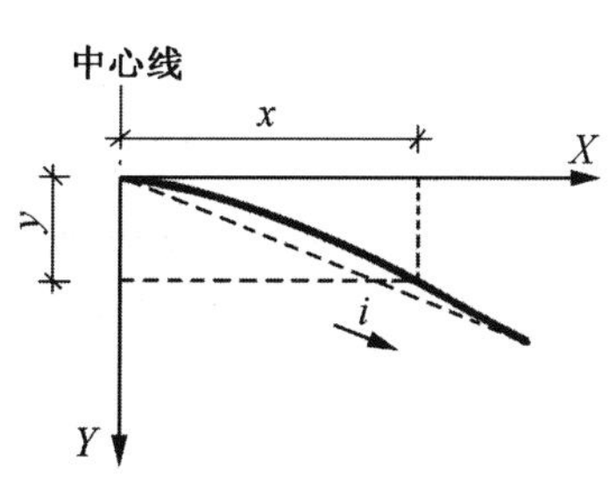

图 5-15　抛物线形路拱

式中　h——路拱中心与路缘的高差,$h=\frac{Bi}{2}$。

抛物线形路拱常用于路面宽 $B\leqslant 20$ m,横坡 $i\leqslant 3\%$的道路。

③ 直线接抛物线形(图 5-16)

路拱中部为抛物线形,两边接直线形,计算公式

曲线段

$$y=\frac{2^{n-1}i}{B^{n-1}}x^{n}$$

直线段

$$y=y_{\mathrm{T}}+(x-x_{\mathrm{T}})i$$

式中 x_{T}——直线与抛物线切点的横距,$x_{\mathrm{T}}=\frac{B}{2n^{\frac{1}{n-1}}}$;

y_{T}——直线与抛物线切点的纵距,$y_{\mathrm{T}}=\frac{2^{n-1}i}{B^{n-1}}x_{\mathrm{T}}^{n}$。

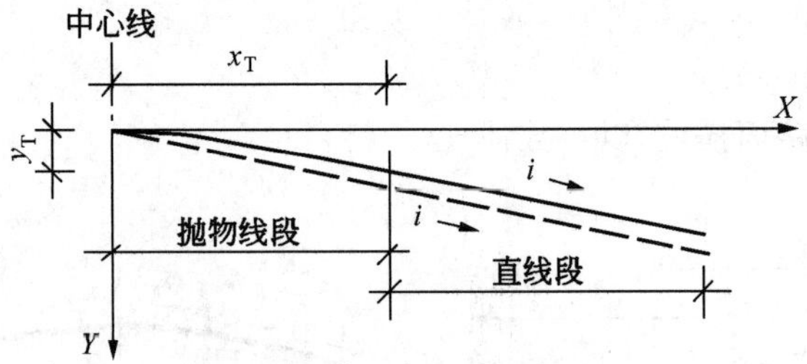

图 5-16 直线接抛物线形路拱

直线接抛物线形路拱适用于各种宽度及横坡的路面,多用于超过 20 m 宽的路面,外表平顺美观,排水效果较好。

④ 直线接圆曲线形(图 5-17)

路拱中部为圆曲线形,两边接直线形,计算公式为

曲线段

$$y=\frac{(x_{\mathrm{T}}-x)^{2}}{2R}+xi-E$$

直线段

$$y=xi-E$$

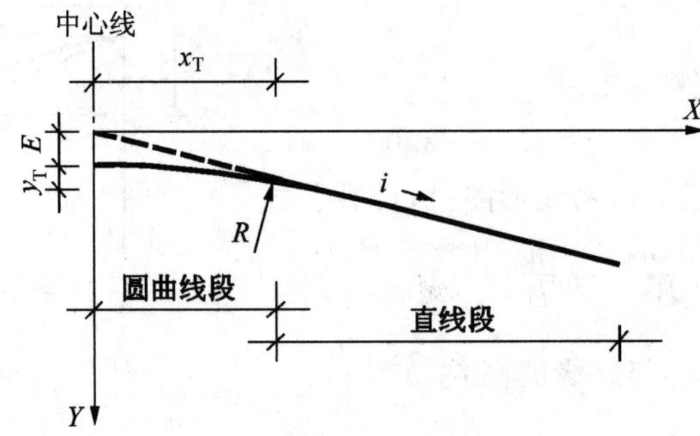

图 5-17 直线接圆曲线形路拱

式中　x_T——直线与圆曲线切点横距，$x_T=\frac{K}{2}$；

K——圆曲线长度，$K=\frac{B}{3}$；

R——圆曲线半径，$R=\frac{K}{2i}$；

E——直线形路拱中心与圆曲线中心高差，$E=\frac{x_T^2}{2R}$。

直线接圆曲线形路拱适用于各种宽度及横坡的路面，多用于超过 20 m 宽的路面，但路中心部分较平坦，排水效果不如直线接抛物线形。

道路车行道横坡的坡向一般由路中向路边倾斜，人行道和绿化带的横坡则采用直线形向路缘石方向倾斜。具体布置道路横向坡度时，要根据两旁用地的高程及道路纵坡的要求，对横断面上各车行道的横坡坡向进行组合，保证道路两旁用地不被水淹。

5. 道路横断面组合

城市道路横断面一般是对称布置的，在地形复杂的地段及有其他要求时可以不对称布置，如北方城市东西向道路的南侧人行道可以宽于北侧，以保证车行道上的冰雪能得到较多的日照以及时融化。

图 5-18 为几种不对称布置的横断面示例。

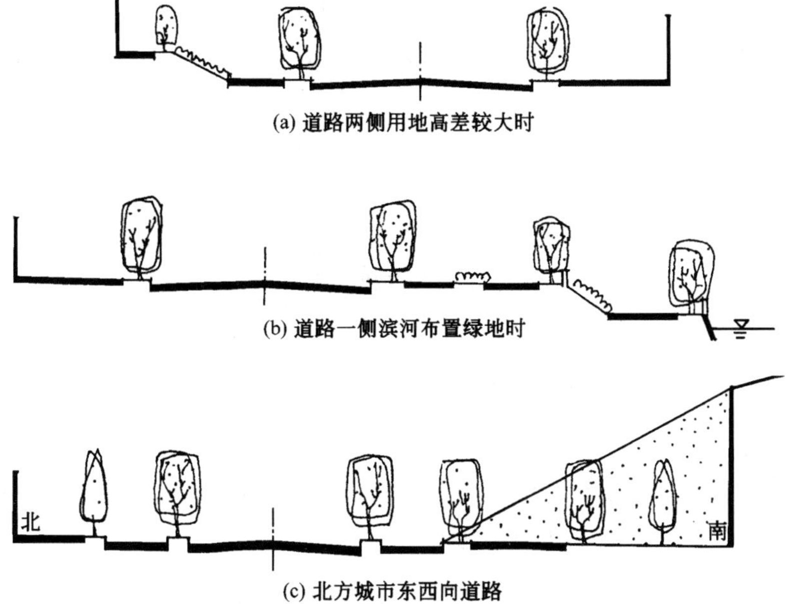

(a) 道路两侧用地高差较大时

(b) 道路一侧滨河布置绿地时

(c) 北方城市东西向道路

图 5-18　道路横断面不对称布置示例

高速公路和城市各类道路的标准横断面形式示例如下：

(1) 高速公路(图 5-19)是封闭的机动车专用路，设计车速为 80～120 km/h，通常设计为双向6车道。

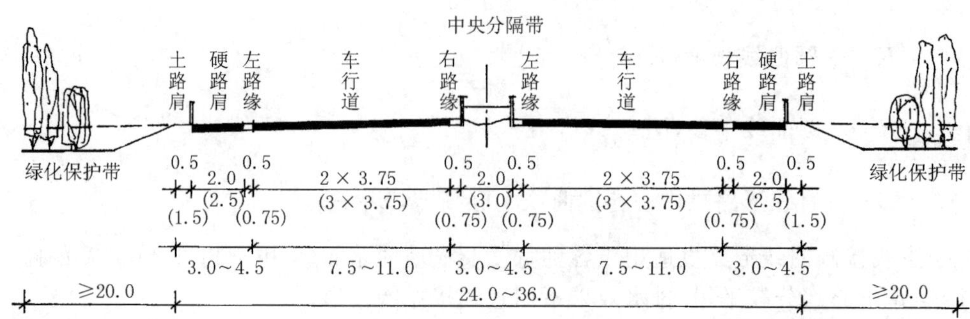

图5-19 高速公路横断面(单位:m)

(2) 城市快速路(图5-20)是封闭的机动车专用路,标准设计车速为80 km/h,在条件困难的路段可以降低至60 km/h。有两种形式:

① 在城市组团间隔离绿带中布置时,常采用平面布置的有绿化保护带的快速路形式(图5-20(a))。

② 当快速路穿过城区时,应该采用与城市主干路立体组合的快速路形式(图5-20(b))。

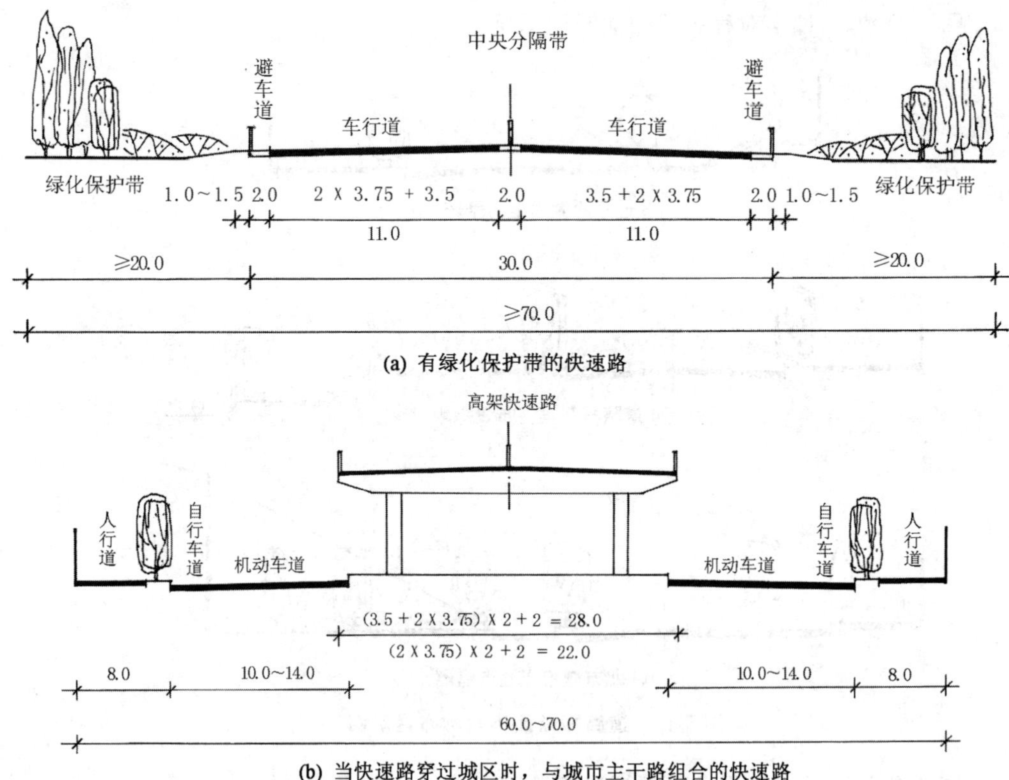

(a) 有绿化保护带的快速路

(b) 当快速路穿过城区时,与城市主干路组合的快速路

图5-20 城市快速路横断面(单位:m)

(3) 城市交通性主干路(图 5-21)应该形成快车道(通过性机动车)与慢车道(到达性机动车和自行车)组合的横断面,分隔带在交叉口之间通长布置,快、慢车道交通在交叉口处实现转换。设计车速为 40～60 km/h(快车道可为 70 km/h)。

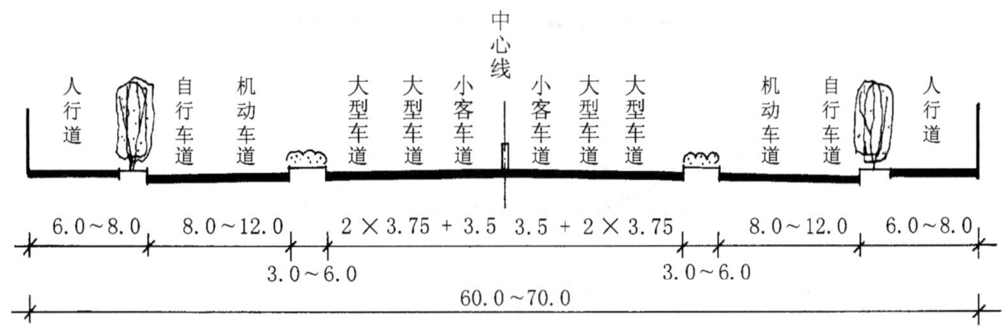

图 5-21　城市交通性主干路横断面(单位:m)

(4) 城市生活性主干路(图 5-22),设计车速为 40～60 km/h。有两种形式:

① 一般生活性主干路通常采用三块板形式(图 5-22(a))。

② 在有景观要求的生活性主干路常采用布置中央绿化带的两块板形式(图 5-22(b))。

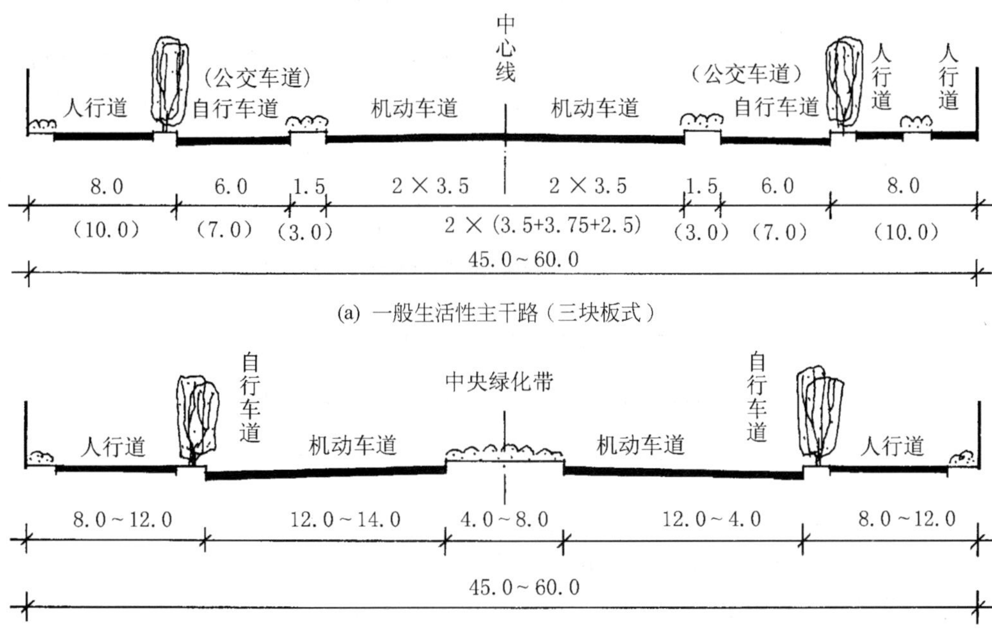

(a) 一般生活性主干路(三块板式)

(b) 有中央绿化带的生活性主干路(两块板式)

图 5-22　城市生活性主干路横断面(单位:m)

(5) 通行车辆的商业大街(图 5-23),设计车速为 40 km/h。

(6) 交通性次干路(图 5-24),设计车速为 40 km/h。

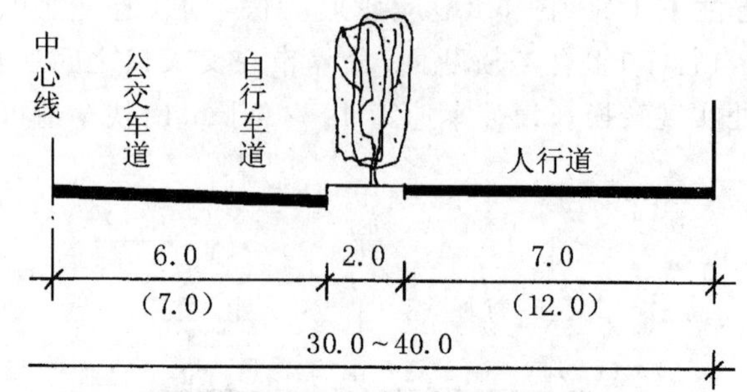

图 5-23 通行车辆的商业大街横断面(单位：m)

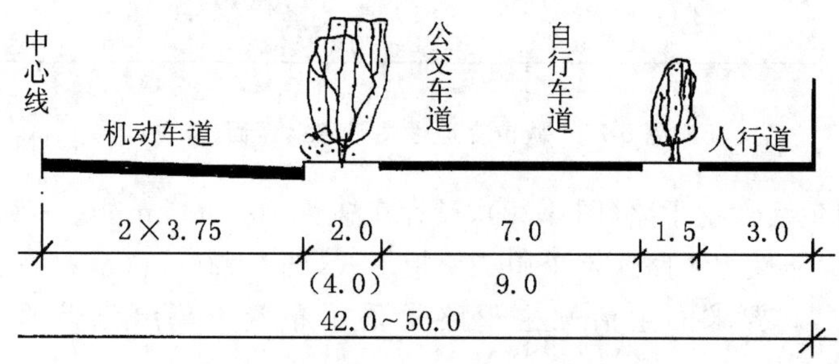

图 5-24 交通性次干路横断面(单位：m)

(7) 工业区干路(图 5-25)，设计车速为 40 km/h。由于机动车主要为货运机动车，而自行车和步行流量较少，为保证安全，可以将自行车道与人行道进行组合布置。

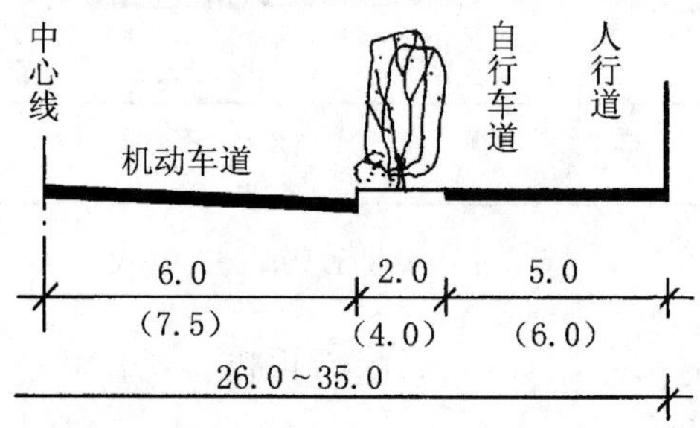

图 5-25 工业区干路横断面(单位：m)

(8) 次干路(图 5-26)，设计车速为 40 km/h。有两种形式：

① 一般次干路通常采用一块板形式(图 5-26(a))。

② 在有景观要求的次干路可以采用布置中央绿化带的两块板形式(图 5-26(b))。

(9) 支路(图 5-27)，设计车速 $V \leqslant 25$ km/h。支路的红线宽度应该根据功能要求而定。有条件时应该考虑一定的绿化带布置(图 5-27(a))，需要设置路边停车带时还应该采用有路边停车位的断面形式(图 5-27(b))。

(10) 居住区和风景区的道路可以依环境的要求和交通量的情况灵活布置。

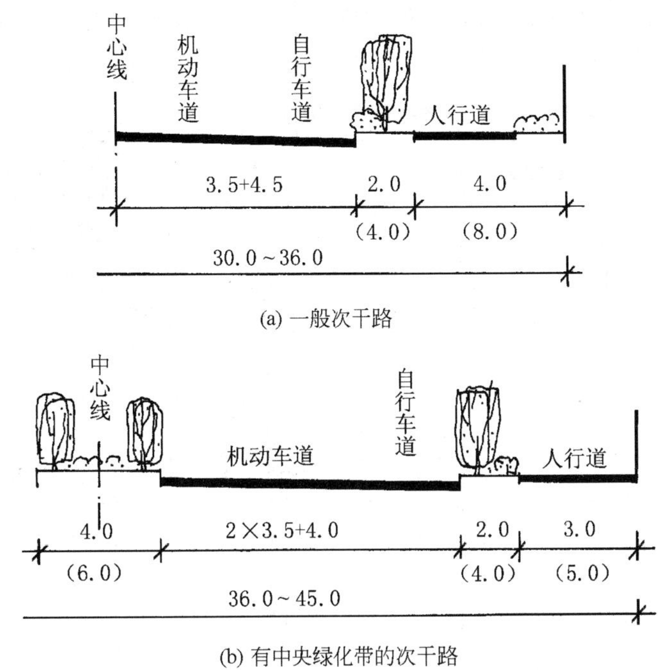

(a) 一般次干路

(b) 有中央绿化带的次干路

图 5-26　生活性次干路横断面(单位：m)

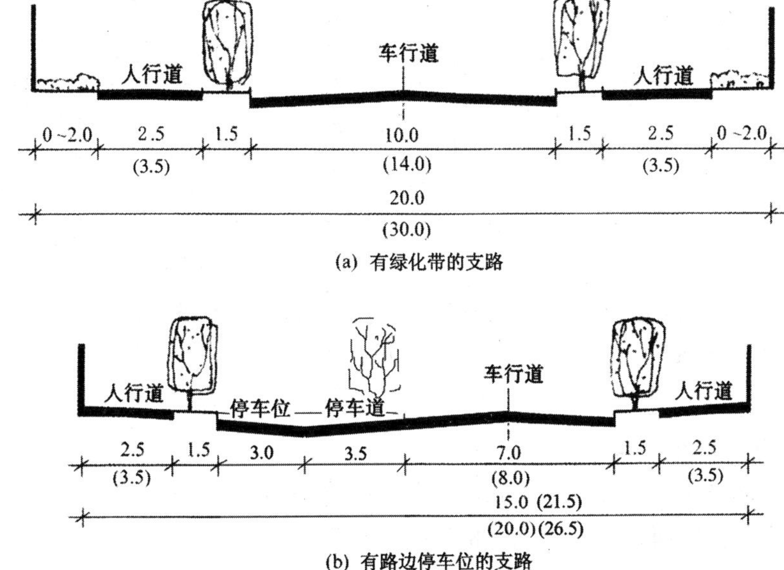

(a) 有绿化带的支路

(b) 有路边停车位的支路

图 5-27　支路横断面(单位：m)

(11) 郊区道路

郊区道路基本上可分为两类：一类与城市主要交通性干路相连接的同级或高一级的道路，可参照城市主要交通性主干路(包括快速路)选定横断面；另一类可以按照公路的标准选择横断面,有条件时应尽可能加大路肩宽度。我国国家规范规定的公路横断面标准见表 5-8。

表 5-8 各级公路主要技术指标

等级		高速公路						一		二		三		四	
计算行车车速(km/h)		120			100	80	60	100	60	80	40	60	30	40	20
车道数		8	6	4	4	4	4	4	4	2	2	2	2	1 或 2	
行车道宽度 (m)		2×15.0	2×11.25	2×7.5	2×7.5	2×7.5	2×7.0	2×7.5	2×7.5	9.0	7.0	7.0	6.0	3.5 或 6.0	
中央分隔带宽度(m)	一般值	3.0			2.0	1.5	1.5								
	低限值	2.0			1.5										
左路缘带宽度(m)	一般值	0.75			0.75	0.5	0.5								
	低限值	0.5			0.5	0.25	0.25								
硬路肩宽度(m)	一般值	3.25 或 3.5			3.0	2.75	2.5	3.0	2.5						
	低限值	3.0			2.75	2.5	1.5	2.75	1.5						
土路肩宽度(m)	一般值	0.75			0.75	0.75	0.5	0.75	0.5	1.5	0.75	0.75	0.75	0.5 或 1.5	
	低限值					0.5									
路基宽度(m)	一般值	42.5	35.0	27.5～28.0	26.0	24.5	22.5	25.5	22.5	12.0	8.5	8.5	7.5	6.5	
	低限值	40.5	33.0	25.5	24.5	23.0	20.0	24.0	20.0	17.0				4.5 或 7.0	
停车视距 (m)		210			160	110	75	160	75	110	40	75	30	40	20
超车视距 (m)										550	200	350	150	200	100
极限最小平曲线半径(m)		650			400	250	125	400	125	250	60	125	30	60	15
不设超高最小平曲线半径(m)		5500			4000	2500	1500	4000	1500	2500	600	1500	350	600	150
最大纵坡 (%)		3			4	5	5	4	6	5	7	6	8	6	9

一般郊区道路至少保证有两条机动车道宽度的路面,有条件时可以布置三条车道或加宽路肩,以适应远期的发展。位于有可能形成市区的地段的郊区道路,应该为远期改建成城市型道路留有余地,主要是控制红线并按红线要求埋设管线和植树等。

6. 横断面图的绘制

常用比例为:水平方向 1∶200 或 1∶100;垂直方向 1∶100 或 1∶50。

(1) 设计横断面,示例如图 5-28 所示。内容包括:

① 适用范围(××桩号～××桩号);

② 各部分布置及尺寸、坡度、高差;

③ 路拱;

④ 路面结构;

⑤ 地上、地下管线位置。

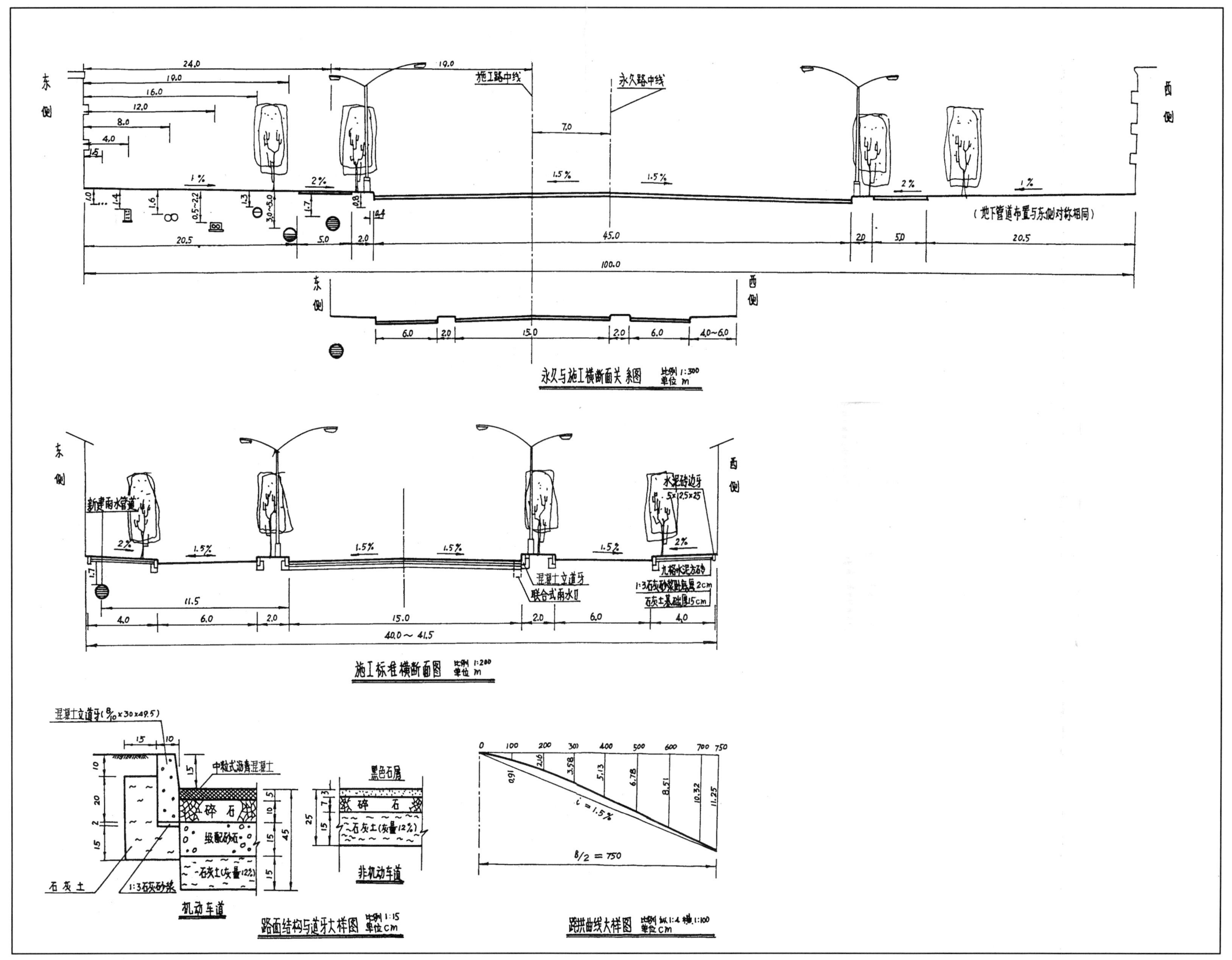

图 5-28 城市道路标准横断面设计示范图

(2) 施工横断面

按桩号分别在现状地面横断面上，依照设计高程套入设计横断面，标注土方填挖高程及原有的和设计的地下管线位置等。

5.2.2　城市道路平面设计

城市道路平面设计就是根据城市道路系统规划和详细规划(或城市用地的现状)，确定道路中心线的具体位置(确定道路的直线、曲线线形，又称为“定线”)；按照标准横断面和道路两旁地形、用地、建筑、管线等要求，详细布置道路红线范围内道路各组成部分，包括道路排水设施(如雨水进水口)、城市公共交通停靠站等其他设施和交通划线的布置(又称为“平面布置”)在内；确定各路口、交叉口、桥涵的具体位置和设计标准、选型、控制尺寸等(另进行交叉口设计和桥涵设计)。平面交叉口的平面设计一般绘入道路平面设计图中。

道路平面设计要同道路的横断面设计、纵断面设计、交叉口设计、排水管线设计、桥涵设计等结合进行。

1. 道路平面曲线设计

道路平面曲线常采用圆曲线(图 5-29)。

(1) 平曲线要素

转点：IP

转角：α

曲线起点 $B.C$，中点 $M.C$，终点 $E.C$

切线长：T

曲线长：L

半径：R

外距：E

各曲线要素关系

$$T = R\tan\frac{\alpha}{2}$$

$$L = \frac{\pi}{180}R\alpha$$

$$E = R\left(\sec\frac{\alpha}{2} - 1\right)$$

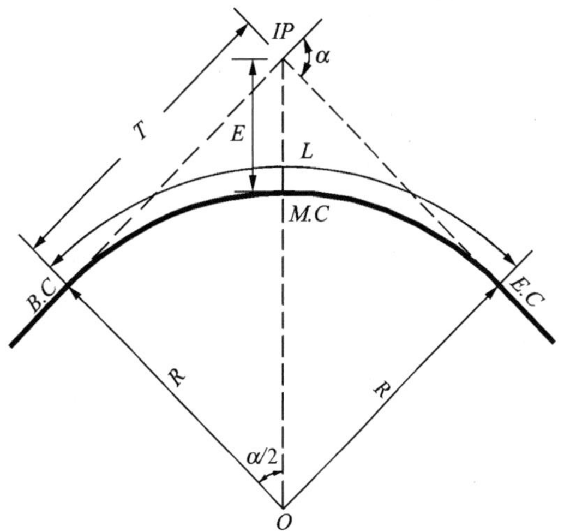

图 5-29　平曲线要素

可以根据 α 和计算选定的 R 值，查阅圆曲线表(见本书附表 A)得到 T、L、E 等要素；也可根据 α 和 T(或 E)的要求，查表得到 R，再进行验算确定。

(2) 弯道半径选定

根据汽车在平曲线上行驶的力学分析，考虑汽车在横向离心力作用下抗倾覆的平曲线最小半径

$$R = \frac{V^2}{127(\phi - i)}$$

式中 V——设计车速；

ϕ——路面横向摩擦阻力系数；

i——道路横坡。

汽车在曲线上行驶时，一般有较高的抗倾覆稳定性。考虑车辆行驶的安全，主要应保证车辆横向滑移的稳定性，此时平曲线最小半径

$$R = \frac{V^2}{127(\mu - i)}$$

式中 μ——横向力系数，反映乘客的舒适程度。

当 μ=0.10 时，乘客不感到有曲线存在，感觉平稳；

当 μ=0.15 时，乘客略感有曲线存在，感觉尚平稳；

当 μ=0.20 时，乘客感到有曲线存在，略感觉不平稳；

当 μ=0.35 时，乘客感到有曲线存在且不平稳；

当 μ=0.40 时，乘客感到很不稳定，站立不住，有倾倒的危险。

μ 值大小与燃料的消耗和轮胎的磨耗有关。当 μ=0.1 时，燃料消耗增加10%，轮胎磨耗增加1.2倍；当 μ=0.15 时，燃料消耗增加20%，轮胎磨耗增加2.9倍。所以，综合考虑汽车运营的经济与乘客舒适程度的要求，μ 以不超过0.1为宜。

考虑抗倾覆计算公式和考虑横向滑移稳定性的计算公式相比较，保证车辆横向滑移稳定性的公式更为安全，因此，常采用该公式计算作为确定平曲线半径的依据。

道路平曲线半径除主要取决于设计车速 V 外。同时还要考虑地形、地物(建筑)所允许道路通过的(视距)空间条件，在满足这两个条件的情况下，一般尽可能选用较大的曲线半径。

平曲线半径选用参考值如表5-9所示。

表5-9 城市道路平曲线半径建议值 m

	道路等级		
	主干路	次干路	住宅区街坊道路
最小平曲线半径*	150～250	70～100	40～60
不设超高的平曲线允许半径	500～1500	150～250	100～200

* 须设超高或降低车速。

平曲线半径选用参考值如表5-9所示：

当 $R \leqslant 125$ m 时，R 值取5的倍数；

当 125 m $< R \leqslant$ 150 m 时，R 值取10的倍数；

当 150 m $< R \leqslant$ 500 m 时，R 值取50的倍数；

当 $R >$ 500 m 时，R 值取100的倍数。

（3）超高

当平面弯道的设计受地形、地物限制，不能按照设计车速 V、横向力系数 μ 和常规的横坡 i 选用适宜的曲线半径时，就必须改变道路横坡，以保证车辆行驶的安全。一般常将道路外侧抬高，使道路横坡呈向内侧倾斜的单向横坡，称为超高（图 5-30）。

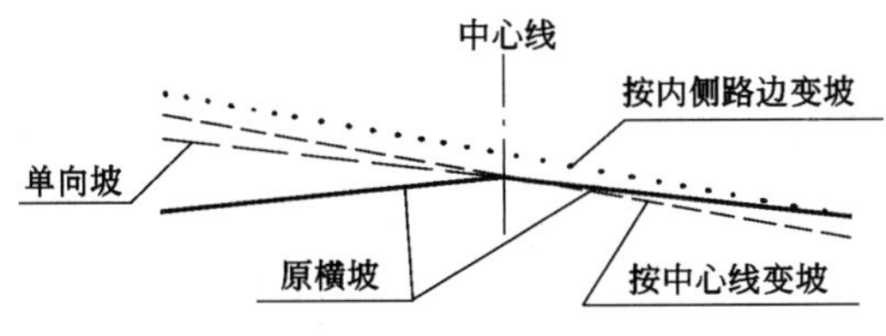

图 5-30　平面弯道超高横坡变化

超高横坡度

$$i_{超} = \frac{V^2}{127R} - \mu$$

道路设置超高后，需要有一个变坡的路段，称为超高缓和段（图 5-31）。

超高缓和段长度

$$L_{超} \geqslant \frac{Bi_{超}}{i_{附}}$$

式中　B——路面宽。

$i_{附}$——由于超高而引起的道路外侧增加的纵坡（外缘纵坡与道路中心线纵坡之差），一般 $i_{附} \leqslant 0.5\% \sim 1.0\%$；山区 $i_{附} \leqslant 2.0\%$。

（4）弯道加宽

汽车在曲线上行驶的所占用的行车宽度比在直线路段上行驶的宽度大。所以，对于圆曲线半径 $R \leqslant 250$ m 的城市道路的曲线路段的车行道需要考虑加宽。

每条车道加宽值

$$e = \frac{l^2}{2R} + \frac{0.05R}{\sqrt{R}}$$

式中　l——车身长；

n 条车道的加宽值为 ne。

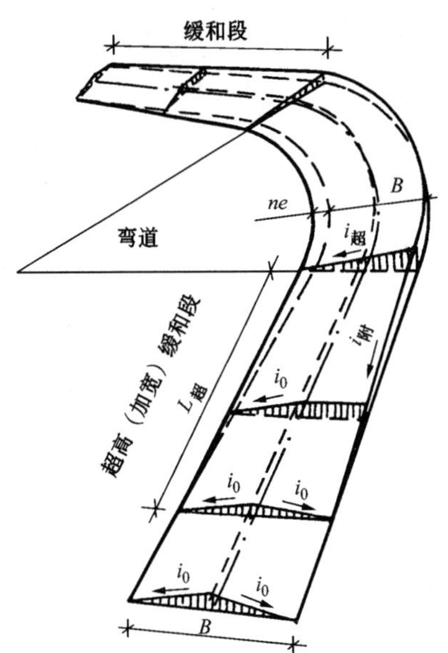

图 5-31　平面弯道超高及缓和段

同样，道路加宽时需要设置加宽缓和段，其长度不小于 10 m。同时设置超高时，通常加宽缓和段与超高缓和段合并设置，内侧增加宽度，外侧增加超高。

一般城市道路由于车速不高，同时考虑到沿街建筑布置和地下管线敷设的方便,应该尽可能选用不设超高的曲线半径,也不考虑加宽。超高和加宽可用于城市快速路、高速公路、山城道路和郊区道路(包括风景区道路)。

每条车道圆曲线加宽值如表5-10所示。

表5-10(a) 每条车道圆曲线加宽值 m

	圆曲线半径								
	15～20	200～250	150～200	100～150	60～100	50～60	40～50	30～40	20～30
小型汽车	0.28	0.30	0.32	0.35	0.39	0.40	0.45	0.60	0.70
普通汽车	0.40	0.45	0.60	0.70	0.90	1.00	1.30	1.80	2.40
铰接车	0.45	0.55	0.75	0.95	1.25	1.50	1.90	2.80	2.50

表5-10(b) 城市道路双车道路面加宽值 m

圆曲线半径	500～400	400～250	250～150	125～90	80～70	60～50	45～30	25	20
$2e$	0.5	0.6	0.75	1.0	1.25	1.5	1.8	2.0	2.2

(5) 缓和曲线

在城市快速路、高速公路及一、二级公路设计中,为了避免行车时由于曲率的突然变化而引起的离心力的突变,需要在直线进入圆曲线之间设置符合汽车转向行驶实际轨迹,并使离心力逐渐增加的缓和曲线。当设计速度大于40 km/h时,常采用辐射螺旋线(或称回旋线)作为缓和曲线,其可变曲率半径

$$\rho = \frac{c}{l_s}$$

式中 c——参数,取决于车速V和角速度ω;

l_s——缓和曲线长度。为保证乘客的舒适,常选用

$$l_s = 0.035\frac{V^3}{R}$$

实际使用时取5的倍数,有计算表格可查。

(6) 复曲线

道路平面设计中还会出现两段或三段曲线相接的情况。对于不设超高的相邻曲线,一般允许直接衔接;设有超高时,两曲线之间应该设置改变超高的缓和段,反向曲线之间的缓和直线段长度不小于两曲线超高缓和段之和。直接衔接的相邻曲线要尽可能避免选用相差一倍以上的曲线半径。

2. 道路路段平面综合设计

常用比例为1∶500或1∶1000。

平面图绘制范围:在城区一般要求超出红线两侧各20 m,郊区为道路中心线两侧各50 m左右。

道路平面设计图示例如图5-32所示。

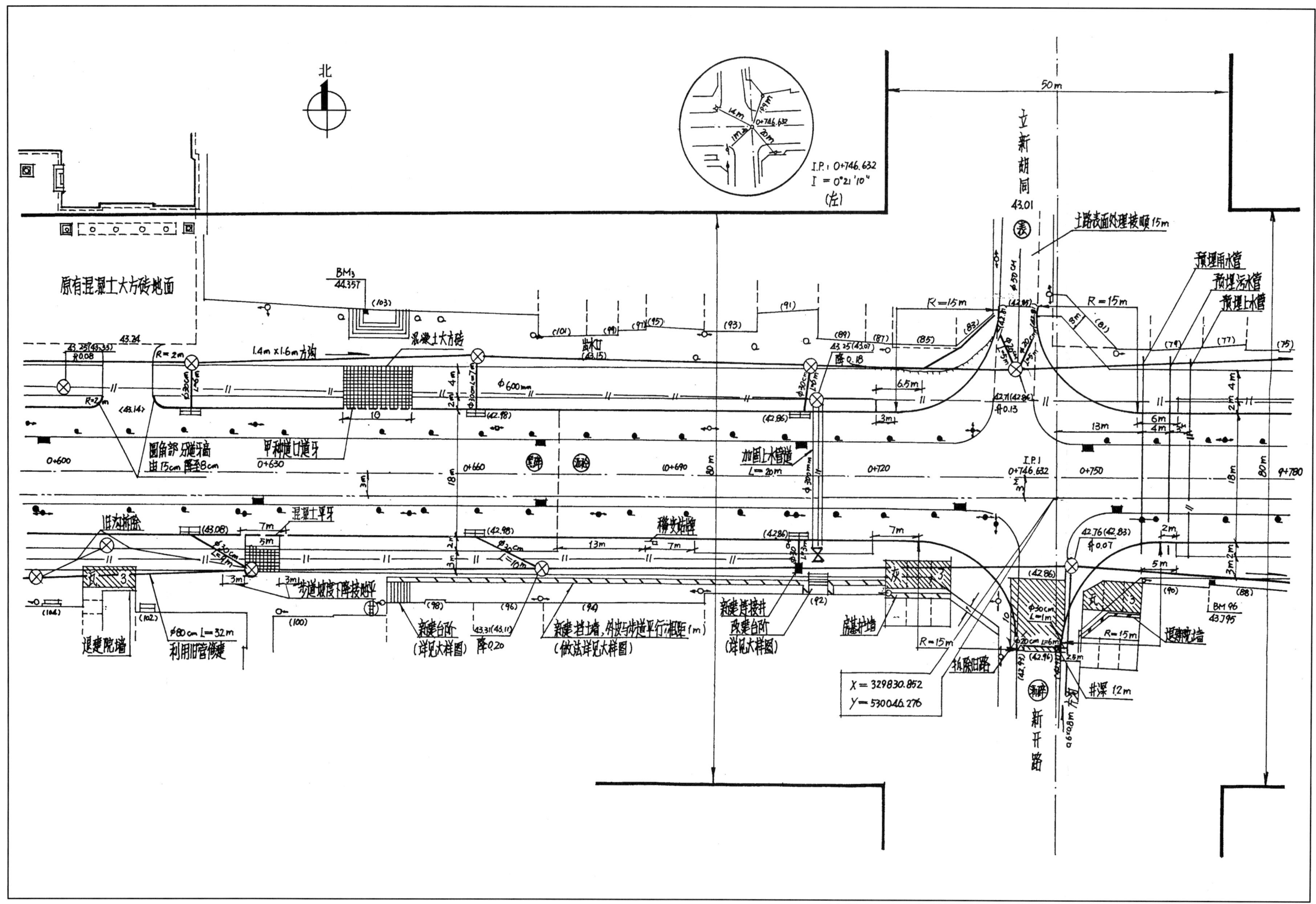

图 5-32　城市道路平面设计示范图

平面综合设计步骤如下：

(1) 定线

将现场测设的道路中心线(直线和平曲线)用细点划线画在现状平面图上，标注中心线控制数据，如测量和设计控制点坐标、设计高程、桩号、平曲线各控制点及曲线要素等。道路桩号一般采用公里桩(如 1+250 表示距起点 1250 m 的桩号)。在城市中心区内，可以利用交叉口作为平面转折点，在交叉口一般不做平曲线，但转角不宜超过 30°。

(2) 道路平面布置

以道路中心线位置，按照标准横断面画出道路各部分用地的控制线，再根据现状条件和规划设计要求具体进行布置，用粗实线画出车行道与人行道的分界线(路缘石线)，用粗双点划线画出红线。确定两旁各建筑用地出入口的布置(宽度、转角半径等)。

分隔岛的长度一般为 50～100 m，间隙为 8～10 m。快速路和交通性主干路的分隔岛在路段上不应断开。

(3) 设施平面布置

用细实线画出绿地的布置，公共交通站台和各种停车场的布置。雨水进水口的布置及交通设备(包括信号灯、交通划线等)可用相应图例表示。还需标注各地上、地下管线位置、桥涵的位置和技术指标等。根据交通规则要求，公共交通停靠站台应距交叉口(常指转角曲线切点)不小于 50 m，考虑 2～3 个停车站位长度。

5.2.3 城市道路纵断面设计

城市道路的纵断面是指沿道路中心线方向的道路剖面，道路纵坡是指沿道路中心线方向的纵向坡度。城市道路纵断面设计是根据城市竖向规划的控制标高，按道路的等级，以及道路沿线地形、地物、工程地质、水文、管线等条件，确定道路中心线的竖向高程、坡度起伏关系和立体交叉、桥涵等构筑物控制标高，有时尚需确定道路排水设施(如边沟、盲沟)的纵坡、标高。要求道路线形的起伏尽可能平顺，土方尽可能平衡，排水良好。

当道路横断面为两块板不对称布置时，应分别确定两块板的道路中心线及其纵断面。设置锯齿形街沟(详见 5.5 节)时，需确定街沟的纵断面。

1. 道路纵坡

道路纵坡常指道路中心线(纵向)坡度，在保证排水要求的条件下，设计中应尽可能选用较平缓的纵坡。

道路纵坡主要取决于自然地形、道路两旁的地物(建筑物出入口及散水高程)、道路构筑物的净空限界要求、车辆性能、车速、道路等级等。

城市道路机动车道最大纵坡限制值如表 5-11 所示。

表 5-11 不同车速机动车道最大纵坡限制值

设计车速 (km/h)	80	60	50	40	30	20
最大纵坡 (%)	4	5	5.5	6	7	8
设超高时 $i_{超}+i_{纵}$ 不大于 (%)	6.5	6.5	6.5	7	7	8

城市道路较大纵坡的坡长限制如表 5-12 所示。

表 5-12 城市道路较大纵坡坡长限制值

设计车速 (km/h)	80			60			50			40		
纵坡 (%)	5	5.5	6	6	6.5	7	6	6.5	7	6.5	7	8
坡长限制 (m)	600	500	400	400	350	300	350	300	250	300	250	200

城市各级道路最大纵坡建议值如表 5-13 所示。

表 5-13 城市各级道路最大纵坡建议值

	快速路	主干路	次干路	支路
设计车速 (km/h)	60～80	40～60	30～40	20～25
最大纵坡 (%)	3～4	3～4	4～6	7～8

不同路面纵坡限制值如表 5-14 所示。

表 5-14 不同路面纵坡限制值

	高级路面	料石路面	块石路面	砂石路面
最小纵坡 (%)	0.2～0.3	0.4	0.5	0.5
最大纵坡 (%)	3.5	4.0	7.0	6.0

城市道路多为高级路面,根据路面自然排水的要求,希望纵坡控制在 0.2%～0.3%以上。城市道路非机动车道的纵坡应控制在 2.5%以下,以使大多数骑车人能够在上坡时不感到吃力。所以,一般城市道路的纵坡也应尽可能控制在 2.5%以下,平原城市机动车道的最大纵坡宜控制在 5%以下。当纵坡大于 2.5%时,对非机动车道的坡长应有所限制,如表 5-15 所示。

表 5-15 非机动车道较大纵坡坡长限制值

纵 坡 (%)		2.5	3.0	3.5
坡长 (m)	自行车	300	200	150
	其他非机动车	150	100	—

2. 竖曲线

在道路纵坡转折点常设置竖曲线将相邻的直线坡段平滑地衔接起来,以使行车比较平稳，避免车辆颠簸，并满足驾驶者的视线(视距)要求。道路竖曲线也常采用圆曲线，圆形竖曲线(以凸形为例)各曲线要素(图 5-33)。

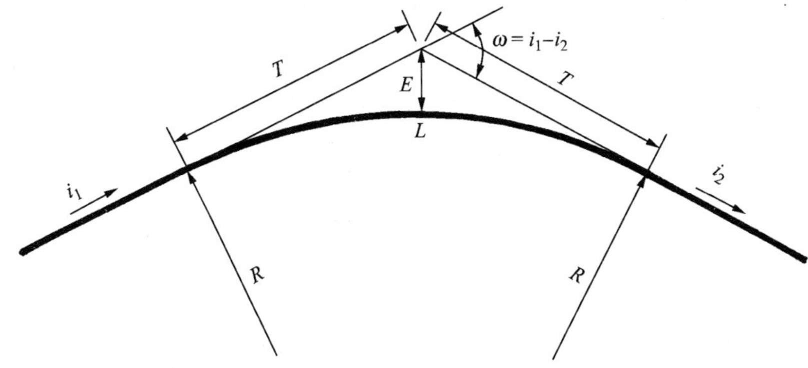

图 5-33　凸形竖曲线要素

坡度代数差 $\omega=|i_1-i_2|$，坡度以上坡取正值，下坡取负值，即同向坡相减，异向坡相加。

曲线半径　R

曲线长　$L=R\omega$

切线长　$T=\dfrac{R\omega}{2}=\dfrac{L}{2}$

外距　$E=\dfrac{L^2}{8R}$

竖曲线分凸形竖曲线和凹形竖曲线两种。凸形竖曲线的设置主要满足视线视距的要求，凹形竖曲线的设置主要满足车辆行驶平稳(离心力)的要求。

需要设置凸形竖曲线的条件

$$\omega > \frac{1.2}{S_T}$$

式中　S_T——停车视距，北京市规定城市干路 $\omega\geqslant 0.5\%$，支路 $\omega\geqslant 0.1\%$时设置凸形竖曲线。

凸形竖曲线最小半径

$$R_{min} = \frac{S_T^2}{2.4}$$

需要设置凹形竖曲线的条件

$$\omega \geqslant 0.5\%$$

当外距 $E<5$ cm 时，可不设置竖曲线。

城市道路竖曲线最小半径建议值如表 5-16 所示。

不同车速时的竖曲线最小半径值和常用值如表 5-17 所示。

设计时一般希望将平曲线与竖曲线分开设置。如果确实需要重合设置时，常要求将竖曲线在平曲线内设置，而不应有交错现象。为了保持平面和纵断面的线

表 5-16 城市道路竖曲线最小半径建议值 m

	快速路	主干路	次干路	支路
凸形竖曲线最小半径	10 000	2500～4000	500～1500	500
凹形竖曲线最小半径	2500	800～1000	500～600	500

表 5-17 不同车速竖曲线半径选用表 m

车速 (km/h)		120	100	80	70	60	50	40	30	20
凸形竖曲线	最小半径	20 000	10 000	5000	4000	2500	2000	1000	500	500
	常用值			>10 000		>5000		>4000	>2000	>1000
凹形竖曲线	最小半径	2500	1500	1000	750	600	500	500	500	500
	常用值			>4000		>3000		>2000	>1000	>1000
竖曲线最小长度				70	65	50	40	35	25	20

形平顺,一般取凸形竖曲线的半径为平曲线半径的 10～20 倍。应避免将小半径的竖曲线设置在长的直线段上。

为了提高行车的平稳性,各国对竖曲线最小半径的规定都趋于增大,如日本对设计车速为 120 km/h 的Ⅰ级干路,规定凸形竖曲线最小半径 11 000 m,凹形竖曲线最小半径 4000 m;美国对设计车速 110 km/h 的道路,规定凸形竖曲线最小半径 18 000 m,凹形竖曲线最小半径 9000 m。

3. 道路纵断面综合设计

道路纵断面图的常用比例为水平方向 1∶1000,垂直方向 1∶100。

道路纵断面设计的步骤:

(1) 按桩号绘制道路中心线的现状地面线,标注地质剖面、水文资料、规划控制点高程、主要影响构筑物(如桥、涵、铁路、河渠堤坝、沿街重要建筑出入口)高程以及道路的平面线形和位置。还需标注测量水准点资料。

(2) 根据规划确定的资料,结合平面、横断面(及交叉口)设计确定道路中心线的纵断面设计线,即确定纵坡和竖曲线。结合原地面高程计算并标注每个桩号的设计高程和填挖高度。

确定纵断面设计线时,应注意使交叉口附近有较平缓的坡度;避免道路红线处的标高高于沿街永久性建筑物的散水或底层地坪,或者过于低于建筑物的底层地坪;使道路的汇水点位置与道路排水的设计相协调;并注意土方填挖量的平衡。竖曲线的设计可以根据道路控制点的高程、净空要求,视距和车速的条件选择适当的竖曲线半径 R,按坡度代数差 ω 查竖曲线表(见本书附表 B 得到竖曲线各要素)。计算过程往往是反复的,必要时需要调整道路纵坡及竖曲线半径的选取值。

交叉口的竖向设计另行进行。

(3) 其他纵断面设计,如特殊断面的设计,排水沟和锯齿形街沟的设计等。

城市道路纵断面设计示例如图 5-34 所示。

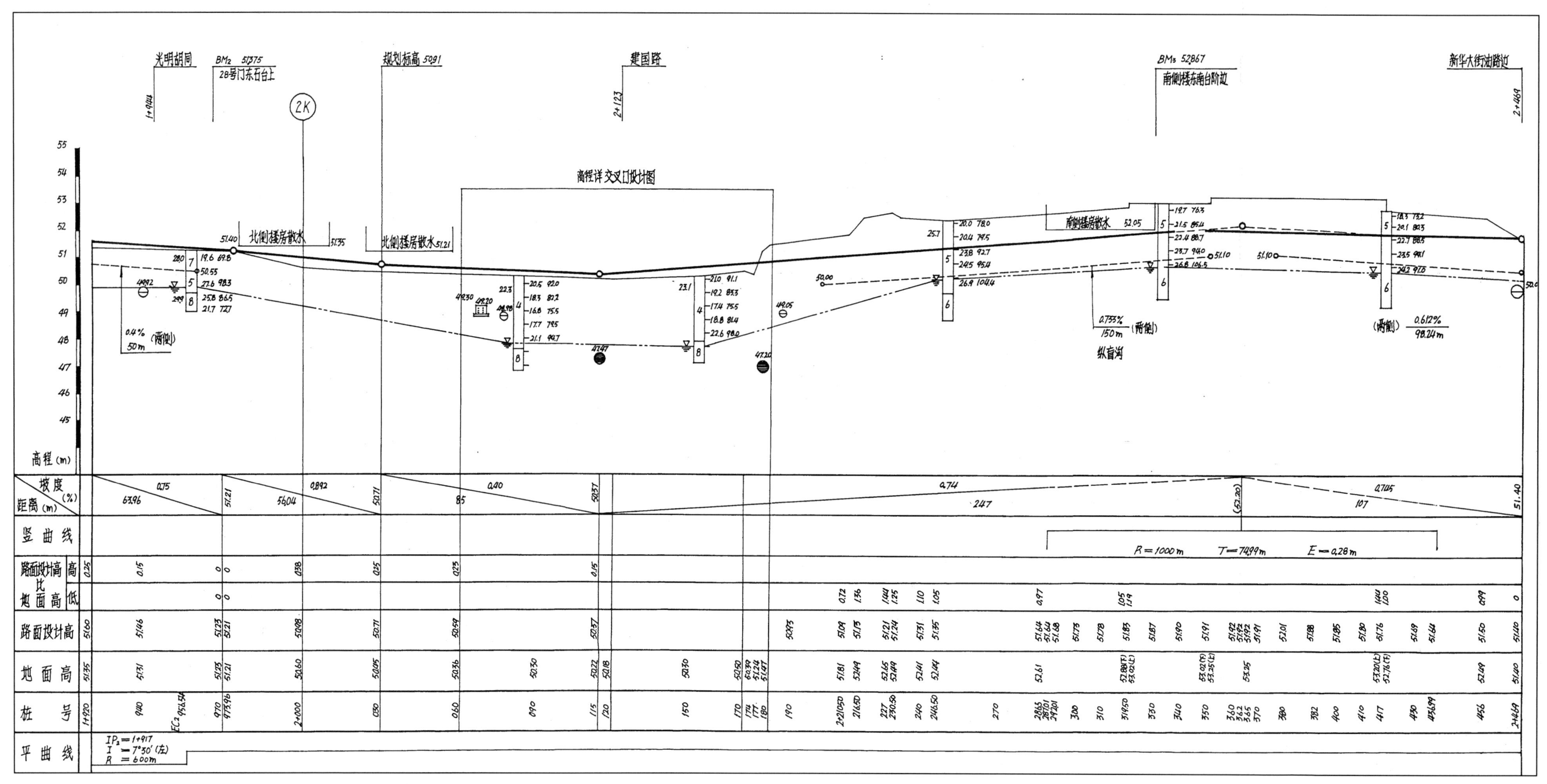

图 5-34 城市道路纵断面设计示范图

5.3 交叉口设计

5.3.1 概述

交叉口是城市道路系统的重要组成部分，是城市道路上各类交通汇合、转换、通过的地点，也是管理、组织道路上各类交通的控制点，既是道路的“瓶颈”，又是交通的“阀门”。因此，交叉口设计必须服从并依据整个城市道路系统的功能要求和城市交通组织与管理的要求，结合相交道路的路段设计，具体确定交叉口的形式、平面布置、交通组织方式和竖向高程。

交叉口设计包括交叉口平面设计和交叉口竖向设计两部分内容。

交叉口的交通组织方式有四种：

(1) 无交通管制，适用于交通量很小的小路交叉口；

(2) 渠化交通，即使用交通岛或交通划线来组织不同方向车流分道行驶，常用于交通量较小的次要交叉口、异形交叉口和城市边远地区的道路交叉口。在交通量较大的交叉口配合信号灯组织渠化交通，有利于交叉口的交通秩序，增大交叉口的通行能力；

(3) 交通指挥(信号灯控制或交通警察手势指挥)，常用于一般十字平面交叉口；

(4) 立体交叉，适用于快速、连续交通要求的大交通量交叉口。

城市道路交叉口又可以按性质和形式作如下分类。

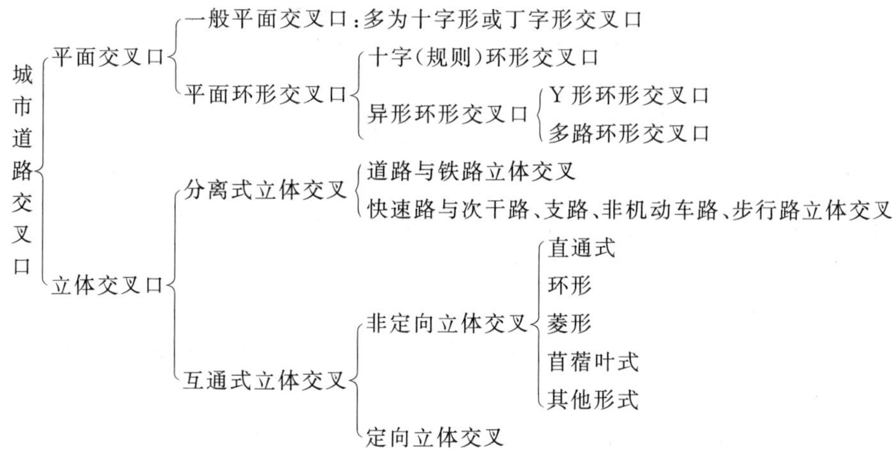

5.3.2 一般平面交叉口设计

一般平面交叉口构成如图 5-35 所示。

对于交通量小的交叉口，可以按相交道路各自的标准横断面进行布置；对于交

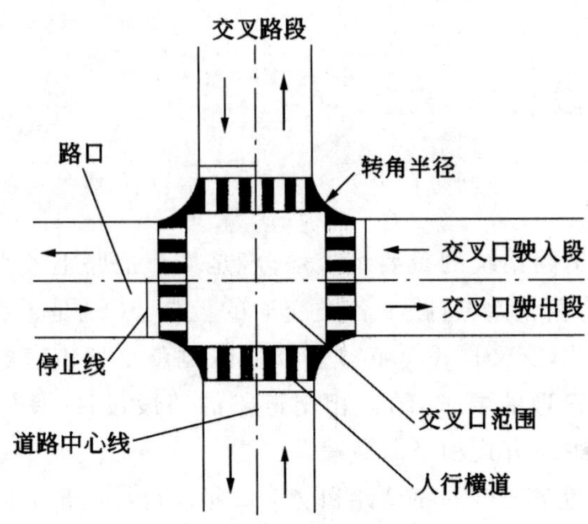

图 5-35　一般平面交叉口构成

通量较大的交叉口和信号灯控制的交叉口,则应根据交通量的要求与信号灯信号周期设计一起考虑交叉口的设计,尽可能提高交叉口的通行效率。

1. 交叉口要素布置

(1) 交叉口转角半径

交叉口转角的路缘石常按圆曲线布置,也有采用三心圆复曲线和圆、回旋线复曲线的做法。转角半径一般根据车型、道路性质、横断面形式、车速来确定(表 5-18)。

表 5-18　交叉口车速及转角半径

道路类型	主干路	次干路	支路(包括单位出入口)
交叉口设计车速　(km/h)	25～30	20～25	15～20
转角半径　(m)	15～25	8～10	5～8

同类(级)道路相交时按本级道路取值,与低一级道路相交时可按低一级道路取值;机动车专用道选取较大的转角半径,设有非机动车道的道路选取较小的转角半径。

(2) 人行横道

人行横道的设置要考虑尽可能减小交叉口的面积,以减少车辆通过交叉口的时间,提高交叉口通过效率;因此,应将人行横道设在转角曲线起点以内。人行横道的宽度应按过街人行量确定,最小宽度为 4 m,当车行道宽在 6～8 m 以内时,可缩至 2 m。人行横道通行能力见第 2 章表 2-9。

当人行横道的长度大于 15 m 或单向机动车道数超过 3 条时,需考虑在道路中央设置安全岛,最小宽度为 1.25 m,最小面积为 5 m^2。

(3) 停止线

停止线设在人行横道线外侧 1～2 m 处。

2. 交叉口拓宽

通常在相同条件下，交叉口路口的通行能力要低于路段的通行能力，路口通行能力为路段的 40%左右。为了提高交叉路口的通行能力，并使进入交叉口不同流向的车辆都能不受其他行驶方向车辆的干扰，就需要对交叉路口进行拓宽，并在进口段根据不同流向车流的流量设置多条左转、直行和右转的车行道；同时要对交叉口出口段相应进行拓宽(图 5-36)。拓宽后的每条车道的宽度可缩至 3.0 m，小型车专用的车道可缩窄至 2.75 m。

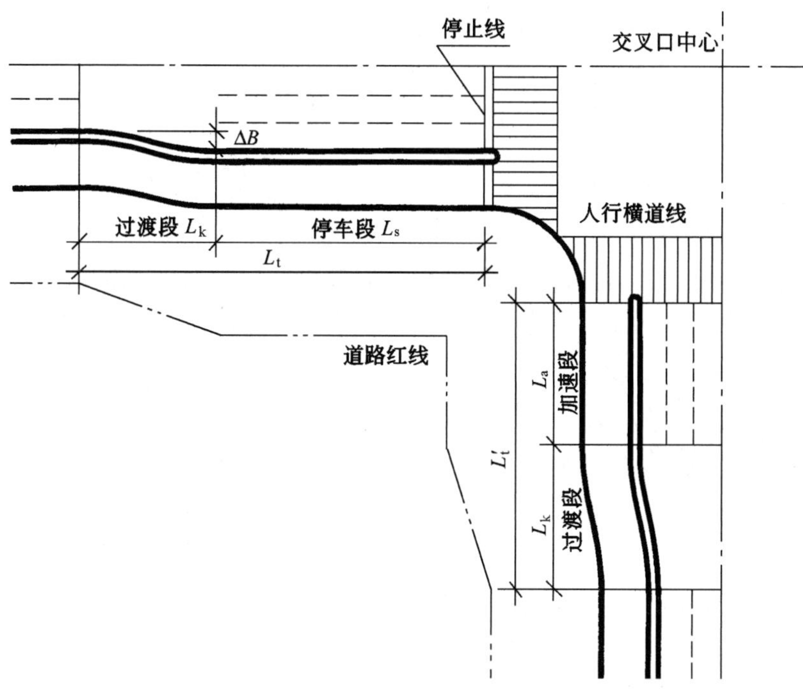

图 5-36　交叉口拓宽

拓宽段长度按下述原则考虑：

(1) 进口段拓宽长度，由减速转换车道的过渡段长度和停车长度两部分组成。过渡段长度 L_k 可查表 5-19 确定。

表 5-19　交叉口拓宽过渡段长度

设计车速　(km/h)	80	60	50	40	30	20
过渡段长度 L_k　(m)	50	38	32	25	19	12

停车段长度

$$L_s = \frac{n}{m} l_e$$

式中　n——每个信号灯周期到达的直行和左转车辆数；

m——直行和左转车道数；

l_e——候停车辆平均车头间距(停车长度)(m)。

进口段拓宽长度 $L_t = L_k + L_s$，一般为 50~75 m。

(2) 出口段拓宽长度，由加速段长度和过渡段长度两部分组成。

$$L'_t = L_k + L_a$$

$$L_a = \frac{v_2^2 - v_1^2}{2a}$$

式中 v_1——右转车辆初速度(m/s)；

v_2——右转车辆末速度(m/s)；

a——平均加速度(m/s²)。

一般出口段拓宽长度为 40～60 m。拓宽后的平面交叉口通行能力可以提高到 3000 辆/h 以上。

3. 渠化与导流岛布置

交通渠化就是用交通标志线或交通岛(又称导流岛)等设施引导各类不同方向、不向速度的车流沿一定的"渠道"通过。常用于特殊形状的交叉口，或主次等级差别大的道路交叉口，主要有以下 5 种设置目的和类型(图 5-37)。

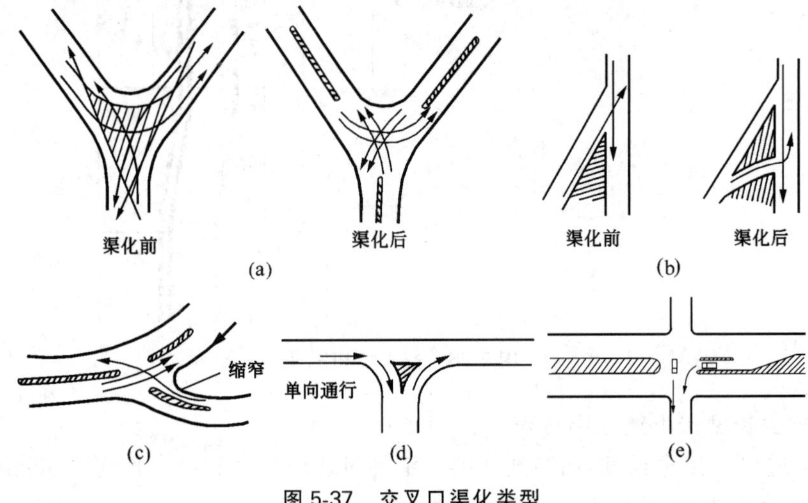

图 5-37 交叉口渠化类型

(1) 缩小交通流的交叉面积，使驾驶人员注意力集中于若干个交叉交织点，提高安全性。

(2) 尽量使交通流接近于直角相交，转弯车辆避让直行车辆，便于驾驶员判别车辆的相对位置和速度、减少危险性。

(3) 降低次要道路驶入主要道路的速度，避让主要道路上的车辆，保证速度相对快的主要道路上的车流畅通。

(4) 限制驶入方向，常用于单向交通的道路交叉口。

(5) 设置左转避车道，减少左转车辆与交叉车辆的冲突可能性。

4. 交叉口竖向设计

交叉口竖向设计就是确定交叉口道路相交面的形状和标高，统一解决行车、道路排水和建筑艺术在立面上的关系。竖向设计主要决定于相交道路的等级、排水条件和地形地物(原有地面、构筑物、建筑物等)。

竖向设计原则：

(1) 主要道路通过交叉口，其设计纵坡保持不变。

(2) 同级道路相交，中心线设计纵坡均保持不变。

(3) 次要道路的纵坡在交叉口范围内服从于主要道路的设计纵坡和横坡。

(4) 竖向设计要有利于道路排水，至少要求保证有一个路口的纵坡坡向离开交叉口。竖向设计必须结合排水管道的设计，确定雨水进水口的位置和标高。

通常采用等高线的方法进行竖向设计(图 5-38 为交叉口竖向设计示例)。先根据各条交叉道路的纵、横断面设计绘出道路车行道和人行道等高线，然后将相同标高的等高线平顺地连接起来，再根据排水的要求选择集水点，设置雨水进水口，同时考虑与路口建筑的协调和美观，适当调整等高线，使其均匀变化，为了便于施工，常按 10 m 方格标注路面的设计标高。

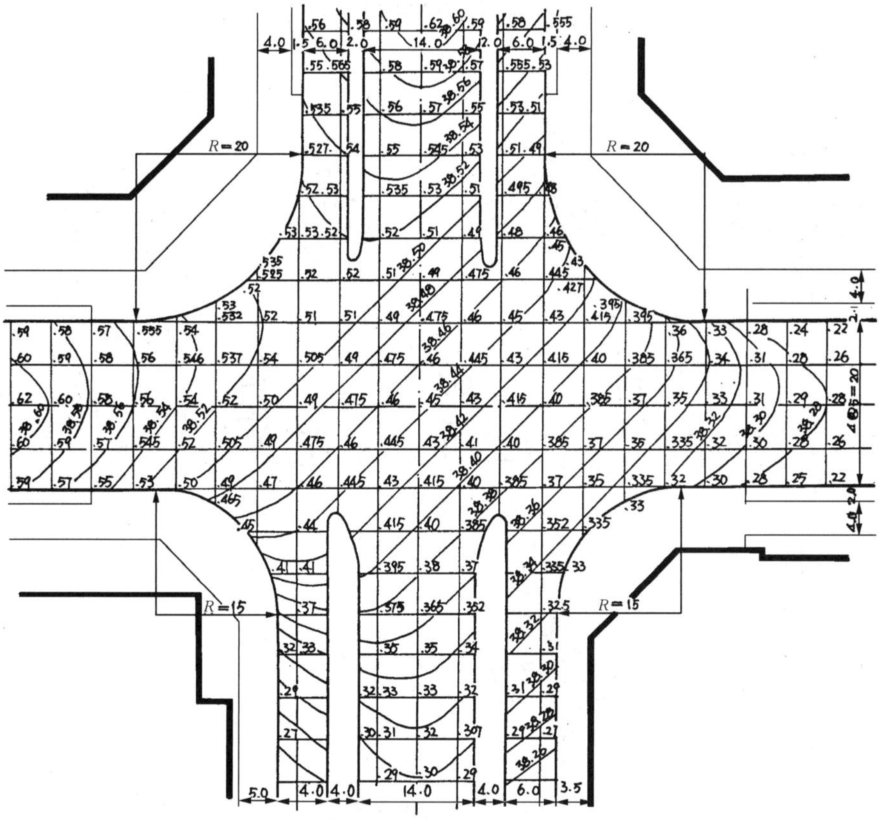

图 5-38　沥青路面交叉口等高线设计示例

各种道路交叉口的竖向设计等高线形式如图 5-39 所示。

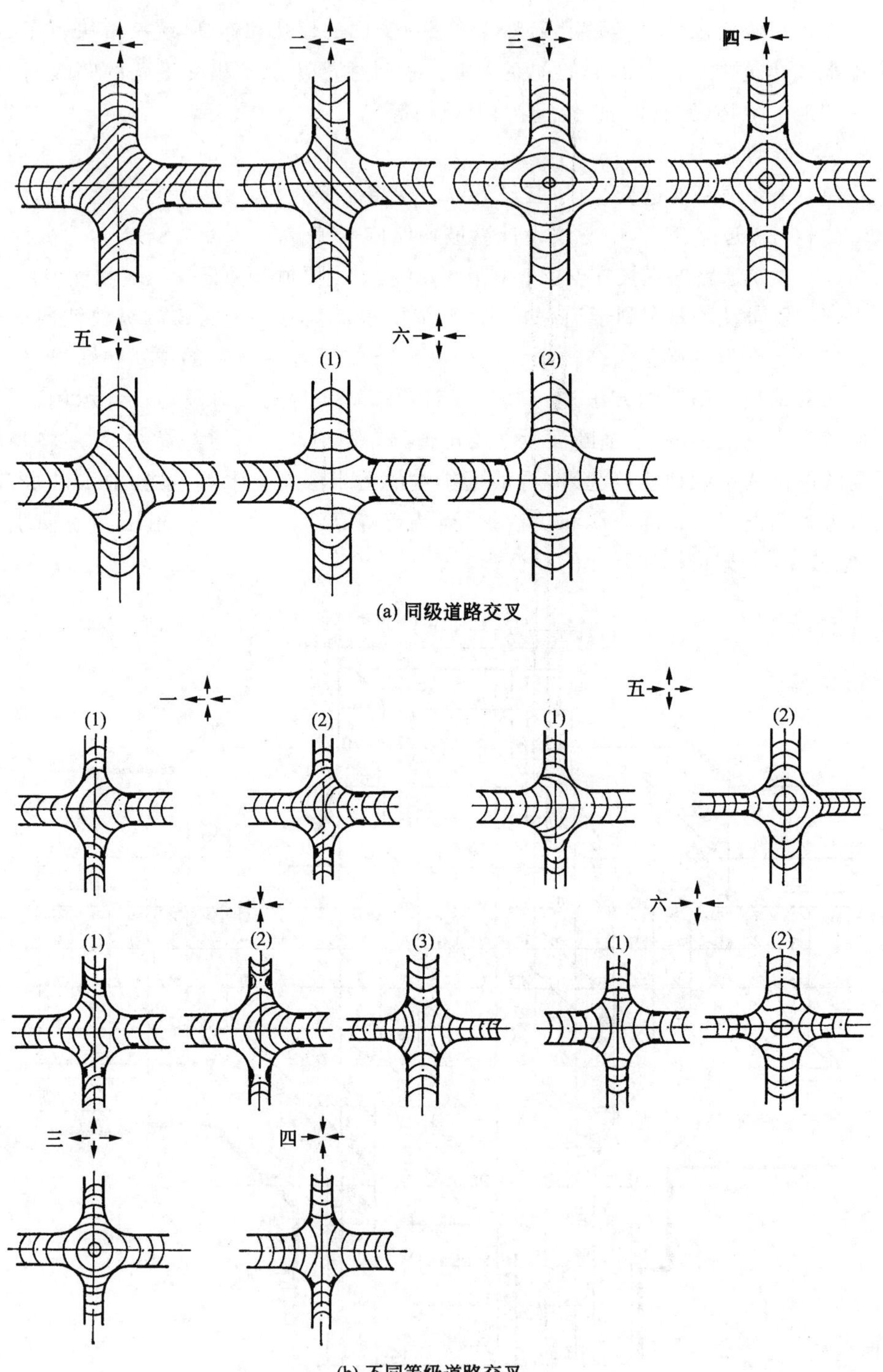

图 5-39 各种道路交叉设计等高线的基本形式

5. 平面交叉口改善

由于历史的原因，现代城市道路中的一些交叉口，或者由于交叉形状不合理，或者由于与交通的流量流向不适应，而影响了交叉口的通行效率和行车安全，需要进行改善。除了渠化、拓宽路口、组织环形交叉和立体交叉以外，改善的方法多种多样，主要有以下四种（图 5-40）：

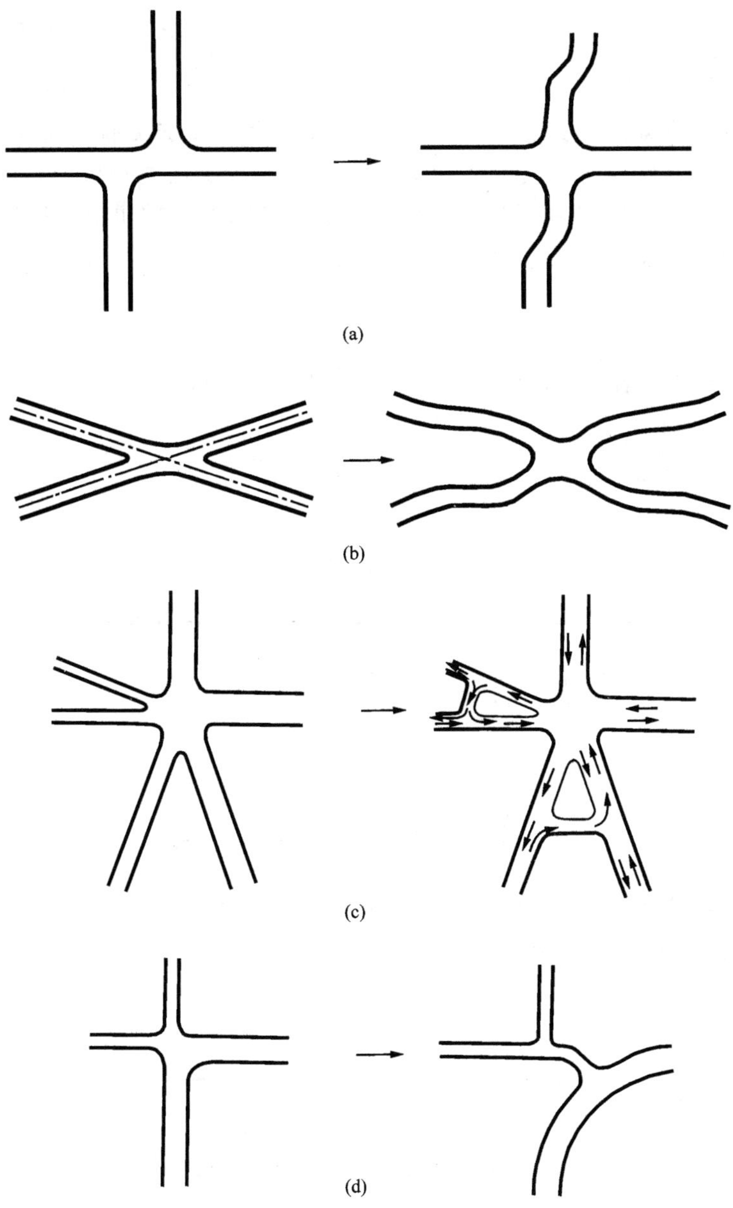

图 5-40　改善平面交叉口的方法

(1) 错口交叉改善为十字交叉,变两个丁字形交叉为一个十字交叉,有利于交叉口交通组织,并消除了两个方向直行交通重叠交错的现象,可以提高通行能力;

(2) 斜角交叉改善为近似正交的交叉口,改善了车辆在交叉口的通行状况,有利于提高通过效率和行车安全;

(3) 多路交叉改善为十字交叉,组织部分路口采用单向交通的形式,有利于交通指挥,改善交叉口秩序;

(4) 使主要交通流更为通畅,合并次要道路,再与主要交通道路连接。

6. 道路与铁路的平面交叉

城区道路和郊区主要道路与铁路相交时应采用立体交叉的形式,城郊次要道路一般避免与铁路相交,在必须交叉处,可采用平面交叉的方式相交,称为“铁路道口”。铁路道口位置应选择铁路轨道股数最少的直线段,道路也应保持每侧不小于30 m 的直线段,道路中心线与铁路中心线的交角不宜小于 60°,特殊困难时不得小于 45°。

铁路道口设计应满足下述要求:

(1) 对于无人看守的铁路道口,要保证道口有足够的安全视距。道口视距要求如图 5-41 所示。

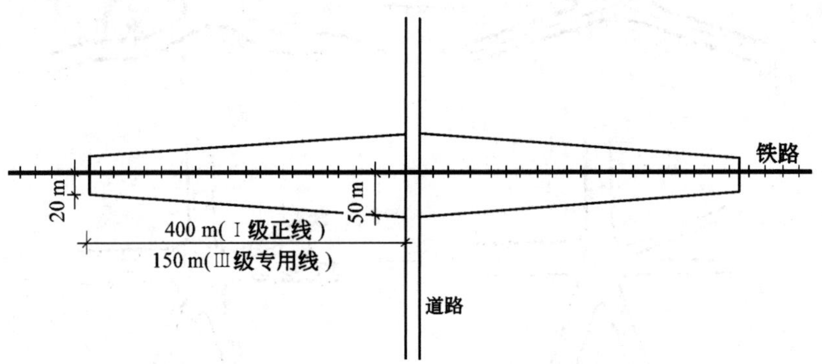

图 5-41　道路与铁路平交道口视距要求

(2) 铁路道口两侧道路应保证有一定距离的水平路段,并限制水平路段之外的道路纵坡,如图 5-42 所示。

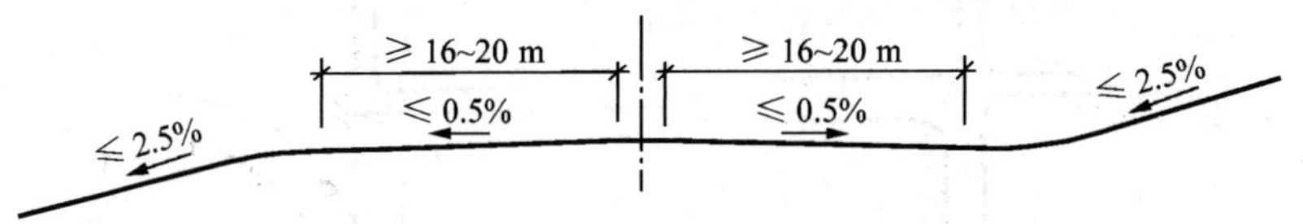

图 5-42　铁路道口纵断面设计要求

(3) 铁路道口宽度不应小于相交道路路面和人行道宽度之和,为了便于迅速疏解候停车辆交通,道口宽度宜大于道路宽度,并设中央隔离设施分隔不同方向车流，如图 5-43 所示。有条件时宜将机动车和非机动车分道布置。

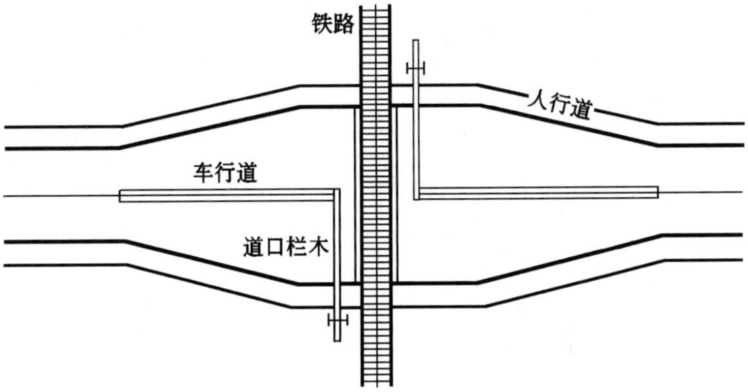

图 5-43 放宽铁路道口平面示意图

(4) 铁路道口路面高度一般与轨顶标高相同，但有轨道电路的道口，路面应该高出轨顶 2 cm。

5.3.3 平面环形交叉口设计

平面环形交叉口又称环交、转盘，就是在交叉口中央设置一个中心岛，车辆绕岛作逆时针单向行驶，连续不断地通过交叉口。平面环形交叉口不需要信号灯指挥交通，也是一种渠化交通的方式。一般环形交叉口由于设置中心岛而所需用地较大(0.5～2.0 hm^2)。

平面环形交叉口适用于多条道路交汇的交叉口和左转交通量较大的交叉口，但是，如果相交道路过多，且道路相交角不均匀，要满足交织的要求，中心岛就需要做得很大。因此，当相交道路总数超过 6 条时，就应考虑将道路适当合并后再接入交叉口。

平面环形交叉口的通行能力较低，一般不适用于快速路和主干路的交叉口。当进入交叉口的混行交通量超过 2700 辆当量小汽车/h(不含右转车)或环形交叉口任何一个交织路段通过的交通量超过 1400 辆当量小汽车/h 时，不宜采用平面环形交叉。当城市中特殊情况需在主干路上采用环形交叉形式时，可采用信号灯控制加渠化等交通管理方法提高通行能力，以满足交通要求。

1. 平面环形交叉口形式(图 5-44)

平面环形交叉口的中心岛一般为圆形。当主次干路相交时，为了使主干路交通更为通畅，可将中心岛做成长圆形。此外，根据用地情况和建筑环境的要求，还可做成圆角方形、菱形和卵形等。

2. 环道的交织要求

进出环道的车辆在环道上有一次相互交织，环道的设计必须满足车辆在路口

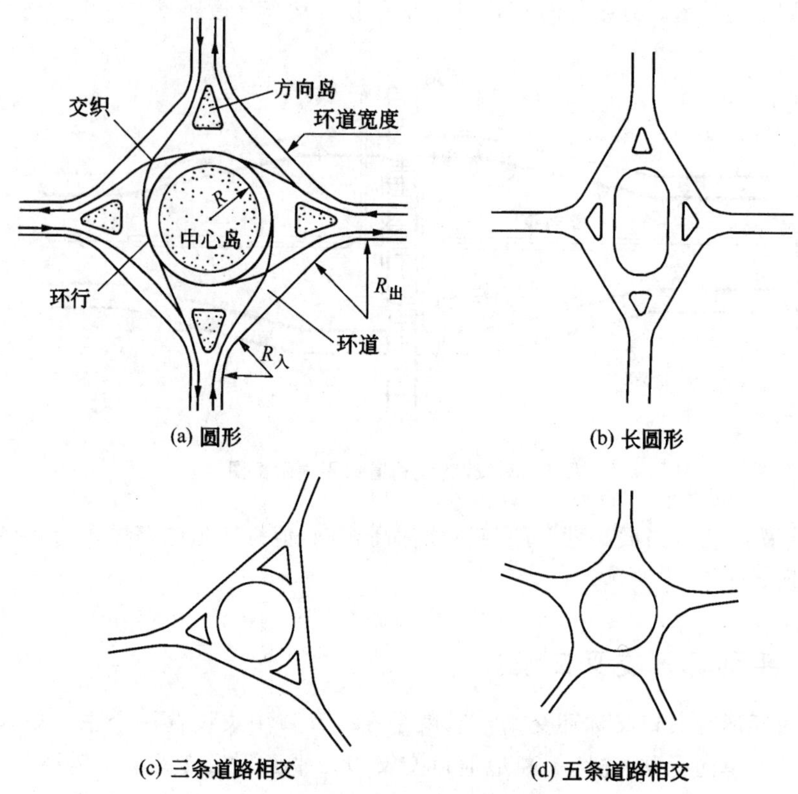

(a) 圆形

(b) 长圆形

(c) 三条道路相交

(d) 五条道路相交

图 5-44　平面环形交叉口形式

间环道段交织一次的要求。交织一次的长度称为交织段长度(图 5-45),交织段长度取决于环道的设计车速和车辆的长度。环道的设计车速一般取设计车速的60%～70%,规范规定的环交路口最小交织段长度如表 5-20 所示。

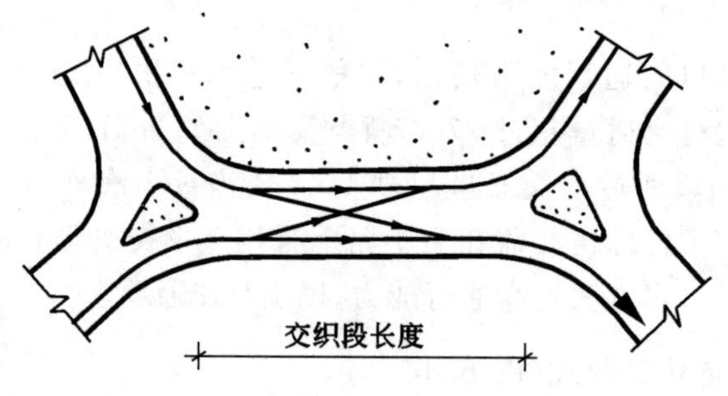

图 5-45　环道交织段长度

表 5-20　环形交叉口最小交织段长度

设计车速 (km/h)	20	25	30	35
最小交织段长度 (m)	25	30	35～40	40～45

车辆沿最短距离方向行驶交织时的夹角称为交织角，常以右转车道与中心岛之间车辆行车轨迹直线夹角表示(图 5-46)，其大小取决于环道宽度和交织距离，交织角越小越好。交织角是检验车辆在环道上交织行驶的便利程度和安全状况的指标，一般限制在 20°～30°为宜。

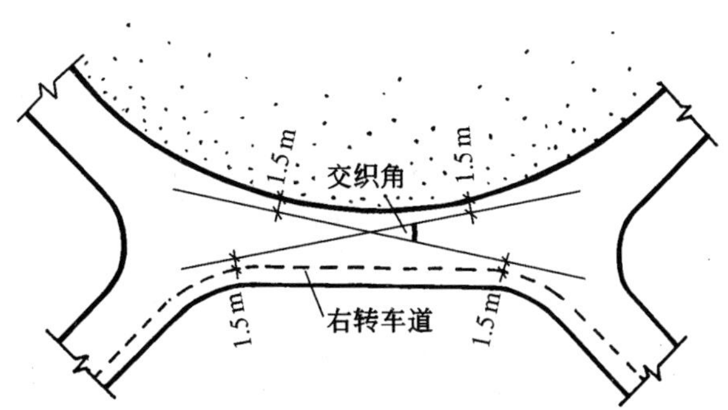

图 5-46　环道上车辆交织角示意图

环道的宽度一般考虑三条机动车道(左转道、交织道和右转道)，同时还可设置专用的非机动车道。每条机动车道的宽度按弯道加宽考虑，加宽值可按表 5-21 选用(考虑机动车长为 10 m)。

表 5-21　环形交叉口每条机动车道加宽值

环岛半径　(m)	20	25	30	40	50
每条车道加宽值　(m)	2.2	2.0	1.7	1.5	1.2

非机动车道的宽度依环形交叉口的自行车交通量而定(表 5-22)，一般不宜超过 8 m。

表 5-22　环形交叉口非机动车道宽度

自行车交通量　(辆/h)	<10 000	15 000	20 000
车道宽　(m)	5～6	7～8	9～10

3. 中心岛

环形交叉口中心岛一般不应该布置成游憩性的绿地，也不应该布置人行道，以避免行人频繁穿越环道，影响交通畅通和安全。中心岛上的绿化应注意不要影响行驶车辆的视距。中心岛半径取决于环道上行车速度和交织段的长度。

考虑行车车速

$$R=\frac{V^2}{127(\mu+i)}-\frac{b}{2}-0.5$$

式中　μ——横向力系数，常取 $\mu=0.1\sim0.2$；

i——环道横坡；

b——一条车道的宽度(包括加宽值)；

V——环道上车速，一般取路段车速的 60%～70%。

考虑交织段长度

$$R=\frac{nl}{2\pi}-\frac{b}{2}-0.5$$

式中 n——相交道路条数；

l——最小交织段长度。

表 5-23 为规范规定的中心岛最小半径值。

表 5-23 环形交叉口中心岛最小半径

环道设计车速 (km/h)		20	25	30	35
横向力系数 μ		0.14	0.16	0.18	0.18
中心岛最小半径 (m)	$i=0.02$	20	25	35	45
	$i=0.015$	20	25	35	50

4. 环道外缘线及进出口设计

环道外缘线应选用直线，进出口呈喇叭形布置，设置三角形方向岛。

为了限制进入环道的车辆行驶速度，进口转角半径应按环道设计车速进行设计；为了使车辆加快驶出环道，出口转角半径应按高于环道设计车速进行设计。同时，方向岛的设置可以有意识地限制进口道宽度，加大出口道宽度。

5. 环道路拱与排水

环形交叉的环道上常采用双坡路拱，中心线设在交织道中央(图 5-47)，中心岛四周设雨水进水口。

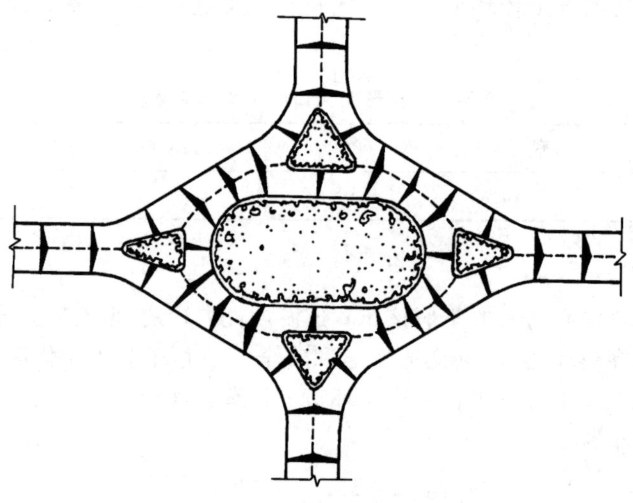

图 5-47 环道路拱

进出环形交叉口的路段纵坡度不得大于 3%，希望在环形交叉口进口外 100 m 内的路段纵坡度不大于 1.5%，环道坡度应尽可能平缓。

平面交叉口所需规划用地可参照表 5-24 估算。

表 5-24　平面交叉口规划用地面积　　hm^2

<table>
<tr><th>相交道路</th><th>十字交叉</th><th>丁字交叉</th><th>环形交叉</th></tr>
<tr><td>主干路与主干路</td><td>0.50～0.70</td><td>0.40～0.55</td><td rowspan="2">1.5～2.5</td></tr>
<tr><td>主干路与次干路</td><td>0.40～0.55</td><td>0.30～0.42</td></tr>
<tr><td>次干路与次干路</td><td>0.25～0.40</td><td>0.20～0.30</td><td>1.0～1.4</td></tr>
<tr><td>次干路与支路</td><td>0.18～0.24</td><td>0.14～0.18</td><td>0.8～1.1</td></tr>
<tr><td>支路与支路</td><td>0.12～0.16</td><td>0.08～0.12</td><td>0.6～0.8</td></tr>
</table>

5.3.4　道路立体交叉设计

1. 概述

(1) 立体交叉设置原则

立体交叉设置的主要目的是为了保证快速路交通的快速性和连续性，减少或避免低速的车辆、行人对快速车辆正常行驶的干扰，提高交叉路口的通行能力。

设置立体交叉的条件：

① 快速路($V \geqslant 80$ km/h)与其他道路相交；

② 主干路交叉口高峰小时交通量超过 6000 辆当量小汽车时；

③ 城市干路与铁路干线交叉；

④ 其他安全等特殊要求的交叉口和桥头；

⑤ 具有用地和高差条件。

非定向互通式立体交叉规划用地和通行能力指标见表 5-25。

表 5-25　非定向互通式立体交叉规划用地和通行能力

<table>
<tr><th rowspan="2">立交层数</th><th rowspan="2">立交形式</th><th rowspan="2">机动车与
非机动车关系</th><th rowspan="2">用地面积
(hm^2)</th><th colspan="2">通行能力(1000 辆/h)</th></tr>
<tr><th>机动车</th><th>非机动车</th></tr>
<tr><td rowspan="5">2</td><td>菱形</td><td>混行</td><td>2.0～2.5</td><td>4～6</td><td>10～12</td></tr>
<tr><td rowspan="2">苜蓿叶形</td><td>混行</td><td>6.5～10.0</td><td>5.6～7.5</td><td>15～22</td></tr>
<tr><td>分行</td><td>7.0～12.0</td><td>6～8</td><td>16～24</td></tr>
<tr><td rowspan="2">环形</td><td>混行</td><td>3.0～4.5</td><td>4.5～5.5</td><td>10～15</td></tr>
<tr><td>分行</td><td>2.5～3.0</td><td>2.5～3.0</td><td>13～15</td></tr>
<tr><td rowspan="4">3</td><td>十字形</td><td>混行</td><td>4.0～5.0</td><td>8～10</td><td>13～16</td></tr>
<tr><td rowspan="2">环形</td><td>混行</td><td>5.0～5.5</td><td>8～10</td><td>14～20</td></tr>
<tr><td>分行</td><td>4.5～5.5</td><td>6～7</td><td>18～24</td></tr>
<tr><td>环形苜蓿叶形</td><td>分行</td><td>5.0～6.0</td><td>8～10</td><td>24～30</td></tr>
<tr><td>4</td><td>环形</td><td>分行</td><td>5.0～6.0</td><td>8～10</td><td>18～24</td></tr>
</table>

注：机动车为当量小汽车数。

(2) 立体交叉的构成

城市立体交叉(图 5-48)由下列部分构成：

① 跨线桥(或下穿式隧道)，是立体交叉的主体，一座立交可以由多座桥组成；

② 匝道，是连接相交两条道路，为转弯行驶的车流而设置的交换道；

③ 加速道，为匝道上的车辆加速驶入快速路而设置的车道；

④ 减速道，为快速路上的车辆减速驶入匝道而设置的车道；

⑤ 集散道，为车辆进出快速路而设置的车道，常由加速道和减速道相连而组成。

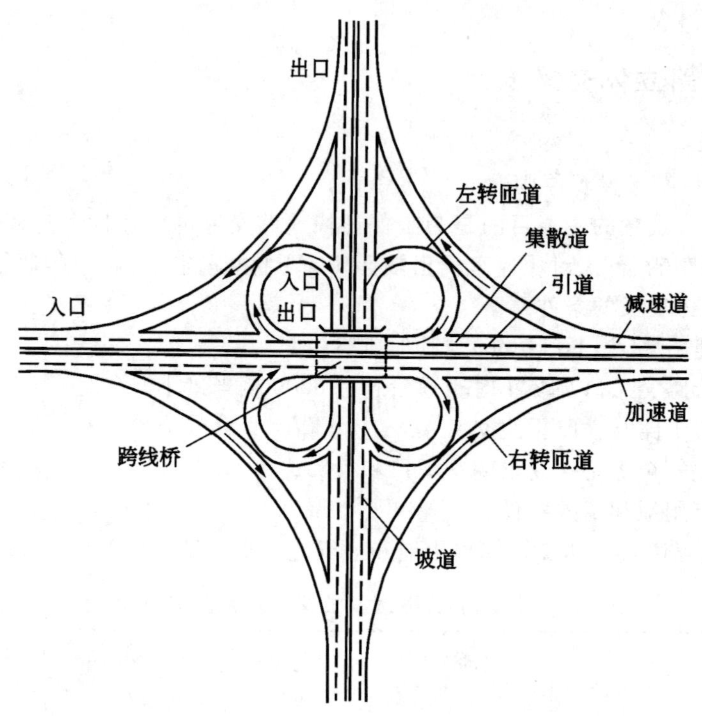

图 5-48　苜蓿叶式立体交叉的组成

2. 分离式立体交叉

分离式立体交叉主要用于铁路干线与城市干路的交叉和城市快速路(或高速公路)与城市一般道路的交叉。

分离式立体交叉主要需满足净空和视距的要求以及排水的要求(图 5-49)。这些要求同样适用于互通式立交。

3. 互通式立交的基本要求

(1) 互通式立交的间距

互通式立交间距的确定应依据交通源的密度，在城市中主要决定于城市主要干路网的间距。同时，立交间距还必须满足车辆在内侧车道和外侧车道之间交织

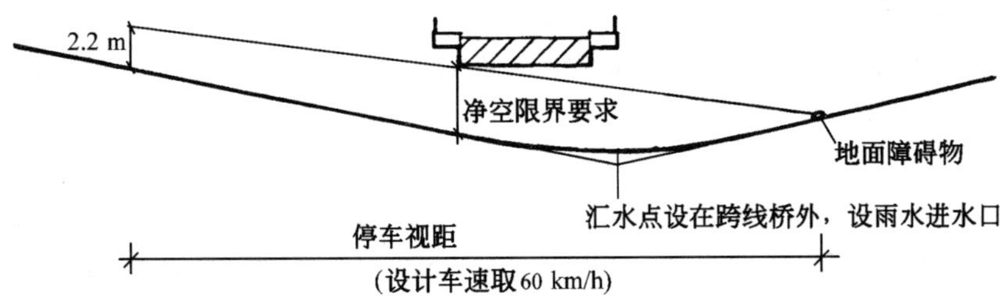

图 5-49　立体交叉桥下的视距和排水要求

一次的要求和及时观察交通标志的要求。根据城市路网要求，一般有快速路网的城市市区互通式立交中心间距为 1.0～1.5 km，郊区可适当加大；根据交织要求，车辆在立交间的交织距离不小于 150～200 m；根据交通标志要求，交通标志与下一个立交的距离为 300～500 m。两座互通式立交相邻进出匝道口之间的距离称为互通式立交的净距(图 5-50)，互通式立交最小净距的规定见表 5-26。

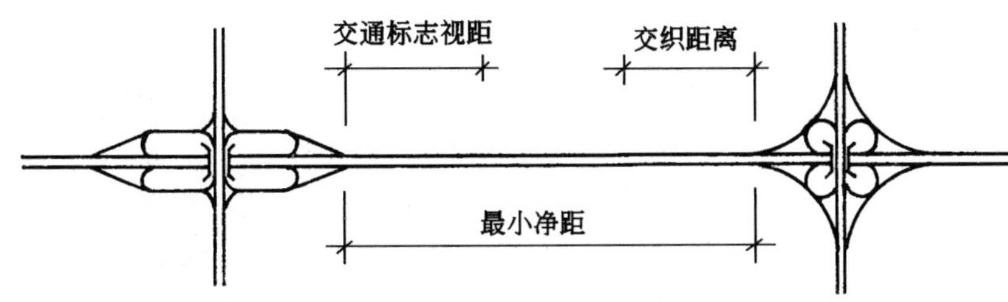

图 5-50　立体交叉的间距要求

表 5-26　互通式立交最小净距值

干路设计车速　(km/h)	80	60	50	40
互通式立交最小净距值　(m)	1000	900	800	700

合理选择立交间距是很重要的。立交间距过大，降低了快速路使用的方便程度和效率，并相应增大了每座立交的交通负担；立交间距过小则会降低快速路的畅通性和通行能力，影响快速路上的车速和安全，并将增加造价。

(2) 相交道路的上下位置

有两种情况：

① 从车流特性分析，希望等级高、速度快的道路在下面，等级低、速度慢的道路在上面，实际中常将快速路高架以与地面常速道路分离；

② 在地形条件限制时，可按现状标高，高的道路在上面，低的道路在下面；高架道路在上面，地面道路在下面。

(3) 车道布置

快速路主线机动车行驶车道双向不少于 4 条车道(常设置双向 6 车道)，中间设中央分隔带，两旁各设置 1 条集散道或停车道。快速路上不应设置自行车道，常速路布置自行车道时,自行车道宽每侧 6~8 m。

匝道快慢车混行时,常取单向 7 m,双向 12~14 m 宽;快慢车分行时,机动车道单向 7 m、双向 10.5 m,自行车道 8 m。

(4) 车速

立交直行车道的设计车速应采用主线(快速路)设计车速,非定向匝道的设计车速取主线设计车速的 50%~60%,定向匝道设计车速取主线设计车速的 70%左右,亦可取接近于主线的设计车速。

(5) 匝道平曲线及缘石转角半径

匝道平曲线一般均设置超高,超高值为 2%~4%。匝道平曲线半径可根据匝道设计车速由表 5-27 查得。

表 5-27 匝道平曲线最小半径

匝道设计车速 (km/h)		60	50	45	40	35	30	25
横向力系数 μ		0.18	0.18	0.18	0.18	0.18	0.18	0.16
最小半径(m)	设超高 2%	145	100	80	65	50	40	30
	设超高 4%	130	90	75	60	45	35	25
	不设超高	180	125	100	80	60	45	35
平曲线最小长度 (m)		100	85	75	65	60	50	40

匝道平曲线的加宽及缓和段按照一般城市道路平曲线标准设置。

匝道路缘石转角半径根据转弯角度和交通组织状况按表 5-28 选定。

表 5-28 匝道路缘石转角半径值 m

路缘石转弯角度	机非分行时		机非混行时
	机动车道	非机动车道	
90°	25	5	20
180°	18	4	15

(6) 人行道和人行过街立交净空

立体交叉的人行道设置每侧 3~5 m 宽。

地下人行过道宽 4~6 m,净高 2.3~2.6 m。

(7) 立体交叉纵坡要求:

立体交叉各种车道的纵坡如表 5-29 所示。

(8) 变速车道(加速道和减速道)

变速车道有两种形式:

① 平行式,即变速车道与主线车道平行(图 5-51(a)),容易识别,但行车状态欠佳,用于直行方向交通量较大时。

表 5-29　立体交叉纵坡要求　%

部位	跨线桥、引道			匝　道			回头弯道内侧边缘	
行车方式	机动车道	自行车道	混行	机动车道	自行车道	混行	机动车道	混行
最小纵坡	0.2							
最大纵坡	3.5	2.5	2.5	4.0	2.5	2.5	2.5	2.5

② 直接式，即变速车道与主线车道以较小夹角斜接（图 5-51(b)），线形平顺，行车状态好，用于直行方向交通量较小时。

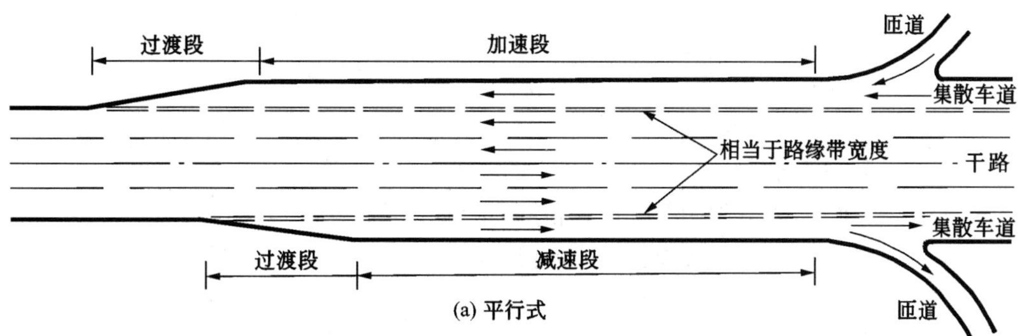

(a) 平行式

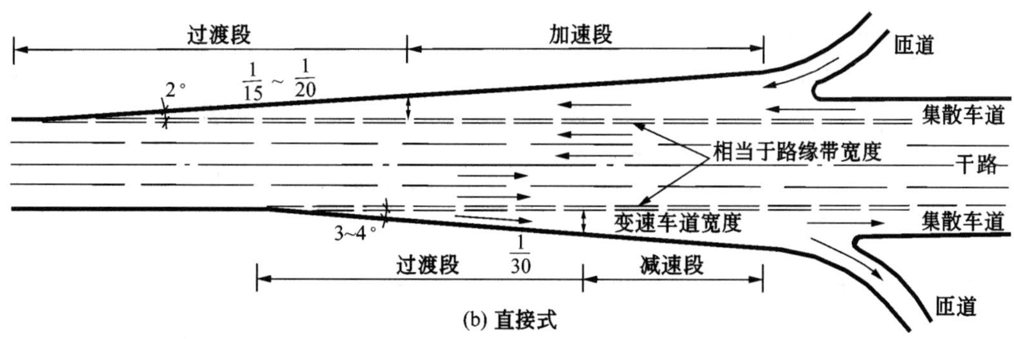

(b) 直接式

图 5-51　变速车道平面类型

变速车道的长度 L(m)依主线和匝道的设计车速而定，并随坡度而增减。一般可按下式计算。

平行式

$$L=\frac{V_1^2-V_2^2}{26a}+L_s$$

式中　V_1——主线设计车速(km/h)；

V_2——匝道设计车速(km/h)；

a——汽车平均加(减)速度，减速度时取 $a=2\sim3\ \mathrm{m/s^2}$，加速度时取 $a=$

0.8～1.2 m/s^2；

L_s——过渡段长度。

变速段长度可由表 5-30 查得。

表 5-30 变速段长度值 m

干路设计车速(km/h) \ 匝道设计车速(km/h)	变速车道											
	减速段						加速段					
	25	30	35	40	45	50	25	30	35	40	45	50
120				145	140	130				330	300	270
80		95	90	85	80	70		230	220	210	200	180
60	75	70	65	60	50		210	200	190	180	150	
50	55	50	45				110	100	80			
40	35						50					

注：表列数值适用于纵坡≤2%，变速段长度值的单位为 m。

当纵坡>2%，减坡段下坡或加速段上坡时，均应加长变速段长度，其修正系数由表 5-31 查得。平行式变速道过渡段长度不得小于表 5-32 所列数值。

表 5-31 变速段长度修正系数

变速道平均纵坡(%)	$0<i\leqslant 2$	$2<i\leqslant 3$	$3<i\leqslant 4$	$4<i\leqslant 6$
减速段下坡修正系数	1	1.1	1.2	1.3
加速段上坡修正系数	1	1.2	1.3	1.4

表 5-32 平行式变速道过渡段最小长度值

干路设计车速 (km/h)	120	80	60	50	40
过渡段长度 (m)	80	60	50	45	35

直接式变速车道过渡段长度由变速车道外缘线斜率计算得出，其驶出端外缘线斜率为 1/20～1/15，驶入端外缘线斜率为 1/30。

4. 互通式立交的基本形式

(1) 非定向式立交

① 直通式立交(图 5-52)

直通式立交就是在原平面交叉口的基础上，在主要方向的道路上增设一条或两条高架或隧道式直通车道，以满足主要干路直行优先的要求。

② 菱形立交(图 5-53)

菱形立交用于主要干路与次要道路相交的路口，保证主要干线直行的通畅，将左右转车流组织到次要道路上形成两处平面交叉。

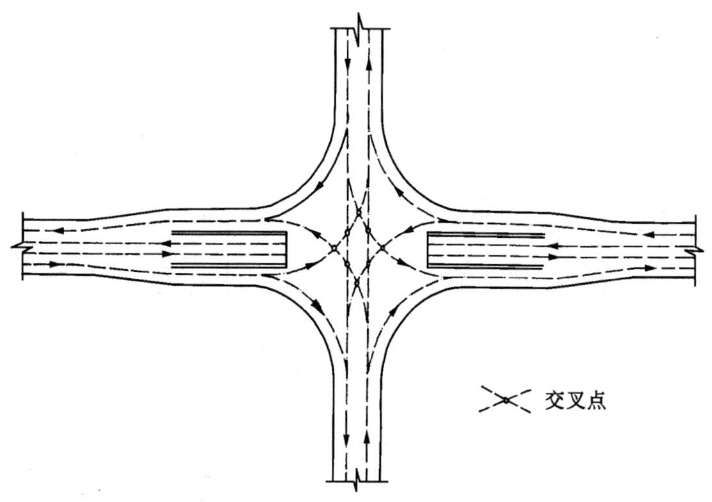

图 5-52　直通式两层立交

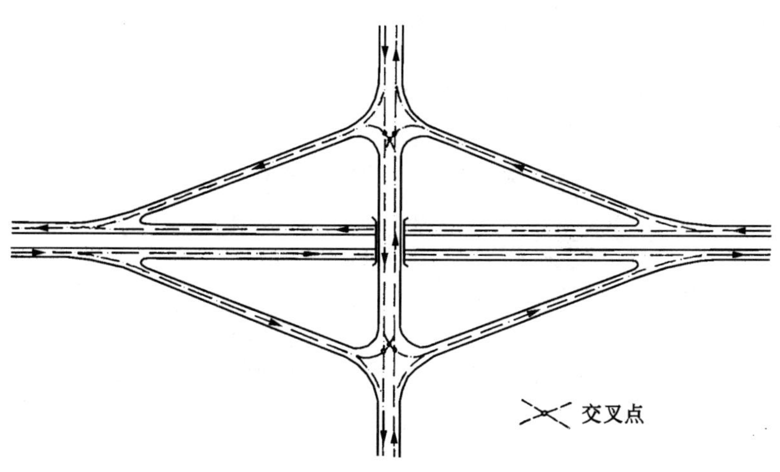

图 5-53　菱形立体交叉

③ 苜蓿叶式立交和部分苜蓿叶式立交(图 5-54)

苜蓿叶式立交是完全互通式立交的典型式样,形似苜蓿叶,占地面积较大。当相交道路为不同等级时,可布置为长苜蓿叶形;当受地形、地物限制时,可布置为部分苜蓿叶形。

④ 喇叭形立交(图 5-55)

喇叭形立交是在丁字路口的一侧设置环形匝道,故常用于地形受限制的丁字路口。

为了提高立体交叉的通行能力,加大通过立交转换的缓冲距离,在一些高速公路和城市快速路的立体交叉口,在用地条件许可的情况下,采用由两个丁字路喇叭形立交组合而成的组合式立交的做法,在两立交桥转换处可设置收费口,如图 5-56 所示。

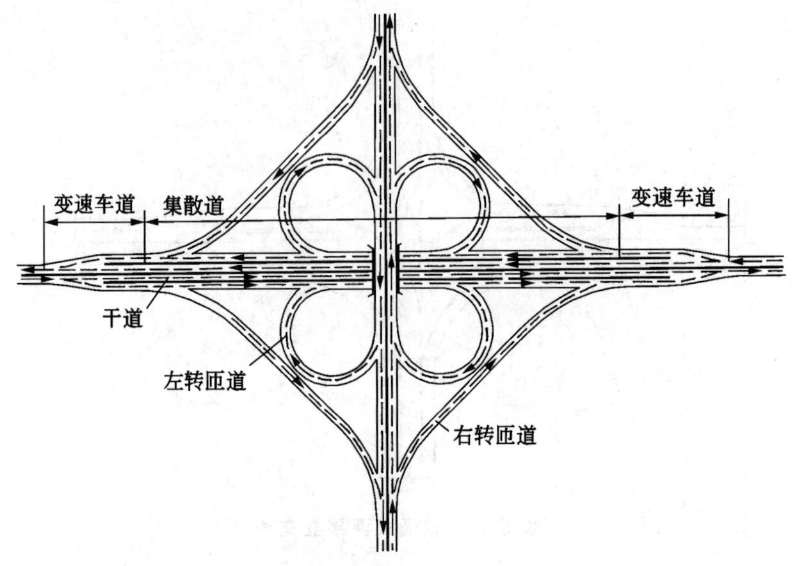

(a) 带有集散道的苜蓿叶式立体交叉

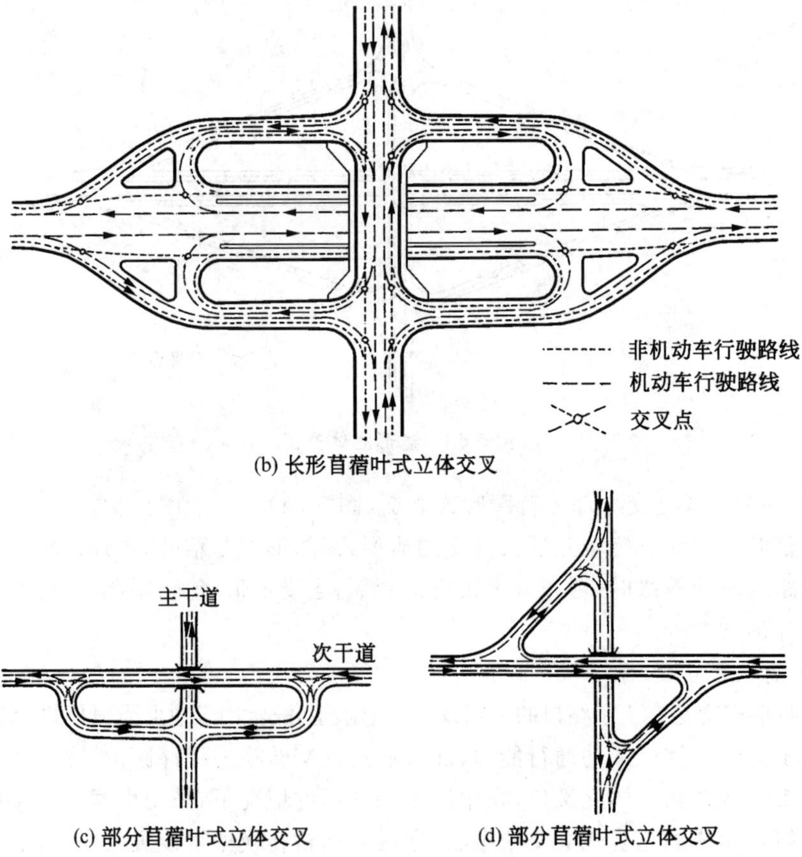

(b) 长形苜蓿叶式立体交叉

(c) 部分苜蓿叶式立体交叉　　(d) 部分苜蓿叶式立体交叉

图 5-54　苜蓿叶式立体交叉

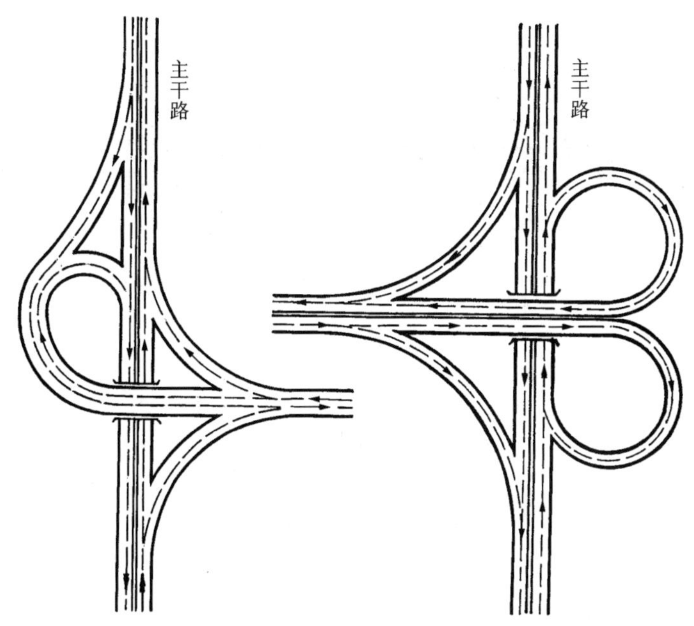

图 5-55　喇叭形立体交叉

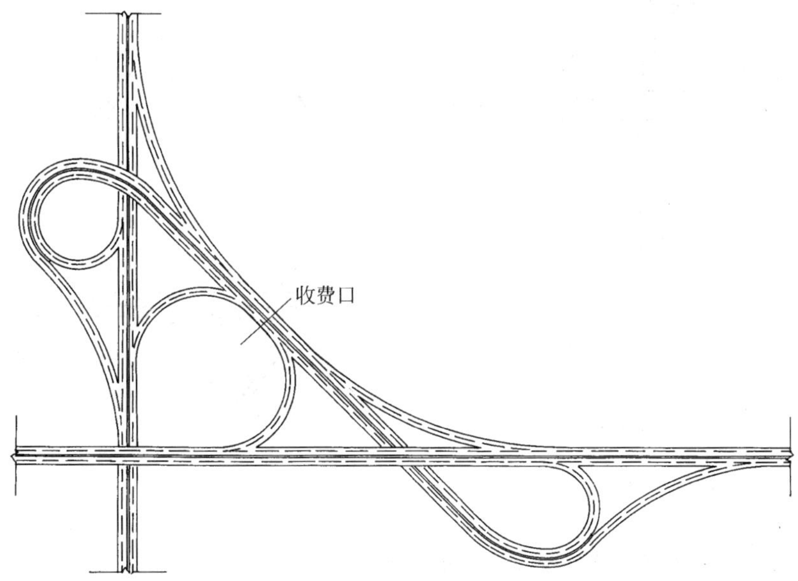

图 5-56　双喇叭形组合立交

⑤ 梨形立交(图 5-57)

梨形立交是丁字路口的环形立交。

⑥ 环形立交(图 5-58)

环形立交是由平面环形交叉发展而来的,转弯车流都经环道通过交叉口,保证直行车流的畅通。根据不同情况又可布置成圆形、长圆形和多路环形立交。

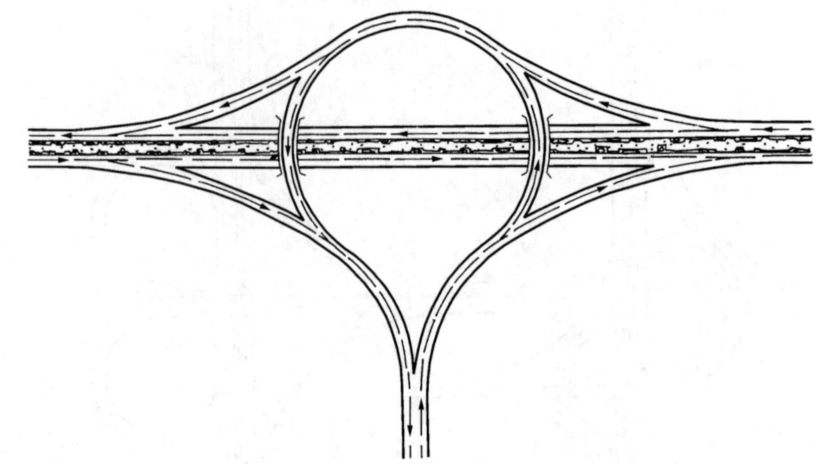

图 5-57　梨形立体交叉

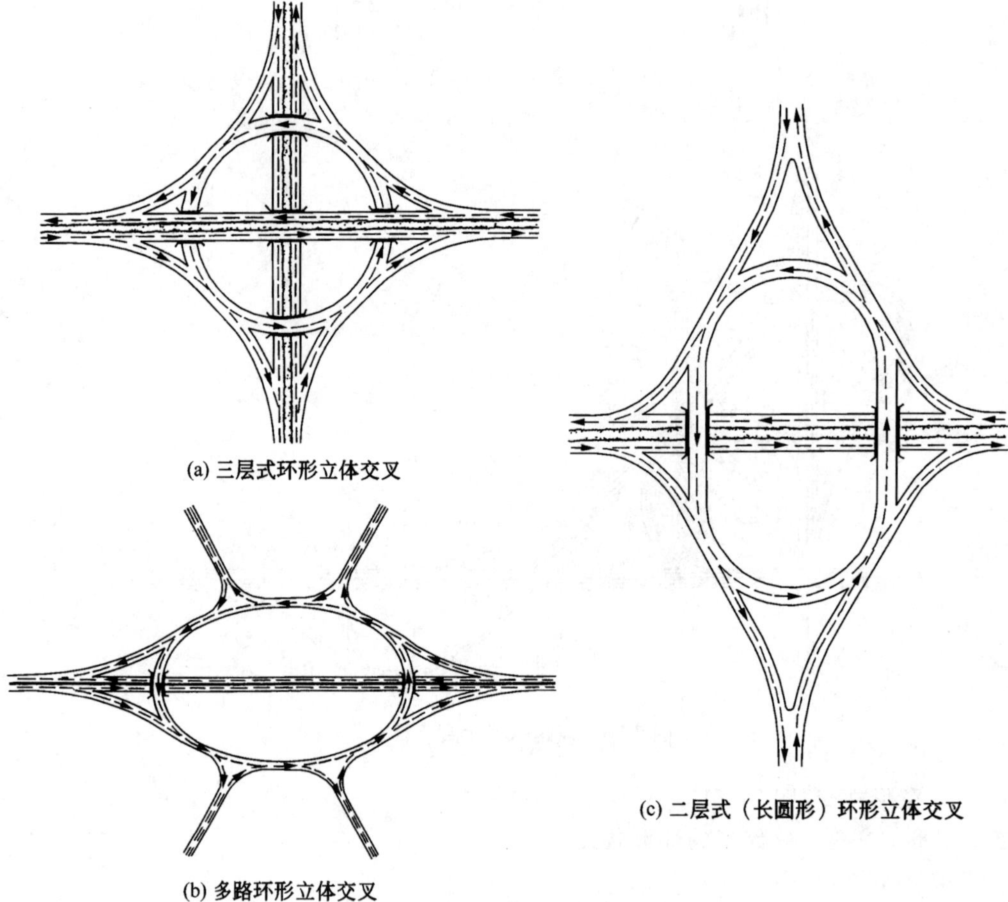

(a) 三层式环形立体交叉

(b) 多路环形立体交叉

(c) 二层式（长圆形）环形立体交叉

图 5-58　环形立体交叉

(2) 定向式立体交叉

① 半定向式立交(图 5-59)

在非定向式立交的基础上，对于流量较大，又有快速要求的转弯方向的车流，设置行车条件较好的专用定向匝道，使该方向的车速接近或不低于主线上的车速。

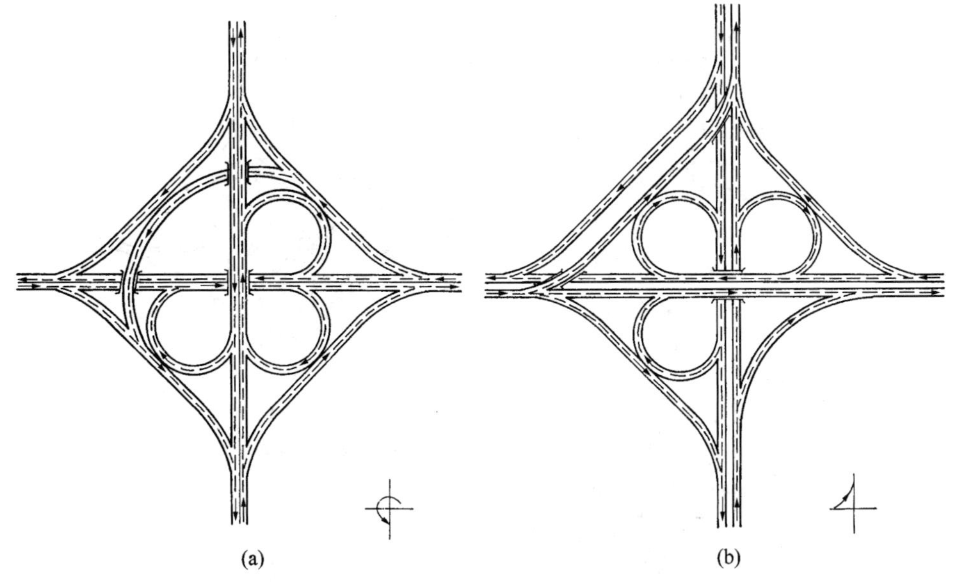

图 5-59　半定向式立体交叉

② 全定向式立交(图 5-60)

所有转弯方向均设有车速接近于主线的专用定向匝道。全定向式立交由于占地大、流线复杂，一般用于高速公路，或城市快速路与高速公路的立体交叉，城区内这且采用。

实际选用立交形式时，主要根据道路的性质、等级、交通状况和地形条件等以及所选定的交通组织方式。所以，可以因地制宜地选择各种立体交叉的基本形式，或将各种基本形式组合起来，形成适应其交通特点的组合式立体交叉，有时还可以根据交通流向省去某个转弯方向的匝道。但为了使驾驶人员容易辨认行驶方向，除特殊情况外，应尽可能采用常见的、方便的基本形式。同时，任何一种形式的立体交叉都必须配备简明醒目的交通指路标志。

目前我国城市内的许多立体交叉考虑了与自行车交通的组合，因而使立体交叉的形式更为复杂。图 5-61 为北京建国门三层式苜蓿叶式立交；图 5-62 为北京西直门原三层式环形立交，由于不能适应交通量的发展，已经改建为部分定向式立交。合理的交通组织应该避免自行车和大量行人交通对快速交通的干扰，至少对于快速路应该是机动车专用路。所以，如果把自行车交通与机动车的立体交叉分离，可以提高立交的通行效率和安全性，立交的形式就可以简单得多，从经济上也是合理的。

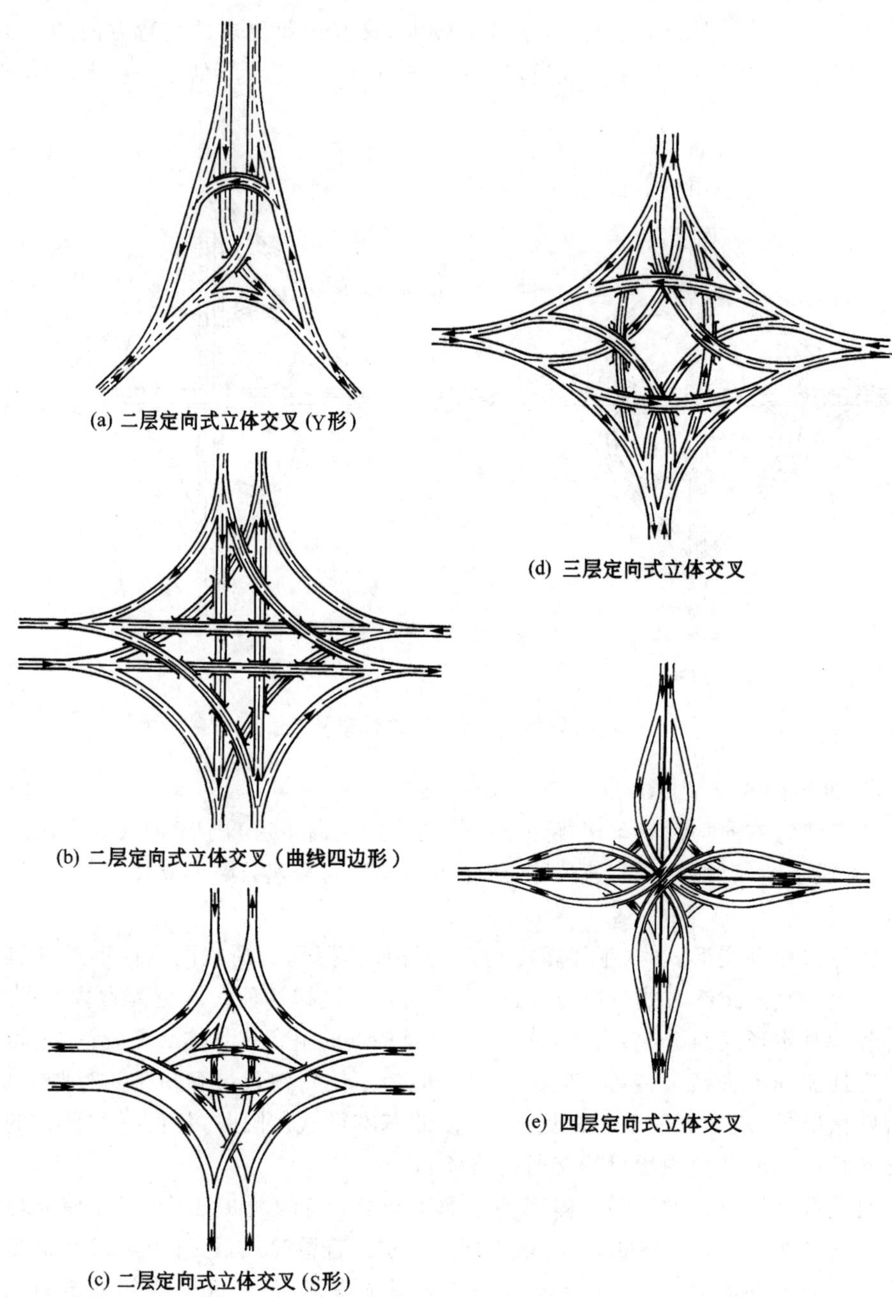
(a) 二层定向式立体交叉 (Y形)

(d) 三层定向式立体交叉

(b) 二层定向式立体交叉（曲线四边形）

(e) 四层定向式立体交叉

(c) 二层定向式立体交叉 (S形)

图 5-60 全定向式立体交叉

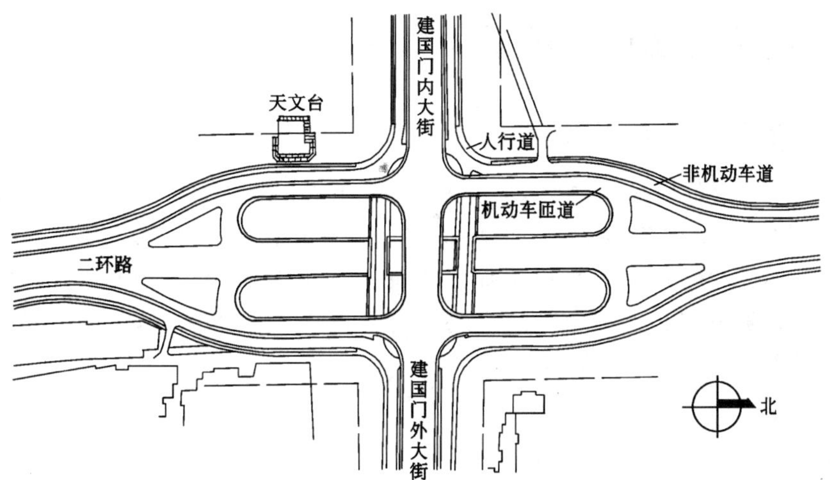

图 5-61　北京市建国门立体交叉平面

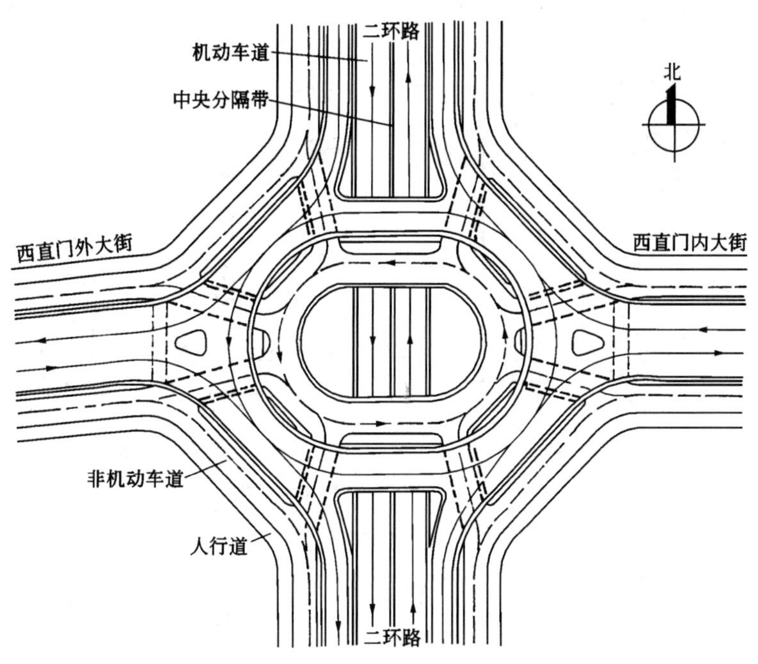

图 5-62　北京市西直门原环形立体交叉平面

5.4 道路附属设施的基本知识

5.4.1 城市道路排水设计

城市道路上的雨水排除方式是：沿道路横坡方向将雨水汇集到两侧路缘石边形成的街沟，然后顺道路纵坡方向排入设在街沟上的雨水进水口。

街沟的坡度一般与道路纵坡相同。当道路纵坡大于0.2%～0.3%时，雨水可以顺道路纵坡方向自流排除，当道路纵坡小于0.2%～0.3%时，需设置锯齿形街沟，加大街沟的纵坡，以利于排水。

1. 雨水进水口

雨水进水口有三种类型(图5-63)：

(1) 平石式，进水箅布置在平石位置上，排水较畅，但需相应增加道路路面宽度。

(2) 侧石式，进水箅竖向布置在侧石位置上，排水不畅，但对交通影响小；不需

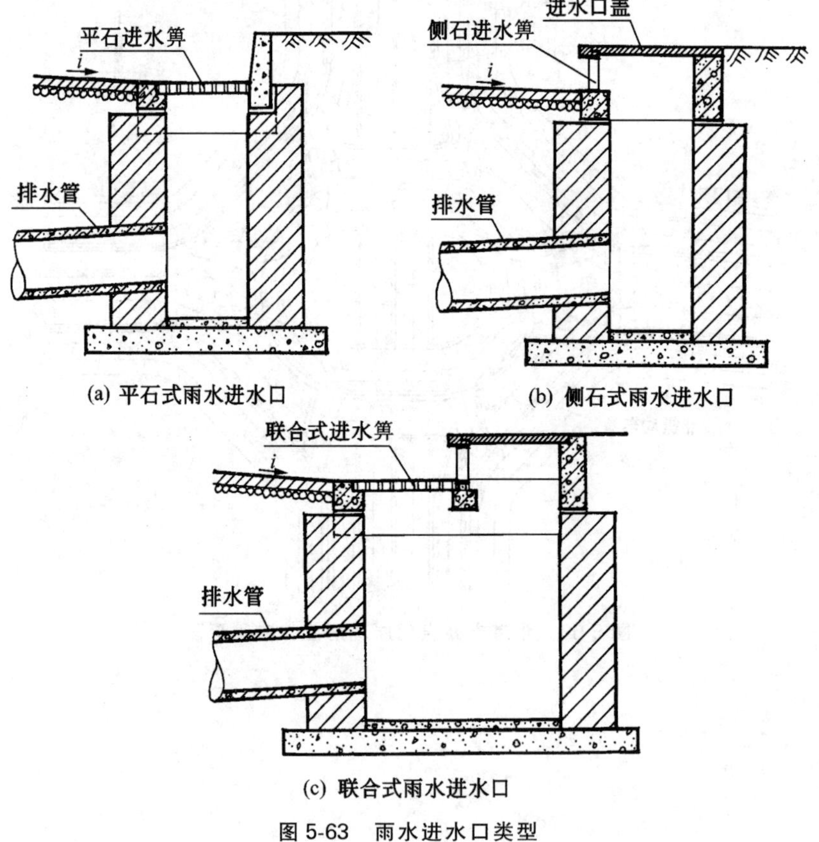

(a) 平石式雨水进水口

(b) 侧石式雨水进水口

(c) 联合式雨水进水口

图5-63 雨水进水口类型

增加路面宽度。适用于交通比较繁忙的街道。

(3) 联合式，即在平石位置和侧石竖向位置均布置进水箅。排水量大，适用于较宽路面的道路排水，常用于多雨地区的城市街道。

雨水进水口的设置应根据暴雨强度进行雨量计算，并综合考虑街道宽度、路面种类、道路纵横坡度、周围建筑物地形条件等因素确定。在街道的汇水点、凹形竖曲线的低洼处，弯道切点附近、人行横道线的上游等处均应设置雨水进水口。雨水进水口应避免布置在沿街建筑物的门口、停车场站附近和道路分水点、地下管线的顶上。

雨水进水口的间距大致按照雨水管道检查井的间距，结合上述设置原则确定。所以，道路雨水进水口的设计应该同雨水管道的设计相配合，可相应调整检查井的间距或增设检查井，以与进水口位置相适应。一般雨水进水口的间距为 30～60 m，侧石式雨水进水口的间距要小一些，联合式雨水进水口的间距可以大一些。根据雨水量的情况，必要时可以在一个雨水进水口位置并排布置两个或三个进水箅。

雨水口进水箅顶标高一般低于街沟标高 2～3 cm。

2. 锯齿形街沟

当道路纵坡小于 0.2%～0.3%时，为利于路面雨水的排除，将位于街沟附近的路面横坡在一定宽度内变化，提高街沟的纵坡，使其大于 0.3%～0.5%，形成锯齿形街沟(图 5-64)。标准侧石高 $h=15$ cm，使 h 在 12～20 cm 间变化，常取 $i_1=i_2$，此时

$$L=\frac{(h_2-h_1)2i_1}{i_1^2-i^2}$$

$$x=\frac{L(i_1-i)}{2i_1}$$

横坡变动宽度 b 视道路的宽度而定，一般不超过一条车道的宽度。

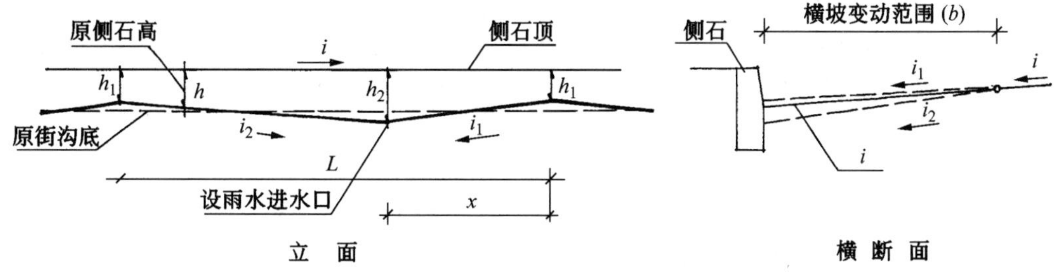

图 5-64　锯齿形街沟

5.4.2　城市道路照明

道路照明是确保城市道路夜间交通安全、提高道路夜间交通效率、美化城市环

境的重要措施，包括城市道路上的连续照明，城市广场、立交等处的特殊照明和隧道出口等地的缓冲照明。

1. 城市道路照明要求

(1) 保证城市道路车行道交通的安全，使汽车司机在夜间行车时能准确识别路面上的各种情况，及时对障碍物做出反应，避免交通事故，减少司机视觉疲劳。不同等级的城市道路、不同地段的城市道路要求的照明标准不同。

汽车司机行车时注视的视觉范围如图 5-65 所示。

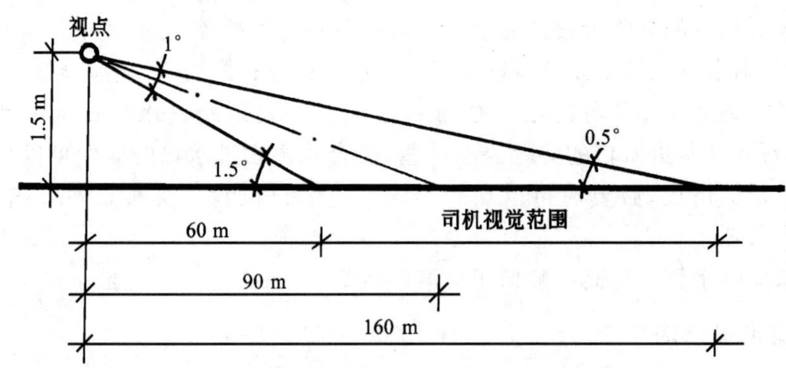

图 5-65 汽车司机视觉范围

(2) 保证人行道有足够的照度，以满足行人在不同环境(商业步行环境、步行广场、一般人行道等)对步行环境亮度的要求，既形成一定的气氛，又有安全感。

(3) 城市照明具有美化城市环境的作用，应该满足城市道路不同地段的夜间景观要求。

2. 城市道路照明标准

(1) 国际标准

1977 年国际照明委员会颁布了道路照明推荐标准，提出主要以平均路面亮度、路面亮度均匀度和限制眩光等作为道路照明的三项技术标准。

① 平均路面亮度

亮度的单位是 cd/m^2，即每平方米表面上沿法线方向产生 1 cd(国际新烛光)的光强度。该单位曾称尼特，符号为 nt。

根据试验，平均路面亮度值以 $1.5\sim2.0\ cd/m^2$ 为宜。

② 路面亮度均匀度

路面亮度均匀度是路面最低局部亮度与路面平均亮度之比，又分为全路面亮度均匀度和纵向亮度均匀度。全路面亮度均匀度对司机视觉舒适性有影响，纵向亮度均匀度影响到路面障碍物的可见度和分辨度。国际照明委员会规定全路面亮度均匀度一般不宜低于 0.4，纵向亮度均匀度一般不低于 0.5～0.7。

③ 眩光限制

眩光是因照明设施的强光造成妨碍司机视觉或产生不舒适感觉的现象，又分为失能性眩光(妨碍视觉，降低可见度)和不舒适性眩光两种。通常通过合理选择照明装置和安装方式，控制灯具高度来限制眩光的产生。

(2) 国家标准

2007 年 7 月开始实施的国家《城市道路照明设计标准》(CJJ 45—2006)提出五项道路照明评价指标：路面平均亮度(或路面平均照度)、路面亮度总均匀度和纵向均匀度(或路面照度均匀度)、眩光限制、环境比和诱导性，分别对不同等级道路、交叉口和人行道提出了不同的标准。

① 平均亮度 L_{av}，计量单位是坎德拉/平方米(cd/m^2)。

路面亮度总均匀度 U_O，是路面上最小亮度与平均亮度的比值。

纵向均匀度 U_L，是同一条车道中心线上小亮度与最大亮度的比值。

② 路面平均照度 E_{av}，是路面上各点照度的平均值，计量单位是勒克司(lx)，即每平方米照射面上均匀分布 1 流明(lm)的光通量，又以坎德拉球面度/平方米($cd\ sr/m^2$)表示。

路面照度均匀度 U_E，是路面上最小照度与平均照度的比值。

③ 眩光限制阈值增量 TI(%)，是存在眩光时为看清物体，在物体及其背景之间的亮度对比所需要增加的百分比。

④ 环境比 SR，是车道外边 5 m 宽的带状区域内的平均照度与相邻的 5 m 宽车道上平均水平照度之比。

我国采用的城市道路机动车道照明标准如表 5-33(a)所示。

表 5-33(a)　城市道路机动车道照明标准值

级别	道路等级	路面亮度			路面照度		眩光限制阈值增量最大初始值 TI(%)	环境比最小值 SR
		平均亮度维持值 L_{av} (cd/m^2)	总均匀度最小值 U_O	纵向均匀度最小值 U_L	平均照度维持值 E_{av} (lx)	均匀度最小值 U_E		
1	快速路、主干路	1.5～2.0	0.4	0.7	20～30	0.4	10	0.5
2	次干路	0.75～1.0	0.4	0.5	10～15	0.35	10	0.5
3	支路	0.5～0.75	0.4		8～10	0.3	15	

我国采用的城市道路交叉口照明标准如表 5-33(b)所示。

我国采用的城市道路人行道照明标准如表 5-33(c)所示。

与机动车道没有分隔的非机动车道执行机动车道的照明标准，与机动车道分隔的非机动车道的平均照度值宜为相邻机动车道照度值的 1/2；人行道与非机动车道混合设置时，人行道的平均照度与非机动车道相同；人行道与非机动车道分开设置时，人行道的平均照度值宜为相邻非机动车道照度值的 1/2，但不得小于 5lx。

表 5-33(b) 城市道路交叉口照明标准值

交叉口类型	路面平均照度维持值 E_{av}(lx)	照度均匀度 U_E	眩光限制
主干路与主干路交叉	30～50	0.4	在驾驶员观看灯具的方位角上,灯具在 80°和 90°高度角方向上的光强分别不得超过 30 cd/1000 lm 和 10 cd/1000 lm
主干路与次干路交叉			
主干路与支路交叉			
次干路与次干路交叉	20～30		
主干路与支路交叉			
支路与支干路交叉	15～20		

表 5-33(c) 城市道路人行道照明标准值 lx

夜间行人流量	区域	路面平均照度维持值 E_{av}	路面最小照度维持值 E_{min}	最小垂直照度维持值 E_{vmin}
流量大的道路	商业区	20	7.5	4
	居住区	10	3	2
流量中的道路	商业区	15	5	3
	居住区	7.5	1.5	1.5
流量小的道路	商业区	10	3	2
	居住区	5	1	1

3. 道路光源选择

城市道路照明光源应具有寿命长、光效高、可靠性好、一致性好的特点,其显色性和色表应符合特定的照明路段或场所的要求。

城市道路照明光源主要有:高压钠灯、金属卤化物灯、低压钠灯、荧光灯等,其特点及应用范围如表 5-34 所示。

表 5-34 城市道路照明光源特点及应用范围

类　型	优　点	缺　点	应用范围
高压钠灯	光效高、用电省、寿命长、透露性好		各级城市道路 居住区机动车道
金属卤化物灯	光效高、寿命长		市中心、商业中心等对颜色识别要求高的机动车道路
小功率金属卤化物灯　细管径荧光灯 紧凑型荧光灯	光效高、寿命长	功率小	商业步行街 居住区道路 机动车路两侧人行道
低压钠灯	光效高、寿命长、透露性好	单色性强、显色性差	公路

城市道路灯具除了满足配光合理、效率高、强度高、耐高温、耐腐蚀、防尘防水、重量轻等要求外，还应有一定的美观要求。国内外许多城市根据不同地段的性质和环境气氛的要求，选择不同造型的城市道路灯具，取得了美化城市的效果。

城市道路灯具根据用途可分为功能性灯具和装饰性灯具两类，某些特定的路段和场所同时对灯具的功能性和装饰性要求都很高。城市道路灯具根据配光性能又可分为截光型、半截光型和非截光型三种(表 5-35)。

表 5-35　城市道路照明灯具配光分类

类　型	最大光强方向	在 80°角和 90°角上所发出的光强最大容许值	
		80°	90°
截光型	0～65°	30 cd(1000 lm)	10 cd(1000 lm *)
半截光型	0～75°	100 cd(1000 lm)	50 cd(1000 lm *)
非截光型	不限		1000 cd

* 不管光源发出多少光通量，光强最大值不得超过 1000 cd。

不同性质的道路应选用不同类型的照明灯具：城市交通性道路主要采用功能性截光型或半截光型灯具；城市生活性道路的机动车道采用兼具功能性和装饰性要求的截光型或半截光型灯具；城市广场和人行道可采用装饰性的非截光型灯具；城市大型广场、交通枢纽广场、大型道路立体交叉应采用光束比较集中的泛光灯具(高杆照明等)或截光型、半截光型灯具；城市支路应尽量避免采用非截光型灯具。

4. 道路灯具的平面布置

城市道路灯具的平面布置方式主要取决于道路的宽度和横断面形式，同时需满足道路照明的亮(照)度要求。常用的城市道路灯具平面布置方式有六种(图 5-66)。

(a) 沿道路单侧布置：常用于城市街巷支路，路宽小于 15～20 m、路面宽 7～10 m。有效照度低且不均匀。

(b) 沿道路中心线(悬吊式)布置：可用于城市支路或次干路，路宽 20～25 m、路面宽 10～12 m。照度均匀，但由于路面反光，容易产生眩光，对驾驶人员不利。

(c) 沿道路两侧双排对称布置：常用于城市各主、次干路，路宽 25 m 以上、路面宽 14 m 以上。道路照明情况良好且有较好的观瞻效果。

(d) 沿道路两侧双排交错布置：适用于宽度大的主要交通干路，路宽大于 40 m、路面宽大于 20 m，路面照度均匀、照明状况最佳，但由于观瞻效果较差，故不常采用。

(e) 分车行道、人行道多排布置：常用于车道多(如三块板横断面)、人行道宽度大的城市干路。布置得好时，有利于城市景观。

(f) 交叉口的路灯常布置在交叉口入口道一侧，交叉口中央通常悬吊一盏红灯或黄灯，以提高驾驶人员的注意力，减少交通事故。

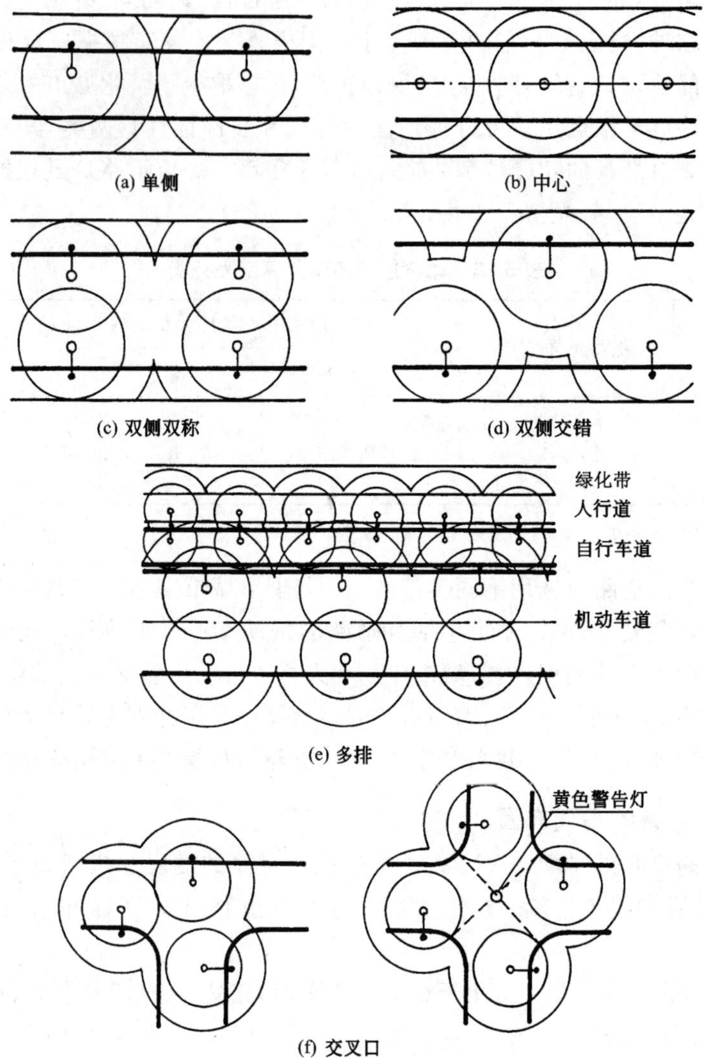

图 5-66 城市道路照明的平面布置方式

5. 道路灯具的竖向布置

为保证路面亮(照)度的均匀度,并将眩光限制在容许范围内,需对路灯进行竖向布置。灯具的纵向间距(L)、安装高度 H 和路面有效宽度(B_2)之间的空间关系(图 5-67)应符合表 5-36 的规定。同时,灯具的悬挑长度 B_2 不得超过 1/4 H,灯具仰角 α 不宜超过 15°,灯柱距路缘石距离 b 为 0.5~1.0 m。

灯具纵向间距常采用 30~50 m,也可与电力线杆、电信线杆或无轨电车杆合杆设置。有条件时,或城市重要的景观道路应采用地下电力电缆和电信电缆,避免架空照明线和其他架空线与行道树的相互影响。

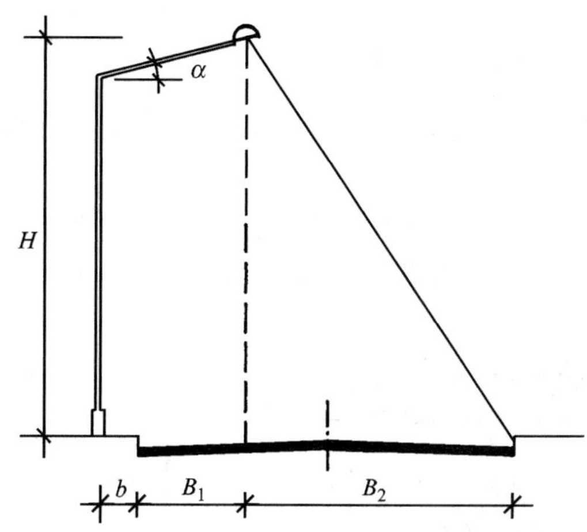

图 5-67　道路灯具的竖向布置

表 5-36　城市道路灯具安装高度 H 与纵向间距 L、路面有效宽度 B_2 的比值

平面布置方式	截光型		半截光型		非截光型	
	H/B_2	L/H	H/B_2	L/H	H/B_2	L/H
单侧布置	≥1	≤3	≥1.2	≤3.5	≥1.4	≤4
双侧交错布置	≥0.7	≤3	≥0.8	≤3.5	≥0.9	≤4
双侧对称布置	≥0.5	≤3	≥0.6	≤3.5	≥0.7	≤4

城市道路灯具的设置位置还应注意与道路绿化的关系，避免过大的树冠对照明的遮挡。一般在灯柱两侧各 5～8 m 不宜种植高大乔木，并应注意经常修剪有碍照明的枝叶，亦可调整绿化带与灯具的横向位置，设置多排道路灯具，以避免相互干扰。

城市重要建筑物前照明灯具的设置应注意避免对出入建筑物人流、车流及城市建筑景观的影响。

5.5　城市道路路基路面

城市道路不同于公路。城市道路相对于公路而言交通频繁，交通量大，持续性使用道路时间长，有一定的市容、景观要求，因而要求道路完好率高，维修周期长，路面耐磨性能好，平整度好，稳定性好。所以，目前普遍推行的“容许弯沉值计算方法”仅考虑路面强度与变形的关系，不足以适用于城市道路的路基路面设计。城市道路路基路面设计应该更加注意安全、稳定和耐磨，安全系数更大。因此，可以采取经验方法进行城市道路路基路面的结构组合和厚度计算。

5.5.1 城市道路路基路面结构

道路路基就是按照道路设计的纵、横坡度进行修筑和压实的土基，是路面的基础。

道路路面是用坚硬、稳定的材料铺筑在路基上供车辆行驶的结构物。一般城市道路的路面由面层、基层和垫层等三个结构层组成(图 5-68)。

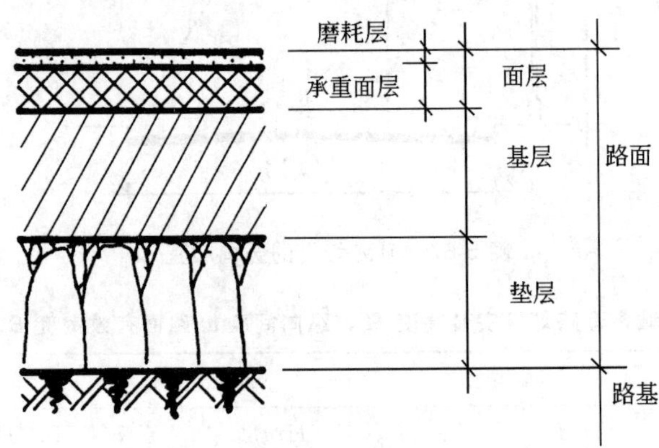

图 5-68 城市道路路面结构

1. 面层

面层是直接承受车辆的荷载和自然因素的破坏作用，并把荷载向下扩散的结构层，需要采用高强、耐磨、整体性好、抗自然因素破坏(日晒、老化、水蚀、冰冻)的材料铺筑。面层由承重面层直接承担车辆的荷载，为了保护承重面层不受破坏，又可在承重面层上设一层磨耗层。

2. 基层

基层是路面的主要承重层，需要有足够的强度、刚度和稳定性，视需要可由若干层材料组成。

3. 垫层

为了改善路面的工作状况，常在路基和基层之间设置透水性强、稳定性好的垫层。其作用一是在水文条件不好的情况(地下水位高)下提高路面的水稳定性，二是在北方地区提高路面的抗冻性，防止路面冻胀翻浆。

5.5.2 城市道路路面设计要求

(1) 要有足够的强度，承受行车荷载引起的垂直变形和水平变形、磨损和疲劳；

(2) 要有足够的稳定性，保证路面在各种气候、水文条件下保持稳定的强度；

(3) 平整,以减少行车阻力和颠簸,提高车速;

(4) 粗糙,保持轮胎与路面间有足够的摩擦阻力,以充分发挥车辆的有效牵引力和制动力,保证行车安全;

(5) 清洁,避免采用松散材料铺筑而产生扬尘和噪声。

5.5.3 城市道路路面等级分类

1. 路面分类

(1) 水泥混凝土路面——刚性路面。

(2) 沥青路面——柔性路面。

(3) 砂石路面:

① 块料路面——半刚性路面;

② 粒料路面——柔性路面。

2. 路面等级

(1) 高级路面,主要有:

① 水泥混凝土——级配砂石,水泥为粘合剂;

② 沥青混凝土——级配砂石,沥青为粘合剂;

③ 厂拌黑色碎石——沥青用量少、无细料的沥青拌和碎石;

④ 整齐块、条石——料石。

(2) 次高级路面,主要有:

① 沥青贯入式碎(砾)石——现场浇灌沥青的碎(砾)石层;

② 路拌沥青级配碎石——现场拌和的沥青碎石混凝土;

③ 沥青表面处治——现场浇灌沥青的细粒碎石层;

④ 预制混凝土块和半整齐块石。

(3) 中级路面,主要有:

① 碎(砾)石——泥结碎石、水结碎石、灰结碎石、级配碎石、碎石等路面层;

② 石灰土和石灰炉渣土;

③ 其他。

(4) 低级路面,主要是粒料(碎砾石、碎砖等)加固土路面。

5.5.4 城市道路路面选配

城市道路要求路面等级较高,承担的交通量大,对耐磨耗性和耐久性、强度的要求都很高,因此常选用高级路面,条件不允许时可采用次高级路面;郊区主要道路常使用次高级路面;中低级路面只适用于郊区次要道路和乡间小路。

路面各层结构层习惯的配合如下。

1. 机动车道

(1) 磨耗层：2 cm 沥青砂或细粒式沥青混凝土。

(2) 承重面层：

① 中粒式或粗粒式沥青混凝土；

② 厂拌黑色碎石(需加磨耗层)；

③ 沥青贯入式碎石；

④ 三层式表面处治(郊区)。

(3) 基层：

① 沥青贯入式碎石(可不做封面层)；

② 泥结碎石，灰结碎石，水结碎石；

③ 石灰炉渣土。

(4) 垫层：

① 天然砂砾(又称为河砾砂、毛砂)；

② 矿渣；

③ 毛石；

④ 石灰土。

2. 自行车道

① 上层：2 cm 沥青砂或细粒式沥青混凝土；

② 下层：10～15 cm 石灰炉渣土或石灰土。

3. 其他

① 水泥混凝土路面与基、垫层之间常铺设一个沙滑动层。

② 中低级路面可直接将基层作为面层。

③ 水文地质及气候条件好的路段可省去垫层。

4. 人行道

① 面层：各种人行道面砖、石板；

② 基层：低标号水泥砂浆；
石灰砂浆；
石灰土；
粗砂。

第6章　建筑交通环境与交通设施规划设计

6.1　大型公共建筑选址的道路交通规划问题

大型公共建筑是城市交通的重要汇集点和发送点，需要有好的道路交通条件为之服务。但是，由于大型公共建筑有较大的交通发吸量，对城市道路上的交通会产生较强的冲击，进而影响城市交通的畅通和空间分布。因此，在大型公共建筑选址时，必须注意以下两个问题。

第一，大型公共建筑所带来的交通量的增加能否与规划的道路系统交通分布相协调，即建筑所依邻的城市道路是否有足够的交通容量容纳建筑所产生的交通量。如果忽视这个问题，在已经很拥挤的道路上再增加大量的交通量，将造成交通阻塞，可能导致打乱城市道路网的交通分布，以致不得不投入巨额资金进行道路网的改造。

北京市中心地区的米市大街(图6-1)现状交通已经很拥挤，早晚高峰经常出现阻塞现象。前几年来陆续在附近修建了7座旅游饭店。仅金鱼胡同东段，原有两座宾馆、招待所，2000年以后又新建了4座大型宾馆。半条胡同内集中了近

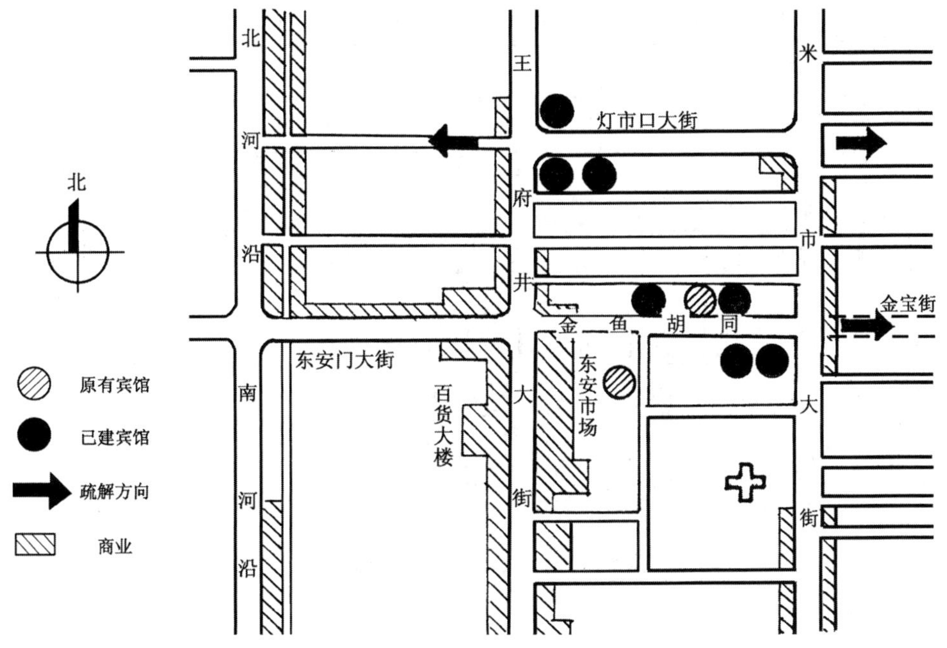

图6-1　金鱼胡同地段宾馆建设对道路交通的影响

3000 间客房,需 1000 多辆出租汽车提供交通服务。由于胡同西口为商业街,所有的交通必须向东由米市大街集疏,而米市大街已无法承受增加这么大的交通量。交通问题得不到很好的解决就会影响这些大型公共建筑的使用,为此必须考虑拓宽改造米市大街或向东开辟新的城市干路(现已开辟金宝街疏通交通至东二环路,给城市增加了沉重的负担。

第二,大型公共建筑与城市道路的交通联系方式。大型公共建筑由于交通活动频繁,应该靠近城市干路布置,但必须避免造成对干路交通和交叉口交通的过大冲击,影响城市干路的畅通性、快速性和通行能力,以及交叉口的交通组织。

大型公共建筑的出入口应该避免直接开在交叉口上或快速路上,如果必须在快速路上开口,则应该严禁左转,并设置减速道、加速道或辅助道与快速路连接。

大型公共建筑的出入口应该尽可能布置在汇集性道路或次干路上,如果必须在城市主干路上开口,则应该将出入口与城市主干路交叉口保持相当距离,出入口距交叉口停止线不得小于 50 m(交叉口出口段位置)至 100 m(交叉口进口段位置)。如果进出建筑的车流数量很大,则以不在主干路上直接开口为宜。大型公共建筑与同一条城市道路的连接应该避免同时开设两处车辆出入口。

有些建设单位喜欢把大型公共建筑邻近快速路布置,尤其喜欢建在道路立交的一角,其结果往往难以合理布置建筑出入口,给自身的使用带来困难。某市一座旅游饭店位于立交一角(图 6-2),无法在立交桥匝道和坡道上开设出入口,不得不绕行 300 m 与城市干路连接,既使用不便,又增加了专用联系通道的用地和投资。

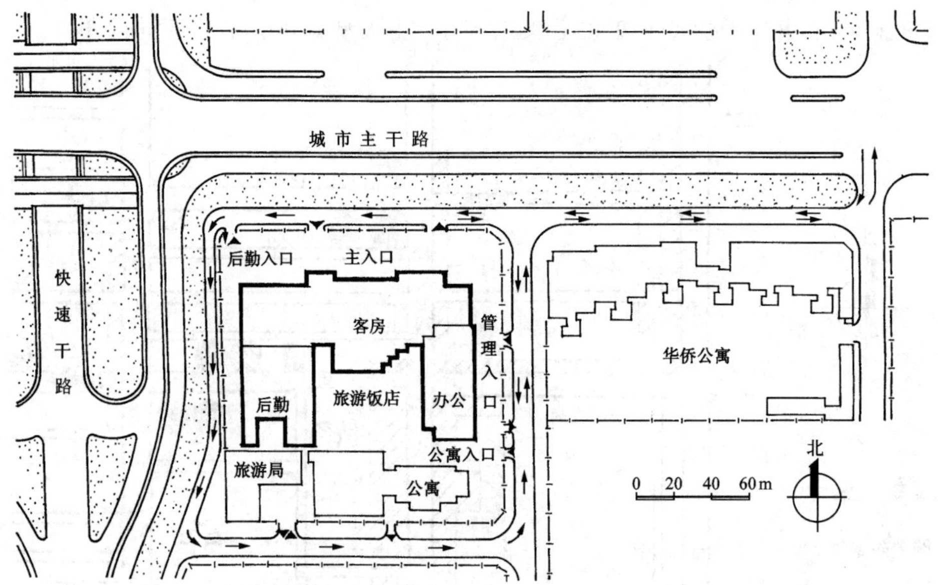

图 6-2 某市旅游饭店的交通路线

6.2　大型公共建筑临近建筑交通空间规划

6.2.1　临近建筑交通与临近建筑交通空间

建筑是对城市土地的使用。建筑内部的人流交通与城市道路上的人流、车流交通之间存在一类很重要的交通，称为“临近建筑交通”。临近建筑交通在建筑内部交通与城市交通之间起着联系、缓冲及人流与车流转换的作用。临近建筑交通所使用的空间称为“临近建筑交通空间”，把建筑与城市道路联系起来。它们之间的相互关系如图 6-3 所示。

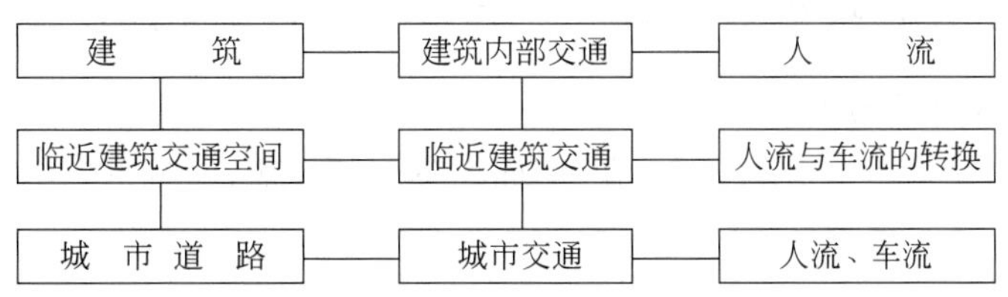

图 6-3　临近建筑交通关系框图

对于一般建筑，临近建筑交通和临近建筑交通空间的重要性和作用不十分明显，而对那些城市交通活动十分繁忙的建筑(除大型企事业单位、建筑工地、大型停车设施外，主要是城市大型公共建筑，如交通枢纽、大中型旅馆饭店、大型商业文体设施、大型办公性建筑等)，组织好临近建筑交通，规划好其交通空间是十分重要的。

临近建筑交通空间的组织和设计工作常纳入建设项目的总平面设计。对于大型公共建筑，应在规划中考虑临近建筑交通空间的设计，并确定若干规划要求和原则，使大型公共建筑所产生的交通问题能结合城市交通的全局性安排得到妥善解决。

临近建筑交通的组织和规划的主要任务，是把建筑内部的交通流线与外部城市道路的交通流线合理地组织成为有机联系的整体。因此，临近建筑交通空间的设计绝不是只取决于建筑或者只取决于城市道路，要兼顾建筑和城市道路的功能要求，应该首先在规划中予以研究并加以规划控制。由于城市道路是城市全局性的设施，不是轻易可以改变的，而建筑的布置则可以相对灵活地处理；所以，应该在符合城市道路功能要求的前提下，根据建筑的功能要求进行临近建筑交通空间的布置，满足临近建筑交通本身的功能要求和技术要求。

临近建筑交通的组织及其空间的规划要求如下：

(1) 既要与建筑内部的布置有好的功能关系，又要与城市道路呈有秩序的联系；

(2) 尽可能减少人流之间、人流与车流之间及不同性质车流之间的交叉和相互干扰,减缓对城市干路的冲击;

(3) 有足够的人流、车流集散空间和停留空间;

(4) 做到各种交通流线清晰醒目、方便短捷。

现代城市的发展使得城市设施的综合性和集中化程度大大提高,常常出现若干大型公共建筑共同使用一个临近建筑交通空间的现象,使得临近建筑交通空间的设计也更为复杂,要求各建筑的设计与临近建筑交通空间的布置更为密切地结合。但首先应该在规划中尽量避免不同性质建筑的综合,以减少临近建筑交通的复杂程度和交通流量。

6.2.2 大型公共建筑临近建筑交通及临近建筑交通空间的构成

1. 临近建筑交通的构成

临近建筑交通根据服务对象的不同而有不同的构成,大致可归纳为两类:

(1) 为建筑本身服务的后勤交通

包括后勤货运交通(以机动车为主),工作人员的步行交通和自行车交通,以及少量的客运机动车交通。

(2) 外部客运交通

包括大量的客运机动车交通(公共交通、专用客车和出租汽车交通),大量的步行交通(包括由客运机动车转换生成的步行交通)和自行车交通。

2. 临近建筑交通空间的构成

临近建筑交通空间按上述两类交通组织由两部分组成:

(1) 内部客、货运交通空间

包括与城市道路联系的以货运为主的通道、货运装卸停留空间和内部职工车辆停放空间。由于内部职工客运交通量较少,所以可以与货运共用服务通道和后勤出入口。

(2) 外部客运交通空间

包括与城市道路联系的客运通道、汽车集散空间(包括辅助联系通道)、汽车停放空间、人流集散空间和自行车停放空间。一般还常设置一定的绿化休息和观赏等其他功能空间。

除此之外,有时还考虑设置联系内部客、货运交通空间和外部客运交通空间的联系通道。

6.2.3 旅游饭店临近建筑交通空间规划

旅游饭店临近建筑交通空间应该分为相对独立,但可用辅助性联系通道有限联系的两个部分：内部服务空间和外部服务空间。内部服务空间应靠近后勤服务部门(锅炉、库房、厨房、洗衣房、车库等)布置，另开设内部服务出入口与城市道路联系；外部服务空间布置在主要旅客出入口(包括对外营业餐厅出入口)前，以饭店主大门与城市道路联系。一般旅游饭店临近建筑交通空间的组织和功能关系如图 6-4 所示。

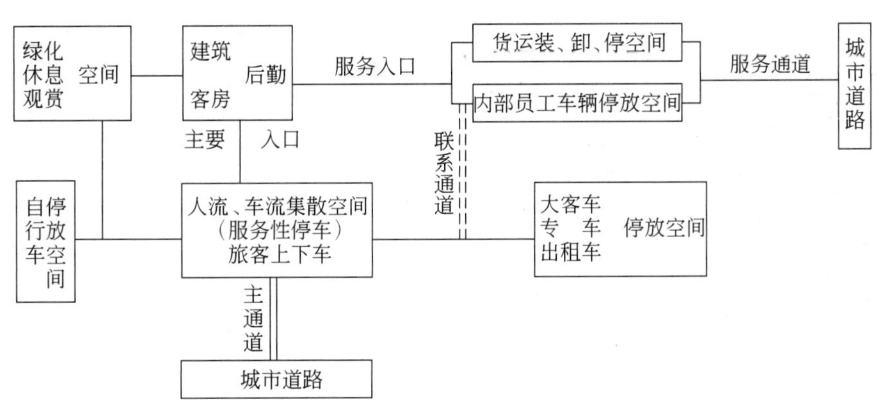

图 6-4　旅游饭店临近建筑交通空间功能关系框图

某市国际饭店(图 6-5)位于站前街与城市主要客运交通干路交叉口的一角。饭店主体建筑面南布置，主要出入口朝南开在城市主干路上，车辆出入口距交叉口约 150 m，人行出入口与人行道相连，饭店外部服务空间的地下建有地下停车库，停车空间与人流车流集散空间呈立体布置，关系处理较好。饭店后勤服务部分位于北部和东部，安排有装卸停空间、自行车棚和环行通道，后勤出入口开在北侧小路上与另一条城市次干路连接。在西侧城市次干路上，还设有一个次要出入口，主要出入大客车。联系各部分空间的辅助联系通道位于西侧。饭店总体布置及交通流线组织合理、清晰。

6.2.4　城市客运交通枢纽站前广场规划

客运交通枢纽建筑的临近建筑交通空间往往以站前广场的形式进行布置。站前广场是城市道路系统和交通系统的重要节点，完成市内客运交通与城市对外客运交通的转换。铁路客运站、水运客站、长途汽车站和航空港等市级客运交通枢纽均需设置站前广场。站前广场的规划设计也应满足临近建筑交通空间的一般规划要求。

1. 站前广场的规划设计思想

城市客运交通枢纽是城市交通中最繁忙的节点，交通种类繁多，交通转换频繁，各种交通的交通量都很大。所以，站前广场的布置特别要求尽可能地减少对城

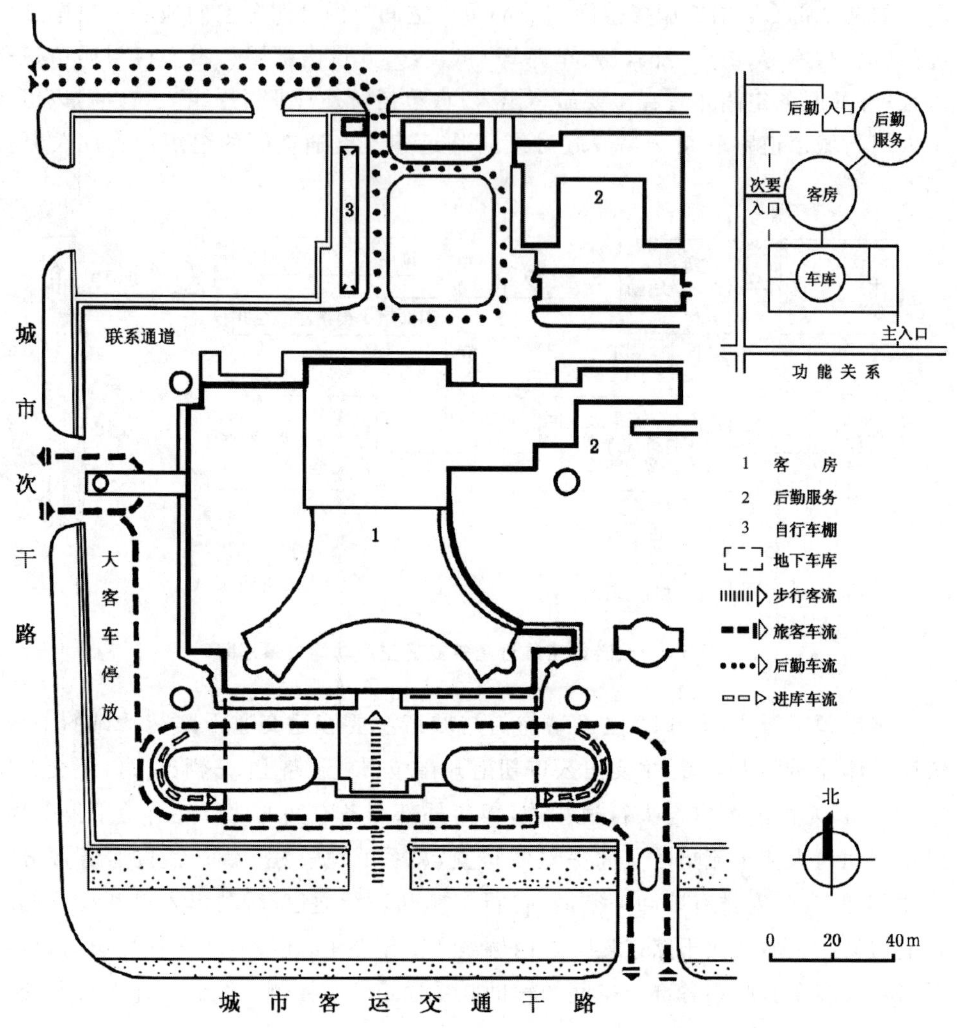

图 6-5 某市国际饭店交通组织分析

市干路的直接冲击,避免由于站前广场的各种交通空间布置与站房设施功能上的不协调,而带来交通流线相互干扰的混乱局面。

过去有一种习惯的做法,把铁路客站作为城市干路的对景,客站站房面对一条城市干路,站前广场直接与丁字形交叉口连接(图 6-6),形成丁字交叉站前广场。这种布置方式使得交通组织难以处理得十分恰当,站前广场的大量人流、车流的组织及与城市干路的联系交混于交叉口,很容易造成混乱。同时,为解决城市干路与铁路另一侧城市用地的联系,需要在铁路客站的两侧开设两条城市道路,立交穿越铁路,形成了三个连续的丁字交叉口,穿越铁路的交通与平行铁路的交通部分重叠,影响平行于铁路方向城市干路的交通畅通和通行能力。

一些铁路客站的站房设计不注意与站前广场的配合,站房建筑内的交通流线

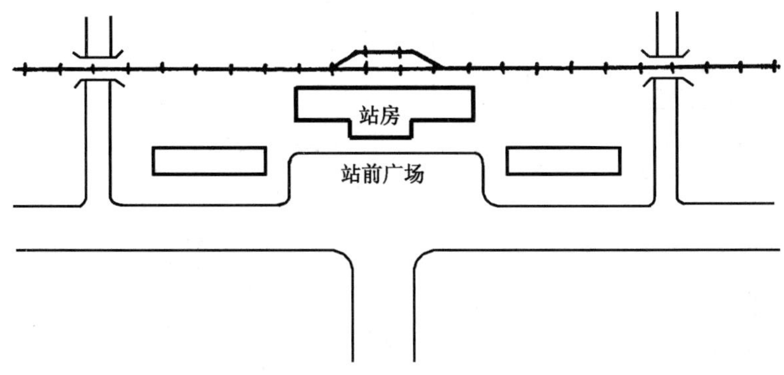

图 6-6　丁字交叉站前广场

不遵循城市靠右行的交通规律，采用靠左行的内部交通组织，致使站前广场的交通流线出现交叉干扰，易造成混乱状况(图 6-7)。

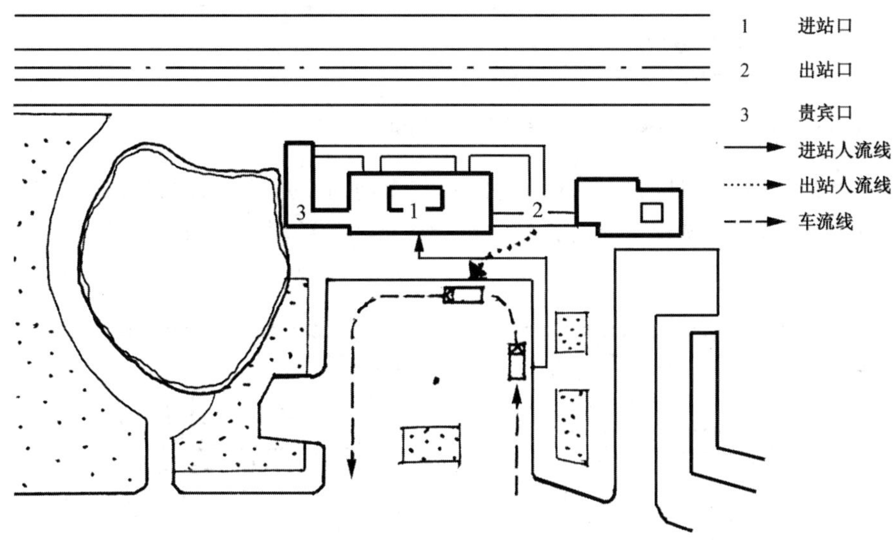

图 6-7　某铁路客站站房按左行布置

国内许多铁路客站的设计为突出站房建筑的宏伟，追求广场的宽大、气派，把为站房服务的主要客运交通空间(公交首末站)布置在远离站房出入口的地方，造成旅客在城市公共交通与站房之间的换乘步行距离过长，感觉极不方便(图 6-8)。

同时，国内在铁路站、长途客站的规划设计中，普遍忽视旅客绿化休息空间的布置，致使滞留站前广场的大量临时候车旅客随地坐卧，秩序混乱，无法管理。

所以，站前广场的规划设计要考虑下列问题，以求得好的使用效果。

(1) 通过辅助道路把站前广场的各种交通空间与城市干路相联系，对于特别复杂的交通枢纽，可以用多条辅助道路分别把各个交通空间与不同方向的城市干路相联系(图 6-9)。这样，站前广场内的各种交通流可以先汇集到辅助道路上，再进入城市干路；城市干路上的各种交通流也可以经过辅助道路再分散到站前广场

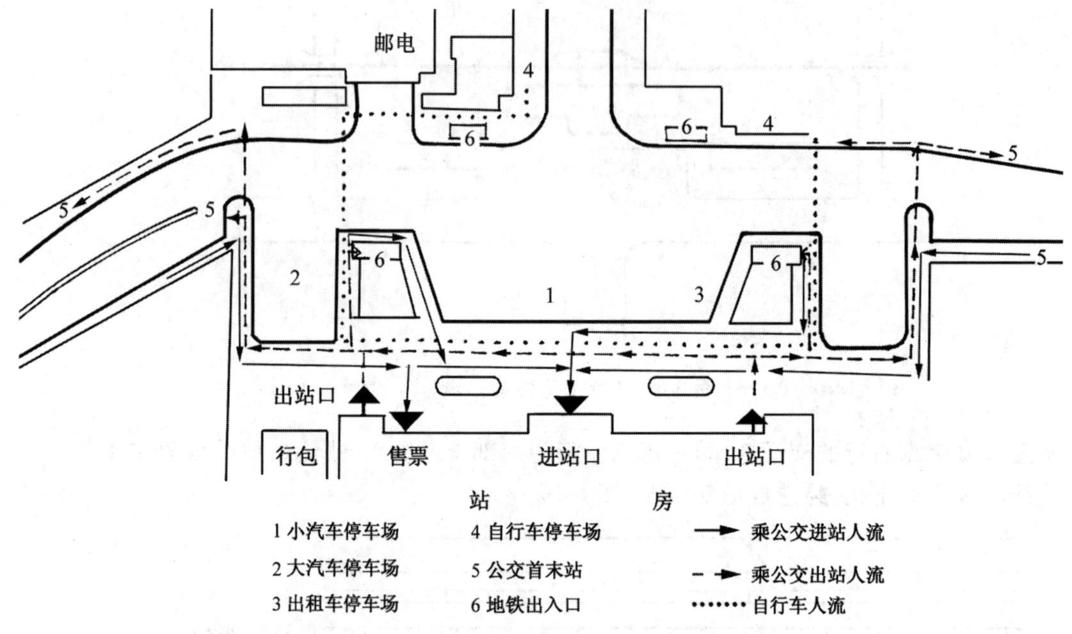

图 6-8 某铁路客站的步行距离过长

的各个交通空间。这种布置方式可以使站前广场的交通比较容易组织,对城市干路的冲击大大缓解,城市干路与铁路另一侧城市用地的联系也较为方便。

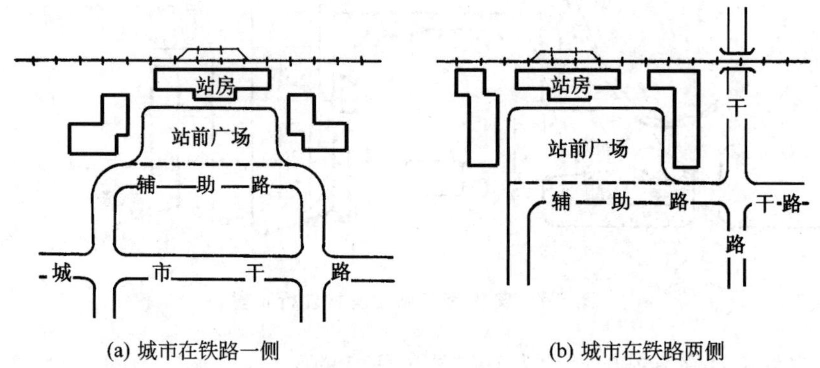

(a) 城市在铁路一侧　　(b) 城市在铁路两侧

图 6-9 站前广场用辅助路与城市干路相连

为了更好地解决人流与各类交通空间的联系,做到人车分离,也可以采用高架人行平台的方式布置站前广场(图 6-10),作为站前广场的人流交通空间。

(2) 按照城市道路靠右行的原则进行站房建筑内部和站前广场交通流和用地空间的布置。

(3) 各类交通空间的布置主要依据交通流线的合理安排,形成以人流集散场地为核心的用地布局形式(图 6-11)。

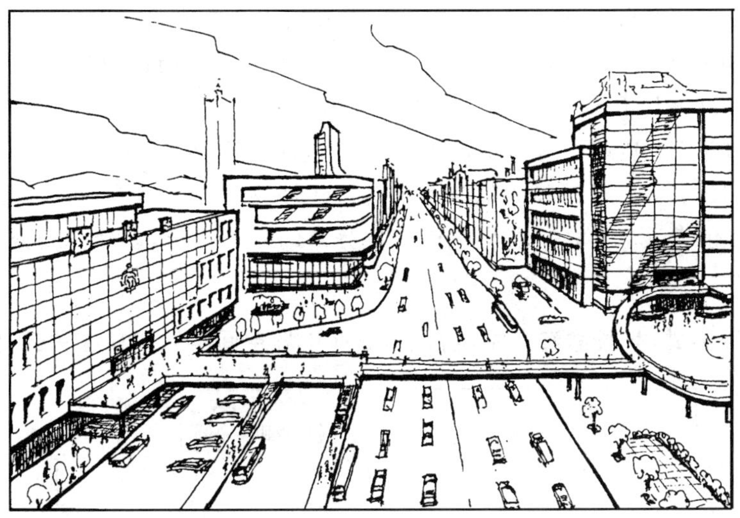

图 6-10　站前广场的高架人行平台

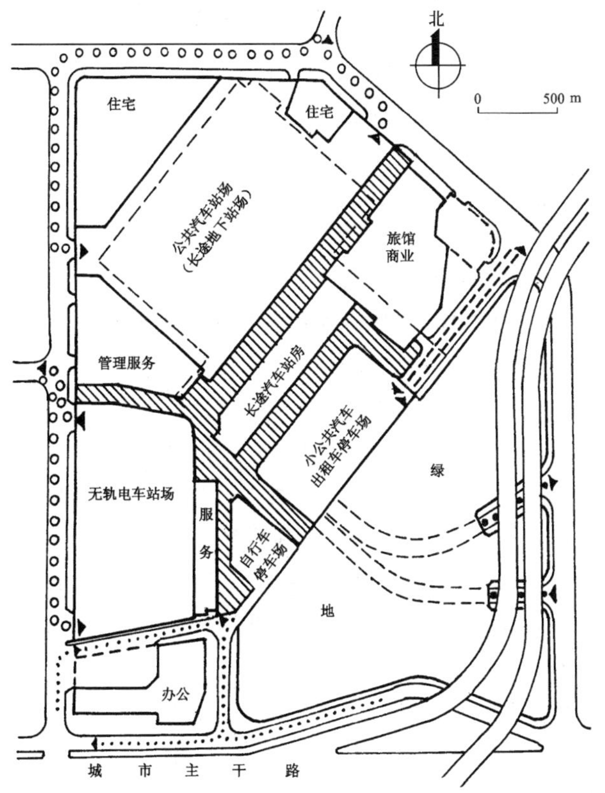

人流集散场地　○○○公共电、汽车流线　····自行车流线

●●●● 长途汽车流线　— — — 小公共汽车、出租车流线

图 6-11　某市客运交通枢纽规划方案的交通组织

(4) 站房旅客出入口、行包、售票等设施应该与市内公共交通站场及其他停车场的位置相配合，尽可能减少旅客步行距离。一般旅客步行距离应不超过100 m，特大型客站在条件困难时，以不超过150 m为限。

(5) 站前广场应该配备一定规模的绿化休息空间，平时可为旅客休息候车服务，在节假日高峰期，又可作为临时候车空间，以弥补站房候车空间的不足。

(6) 行包货运车流宜另设与站前广场分离的专用通道，以减少与人车客流的交叉与干扰。

2. 铁路客站(与长途汽车站组合的)站前广场空间组织和功能关系(图6-12)

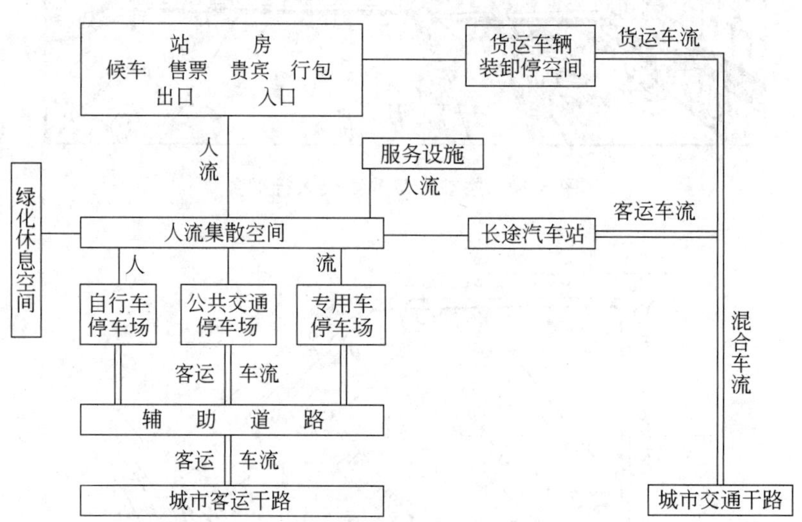

图6-12 铁路客站站前广场功能关系框图

3. 案例分析

某市铁路客站位于立交一角，东为快速路，南为城市主干路，西为城市次干路。为减少车站交通对城市主干路的冲击，规划方案(图6-13)考虑次干路与主干路立交，新规划一条道路(相当于立交匝道)分别联系两条城市干路，并从该路上引出一条单向环行的辅助道路联系站前广场。站前广场的各个交通空间(各种车辆停车场)像一个个袋子挂在辅助道路上，各交通空间与站房及附属设施都有良好的关系，又做到了各种交通流的流线清晰、互不干扰。

某铁路客站站前广场规划方案(图6-14)把步行广场、商业步行街等步行空间与近旁城市公园休息空间组合在一起形成步行区，把办公服务、停车场等车行交通空间组合在一起形成车行区，用辅助道路联系东侧与南侧城市干路，步行与车行转换方便，又减少了相互之间的干扰，是一种人车分区的布置手法。

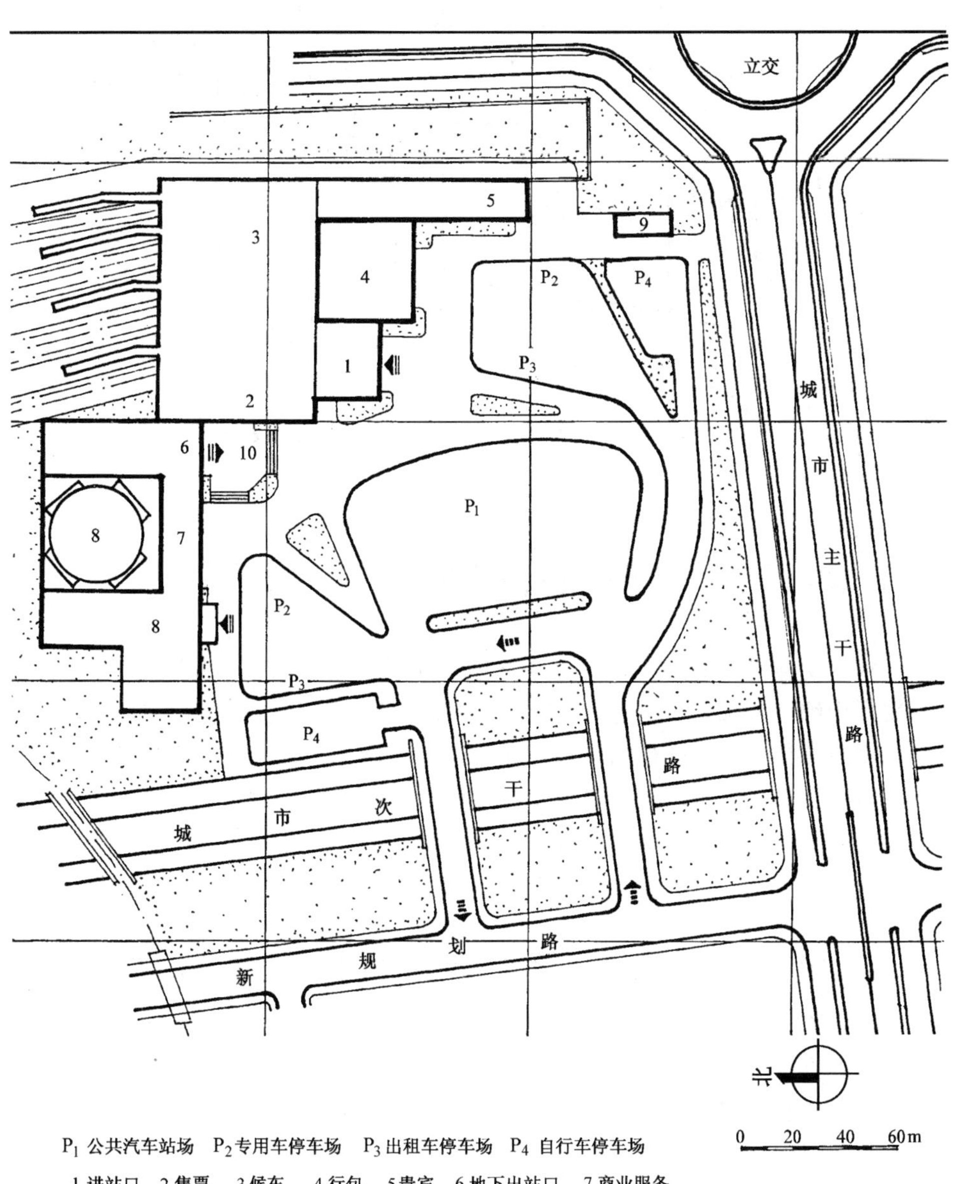

P_1 公共汽车站场　P_2 专用车停车场　P_3 出租车停车场　P_4 自行车停车场
1 进站口　2 售票　3 候车　4 行包　5 贵宾　6 地下出站口　7 商业服务
8 旅馆　9 地铁口　10 下沉式广场　➡ 辅助道路行车方向

图 6-13　某市铁路客站站前广场规划方案示意图

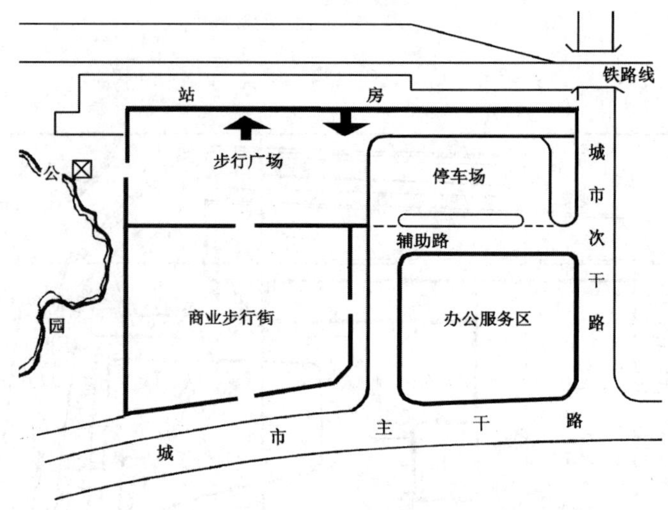

图6-14 某铁路客站人车分区规划方案示意图

6.3 客运交通枢纽设计原理

客运交通枢纽的设计一般由各交通部门各自完成。现代城市的发展已经要求在城市中综合考虑客运交通枢纽设施的布置。城市综合性的客运交通枢纽的设计中要对各类交通线路进行综合布置和综合管理,要求我们在规划中先行研究,提出对城市客运交通枢纽设计的规划要求和设计条件,以及在空间组合上的规划方案,以在满足各类交通线路运行、管理要求的同时,合理组织各类交通,合理使用城市空间和土地资源。

6.3.1 城市综合客运交通枢纽的基本构成与功能组合关系

客运交通枢纽由站内设施和站外交通线路设施组合而成。以铁路客站为核心的城市综合客运交通枢纽为例,站外交通线路设施指铁路、长途汽车线路的城市对外交通线路和城市轨道交通线路、地面公交线路的城市公共交通线路。

通常我们将城市地面公交线路布置在枢纽站外,可以通过站前广场的规划进行布置和规划设计;而将铁路、城市轨道公交线路进入枢纽站内,将长途汽车线路布置为专用站场,成为枢纽内的主要线路运行设施,和枢纽内的服务、管理设施组合在一起进行设计。这样,在枢纽内应该主要实现人流与各对外交通线路的换乘和各对外交通线路及城市轨道交通线路之间的换乘;在枢纽外空间主要完成进出枢纽的人流与城市地面公共交通和其他社会交通之间的换乘。

铁路客站和长途汽车客站以及由城市轨道交通站、公交首末站及社会停车设施构成的城市公交换乘枢纽是城市综合客运交通枢纽的主体设施。铁路客站、长途汽车客站可以按照各自的功能布局进行布置，城市公共交通换乘枢纽的各组成部分，也可以按照各自的功能要求进行布置，通过转换空间实现各个交通设施之间的紧密衔接。

综合客运枢纽的转换空间是步行换乘空间，应该成为综合客运交通枢纽的核心设施。铁路客站、长途汽车客站与公交换乘枢纽间应该通过设置“步行换乘空间”形成紧密衔接的关系。“步行换乘空间”可以单独设置，分别与铁路客站、长途汽车客站和公交换乘枢纽的到、发空间相连，也可以以铁路客站或长途汽车客站的进站空间（大厅）为主进行设置。对于较大规模的综合客运交通枢纽，应该考虑形成立体换乘的衔接关系。

在城市综合客运交通枢纽的规划中，考虑到枢纽中各个交通设施车辆出入流线十分复杂，在综合客运交通枢纽的外围仍然应该布置辅助路系统，以合理安排枢纽中各种交通设施的路上交通与城市道路或公路的联系，这是搞好枢纽外围交通组织的关键。

由铁路客站和长途汽车客站组合而成的城市（对外）综合客运交通枢纽的总体功能组合关系大致如图 6-15 所示。

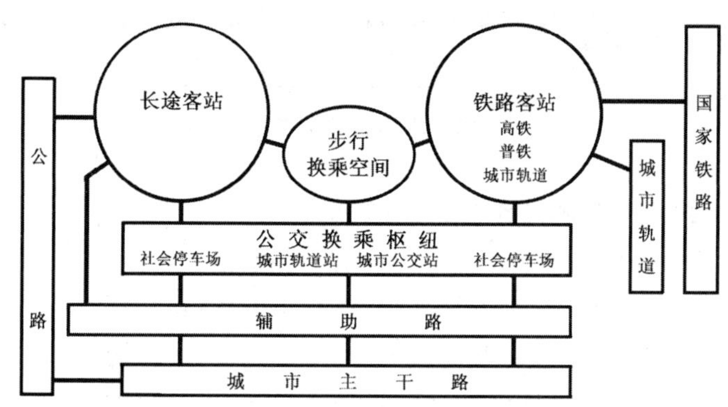

图 6-15　城市综合客运交通枢纽总体功能组合关系示意图

6.3.2　客运交通枢纽站的功能空间构成

由于城市客运交通枢纽站内包括有多种交通方式，各种交通方式需要满足各自的运行要求，有各自的运行空间，还要满足各种交通方式之间的换乘要求，还要有对枢纽设施的综合管理、服务；因此，对于现代化的城市客运交通枢纽站，其功能是综合性的，管理也应该是综合性的。城市客运交通枢纽站的功能空间（除运行线路外）一般由下列几部分组成。

（1）服务层。包括站房大厅，以及票务、信息商务、旅客休息、商业、餐饮、娱乐服务等设施。

（2）站台层。各类线路的站台应该分类组合布置，可以同层布置，也可以分层布置。

(3) 换乘层。通过本层进行各类线路之间的换乘,也可以与服务层组合布置。

(4) 管理层。布置有关枢纽及各类线路运行的管理设施,可以集中布置,也可以与服务层、换乘层组合分散布置。

6.3.3 客运交通枢纽站功能空间的组合方式

客运交通枢纽站的四类功能空间层的相互组合有多种方式。

1. 常见的铁路客站布置方式(图 6-16)

部分服务层和站台层平行布置在地面层;部分服务层和换乘层布置在二层;管理层需要在各层分别布置。

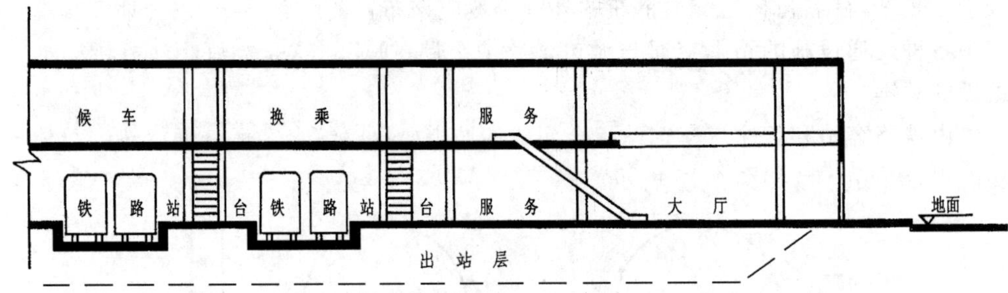

图 6-16 常见铁路客站布置方式

2. 常见的长途汽车站布置方式(图 6-17)

长途车站常设置内场组织车流和停车,站房内服务层和站台层一般平行布置在地面层,通过站前广场与公共交通实现转换,车务管理和票务管理一般根据需要分散布置,站务管理可布置在上层。

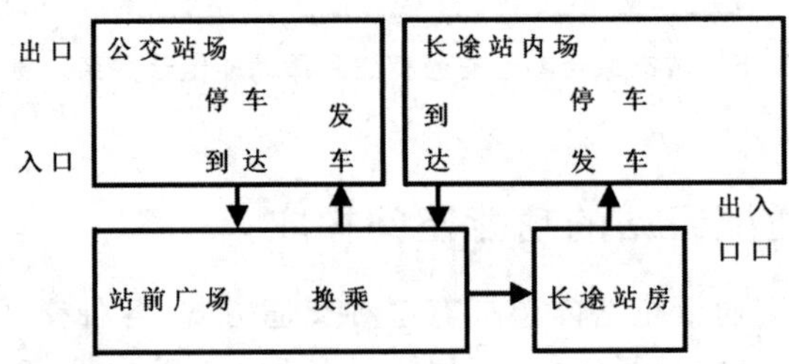

图 6-17 常见长途汽车站布置方式

3. 铁路与城市公共交通换乘枢纽的综合布置

综合客运交通枢纽的布置比较复杂,国内外的经验如下。

第一,服务层应结合地面公共交通线路首末站设置在地面层,铁路和城市轨道交通线路布置在地下或上层。这样,一方面有利于轨道交通线与城市地面道路交通的分离，另一方面则有利于合理使用客运交通枢纽周围的城市地面资源，有利于枢纽外的交通组织、方便旅客人流组织（铁路尽端站的站台层可与服务层同层布置）。

第二，换乘层布置在铁路站台层和城市轨道公共交通线路站台层之间，如果铁路线和城市轨道线并行（同层）布置，则可将换乘层与服务层组合布置在地面层。

第三，各类交通线路的管理设施应结合线路布置分别设置，枢纽站的站务管理则应集中与换乘、服务就近布置，以方便旅客识别。

以上经验如图 6-18 所示。

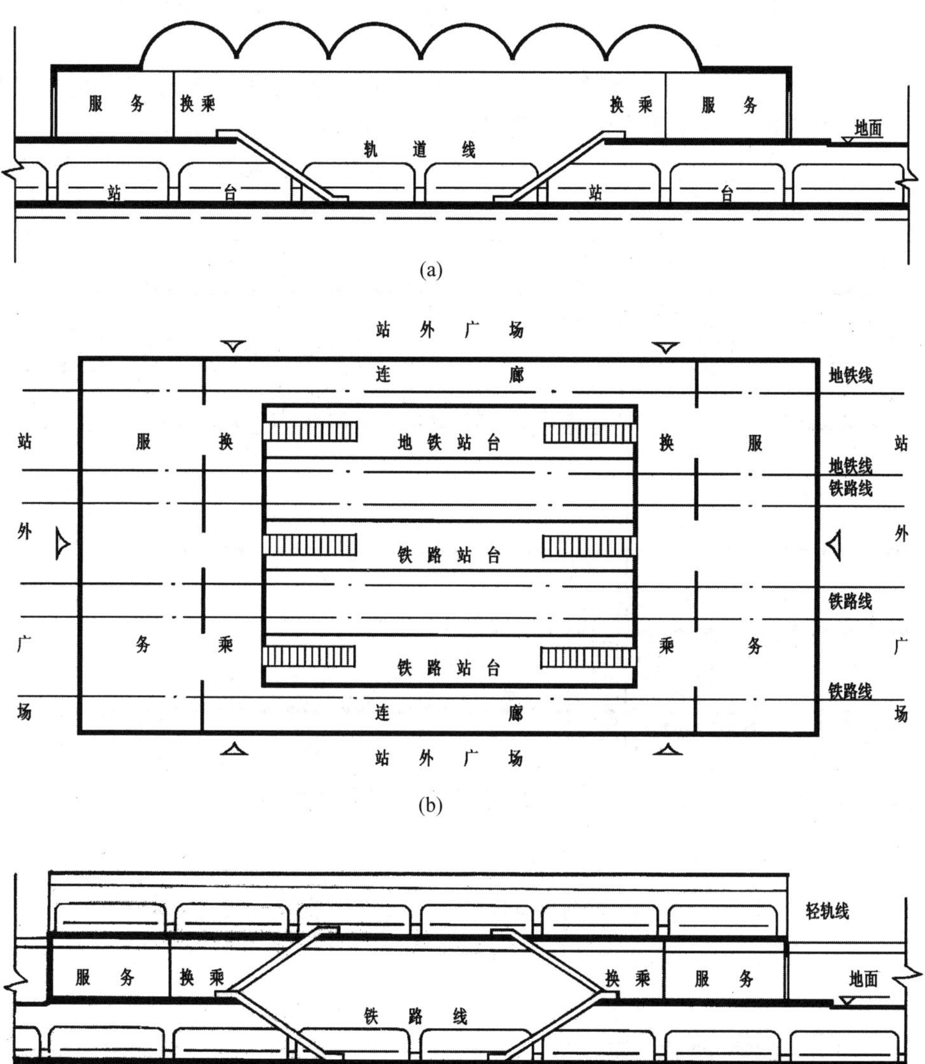

图 6-18　铁路客站与城市轨道公交组合布置方式

4. 城市客运交通枢纽空间组合的设计思路

城市客运交通枢纽是综合性的枢纽设施,应该打破部门界限,实现综合的统一组织、统一设计和统一管理。

从综合分析和综合效益的角度考虑,设计中应注意下列问题。

(1) 国家铁路和城市轨道公共交通是独立设置的交通线路,如果可能,应该尽量在地下或架空布置,避免形成与地面城市道路交通的交叉和相互干扰。

(2) 枢纽设计应该考虑尽可能减小换乘距离,使人的流动距离最短。所以,一方面应该尽可能将服务层布置在地面层,以与地面公共交通线路方便联系;另一方面可将服务层与换乘层同层布置,以使进出枢纽的人流与站台层的联系只需上、下一层,最为短捷、方便。

(3) 如果将地面公共交通线路布置在枢纽内,则可考虑将服务层和换乘层布置在轨道交通站台层与公共交通线路层之间(图 6-19)。

(4) 枢纽的设计要求布局集中紧凑,做到流线清晰、标志醒目、方便舒适。

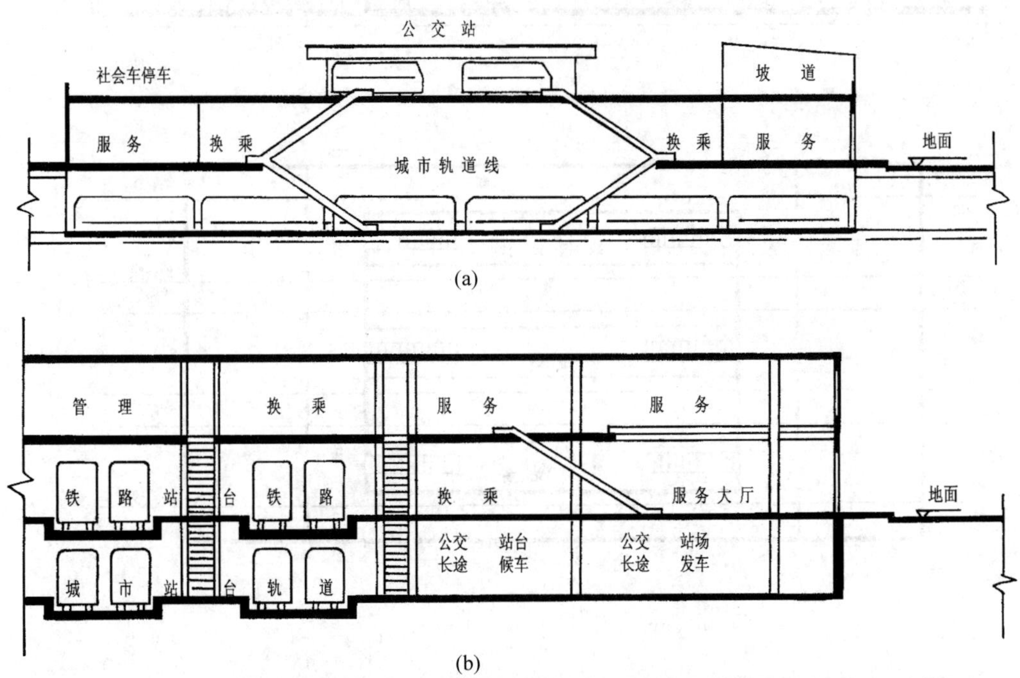

图 6-19 铁路客站与城市公共交通组合布置方式

6.4 停车设施设计

停车设施指机动车和自行车的停放场地和停车库,本节主要介绍停车设施停车部分的设计。

6.4.1　机动车标准车分类及技术特性数据

1. 机动车停车设施的标准车分类

停车设施设计的机动车标准车类型及净空尺度要求见表 6-1。

表 6-1　停车设施标准车型及净空要求　　m

车型	总长	总宽	总高	车辆安全净距						净高
				纵向净距	横向净距	车尾间距	构筑物纵距	构筑物横距	柱净距	
微型车	3.5	1.6	1.8	1.2	0.6	1.0	0.5	0.6	0.3	2.2
小型车	4.8	1.8	2.0	1.2	0.6	1.0	0.5	0.6	0.3	2.2
轻型车	7.0	2.1	2.6	1.2	0.8	1.0	0.5	0.8	0.3	2.8
中型车	9.0	2.5	3.2(4.0)	2.4	1.0	1.5	0.5	1.0	0.4	3.4(4.2)
大型客车	12.0	2.5	3.2	2.4	1.0	1.5	0.5	1.0	0.4	3.4
铰接客车	18.0	2.5	3.2	2.4	1.0	1.5	0.5	1.0	0.4	3.4
大型货车	10.0	2.5	4.0	2.4	1.0	1.5	0.5	1.0	0.4	4.2
铰接货车	16.5	2.5	4.0	2.4	1.0	1.5	0,5	1.0	0.4	4.2

注：中型汽车括号尺寸用于中型(4 t 以下)货车。

车辆安全净距如图 6-20 所示。

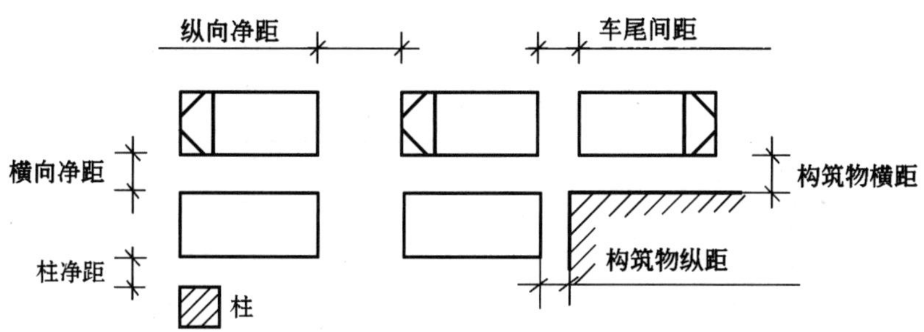

图 6-20　机动车停车安全净距示意图

1989 年施行的部颁停车场规划设计规则(试行)的标准比表 6-1 偏大，规划设计时应该作为一般遵循的标准。

2. 机动车回转轨迹

汽车在停车设施内转弯时的回转轨迹如图 6-21 所示。

汽车库内各类汽车最小转弯半径的标准值如表 6-2 所示。

各种车辆回转计算参数可参照表 6-3 选用。

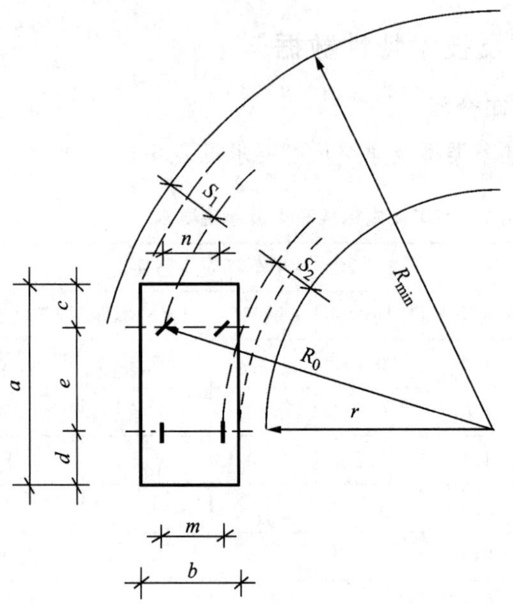

图 6-21 汽车回转轨迹

表 6-2 汽车库内汽车最小转弯半径 m

车 型	最小转弯半径	车 型	最小转弯半径
微型车	4.5	中型车	8.0～10.0
小型车	6.0	大型车	10.5～12.0
轻型车	6.5～8.0	铰接车	10.5～12.5

表 6-3 各种车辆回转计算参数 cm

车 类	车 型	a	b	R_0	R_{min}
2t 货车	BJ 1041	495	195	570	630
5t 货车	CA 1091	720.5	247.6	820	880
8t 货车	JN 1150	760	240	825	890
9t 货车	CA 150	777.5	249.4	1160	1220
越 野 车	帕杰罗	473.5	187.5	570	620
小 客 车	奥迪 A4	454.7	176.6	550	600
小 客 车	奔驰 CL600	499.3	185.7	575	630
中 客 车	依维柯 NJ6490	599	200	540	600
大客单车	BJ 640 (解放)	855	245	900	960
大客单车	奔驰 0350	1198	250	1060	1120
大客铰接车	BK 661 (解放)	1380	245	1130	1190
大客铰接车	北京Ⅰ型(无轨)	1500	245	1190	1250
大客铰接车	BG 660 (黄河)	1688	250	1250	1310

3. 小客车坡道设计要素

坡道宽度可按表 6-4 选用。汽车库内通道最大坡度可按表 6-5 选用。国外小汽车坡道设计要素如表 6-6 所示。

表 6-4　坡道最小宽度表　m

坡道型式	计算宽度	最小宽度	
		微型、小型车	中型、大型、铰接车
直线单行	单车宽 ＋ 0.8	3.0	3.5
直线双行	双车宽 ＋ 2.0	5.5	7.0
曲线单行	单车宽 ＋ 1.0	3.8	5.0
曲线双行	双车宽 ＋ 2.2	7.0	10.0

表 6-5　汽车库内通道最大坡度表

	坡度(%)		坡度比(高∶长)	
	直线坡道	曲线坡道	直线坡道	曲线坡道
微型车、小型车	15	12	1∶6.67	1∶8.3
轻型车	15	10	1∶6.67	1∶10
中型车	12	10	1∶8.3	1∶10
大型客、货车	10	8	1∶10	1∶12.5
铰接客、货车	8	6	1∶12.5	1∶16.7

当汽车库内车道纵向坡度大于 10%时，坡道上下端均应设置缓坡段，其直线缓坡段的水平长度不应小于 3.6 m，缓坡坡度应为坡道坡度的 1/2。曲线缓坡段的水平长度不应小于 2.4 m，曲线的半径不应小于 20 m，缓坡段的中点为坡道的原起点或止点，如图 6-22 所示。

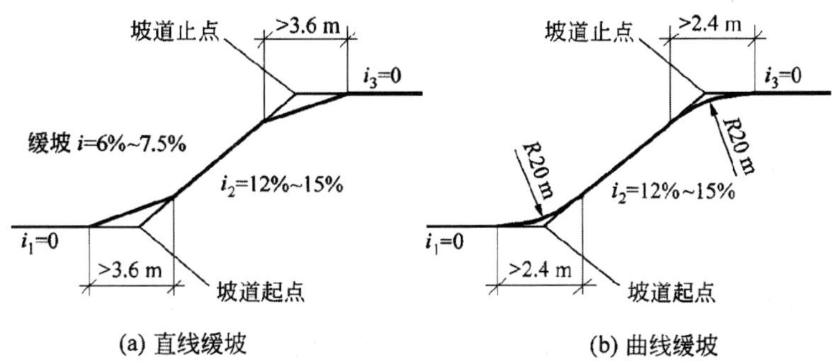

图 6-22　缓坡示意图

表 6-6　国外小客车坡道设计要素

国别	直线坡道及半坡道				圆形坡道										斜楼板式：坡度
	宽度		坡度		单行式			双行式:内环			双行式:外环			横向坡度	
	单行	双行	室内	室外	宽度	环半径	坡度	宽度	环半径	坡度	宽度	环半径	坡度		
	B_1 (m)	B_2 (m)	i_1 (%)	i_2 (%)	B_3 (m)	R_1 (m)	i_3 (%)	B_4 (m)	R_2 (m)	i_4 (%)	B_5 (m)	R_3 (m)	i_5 (%)	i_0 (%)	i_6 (%)
美国	3.36	7.32*	12		3.82	9.76		3.82	9.76		3.36	13.73		10	5
英国	3.05	5.49	12.5	10	3.05	9.15		3.66	9.15		3.05	12.20		10	5
德国					3.70	9.20	9	3.70	9.20	9	3.40	12.60*	5.9		5
日本	3.00		10～12		3.70	7.70		3.70	7.70	13	3.70	12.20	9.5		
苏联	2.50	5.00	12.5	10	3.50	9.50	8.3	3.65	9.15	7	3.20	12.65	4.3	5.2～10	4

	斜道宽度
直线单行	车宽+0.8 或≥2.5
直线双行	2 车宽+1.8 或≥5.0
曲线单行	车宽+1.0 或≥3.5
曲线双行	2 车宽+2.2 或≥7.0

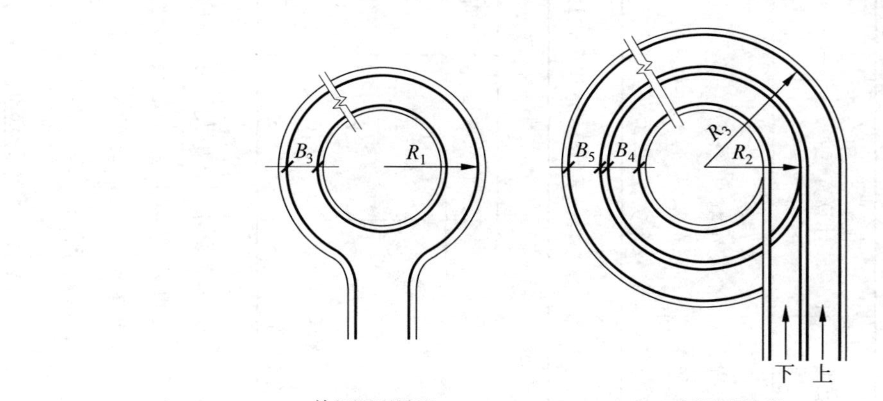

单行圆形坡道　　双行圆形坡道

注：* 指中心至汽车外轮。
1. 长度尺寸单位:m;坡度为最大值。
2. 法国直坡道及半坡道坡度为 14%。
3. 美国双行道中间设 0.60 m 宽路缘石,内外两侧设 0.31 m 宽路缘石,路缘石高度为 0.15 m。

6.4.2　公共建筑停车车位估算

公共建筑，特别是大型公共建筑所需停车车位的确定，关系到能否正确估算服务车行交通的数量及所需配备的停车空间和集散空间，因而直接影响到公共建筑本身的使用方便程度，以及临近建筑交通空间能否有秩序地正常运转。目前国内一般通过对典型公共建筑停车状况的调查，确定城市的停车车位规划指标，或套用老规范指标，整体水平偏低，在实际使用中常出现较大差距。表 6-7 为北京目前对大、中型公共建筑提出的公共停车车位规划指标，可参考使用。

表 6-7　北京市大、中型公共建筑配建停车场标准

建筑类别		单　位	标准停车位数	
			小型汽车	自行车
旅　馆	一类	每套客房	0.6	
	二类	每套客房	0.4	
	三类	每套客房	0.2	
办公楼		每 1000 m^2 建筑面积	6.5	20
餐　饮		每 1000 m^2 建筑面积	7	40
商　场	一类	每 1000 m^2 建筑面积	6.5	40
	二类	每 1000 m^2 建筑面积	4.5	40
医　院	市级	每 1000 m^2 建筑面积	6.5	40
	区级	每 1000 m^2 建筑面积	4.5	40
展览馆		每 1000 m^2 建筑面积	7	45
电影院			3(每 100 座位)	45 (每 1000 m^2 建筑面积)
剧院(音乐厅)			10(每 100 座位)	45 (每 1000 m^2 建筑面积)
体育场馆	一类		4.2(每 100 座位)	45 (每 1000 m^2 建筑面积)
	二类		1.2(每 100 座位)	45 (每 1000 m^2 建筑面积)

注：1. 露天停车场的占地面积，小型汽车按每车位 25 m^2 计算，自行车按每车位 1.2 m^2 计算。停车库的建筑面积，小型汽车按每车位 40 m^2 计算，自行车按每车位 1.8 m^2 计算。

2. 旅馆中的一类指《旅游旅馆设计暂行标准》规定的一级旅游旅馆，二类指该标准规定的二、三级旅游旅馆，三类指该标准规定的四级旅游旅馆。

3. 商场中的一类指建筑面积 10 000 m^2 以上的商场，二类指建筑面积不足 10 000 m^2 的商场。

4. 体育场馆中的一类指 15 000 座位以上的体育场或 3000 座位以上的体育馆，二类指不足 15 000 座位的体育场或不足 3000 座位的体育馆。

5. 多功能的综合性大、中型公共建筑，停车场车位按各单位标准总和的 80% 计算。

大型旅游宾馆停车位的计算也可以采取分析方法，包括：

(1) 分析由旅游车队(外设停车设施)担负旅客交通所占的比例，规划中只需为其考虑停车集散的用地；

(2) 计算团体旅客与分散旅客各占的比例，分别配备大、中、小型客车服务；

(3) 通过调查,按常规配备一定数量的机动出租车服务。

6.4.3 机动车停车设施设计

1. 设计原则

(1) 按照城市规划确定的规模、用地、与城市道路连接方式等要求及停车设施的性质进行总体布置;

(2) 停车设施出入口不得设在交叉口、人行横道、公共交通停靠站及桥隧引道处,一般宜设置在次干路上,如需要在主要干路设置出入口,则应远离主干路交叉口并用专用通道与主干路相连;停车设施出入口设置的数量应符合消防等规范的规定;

(3) 停车设施的交通流线组织应该尽可能遵循"单向右行"的原则,避免车流相互交叉,并应该配备醒目的指路标志;

(4) 停车设施设计必须综合考虑路面结构、绿化、照明、排水及必要的附属设施的设计。

2. 停车设施类型及规划指标

城市公共停车设施分为路边停车带和路外停车场(库)两大类型。

(1) 路边停车带

路边停车带一般设在车行道旁或路边,多系短时停车,随到随开,没有一定规律。路边停车带通常采用单边单排的港湾式布置,不设置专用通道。在交通量较大的城市次干路旁设置路边停车带时,可考虑设置分隔岛和通道。

(2) 路外停车场

路外停车场包括道路用地以外设置的露天地面停车场和室内停车库。停车库又包括地下或多层构筑物的坡道式和机械提升式停车库。

停车设施停车面积规划指标是按当量小汽车进行估算的。露天停车场为25～30 m^2/停车位,路边停车带为16～20 m^2/停车位,室内停车库为30～35 m^2/停车位。各种车型的换算系数见表6-8。

表6-8 停车设施车辆换算系数

	微型汽车	小型汽车	中型汽车	普通汽车	铰接车
换算系数	0.70	1.00	2.00	2.50	3.50

3. 车辆停发方式

车辆停车发车有三种方式,要根据停车设施的性质和功能要求选择不同的停发方式(图6-23)。

(1) 前进停车、后退发车。车辆就位停车迅速,但发车较为费时,不易做到迅

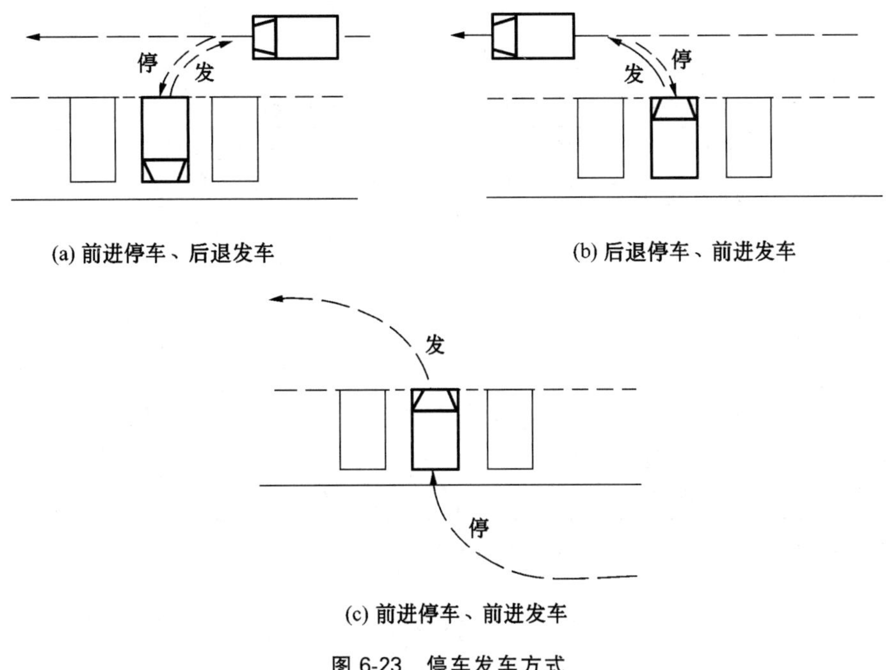

图 6-23　停车发车方式

速疏散。常用于斜向停车方式的停车设施。

(2) 后退停车、前进发车。车辆就位较慢,但发车迅速,是最常见的停车方式,平均占地面积较少。

(3) 前进停车、前进发车。车辆停、发均能方便迅速,但占地面积较大,一般很少采用,常用于倒车困难而又对停发迅速要求较高的停车设施,如公共汽车停车场和大型货车停车场等。

4. 车辆停放方式及停车技术数据

车辆停放方式有以下三种:

(1) 平行停车方式。车辆停放时车身方向与通道平行,是路边停车带或狭长场地停放车辆的常用形式。平行停车方式的停车带和通道均较窄,车辆驶出方便、迅速,但单位车辆停车面积较大。

(2) 垂直停车方式。车辆停放时车身方向与通道垂直,是最常用的一种停车方式。垂直停车方式的停车带宽度以车身长度加上一定的安全距离确定,通道所需宽度最大,驶入驶出车位一般需倒车一次,尚属便利,用地比较紧凑。

(3) 斜向停车方式。车辆停放时车身方向与通道成 30°、45°、60°或其他锐角斜向布置,也是常用的一种停车方式。斜停方式的停车带宽度随停放角度和车身长而有所不同;车辆停放比较灵活,驶入驶出车位均较方便,但单位停车面积比垂直停车方式大。

图 6-24 为微型汽车和小型汽车的停车图式，表 6-9 为各相应设计要素的设计指标。

表 6-9 微型汽车和小型汽车停车设计指标

停车角度	停车方式	垂直通道方向停车位宽 L(m)		平行通道方向停车位宽 B(m)		通道宽 S(m)		双排停车单位宽度 D(m)		单位停车位面积 A(m²/车)	
		Ⅰ	Ⅱ	Ⅰ	Ⅱ	Ⅰ	Ⅱ	Ⅰ	Ⅱ	Ⅰ	Ⅱ
平行式	前停前发	2.6	2.8	5.7	7.5	3.0	4.0	8.2	9.6	23.4	36.0
30°	前停后发	4.1	5.2	5.2	5.6	3.0	4.0	11.2	14.4	29.1	40.3
45°	前停后发	5.45	6.9	3.7	4.0	3.0	4.0	13.9	17.8	25.7	35.6
45°交叉	前停后发	4.45	5.9	3.7	4.0	3.0	4.0	11.9	15.8	22.0	31.6
60°	后停前发	4.5	6.2	3.0	3.2	3.5	4.5	12.5	16.9	18.8	27.0
90°	后停前发	3.7	5.5	2.6	2.8	4.2	6.0	11.6	17.0	15.1	23.8

注：表中Ⅰ指微型汽车，Ⅱ指小型汽车。$D = S + 2L$，$A = \frac{D}{2} \cdot B$。

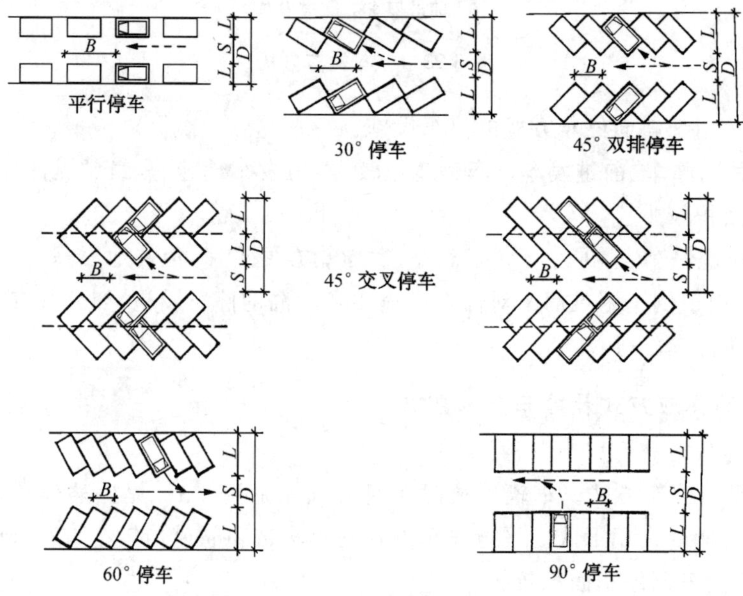

图 6-24 微型汽车和小汽车停车图式

图 6-25 为普通汽车和大型汽车的停车图式，表 6-10 为各相应设计要素的设计指标。

图 6-26 为公共汽车的停车图式，表 6-11 为相应各种设计要素的设计指标值，标准铰接车可参照表 6-11 执行。

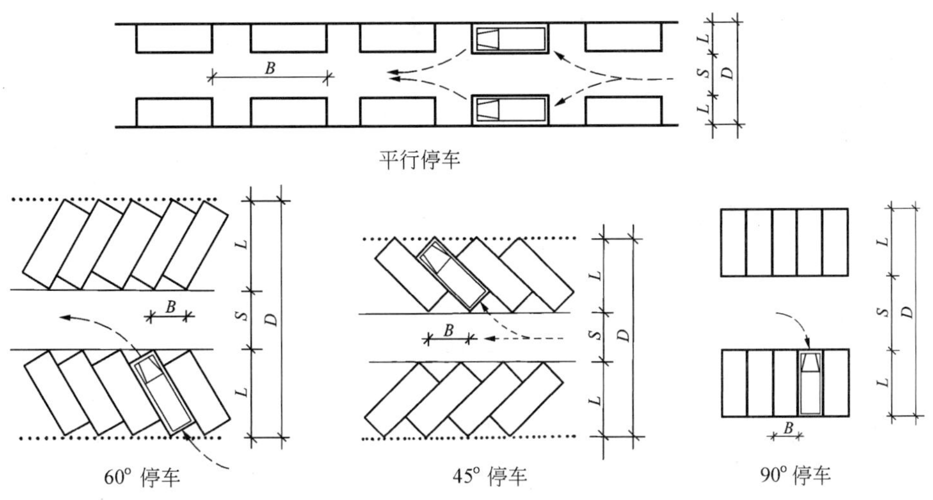

图 6-25　普通汽车和大型汽车停车图式

表 6-10　普通汽车和大型汽车停车设计指标

停车角度	停车方式	垂直通道方向停车位宽 L(m)		平行通道方向停车位宽 B(m)		通道宽 S(m)		停车单位宽度 D(m)		单位停车位面积 A(m²/车)	
		Ⅲ	Ⅳ	Ⅲ	Ⅳ	Ⅲ	Ⅳ	Ⅲ	Ⅳ	Ⅲ	Ⅳ
平行式	前停前发	3.5	3.5	13.2	16.5	4.5	4.5	11.5	11.5	75.9	94.9
45°	前停后发	9.0	11.3	5.0	5.0	6.0	6.75	24.0	29.4	60.0	73.5
60°	后停前发	9.75	12.6	4.0	4.0	6.5	7.25	26.0	32.5	52.0	65.0
90°	后停前发	9.2	12.5	3.5	3.5	9.7	13.0	28.1	38.0	49.2	66.5

注：表中Ⅲ指普通汽车，Ⅳ指大型汽车。$D=S+2L$，$A=\frac{D}{2}B$。

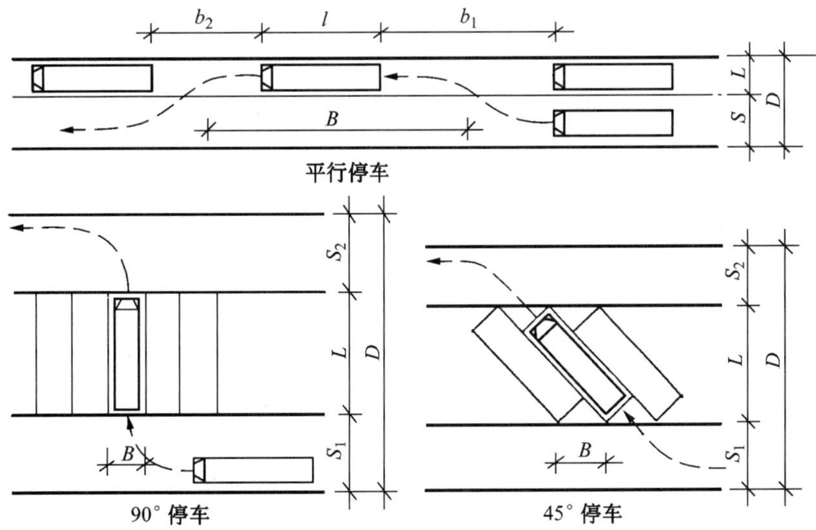

图 6-26　公共汽车停车图式

表 6-11 公共汽车停车设计指标

停车角度	垂直通道方向停车位宽 L(m)		平行通道方向停车位宽 B(m)		停车通道宽 S_1(m)		发车通道宽 S_2(m)		车后间距 b_1(m)		车前间距 b_2(m)		停车单位宽度 D(m)		单位停车面积 A (m^2/车)	
	Ⅳ	Ⅴ	Ⅳ	Ⅴ	Ⅳ	Ⅴ	Ⅳ	Ⅴ	Ⅳ	Ⅴ	Ⅳ	Ⅴ	Ⅳ	Ⅴ	Ⅳ	Ⅴ
平行式	3.0	3.0	20.0	29.0	4.0	4.0			5.2	7.0	4.2	5.0	7.0	7.0	140.0	203.0
45°	8.5	12.5	5.0	5.0	6.0	10.0	7.8	12.0					15.4	23.5	77.0	117.5
90°	11.5	18.5	3.5	3.5	12.0	20.0	12.0	14.0					23.5	35.0	82.3	112.5

注:表中Ⅳ为黄河单车,Ⅴ为黄河铰接车。平行停车用于公交站点。$D = S + L = L + \frac{S_1 + S_2}{2}$,$A = D \cdot B$。

公共交通停车站场的布置可以采用顺序停发方式,如图 6-27 所示,表 6-12 为相应各设计要素的设计指标值。

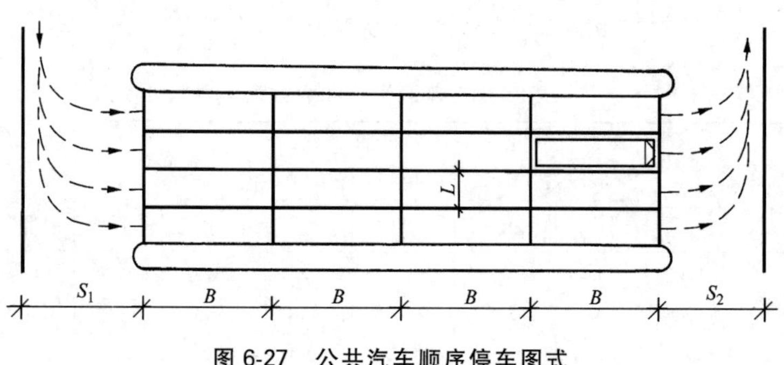

图 6-27 公共汽车顺序停车图式

表 6-12 公共汽车顺序停发方式设计指标

车型	垂直通道方向停车位宽 L(m)	平行通道方向停车位宽 B(m)	停车通道宽 S_1(m)	发车通道宽 S_2(m)
Ⅳ	3.5	11.5	12.0	12.0
Ⅴ	3.5	18.5	20.0	14.0

注:Ⅳ为黄河单车,Ⅴ为黄河铰接车。$A = \frac{(nB + S_1 + S_2)L}{n}$。

图 6-28 为路外小型汽车停车场和路边停车带示例,图 6-29 为某公交首末站平面布置方案。

5. 坡道式停车库(楼)设计

随着城市小汽车的迅速增加,城市社会停车设施的需求量越来越大,寸土寸金的城市中心繁华地段面对大量停车需求量,不可能提供足够的用地来设置地面露天停车场,建造多层或地下停车库已成为解决城市中心地区大型公共建筑停车的重要途径。城市中建造的停车库常为坡道式停车库,机械式停车库通常建在用地紧张的地段或用作公共建筑的附属车库。

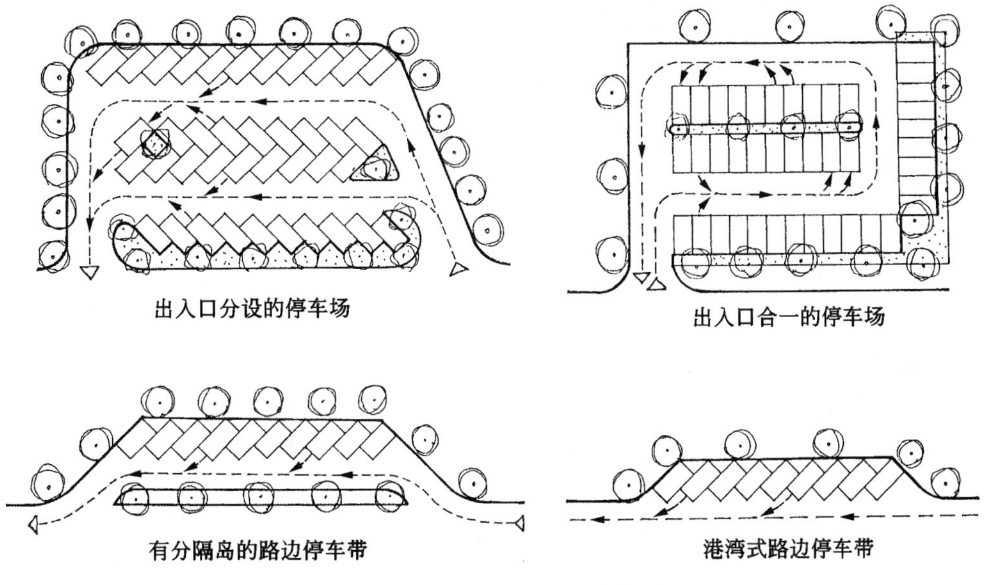

图 6-28　路外停车场及路边停车带示例图

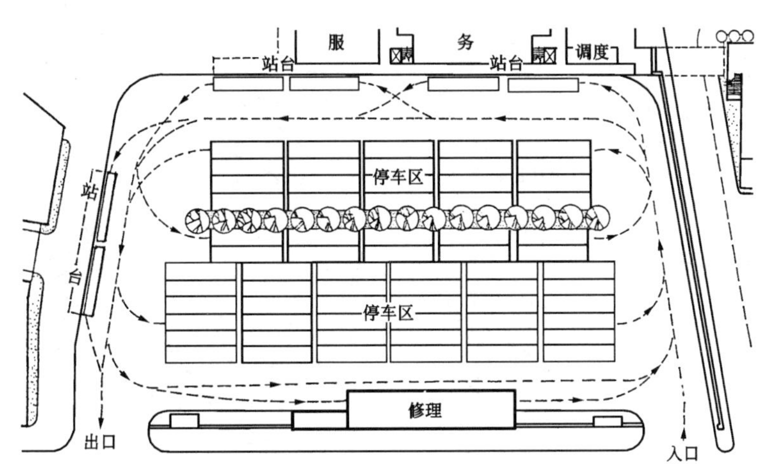

图 6-29　某公交首末站平面布置方案

停车库可以根据停车数量分为四个等级，其等级、规模如表 6-13 所示。

表 6-13　不同车型地下停车库的规模等级　　辆

停车库等级 \ 汽车停车库类型	小型车地下停车库	中型车地下停车库
一级	＞400	＞100
二级	201～400	51～100
三级	101～200	26～50
四级	26～100	10～25

三级以下的停车库车辆出入口不应少于两个,一、二级停车库车辆出入口不应少于三个,并应设置人流专用出入口。出入口的宽度双向行驶不应小于 7 m,单向行驶不应小于 5 m。各车辆出入口之间净距应大于 15 m,出入口距离道路红线不应小于 7.5 m,并在距出入口边线内 2 m 处为视点设置到红线 120°的视距保护范围。

停车库一般需安装自动控制进出设备、消防设备、通风设备、采暖设备和变电设备,同时需配备一定数量的管理、修理、服务、休息用房和人行楼梯、电梯等。通常在底层还有小规模的加油设施和内部使用的停车位。

停车库对温度、有害气体浓度、消防、照明等都有一定的要求,设计时可参照有关规定执行。

坡道式停车库分为以下四类。

(1) 直坡道式停车库(图 6-30)

停车楼面水平布置,每层楼面间用直坡道相连,坡道可设在库内,也可设在库外,可单向行驶布置,也可双向行驶布置。直坡道式停车库布局简单整齐,交通路线明确,但用地不够经济,单位停车位占用面积较多。

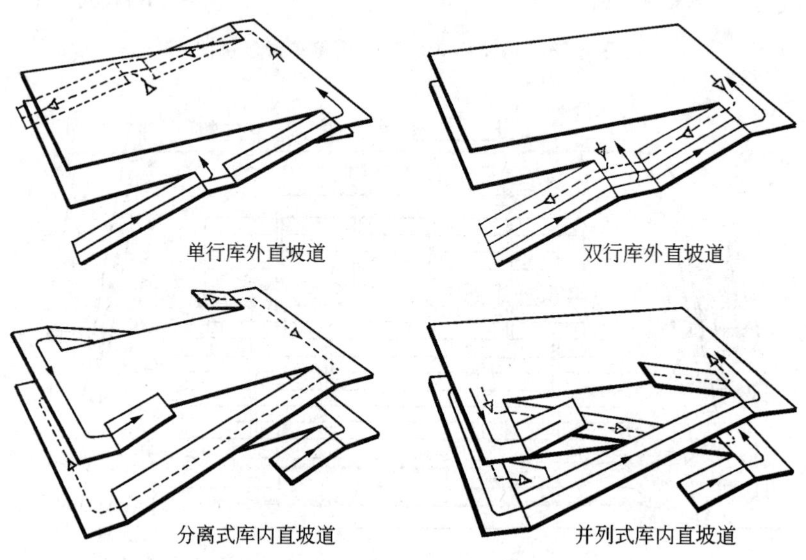

图 6-30 直坡道式停车库

(2) 螺旋坡道式停车库(图 6-31)

停车楼面采用水平布置,基本停车部分布置方式与直坡道式相同,每层楼面之间用圆形螺旋式坡道相连,坡道可为单向行驶(上下分设)或双向行驶(上下合一,上行在外,下行在里)的方式。螺旋坡道式停车库布局简单整齐,交通路线明确,上下行坡道干扰少,速度较快,但螺旋式坡道造价较高,用地稍比直行坡道节省,单位停车位占用面积较多,是常用的一种停车库类型。

图 6-32 为德国法兰克福某螺旋坡道式汽车库的平面示意图。该库 9 层停车,分设上下螺旋坡道,总停车容量为 950 辆,每停车位占用面积 32 m^2,用地面积 0.36 hm^2。

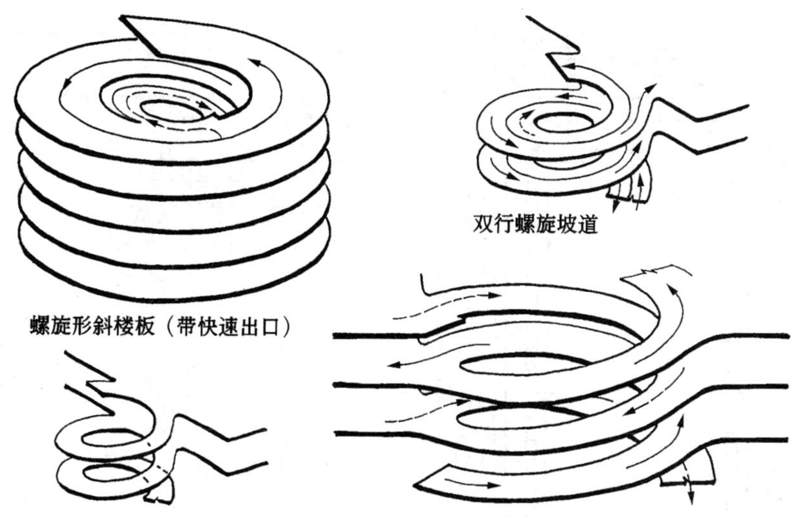

图 6-31　螺旋坡道式停车库

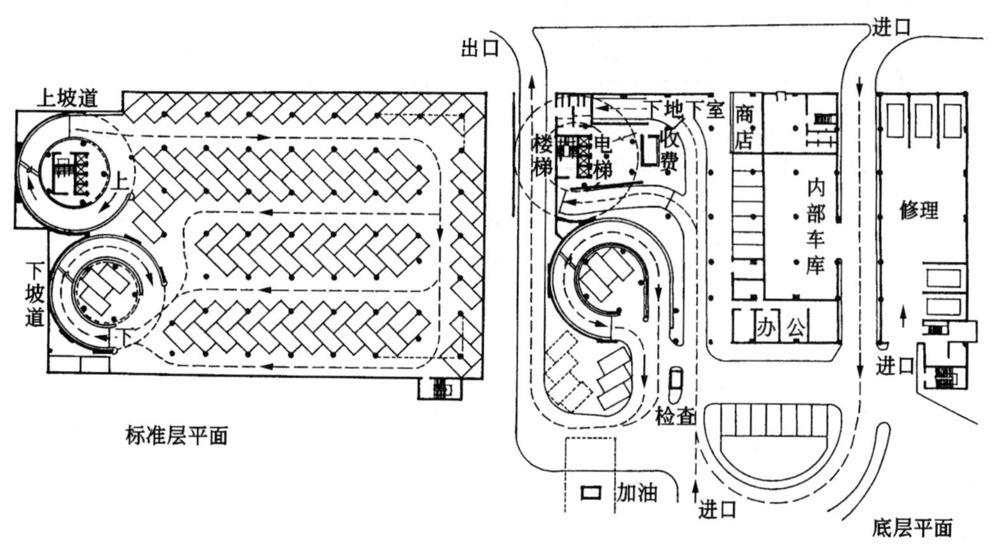

图 6-32　法兰克福某汽车库平面示意图

图 6-33 为美国洛杉矶波星广场地下停车库平面示意图。该库位于广场下，采用直坡道与螺旋坡道相结合的形式进出，三层停车库总容量为 2150 辆，每停车位占用面积 27.66 m^2，地下用地面积为 1.96 hm^2。

(3) 错层式(半坡道式)停车库(图 6-34)

错层式是由直坡道式发展而形成的，停车楼面分为错开半层的两段或三段楼面，楼面之间用短坡道相连，因而大大缩短了坡道长度，坡度也可适当加大，错层式停车库用地较节省，单位停车位占用面积较少，但交通路线对部分停车位的进出有干扰，建筑外立面呈错层形式。

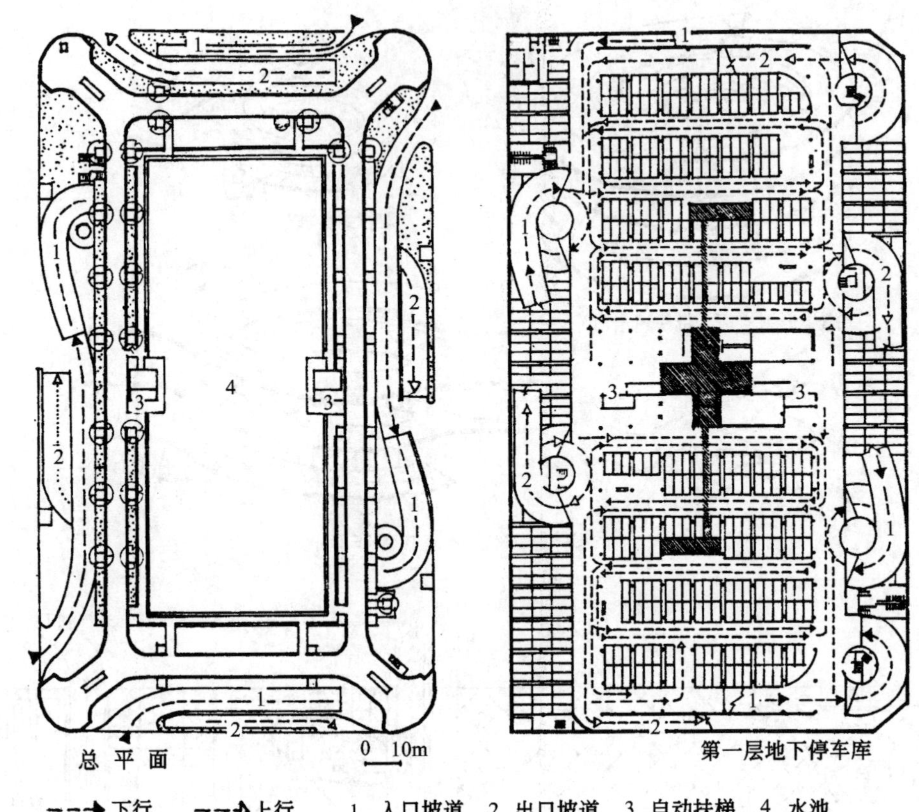

图 6-33 洛杉矶波星广场地下停车库示意图

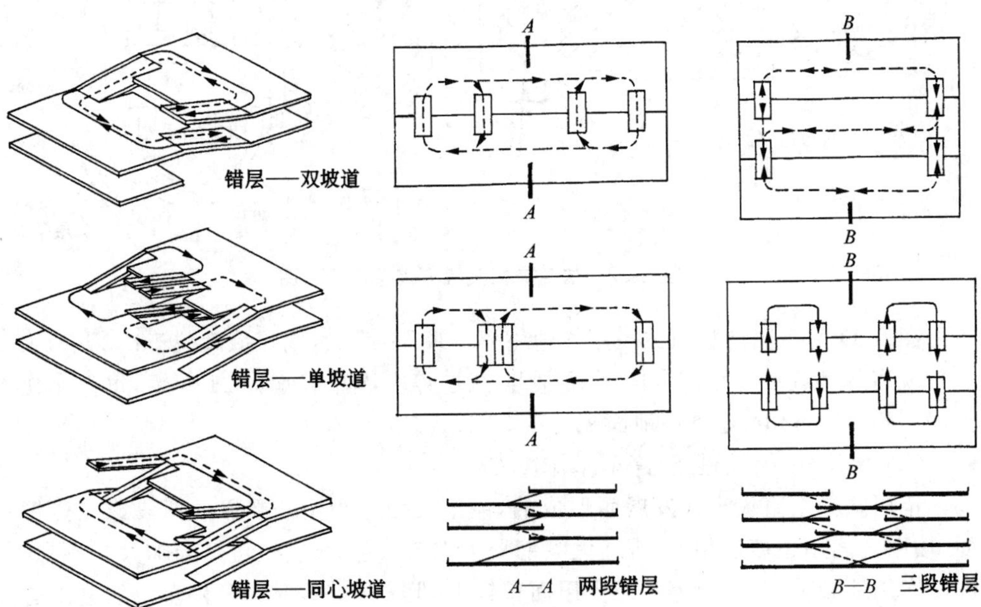

图 6-34 错层式停车库

（4）斜坡楼板式停车库（图 6-35）

停车楼板呈缓坡倾斜状布置，利用通道的倾斜作为楼层转换的坡道，因而无须再设置专用的坡道，所以用地最为节省，单位停车位占用面积最少。但由于坡道和通道的合一，交通路线较长，对停车位的进出普遍存在干扰。斜坡楼板式停车库是常用的停车库类型之一，建筑外立面呈倾斜状，具有停车库的建筑个性。

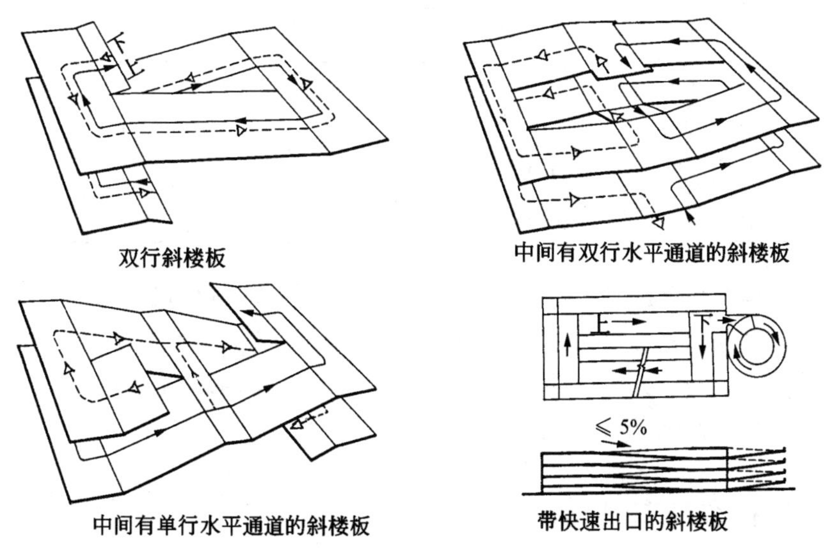

图 6-35　斜坡楼板式停车库

为了缩短疏散时间，斜坡楼板式停车库还可专设一个快速螺旋式坡道出口，以方便驶出。

图 6-36 为德国斯图加特市某汽车库的平、剖面示意图。该车库 6 层停车，总容量为 570 辆，用地面积 0.26 hm^2。

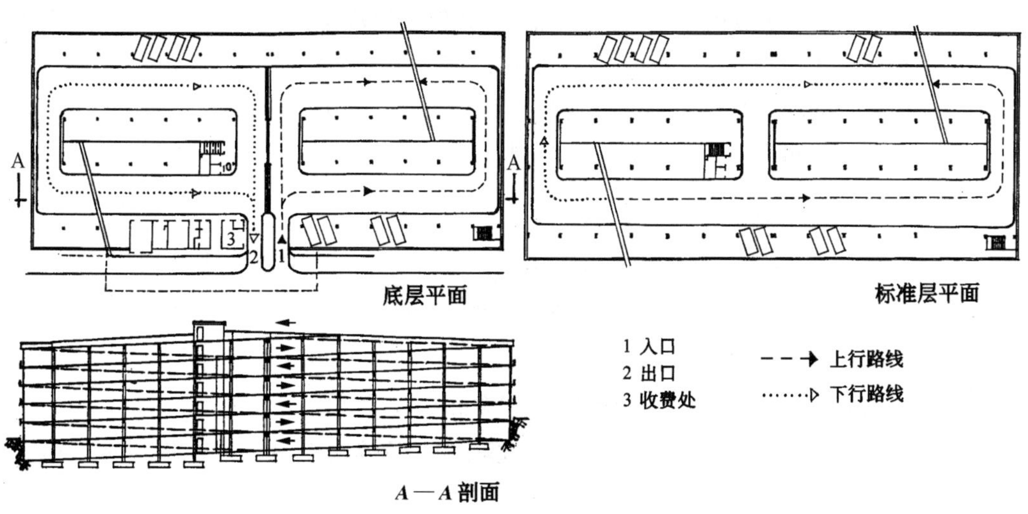

图 6-36　斯图加特某汽车库示意图

6. 机械式停车库设计要点

机械式停车库的设计车辆要素如表6-14所示。

表6-14　机械式停车库设计车辆要素

		外廓尺寸(m)			重量(t)
		长	宽	高	
小客车	小	4.8	1.7	1.6	1.5
	中	5.05	1.85	1.6	1.6
	大	5.6	2.05	1.65	2.2
轻型车		5.05	1.85	2.0	2.0

机械式停车库可选用升降机式、两层或多层电梯式、吊车式、多层循环式和竖直循环式等型式。每台升降机服务的停车位应该不多于25个,每个停车库的升降机不应该少于2台。机械式停车库一般应该设置2个以上候车车位,并设置必要的标志、安全和管理设施。

6.4.4 自行车停车设施设计

1. 设计原则

(1) 按规划要求就近布置在大型公共建筑附近,尽可能利用人流较少的旁街支巷口、附近空地或建筑物内(地面或地下)布置分散的或集中的停车场地。

(2) 每个自行车停车场应该设置1～2个出入口,出口和入口可分开设置,也可合并设置,出口、入口宽度应该满足2辆自行车同时推行,一般为2.5～3.5 m宽。

(3) 要求停车场内的交通路线明确。为便于存取车辆,可划分小停车区停放,每一个小停车区以停放20～40辆车,长度15～20 m为宜。

(4) 固定停车场和夜间停车场均应设置防雨防晒的车棚,地面尽可能加以铺装。居住区内可考虑2层自行车停放设施。

2. 自行车停放方式(图6-37)

自行车停车设施常采用垂直停放或错位停放方式,很少采用斜向停放方式。国外常使用各种支架停放,可以节省占地面积,增大停放容量,但由于造价大、存取不如无架停放方便,故国内较少采用。

3. 自行车停车带宽度、通道宽度和单位停车面积

自行车停车场的停车带宽度、通道宽度和单位停车面积如表6-15所示。

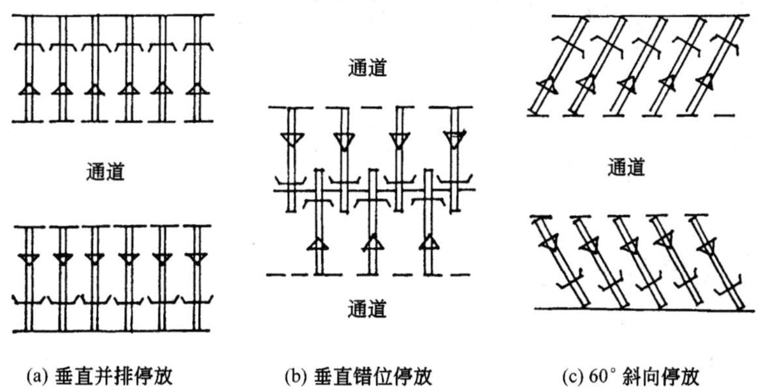

(a) 垂直并排停放　(b) 垂直错位停放　(c) 60° 斜向停放

图 6-37　自行车停放方式

表 6-15　自行车停车带宽度、通道宽度和单位停车面积

		停车带宽度(m)		车辆间距(m)	通道宽度(m)		单位停车面积(m^2/辆)	
		单排 A	双排 B	C	一侧用 D	两侧用 E	单排 $(A+D)C$	双排 $\frac{1}{2}(B+E)C$
垂直停放	并排	2.0	4.0	0.6	1.5	2.5	2.1	1.95
	错位		3.2	0.4		2.5		1.15
斜向停放	60°	1.7	2.9	0.5	1.5	2.5	1.6	1.35
	45°	1.4	2.4	0.5	1.2	2.0	1.3	1.10
	30°	1.0	1.8	0.5	1.2	2.0	1.1	0.95

第 7 章　城市道路交通管理

7.1　现代城市交通管理的指导思想

城市交通管理是城市交通运行的控制机制，是交通秩序和安全的保障机制。在现代城市交通机动化发展的新形势下，要树立现代城市的交通管理思想，就要做到城市交通管理的科学化、服务的人性化和决策的民主化。任何交通管理的措施只有得到城市居民的普遍认可，才能有效地施行。

7.1.1　城市交通管理要科学化

城市交通管理要遵循三个原则：

（1）符合交通规律，适应交通需求

符合交通规律是实现交通管理科学性的基础，研究城市交通规律是一切交通管理措施决策的依据。如果不能符合交通规律，势必在交通运行中产生矛盾，增加解决交通问题的难度。

（2）有利于提高路网、路段和交叉口的通行效率，科学发挥道路网潜力

提高通行能力是实现交通高效率的主要目标，也是城市交通管理适应交通发展的基本手段。任何交通管理措施都应该建立在充分发挥路网、路段和交叉口的通行效率上。

（3）有利于形成良好的交通秩序，保障交通安全

良好的交通秩序是实现交通安全的保证，也是提高交通效率的重要措施。交通事故导致交通拥挤，导致交通效率的下降。而交通秩序离不开交通教育，离不开交通管理（包括管理方式、交通信号和标志等）的科学化。科学的交通管理不但有利于交通效率的提高，也应该有利于形成良好的交通秩序；交通秩序的良好不能以牺牲通行能力、降低交通效率为代价。不按上述原则进行管理，片面强调交通秩序和交通安全，必然会影响交通效率，甚至产生交通安全隐患。

7.1.2　城市交通管理要不断完善决策的民主化

科学的城市交通管理机制要理顺立法与执法的关系，构建规范的“立法—执法”机制，逐步做到立法执法分离；要有公众参与，要加强民主机制，做到民主决策。如图 7-1 所示。

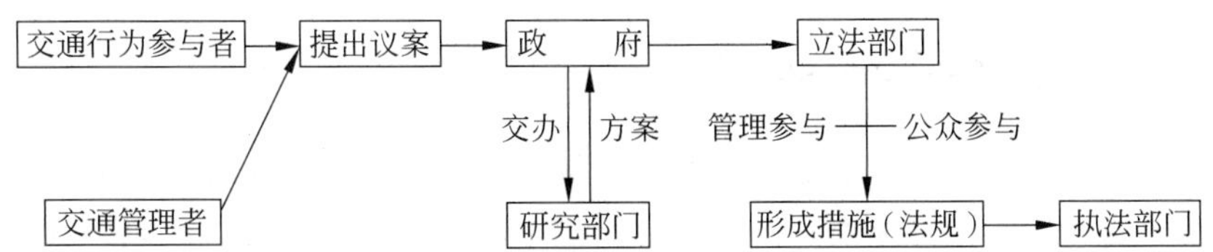

图 7-1　城市交通管理机制示意图

7.1.3　城市交通管理要人性化

城市交通管理的基本属性是“服务”。一切管理措施都要立足于为交通的畅通和良好的交通秩序而服务。“管”字当头,“罚”字当头是不符合“服务”的基本思想的。要管理好城市交通,应该树立“寓管理于服务之中”的基本理念。

交通管理应该树立以教育为主的思想,尽可能采用人性化的处理手段。对于交通违章首先是要进行教育,同时要区分故意违章、过失违章、错觉违章和“特情违章”(指由于交通事故、施工、公务活动等特殊情况时所不得已的“违章”行为),加快事故现场处理。

城市交通管理要根据交通的实际状况实施不同的管理方法和措施。交通管理在不同的时段要有不同的重点,如在高峰时间,城市交通管理的重点是交叉口和拥挤路段,以疏解交通拥挤、阻塞为主要任务;在平时的重点是路段,特别是在交通事故发生的路段,需要疏导由事故引发的交通拥挤状况,必要时采用特殊的交通组织指挥方案。

7.1.4　要加强城市居民交通意识的教育

交通意识是衡量国民意识、城市居民意识水平的重要方面;

违章是事故的根源,事故是交通阻塞的主要原因;

交通意识教育要天天讲,处处讲,层层讲。

7.2　城市交通组织规划

7.2.1　城市交通组织规划的目的和作用

城市交通组织规划就是在满足城市交通基本需求和符合交通规律的前提下,在空间上和时间上对不同种类的交通的通行进行组织,使城市交通在城市中的分布适应城市不同地段、不同道路网的通行需求和通行容量。

7.2.2 城市交通组织方法

城市交通组织要与城市交通管理相结合。城市交通的组织实际上是对城市交通的控制(管理)方案,是对城市交通进行科学管理的重要依据。对城市交通的控制可以分为区域控制、路线控制和时段控制三类,所有的控制都不包括对礼宾公务车、警车、清洁车等特殊车辆的控制。

1. 区域控制

(1) 步行区:限制一切车辆通行,可以通行专用游览车,通常设置于商业中心地段和历史文化保护区内;

(2) 机动车辆禁行区:限制一切机动车辆通行,可以通行自行车,通常设置于街道狭窄的旧城区;

(3) 社会车辆禁行区:限制一切社会车辆通行,公交车除外,通常设置于城市核心区;

(4) 货运车辆禁行区:限制货运车辆通行,允许客运车辆通行,设置于交通比较拥挤的中心区,可以允许晚间通行货运车辆。

2. 路线控制

(1) 步行路:设置于步行区或狭窄街巷;

(2) 非机动车禁行路:设置于步行街道;

(3) 机动车辆禁行路:设置于步行街或狭窄街道;

(4) 社会车辆禁行路:设置于公交专用路、风景区内专用道路等;

(5) 货运车辆禁行路:设置于居住区内街道或风景特色街道;

(6) 机动车辆单行路:设置于狭窄街道;

(7) 社会车辆单行路:设置于狭窄街道。

3. 时段控制

时段控制主要指在昼间一定时段内配合区域控制和路线控制的交通控制措施。包括:

(1) 货运车辆时段禁行;

(2) 社会车辆时段禁行。

城市交通的交通组织需要一定的道路交通设施建设相配合。如在区域控制中需要区域外围的停车设施(或换乘+停车设施)的建设,以及区域外围道路通行条件所需的道路建设、交通标志的设置等,应该在交通组织规划中考虑安排。

7.2.3 城市交通组织规划的阶段划分和规划步骤

城市交通组织规划可以分为总体规划阶段和详细规划阶段进行。

城市总体规划阶段的交通组织规划主要从宏观和中观的角度解决城市整体的交通组织问题，比如城市大的交通区域控制及其配套的设施建设规划，大的道路网交通组织、控制规划等；

城市详细规划阶段的交通组织规划要解决城市局部微观的交通组织(包括停车设施的安排)问题。比如城市某路段的交通组织、控制，某交叉口的交通组织及其配套的道路交通设施建设规划等，即所谓的"微循环"的规划。为了落实交通组织，可能要结合道路交通设施的具体设计进行。

城市交通组织规划的基本步骤如下。

(1) 分析城市交通状况、交通需求关系及交通问题产生的根本原因；

(2) 寻求通过交通组织解决交通问题的方案；

(3) 论证交通组织与交通控制方案的科学性和可实施性；

(4) 提出实现交通组织方案所需配套建设的道路交通设施规划。

7.2.4　城市交通组织规划图纸的表现

城市交通组织规划按照所对应的城市总体规划和详细规划两个阶段，分为城市总体交通组织规划和(局部、重点)地段交通组织规划两个层次。原则上，城市交通组织的各类图纸应与同类道路规划图纸同比例。

图纸应标明主要的用地性质，交通控制的范围、类型和对不同类型交通的组织，包括重要交通标志的设置位置等，必要时提出对道路设施的改建规划意见。

城市总体交通组织规划的图纸应包括：

① 交通限制区图：标示规划的步行区、社会车辆限制区和货运车辆限制区的位置范围及相应的限行时间、禁行区交通标志的布置方案规定；

② 道路交通组织图：标示规划的步行街，机动车禁行道路、货运车辆禁行道路，单行线路，设置公交专用道的路线，自行车专用路，机动车专用路等及相应的限行时间。

地段交通组织规划的图纸应包括交通流线(含交叉口)组织，交通标志设置，交通划线和交通信号布置及停车设施布置等。

图 7-2 所示为某城市核心区的交通组织规划图。城市核心区三面被河道包围，规划设置为交通限制区。规划规定了货车禁止驶入路口(设置标志)、汽车禁行街巷、汽车单行线街巷、核心区内停车场和外围截流性停车场的布置。

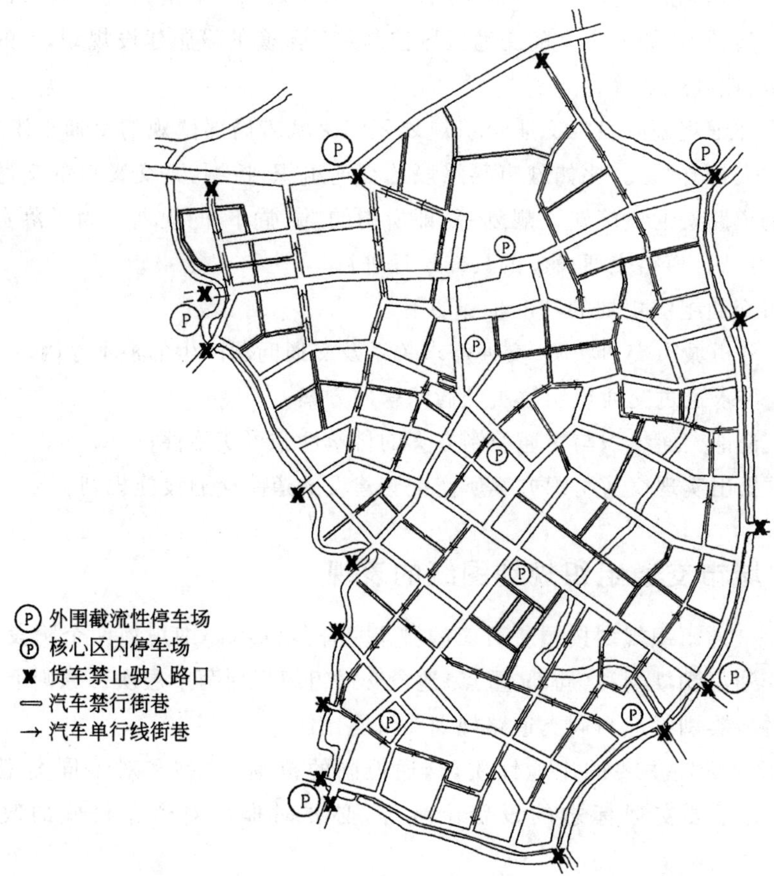

图 7-2 某城市核心区交通限制区交通组织规划图

7.3 城市道路交通管理设施

城市道路交通管理设施是按照城市交通组织设计对道路实施交通管理而设置的交通信号设备、交通标志、交通标线、交通隔离物等。现代城市交通自动化管理要求设置的自动监视、信息传感处理设施及岗亭(台)、安全岛、反光镜等本书不作介绍。

7.3.1 交通信号设备

城市道路主、次干路交叉口一般都设置交通信号设备指挥交叉口交通的通行。交叉口交通信号设备有指挥信号灯、车道信号灯和人行横道信号灯。

1. 信号灯的设置

（1）人行横道信号灯，主要设置在交通繁杂的交叉路口或路段，用以保证行人安全有秩序地横过车行道。人行横道信号灯在交叉路口一般与交叉路口指挥信号灯相连通同步使用，设置在人行横道线的两端。国内外许多城市在一些路段的行人穿越点设置由行人控制或定时控制的人行横道信号灯，在协调道路车行交通与行人过街方面还需要进一步科学化。

（2）车道信号灯，是为适应交通信号的线控制和区域控制的需要，用以提前提示前方车道能否通行的信号灯，设在可变车道上，国内较少设置使用。

（3）指挥信号灯，是指挥交叉口各路口车辆通行的信号灯。指挥信号灯在交叉口的设置方式有三种（图 7-3）。

① 设置在交叉口中央。这种形式信号比较醒目，注意力容易集中，当交通特别拥挤时利于配合交通警察手势指挥；

② 设置在进入交叉口的路口停止线前。当车辆驶近停止线时，机动车驾驶人员不易看清信号，所以只适用于一般较小的交叉口；

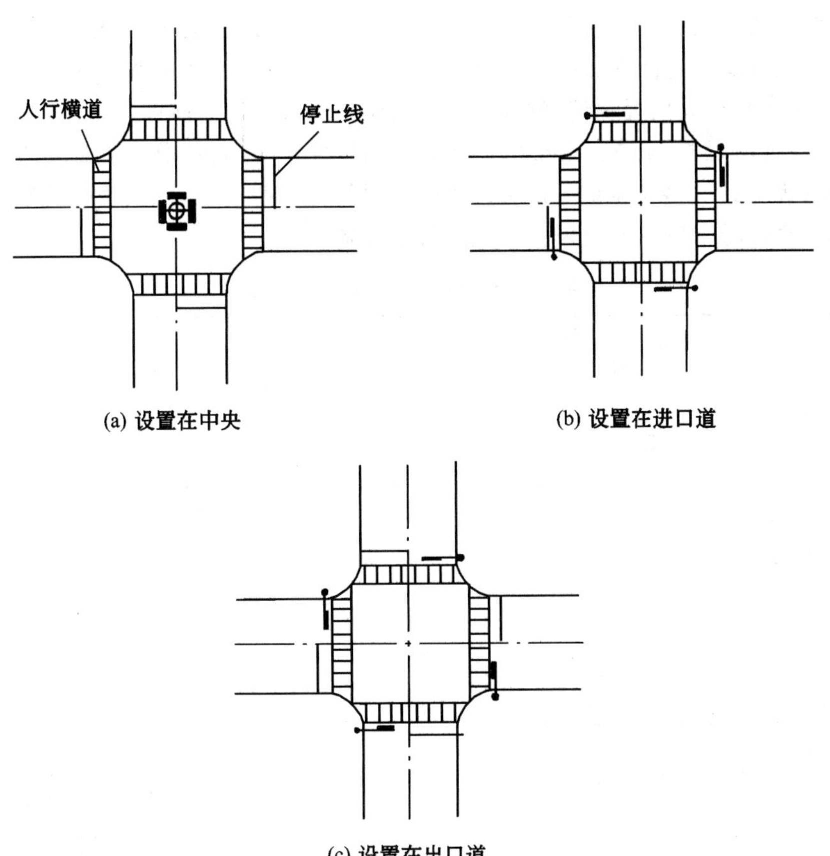

图 7-3　交叉路口指挥信号灯布置方式

③ 设置在交叉口出口一侧。是最常见的设置形式。有利于将停车线向前布置,缩短车辆通过交叉口的时间,信号也较醒目。道路宽度很大的三块板道路,可以分别为机动车道和非机动车道设置指挥信号灯。

(4) 夜间黄色警告灯,是夜间停止使用指挥信号灯指挥交通后,提醒车辆、行人注意前方是交叉口而设置的。黄色警告灯可以悬吊于交叉路口中央上空,也可以利用指挥信号灯的黄色灯代替。

2. 信号灯灯制

我国城市现行的信号灯灯制是"红—黄—绿"灯制。红灯表示禁止通行;黄灯是为腾清交叉口的变灯过渡信号,表示只许驶出交叉口,禁止驶入交叉口;绿灯为通行信号。此外还有闪灯信号,预示即将变换色灯信号。

对交叉口的每个路口设置统一的"红—黄—绿"灯信号称为单相位信号灯(又可称为二相位信号灯)。单相位信号灯信号简单易懂,通行效率为 0.4 左右(相当于 80%左右)。但须自行调节转弯车辆的通行,高峰小时需要交警现场辅助指挥。

目前我国城市推行的多相位信号灯是对交叉口每一个通行方向实行交通指挥,用绿箭头灯信号表示对各车道的分道通行许可,对改善交叉口交通秩序效果明显,但对交叉口通行能力影响很大,通行效率降到 0.25 左右(相当于 50%左右),而且加长了信号灯周期近一倍,致使交叉口延误时间和交叉口前停车距离加长,形成新的交通拥堵现象,影响了公交的运输效率和服务水平,同时增加了能源消耗和废气污染(表 7-1)。多相位信号灯可用于高峰时间的一些交通量大、通行较为混乱的交叉口,高峰时间后宜恢复采用单相位信号灯制。

表 7-1 信号灯制对比(简化)分析

	英国 (机动车环境)	绿灯单向位灯制 (机动车+自行车环境)	绿灯多向位灯制 (机动车+自行车环境)
信号灯周期 (min)	1	2	4
平均红灯时间 (s)	30	60	180
平均等候时间 (s)	15	30	90
排队长度比	0.5	1	3
耗油比	0.5	1	3
污染比	0.5	1	3
拥堵比	0.5	1	3
对路网效率影响	小	一般	大
对公交效率影响	小	一般	加大车时间距 易形成串车现象 降低公交运送能力

本简化分析没有考虑黄灯时间的影响和多种交通组织对通行能力的变化。

3. 信号灯操纵方式

(1) 人工控制：是人工根据交通状况操纵的信号灯，可灵活变换色灯周期以适应交通量的瞬时变化，当道路使用效率不高，交通量不均衡变化的时候，人工控制的信号灯效率较高，有时在高峰期个别交通拥挤的交叉口采用，以根据交通状况调节交叉口车辆通行。

(2) 定时自动调节：使用按固定的周期变换色灯的自动信号灯。可以根据每天不同时间交通量的变化规律，调整和安排一段时间内的色灯周期，还可以与相邻交叉口联动，组织"绿波式交通"。

"绿波式交通"是一种理想的交通信号灯线控制方式，通过合理调整各交叉口的信号灯周期，使进入一条城市干路的车辆依次行至各交叉口时，都能遇绿灯而无阻通行。实现"绿波交通"的重要条件是交叉口间距大致均匀、车种车速大致相同、车流量较大的一条城市干路上。但在我国城市中很难同时具备这些条件，所以难以有效实施，往往只能做到一个方向的"绿波交通"，可以用于疏解一个方向的拥挤车流和满足迎宾等特殊交通服务需求。

(3) 电子计算机和传感系统控制：由传感系统将车辆驶近交叉口的信号送入电子计算机分析，按分析后的最佳组织方案控制交通指挥信号，组织交叉口的交通，可以实现点(一个交叉口)、线(一条道路)、面(一个地区的道路网)的信号灯自动控制(图 7-4)。

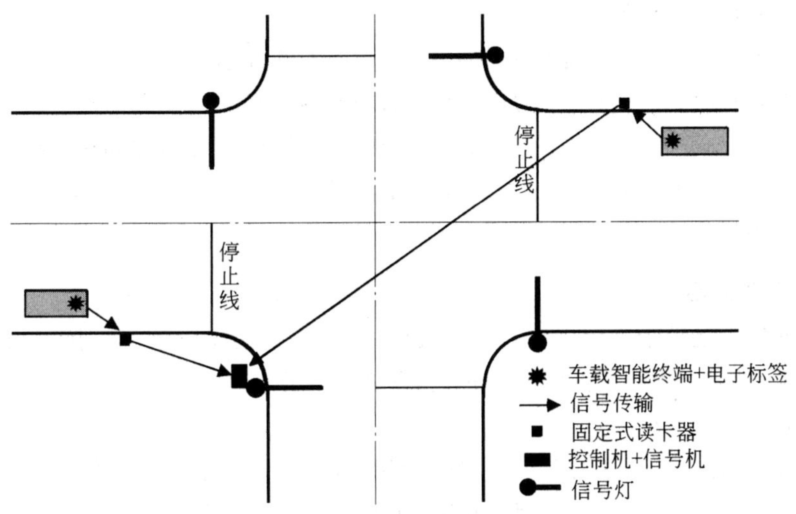

图 7-4　信号灯自动传感系统示意图

在国外一些先进国家的城市，由于车种单一、交通量较为均匀，较易实现这种形式的自动控制。在我国城市，由于车种复杂，道路未形成完整系统，交通分布很不均匀，又存在大量与机动车流特点差异很大的非机动车流，实现这种形式的自动控制比较困难，目前仅在少数特大城市的部分地区进行试验性的区域控制。

7.3.2 交通标志

道路交通标志是用图形、符号、颜色和文字向交通参与者传递特定信息,用于管理交通的设施。我国现行的交通标志分为主标志和辅助标志两大类(本书最后的彩色插页中表示了其中的大多数标志)。

1. 主标志

主标志,按其含义可分为6种。

(1) 警告标志:是警告车辆、行人注意危险地点的标志,为顶角朝上的等边三角形黄底黑边黑图案的标志牌,共42种。

(2) 禁令标志:是禁止或限制车辆、行人交通行为的标志。主要为白底红圈红杠黑图案的圆形标志牌,此外还有白底黑边黑图案的解除禁令标志及八角形和倒三角形的让行标志,共42种。

(3) 指示标志:是指示车辆、行人按标志含义行进的标志,为圆形、长方形和正方形蓝底白图案的标志牌,共29种。

(4) 指路标志:是传递道路方向、地点、距离信息的标志,为长方形和正方形标志牌,一般道路为蓝底白图案,高速公路为绿底白图案,共62种。指路标志中的道路编号标志,高速公路为绿底白字,国道为红底白字白边,省道为黄底黑字黑边,县道为白底黑字黑边。

(5) 旅游区标志:是提供旅游景点方向、距离的标志,又分为指引标志和旅游符号两类,为棕色底白色字符的正方形和长方形标志牌,共17种。

(6) 道路施工安全标志:是通告道路施工区通行的标志,除路栏、锥形交通路标、警告灯号和道口标柱外,施工标志为长方形,蓝底白字,图案部分为黄底黑图案,共26种。

2. 辅助标志

辅助标志是设于主标志下起辅助说明的标志,不能单独使用。按其用途又可以分为表示区域、距离、时间、车辆种类、警告禁令理由等含义,为矩形白底黑字黑边的标志牌,共16种。

此外,还有用于高速公路、城市快速路的可变信息标志,可以及时通告关于速度限制、车道控制、道路状况、交通状况、气象状况等信息的变化。

3. 警告标志的视距要求

机动车驾驶员在驾车行进中对交通标志的感觉有发现、识别、认读、理解和行动五个阶段,完成这五个阶段车辆所行驶的距离可称为标志视距,与车速、标志尺寸、视角等有关。警告标志设置的位置与危险地点间的距离如表7-2所示。

表 7-2　警告标志设置距离表

设计车速　(km/h)	120～100	99～71	70～40	<40
警告标志与危险地点的距离　(m)	200～250	100～200	50～100	20～50

7.3.3　交通标线

城市道路交通标线是由标划于路面上的各种线条、箭头、文字、立面标记和轮廓标等所构成的交通安全设施，共 70 种。其作用是管制和引导交通，可以与标志配合使用，也可单独使用。高速公路，一、二级公路，城市快速路、主干路上的交通标线应该使用反光材料(本书最后的彩色插页中表示了其中的大多数标线)。

1. 交通标线按设置方式分类

(1) 纵向标线：沿道路行车方向设置；

(2) 横向标线：与道路行车方向成角度设置；

(3) 其他标线：字符标记或其他形式标线。

2. 交通标线按功能分类

(1) 指示标线：指示车行道、行车方向、路面边缘、人行道等设施；

(2) 禁止标线：告示道路交通的遵行、禁止、限制等特殊规定，车辆驾驶人员及行人需严格遵守；

(3) 警告标线：促使车辆驾驶人及行人了解道路上的特殊情况，提高警觉，准备防范应变措施。

3. 交通标线按形态分类

(1) 线条：标划于路面、缘石或立面上的实线或虚线；

(2) 字符标记：标划于路面上的文字、数字及各种图形符号；

(3) 突起路标：安装于路面上用于标示车道分界、边缘、分合流、弯道、危险路段、路宽变化、路面障碍物位置的反光或不反光体；

(4) 路边线轮廓标：安装于道路两侧，用以指示道路的方向、车行道边线轮廓的反光柱(或片)。

4. 交通标线的标划

(1) 白色虚线：划于路段中时，用于分隔同向行驶的交通流或作为行车安全识别线；划于路口时，用以引导车辆行进。

(2) 白色实线：划于路段中时，用于分隔同向行驶的机动车和非机动车，或指示车行道的边缘；划于路口时，可用作导向车道线或停止线。

(3) 黄色虚线：划于路段中时，用于分隔对向行驶的交通流；划于路侧或缘石上时，用以禁止车辆长时间在路边停放。

(4) 黄色实线：划于路段中时，用于分隔对向行驶的交通流；划于路侧或缘石上时,用以禁止车辆长时间或临时在路边停放。

(5) 双白虚线:划于路口时,作为减速让行线;设于路段中时,作为行车方向随时间改变的可变车道线。

(6) 双黄实线:划于路段中时,用于分隔对向行驶的交通流。

(7) 黄色虚实线:划于路段中时,用于分隔对向行驶的交通流。黄色实线一侧禁止车辆超车、跨越或回转;黄色虚线一侧在保证安全的情况下准许车辆超车、跨越或回转。

(8) 双白实线:划于路口时,作为停车让行线。

一　警告标志

十字交叉　T形交叉　T形交叉　T形交叉　Y形交叉

环形交叉　向左急弯路　向右急弯路　反向弯路　连续弯路

上陡坡　下陡坡　两侧变窄　右侧变窄　左侧变窄

窄桥　双向交通　注意行人　注意儿童　注意信号灯

注意落石　注意横风　易滑　傍山险路　堤坝路

村庄　隧道　渡口　驼峰桥　路面不平

过水路面　有人看守铁路道口　无人看守铁路道口　叉形符号　注意非机动车

事故易发路段

慢行

左右绕行

施工

注意危险

二 禁令标志

禁止通行

禁止驶入

禁止机动车通行

禁止载货汽车通行

禁止三轮机动车通行

禁止大型客车通行

禁止小型客车通行

禁止汽车拖、挂车通行

禁止拖拉机通行

禁止农用运输车通行

禁止二轮摩托车通行

禁止某两种车通行

禁止非机动车通行

禁止畜力车通行

禁止人力货运三轮车通行

禁止人力车通行

禁止骑自行车下坡

禁止行人通行

禁止向左转弯

禁止向右转弯

禁止直行

禁止向左向右转弯

禁止直行和向左转弯

禁止直行和向右转弯

禁止掉头

禁止超车

解除禁止超车

禁止车辆临时或长时停放

禁止车辆临时停放

禁止鸣喇叭

限制宽度

限制高度

限制质量

限制轴重

限制速度

解除限制速度

停车检查

停车让行

减速让行

会车让行

三 指示标志

直行

向左转弯

向右转弯

直行和向左转弯

直行和向右转弯

向左和向右转弯

靠右侧道路行驶

靠左侧道路行驶

立交直行和左转弯行驶

立交直行和右转弯行驶

环岛行驶

单行路（向左或向右）

单行路（直行）

步行

鸣喇叭

最低限速

干路先行

会车先行

人行横道

右转车道

直行车道

直行和右转合用车道

分向行驶车道

公交线路专用车道

机动车行驶

机动车车道

非机动车行驶

非机动车车道

允许掉头

四　指路标志

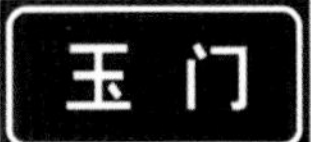

地名

北京界

行政区划分界

平谷道班

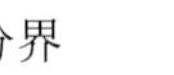

道路管理分界

国道编号

省道编号

X08

县道编号

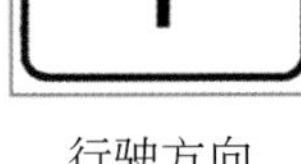

行驶方向

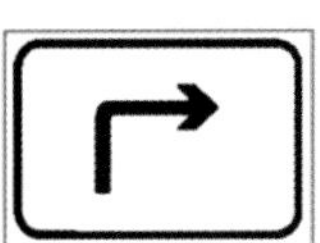

行驶方向

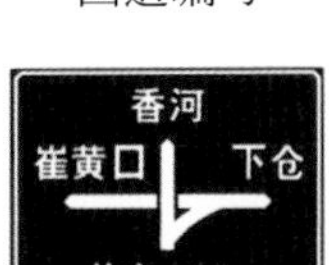

交叉路口预告

长陵 5km
南口 10km
顺义 30km

十字交叉路口

丁字交叉路口

环行交叉路口

互通式立交

分岔处

地点距离

飞机场

P 停 车 场

停车场

路滑慢行

大型车靠右

保护动物

停车场

避车道

人行天桥

绕行标志

此路不通

残疾人专用设施

入口预告

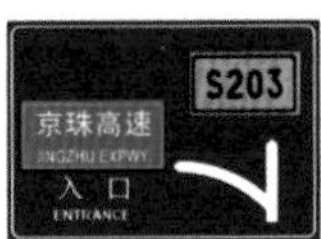

入口预告

入口预告

入口

起点

终点预告

终点提示

终点

下一出口

出口编号预告

出口预告

出口预告

出口

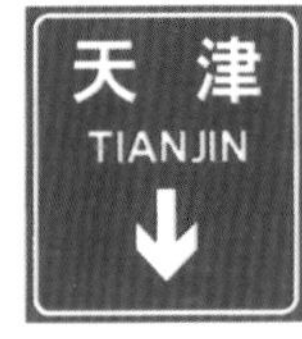

地点方向

地点方向

地点距离

收费站预告

紧急电话

加油站

紧急停车带

服务区预告

停车区预告

停车场预告

爬坡车道

车距确认

道路交通信息

分流

合流

组合使用

五　旅游标志

旅游区方向

问询处

徒步

索道

野营地

营火

游戏场

钓鱼

高尔夫球

游泳

划船

滑雪

六　施工标志

前方施工

道路施工

道路封闭

右道封闭

左道封闭

中间封闭

车辆慢行

向左行驶

向左改道

向右改道

七　辅助标志

7:30 - 10:00

时间范围

7:30 - 9:30
16:00 - 18:30

时间范围

除公共
汽车外

除公共汽车外

小型汽车

货车
拖拉机

货车、拖拉机

200m↑

向前200米

←100m

向左100米

50m|50m

向左、向右各50米

二环路
区域内

某区域内

事　故

事故

坍　方

塌方

←100m
7:30 - 18:30

组合

八 交通标线

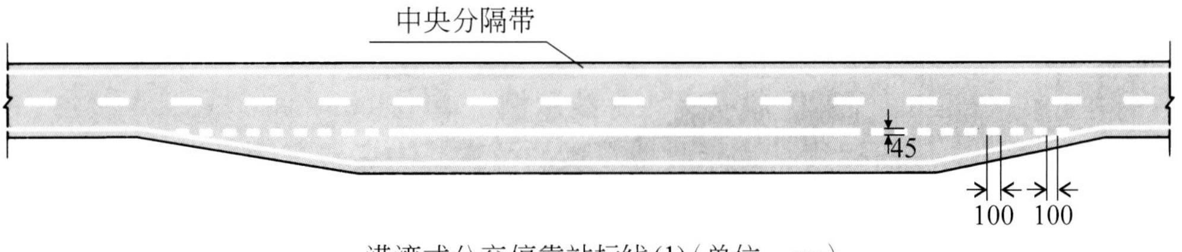

港湾式公交停靠站标线(1)(单位：cm)

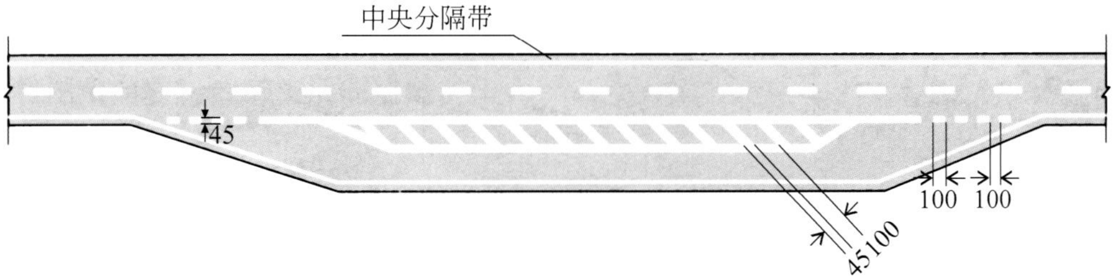

中央分隔带

45

100 100

45100

港湾式公交停靠站标线(2)(单位：cm)

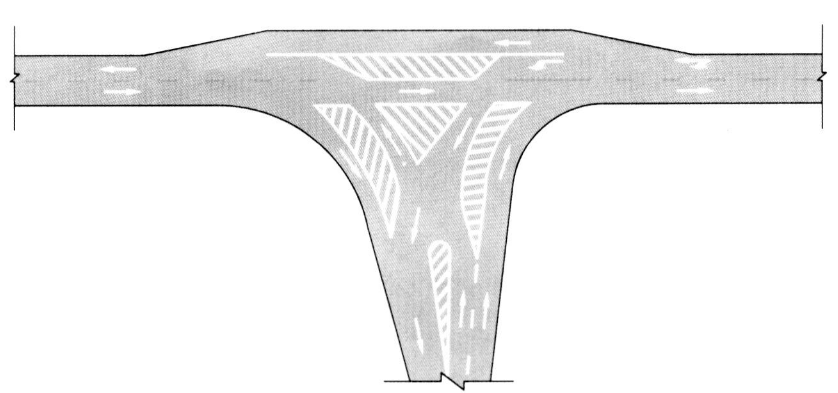

复杂行驶条件丁字路口导流线

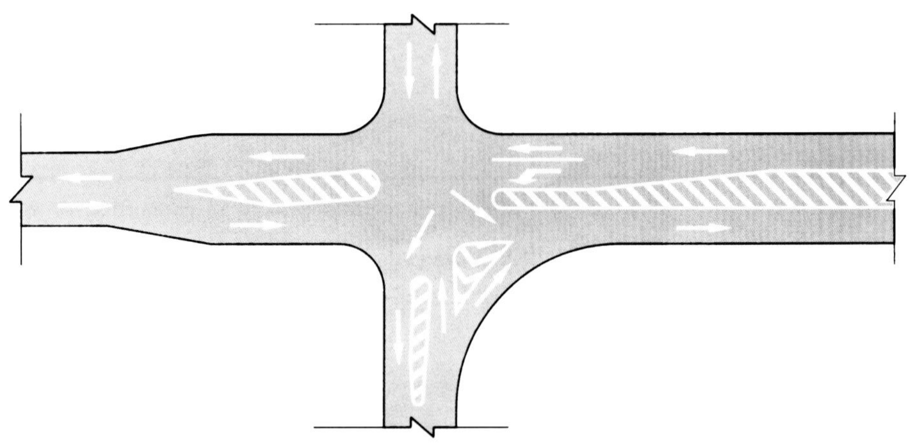

复杂行驶条件十字路口导流线

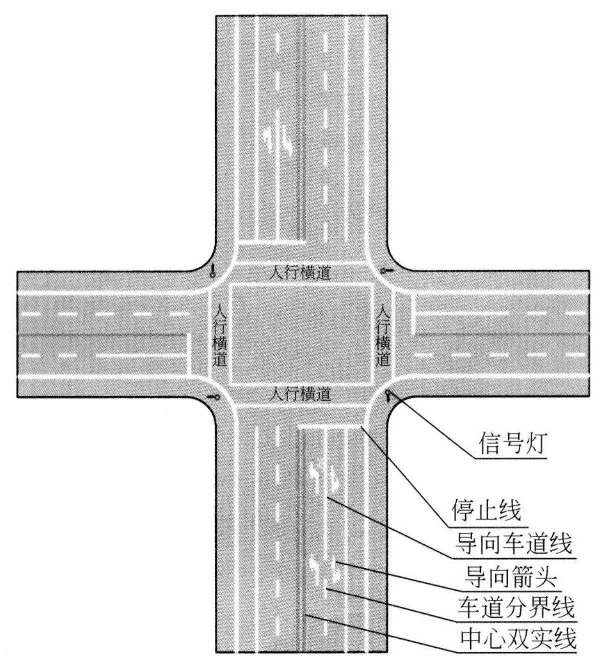

信号灯路口的停止线

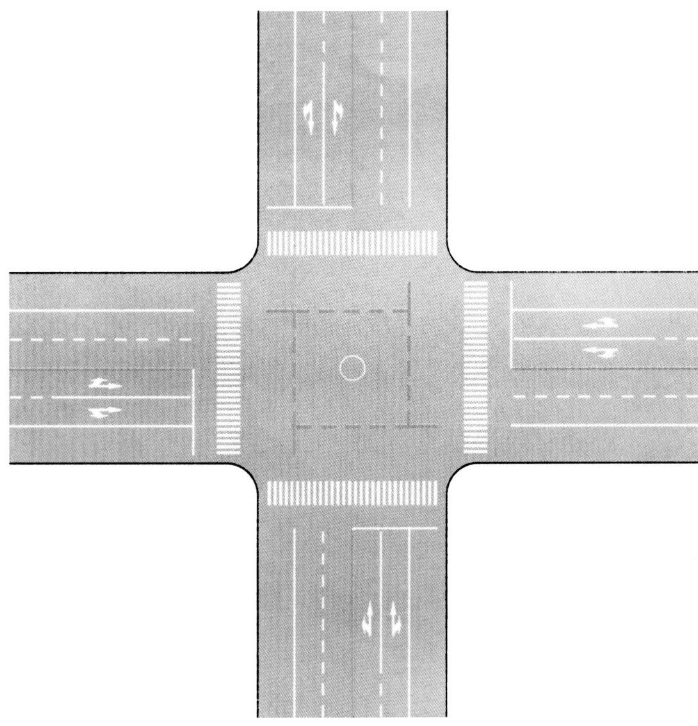

非机动车禁驶区标线（单位：cm）

附表 A 圆曲线表

$R=100$ m　　m

转折角 (°)	转折角 (′)	切线长 T	曲线长 L	切线和曲线之差 $2T-L$	外距 E	转折角 (°)	转折角 (′)	切线长 T	曲线长 L	切线和曲线之差 $2T-L$	外距 E
5	00	4.366	8.727	0.006	0.095	11	00	9.629	19.199	0.059	0.463
	10	4.512	9.018	0.006	0.102		10	9.776	19.490	0.062	0.477
	20	4.658	9.308	0.007	0.108		20	9.923	19.780	0.065	0.491
	30	4.803	9.599	0.007	0.115		30	10.070	20.073	0.068	0.506
	40	4.949	9.890	0.008	0.122		40	10.216	20.362	0.071	0.521
	50	5.095	10.181	0.009	0.130		50	10.363	20.653	0.074	0.536
6	00	5.241	10.472	0.010	0.137	12	00	10.510	20.944	0.077	0.551
	10	5.387	10.763	0.010	0.145		10	10.658	21.235	0.080	0.566
	20	5.533	11.054	0.011	0.153		20	10.805	21.527	0.084	0.582
	30	5.678	11.345	0.012	0.161		30	10.952	21.817	0.087	0.598
	40	5.824	11.636	0.013	0.170		40	11.099	22.108	0.091	0.614
	50	5.970	11.926	0.014	0.178		50	11.246	22.398	0.094	0.630
7	00	6.116	12.217	0.015	0.187	13	00	11.394	22.689	0.098	0.647
	10	6.262	12.508	0.016	0.196		10	11.541	22.980	0.102	0.664
	20	6.408	12.799	0.017	0.205		20	11.688	23.271	0.106	0.681
	30	6.554	13.090	0.019	0.215		30	11.836	23.562	0.110	0.698
	40	6.700	13.381	0.020	0.224		40	11.983	23.853	0.114	0.715
	50	6.847	13.672	0.021	0.234		50	12.131	24.143	0.118	0.733
8	00	6.993	13.963	0.023	0.244	14	00	12.279	24.435	0.122	0.751
	10	7.139	14.254	0.024	0.255		10	12.426	24.726	0.127	0.769
	20	7.285	14.544	0.026	0.265		20	12.574	25.016	0.131	0.787
	30	7.431	14.835	0.027	0.276		30	12.722	25.307	0.136	0.806
	40	7.578	15.126	0.029	0.287		40	12.869	25.598	0.141	0.825
	50	7.724	15.417	0.031	0.298		50	13.017	25.889	0.146	0.844
9	00	7.870	15.708	0.032	0.309	15	00	13.165	26.180	0.151	0.863
	10	8.017	15.999	0.034	0.321		10	13.313	26.471	0.156	0.882
	20	8.163	16.290	0.036	0.333		20	13.461	26.762	0.161	0.902
	30	8.309	16.581	0.038	0.345		30	13.609	27.053	0.166	0.922
	40	8.456	16.872	0.040	0.357		40	13.758	27.344	0.172	0.942
	50	8.602	17.162	0.042	0.369		50	13.906	27.634	0.177	0.962
10	00	8.749	17.453	0.045	0.382	16	00	14.054	27.925	0.183	0.983
	10	8.895	17.744	0.047	0.395		10	14.202	28.216	0.189	1.004
	20	9.042	18.035	0.049	0.408		20	14.351	28.507	0.195	1.025
	30	9.189	18.326	0.051	0.421		30	14.499	28.798	0.201	1.046
	40	9.335	18.617	0.054	0.435		40	14.648	29.089	0.207	1.067
	50	9.482	18.908	0.057	0.449		50	14.796	29.380	0.213	1.089

续表

转折角		切线长 T	曲线长 L	切线和曲线之差 $2T-L$	外距 E	转折角		切线长 T	曲线长 L	切线和曲线之差 $2T-L$	外距 E
(°)	(′)					(°)	(′)				
17	00	14.945	29.671	0.220	1.111	23	00	20.345	40.143	0.548	2.049
	10	15.094	29.962	0.226	1.133		10	20.497	40.434	0.560	2.079
	20	15.243	30.252	0.233	1.155		20	20.648	40.724	0.572	2.110
	30	15.392	30.543	0.240	1.178		30	20.800	41.015	0.585	2.140
	40	15.540	30.834	0.247	1.200		40	20.952	41.306	0.598	2.171
	50	15.689	31.125	0.254	1.223		50	21.104	41.597	0.610	2.203
18	00	15.838	31.416	0.261	1.247	24	00	21.256	41.888	0.624	2.234
	10	15.988	31.707	0.268	1.270		10	21.408	42.179	0.637	2.266
	20	16.137	31.998	0.276	1.294		20	21.560	42.470	0.650	2.298
	30	16.286	32.289	0.283	1.318		30	21.712	42.761	0.664	2.330
	40	16.435	32.580	0.291	1.342		40	21.865	43.052	0.678	2.362
	50	16.585	32.870	0.299	1.366		50	22.017	43.342	0.392	2.395
19	00	16.734	33.161	0.307	1.391	25	00	22.170	43.633	0.706	2.428
	10	16.884	33.452	0.316	1.415		10	22.322	43.924	0.720	2.461
	20	17.033	33.743	0.324	1.440		20	22.475	44.215	0.735	2.495
	30	17.183	34.034	0.332	1.466		30	22.629	44.506	0.750	2.528
	40	17.333	34.325	0.341	1.491		40	22.781	44.797	0.764	2.562
	50	17.483	34.616	0.350	1.517		50	22.934	45.088	0.780	2.596
20	00	17.633	34.907	0.359	1.543	26	00	23.087	45.379	0.795	2.630
	10	17.783	35.198	0.368	1.569		10	23.240	45.669	0.811	2.666
	20	17.933	35.488	0.377	1.595		20	23.393	45.960	0.827	2.700
	30	18.083	35.779	0.387	1.622		30	23.547	46.251	0.843	2.735
	40	18.233	36.070	0.396	1.649		40	23.700	46.542	0.859	2.770
	50	18.384	36.361	0.406	1.676		50	23.854	46.833	0.875	2.806
21	00	18.534	36.652	0.416	1.703	27	00	24.008	47.124	0.892	2.842
	10	18.684	36.943	0.426	1.731		10	24.162	47.415	0.909	2.878
	20	18.835	37.234	0.436	1.758		20	24.316	47.706	0.926	2.914
	30	18.986	37.525	0.447	1.786		30	24.470	47.997	0.943	2.950
	40	19.136	37.816	0.457	1.815		40	24.624	48.287	0.961	2.987
	50	19.287	38.106	0.468	1.843		50	24.778	48.578	0.979	3.024
22	00	19.438	38.397	0.479	1.872	28	00	24.933	48.869	0.996	3.061
	10	19.589	38.688	0.490	1.901		10	25.087	49.160	1.015	3.099
	20	19.740	38.979	0.501	1.930		20	25.242	49.451	1.033	3.137
	30	19.891	39.270	0.513	1.959		30	25.397	49.742	1.052	3.175
	40	20.043	39.561	0.525	1.989		40	25.552	50.033	1.071	3.213
	50	20.194	39.852	0.536	2.019		50	25.707	50.324	1.090	3.251

续表

转折角 (°)	转折角 (′)	切线长 T	曲线长 L	切线和曲线之差 $2T-L$	外距 E	转折角 (°)	转折角 (′)	切线长 T	曲线长 L	切线和曲线之差 $2T-L$	外距 E
29	00	25.862	50.615	1.109	3.290	35	00	31.530	61.087	1.973	4.853
	10	26.017	50.905	1.129	3.329		10	31.690	61.377	2.002	4.901
	20	26.172	51.196	1.148	3.368		20	31.850	61.669	2.032	4.950
	30	26.328	51.487	1.138	3.408		30	32.010	61.959	2.061	4.998
	40	26.483	51.778	1.189	3.447		40	32.171	62.250	2.091	5.047
	50	26.639	52.069	1.209	3.487		50	32.331	62.541	2.121	5.097
30	00	26.795	52.360	1.230	3.528	36	00	32.492	62.832	2.152	5.146
	10	26.951	52.651	1.251	3.568		10	32.653	63.123	2.183	5.196
	20	27.107	52.942	1.272	3.609		20	32.814	63.414	2.214	5.246
	30	27.263	53.233	1.294	3.650		30	32.975	63.705	2.264	5.297
	40	27.419	53.523	1.316	3.691		40	33.136	63.995	2.277	5.347
	50	27.576	53.814	1.338	3.733		50	33.298	64.286	2.310	5.398
31	00	27.733	54.105	1.360	3.774	37	00	33.460	64.577	2.342	5.449
	10	27.889	54.396	1.382	3.816		10	33.621	64.868	2.375	5.501
	20	28.046	54.687	1.405	3.858		20	33.783	65.159	2.408	5.552
	30	28.203	55.978	1.428	3.901		30	33.945	65.450	2.441	5.604
	40	28.360	55.269	1.451	3.944		40	34.108	65.741	2.475	5.657
	50	28.517	55.560	1.475	3.987		50	34.270	66.032	2.509	5.709
32	00	28.675	55.851	1.499	4.030	38	00	34.433	66.323	2.543	5.762
	10	28.832	56.141	1.523	4.074		10	34.595	66.613	2.578	5.815
	20	28.990	56.432	1.547	4.117		20	34.759	66.904	2.613	5.869
	30	29.147	56.723	1.571	4.161		30	34.922	67.195	2.648	5.922
	40	29.305	57.014	1.596	4.206		40	35.085	67.486	2.684	5.976
	50	29.463	57.305	0.621	4.250		50	35.248	67.777	2.720	6.030
33	00	29.621	57.596	1.647	4.295	39	00	35.412	68.068	2.756	6.085
	10	29.780	57.887	1.672	4.340		10	35.576	68.359	2.793	6.140
	20	29.938	58.178	1.698	4.385		20	35.740	68.650	2.830	6.195
	30	30.097	58.469	1.725	4.431		30	35.904	68.941	2.867	6.250
	40	30.255	58.759	1.752	4.477		40	36.068	69.231	2.904	6.306
	50	30.414	59.050	1.778	4.523		50	36.232	69.522	2.943	6.362
34	00	30.573	59.341	1.805	4.569	40	00	36.397	69.813	2.981	6.148
	10	30.732	59.632	1.832	4.616		10	36.562	70.104	3.020	6.474
	20	30.891	59.923	1.860	4.663		20	36.727	70.395	3.059	6.531
	30	31.051	60.214	1.888	4.710		30	36.892	70.686	3.098	6.588
	40	31.210	60.505	1.916	4.757		40	37.057	70.977	3.138	6.645
	50	31.370	60.796	1.945	4.805		50	37.223	71.268	3.178	6.703

续表

转折角		切线长 T	曲线长 L	切线和曲线之差 $2T-L$	外距 E	转折角		切线长 T	曲线长 L	切线和曲线之差 $2T-L$	外距 E
(°)	(′)					(°)	(′)				
41	00	37.389	71.559	3.219	6.761	47	00	43.481	82.031	4.932	9.044
	10	37.554	71.849	3.259	6.819		10	43.654	82.321	4.987	9.113
	20	37.720	72.140	3.301	6.878		20	43.828	82.612	5.043	9.183
	30	37.887	72.431	3.342	6.936		30	44.001	82.903	5.099	9.252
	40	38.053	72.722	3.384	6.996		40	44.175	83.194	5.156	9.323
	50	38.220	73.013	3.426	7.055		50	44.349	83.485	5.213	9.393
42	00	38.386	73.304	3.469	7.115	48	00	44.523	83.776	5.270	9.464
	10	38.554	73.595	3.512	7.175		10	44.696	84.067	5.328	9.535
	20	38.721	73.886	3.555	7.235		20	44.872	84.358	5.386	9.606
	30	38.888	74.177	3.599	7.295		30	45.047	84.649	5.445	9.678
	40	39.055	74.467	3.643	7.356		40	45.222	84.939	5.504	9.750
	50	39.223	74.758	3.688	7.417		50	45.397	85.230	5.564	9.822
43	00	39.391	75.049	3.733	7.479	49	00	45.573	85.521	5.624	9.895
	10	39.559	75.340	3.778	7.540		10	45.748	85.812	5.685	9.968
	20	39.728	75.631	3.824	7.602		20	45.924	86.103	5.746	10.041
	30	32.896	75.922	3.870	7.665		30	46.101	86.394	5.807	10.115
	40	40.065	76.213	3.917	7.727		40	46.277	86.685	5.870	10.189
	50	40.234	76.504	3.963	7.790		50	46.454	86.976	5.932	10.263
44	00	40.403	76.795	4.011	7.854	50	00	46.631	87.267	5.995	10.338
	10	40.572	77.085	4.058	7.917		10	46.803	87.557	6.059	10.413
	20	40.741	77.376	4.107	7.981		20	46.985	87.848	6.123	10.488
	30	40.911	77.666	4.155	8.045		30	47.163	88.139	6.187	10.564
	40	41.081	77.958	4.204	8.109		40	47.341	88.430	6.252	10.640
	50	41.251	78.249	4.253	8.174		50	47.519	88.721	6.317	10.716
45	00	41.421	78.540	4.303	8.239	51	00	47.698	89.012	6.383	10.793
	10	41.592	78.831	4.353	8.305		10	47.876	89.303	6.450	10.870
	20	41.763	79.122	4.404	8.370		20	48.055	89.594	6.517	10.947
	30	41.934	79.413	4.455	8.436		30	48.243	89.885	6.571	11.025
	40	42.105	79.703	4.506	8.503		40	48.414	90.175	6.652	11.103
	50	42.276	79.994	4.558	8.569		50	48.593	90.466	6.720	11.181
46	00	42.448	80.285	4.610	8.636	52	00	48.773	90.757	6.790	11.260
	10	42.619	80.576	4.662	8.703		10	48.953	91.048	6.857	11.339
	20	42.791	80.867	4.716	8.771		20	49.134	91.339	6.929	11.419
	30	42.963	81.158	4.769	8.839		30	49.315	91.630	6.999	11.499
	40	43.136	81.449	4.823	8.907		40	49.496	91.921	7.070	11.579
	50	43.308	81.740	4.877	8.975		50	49.677	92.212	7.142	11.659

续表

转折角 (°)	转折角 (′)	切线长 T	曲线长 L	切线和曲线之差 $2T-L$	外距 E	转折角 (°)	转折角 (′)	切线长 T	曲线长 L	切线和曲线之差 $2T-L$	外距 E
53	00	49.853	92.503	7.214	11.740	59	00	56.577	102.974	10.180	14.896
	10	50.040	92.793	7.287	11.821		10	56.769	103.265	10.274	14.990
	20	50.222	93.084	7.360	11.903		20	56.962	103.556	10.368	15.085
	30	50.404	93.375	7.433	11.985		30	57.155	103.847	10.462	15.181
	40	50.587	93.666	7.507	12.067		40	57.348	104.138	10.558	15.277
	50	50.770	93.857	7.582	12.150		50	57.541	104.429	10.654	15.373
54	00	50.953	94.248	7.657	12.233	60	00	57.735	104.720	10.750	15.470
	10	51.136	94.539	7.733	12.316		10	57.929	105.011	10.847	15.567
	20	51.320	94.830	7.809	12.400		20	58.124	105.302	10.946	15.665
	30	51.503	95.120	7.886	12.484		30	58.318	105.592	11.044	15.763
	40	51.687	95.411	7.964	12.568		40	58.513	105.883	11.143	15.861
	50	51.872	95.702	8.042	12.653		50	58.709	106.174	11.244	15.960
55	00	52.057	95.993	8.120	12.738	61	00	58.905	106.465	11.345	16.059
	10	52.242	96.284	8.199	12.824		10	59.101	106.756	11.446	16.159
	20	52.427	96.575	8.279	12.910		20	59.297	107.047	11.547	16.259
	30	52.612	96.866	8.359	12.996		30	59.494	107.338	11.650	16.359
	40	52.798	97.157	8.440	13.083		40	59.691	107.629	11.752	16.460
	50	52.985	97.448	8.522	13.170		50	59.888	107.919	11.857	16.562
56	00	53.171	97.738	8.604	13.257	62	00	60.086	108.210	11.962	16.663
	10	53.358	98.029	8.686	13.345		10	60.284	108.501	12.067	16.766
	20	53.545	98.320	8.769	13.432		20	60.483	108.792	12.174	16.868
	30	53.732	98.611	8.853	13.521		30	60.681	109.083	12.279	16.971
	40	53.920	98.902	8.937	13.610		40	60.881	109.374	12.388	17.075
	50	54.107	99.193	9.022	13.700		50	61.080	109.665	12.495	17.178
57	00	54.296	99.484	9.107	13.789	63	00	61.280	109.956	12.604	17.283
	10	54.484	99.775	9.193	13.879		10	61.480	110.247	12.713	17.387
	20	54.673	100.066	9.280	13.970		20	61.681	110.538	12.824	17.493
	30	54.862	100.356	9.367	14.061		30	61.882	110.828	12.936	17.598
	40	55.051	100.647	9.455	14.152		40	62.083	111.119	13.047	17.704
	50	55.241	100.938	9.544	14.243		50	62.285	111.410	13.160	17.811
58	00	55.431	101.229	9.633	14.335	64	00	62.487	111.701	13.273	17.918
	10	55.621	101.520	9.722	14.428		10	62.689	111.992	13.386	18.025
	20	55.812	101.811	9.813	14.521		20	62.892	112.283	13.501	18.133
	30	56.003	102.102	9.904	14.614		30	63.095	112.574	13.616	18.241
	40	56.194	102.393	9.995	14.707		40	63.299	112.865	13.735	18.350
	50	56.385	102.684	10.087	14.801		50	63.503	113.156	13.850	18.459

续表

转折角		切线长 T	曲线长 L	切线和曲线之差 $2T-L$	外距 E	转折角		切线长 T	曲线长 L	切线和曲线之差 $2T-L$	外距 E
(°)	(′)					(°)	(′)				
65	00	63.707	113.446	13.968	18.569	71	00	71.329	123.918	18.740	22.833
	10	63.912	113.737	14.087	18.679		10	71.549	124.209	18.889	22.960
	20	64.117	114.028	14.206	18.790		20	71.769	124.500	19.038	23.089
	30	64.322	114.319	14.325	18.901		30	71.990	124.791	19.189	23.217
	40	64.528	114.610	14.446	19.012		40	72.211	125.082	19.340	23.347
	50	64.734	114.901	14.567	19.124		50	72.432	125.373	19.491	23.476
66	00	64.941	115.192	14.690	19.236	72	00	72.654	125.664	19.644	23.607
	10	65.148	115.483	14.813	19.349		10	72.877	125.955	19.799	23.738
	20	63.355	115.774	14.986	19.463		20	73.100	126.245	19.955	23.869
	30	65.563	116.064	15.062	19.576		30	73.323	126.536	20.110	24.001
	40	65.771	116.355	15.187	19.691		40	73.547	126.827	20.267	24.134
	50	65.980	116.646	15.314	19.805		50	73.771	127.118	20.424	24.267
67	00	66.189	116.937	15.441	19.920	73	00	73.996	127.409	20.583	24.400
	10	66.398	117.228	15.568	20.036		10	74.221	127.700	20.742	24.534
	20	66.608	117.519	15.697	20.152		20	74.447	127.991	20.903	24.669
	30	66.818	117.810	15.826	20.269		30	74.674	128.282	21.066	24.804
	40	67.028	118.101	15.955	20.386		40	74.900	128.573	21.227	24.940
	50	67.239	118.392	16.086	20.504		50	75.218	128.863	21.393	25.077
68	00	67.451	118.682	16.220	20.622	74	00	75.355	129.154	21.556	25.214
	10	67.663	118.973	16.352	20.740		10	75.584	129.445	21.723	25.351
	20	67.875	119.264	16.486	20.859		20	75.812	129.736	21.888	25.489
	30	68.083	119.555	16.621	20.979		30	76.042	130.027	22.057	25.628
	40	68.301	119.846	16.756	21.099		40	76.272	130.318	22.226	25.767
	50	68.514	120.137	16.891	21.220		50	76.502	130.609	22.395	25.907
69	00	68.728	120.428	17.028	21.341	75	00	76.733	130.900	22.556	26.047
	10	68.942	120.719	17.165	21.462		10	76.964	131.191	22.737	26.188
	20	69.157	121.009	17.305	21.584		20	77.196	131.481	22.911	26.330
	30	69.372	121.300	17.444	21.707		30	77.428	131.772	23.084	26.472
	40	69.588	121.591	17.585	21.830		40	77.661	132.063	23.259	26.615
	50	69.804	121.882	17.726	21.953		50	77.895	132.354	23.436	26.758
70	00	70.021	122.173	17.869	22.078	76	00	78.129	132.645	23.613	26.902
	10	70.238	122.464	18.012	22.202		10	78.363	132.936	23.790	27.046
	20	70.455	122.755	18.155	22.327		20	78.598	133.227	23.969	27.191
	30	70.673	123.046	18.300	22.453		30	78.834	133.518	24.150	27.337
	40	70.891	123.337	18.545	22.579		40	79.070	133.809	24.331	27.483
	50	71.110	123.627	18.593	22.706		50	79.306	134.099	24.513	27.630

续表

转折角		切线长 T	曲线长 L	切线和曲线之差 $2T-L$	外距 E	转折角		切线长 T	曲线长 L	切线和曲线之差 $2T-L$	外距 E
(°)	(′)					(°)	(′)				
77	00	79.544	134.390	24.698	27.778	83	00	88.473	144.862	32.084	33.519
	10	79.781	134.681	24.881	27.926		10	88.732	145.153	32.311	33.691
	20	80.020	134.972	25.068	28.075		20	88.992	145.444	32.540	33.864
	30	80.258	135.263	25.253	28.224		30	89.253	145.735	32.771	34.038
	40	80.498	135.554	25.442	28.374		40	89.515	146.026	33.004	34.212
	50	80.738	135.845	25.631	28.525		50	89.777	146.317	33.237	34.387
78	00	80.978	136.136	25.820	28.676	84	00	90.040	146.608	33.472	34.563
	10	81.220	136.427	26.013	28.828		10	90.304	146.899	33.709	34.740
	20	81.461	136.717	26.205	28.980		20	90.569	147.189	33.949	34.917
	30	81.703	137.008	26.398	29.133		30	90.834	147.480	34.188	35.095
	40	81.946	137.299	26.593	29.287		40	91.099	147.771	34.427	35.274
	50	82.190	137.590	26.790	29.442		50	91.366	148.062	34.670	35.454
79	00	82.434	137.881	26.987	29.597	85	00	91.633	148.353	34.913	35.634
	10	82.678	138.172	27.184	29.752		10	91.901	148.644	35.158	35.815
	20	82.923	138.463	27.383	29.909		20	92.170	149.935	35.405	35.997
	30	83.169	138.754	27.584	30.066		30	92.439	149.226	35.652	36.180
	40	83.415	139.045	27.785	30.223		40	92.709	149.517	35.901	36.363
	50	83.662	139.335	27.989	30.382		50	92.980	149.807	36.153	36.548
80	00	83.910	139.626	28.194	30.541	86	00	93.252	150.098	36.406	36.733
	10	84.158	139.917	28.399	30.700		10	93.524	150.389	36.659	36.919
	20	84.407	140.208	28.606	30.861		20	93.797	150.680	36.914	37.105
	30	84.656	140.499	28.813	31.022		30	94.071	150.971	37.171	37.293
	40	84.906	140.790	29.022	31.183		40	94.345	151.262	37.428	37.481
	50	85.157	141.081	29.233	31.346		50	94.620	161.553	37.687	37.670
81	00	85.408	141.372	29.444	31.509	87	00	94.896	151.844	37.948	37.860
	10	85.660	141.663	29.657	31.672		10	95.173	152.135	38.211	38.051
	20	85.912	141.953	29.871	31.837		20	95.451	152.425	38.477	38.242
	30	86.166	142.244	30.088	32.002		30	95.729	152.716	38.742	38.434
	40	86.419	142.535	30.303	32.168		40	96.008	153.007	39.009	38.628
	50	86.674	142.826	30.522	32.334		50	96.288	153.298	39.278	38.822
82	00	86.929	143.117	30.741	32.501	88	00	96.569	153.589	39.549	39.016
	10	87.184	143.408	30.960	32.669		10	96.850	153.880	39.820	39.212
	20	87.441	143.699	31.183	32.838		20	97.133	154.171	40.095	39.409
	30	87.698	143.990	31.406	33.007		30	97.416	154.462	40.370	39.606
	40	87.955	144.281	31.629	33.177		40	97.700	154.753	40.647	39.804
	50	88.214	144.571	31.857	33.348		50	97.984	155.043	40.925	40.003

续表

转折角		切线长 T	曲线长 L	切线和曲线之差 $2T-L$	外距 E	转折角		切线长 T	曲线长 L	切线和曲线之差 $2T-L$	外距 E
(°)	(′)					(°)	(′)				
89	00	98.270	155.334	41.206	40.203	90	00	100.000	157.080	42.920	41.421
	10	98.556	155.625	41.487	40.404		10				
	20	98.843	155.916	41.770	40.606		20				
	30	99.131	156.207	42.055	40.808		30				
	40	99.420	156.498	42.342	41.012		40				
	50	99.710	156.789	42.631	41.216		50				

附表 B　竖曲线表

m

坡度差	中心角			R=1000 m			R=1500 m			R=2000 m			R=2500 m		
i_1-i_2	(°)	(′)	(″)	T	L	E	T	L	E	T	L	E	T	L	E
0.013	0	44	41.3	—	—	—	—	—	—	—	—	—	16.25	32.49	0.05
14	0	48	07.6	—	—	—	—	—	—	—	—	—	17.49	34.99	0.06
15	0	51	34	—	—	—	—	—	—	14.99	29.99	0.056	18.74	37.49	0.07
16	0	55	00	—	—	—	—	—	—	15.99	31.99	0.064	19.99	39.99	0.08
17	0	58	26	—	—	—	12.74	25.49	0.054	16.99	33.99	0.072	21.24	42.49	0.09
18	1	01	52	—	—	—	13.49	26.99	0.060	17.99	35.99	0.080	22.49	44.99	0.10
19	1	05	18.5	—	—	—	14.24	28.49	0.067	18.99	37.99	0.090	23.74	47.49	0.11
20	1	08	44.8	9.99	19.99	0.050	14.99	29.99	0.075	19.99	39.99	0.10	24.99	49.99	0.12
0.021	1	12	11	10.49	20.99	0.055	15.74	31.49	0.082	20.99	41.99	0.11	26.25	52.49	0.13
22	1	15	37	10.99	21.99	0.061	16.49	32.99	0.091	21.99	43.99	0.12	27.49	54.99	0.15
23	1	19	03	11.49	22.99	0.066	17.24	34.49	0.099	22.99	45.99	0.13	28.74	57.49	0.16
24	1	22	29	11.99	23.99	0.072	17.99	35.99	0.10	23.99	47.99	0.14	29.99	59.99	0.18
25	1	25	55	12.49	24.99	0.078	18.74	37.49	0.11	24.99	49.99	0.15	31.24	62.48	0.19
26	1	29	22	12.99	25.99	0.085	19.49	38.99	0.12	25.99	51.99	0.17	32.49	64.98	0.21
27	1	32	48	13.49	26.99	0.091	20.24	40.49	0.13	26.99	53.98	0.18	33.74	67.48	0.22
28	1	36	14	13.99	27.99	0.098	20.99	41.98	0.14	27.99	55.98	0.19	34.99	69.98	0.24
29	1	39	40	14.49	28.99	0.10	21.74	43.49	0.15	28.99	57.98	0.21	36.24	72.48	0.26
30	1	43	06	14.99	29.99	0.11	22.49	44.98	0.16	29.99	59.98	0.22	37.49	74.97	0.28
0.031	1	46	32	15.49	30.99	0.12	23.24	46.49	0.18	30.99	61.98	0.24	38.74	77.47	0.30
32	1	49	58	15.99	31.98	0.12	23.99	47.98	0.19	31.99	63.97	0.25	39.99	79.97	0.32
33	1	53	24	16.49	32.98	0.13	24.74	49.48	0.20	32.99	65.97	0.27	41.23	82.47	0.34
34	1	56	50	16.99	33.98	0.14	25.49	50.98	0.21	33.98	67.97	0.28	42.48	84.97	0.36
35	2	00	16	17.49	34.98	0.15	26.24	52.47	0.22	34.98	69.97	0.30	43.73	87.46	0.38
36	2	03	42	17.99	35.99	0.16	26.99	53.97	0.24	35.98	71.96	0.32	44.98	89.96	0.40
37	2	07	08	18.49	36.98	0.17	27.74	55.47	0.25	36.98	73.96	0.34	46.23	92.46	0.42
38	2	10	34	18.99	37.98	0.18	28.49	56.97	0.27	37.98	75.96	0.36	47.48	94.96	0.45
39	2	14	00	19.49	38.98	0.19	29.23	58.47	0.28	38.98	77.96	0.38	48.72	97.45	0.47
40	2	17	26	19.99	39.98	0.20	29.98	59.97	0.30	39.98	79.96	0.40	49.97	99.95	0.50
0.041	2	20	52	20.49	40.97	0.21	30.73	61.47	0.31	40.98	81.95	0.42	51.22	102.44	0.52
42	2	24	18	20.99	41.97	0.22	31.48	62.96	0.33	41.98	83.95	0.44	52.47	104.94	0.55
43	2	27	44	21.49	42.97	0.23	32.28	64.46	0.34	42.98	85.95	0.46	53.72	107.43	0.57
44	2	31	10	21.98	43.97	0.24	32.98	65.96	0.36	43.97	87.94	0.48	54.97	109.93	0.60
45	2	34	36	22.48	44.97	0.25	33.73	67.45	0.37	44.97	89.94	0.50	56.22	112.42	0.63
46	2	38	02	22.98	45.96	0.26	34.48	68.95	0.39	45.97	91.93	0.52	57.47	114.92	0.66
47	2	41	27	23.48	46.96	0.27	35.23	70.45	0.41	46.97	93.93	0.55	58.72	117.41	0.69

续表

坡度差 i_1-i_2	中心角			R=1000 m			R=1500 m			R=2000 m			R=2500 m		
	(°)	(′)	(″)	T	L	E	T	L	E	T	L	E	T	L	E
48	2	44	53	23.98	47.96	0.28	35.98	71.94	0.43	47.97	95.93	0.57	59.96	119.91	0.71
49	2	48	19	24.48	48.96	0.29	36.72	73.44	0.44	48.97	97.92	0.59	61.21	122.40	0.74
50	2	51	45	24.98	49.96	0.31	37.47	74.94	0.47	49.97	99.92	0.62	62.46	124.90	0.78
0.051	2	55	10	25.48	50.95	0.32	38.22	76.43	0.48	50.96	101.91	0.64	63.71	127.38	0.81
52	2	58	36	25.98	51.95	0.33	38.97	77.93	0.50	51.96	103.90	0.67	64.95	129.88	0.84
53	3	02	02	26.48	52.95	0.35	39.72	79.42	0.52	52.96	105.90	0.70	66.20	132.37	0.87
54	3	05	27	26.98	53.94	0.36	40.47	80.92	0.54	53.96	107.89	0.72	67.45	134.87	0.91
55	3	08	53	27.48	54.94	0.37	41.22	82.41	0.56	54.96	109.89	0.75	68.71	137.36	0.94
56	3	12	19	27.97	55.94	0.39	41.97	83.91	0.58	55.95	111.88	0.78	69.95	139.85	0.97
57	3	15	44	28.47	56.93	0.40	42.71	85.41	0.60	56.95	113.87	0.81	71.19	142.34	1.01
58	3	19	10	28.97	57.93	0.41	43.46	86.91	0.62	57.95	115.87	0.83	72.44	144.84	1.04
59	3	22	36	29.47	58.93	0.43	44.21	88.39	0.65	58.95	117.86	0.86	73.68	147.33	1.08
60	3	26	10	29.97	59.93	0.44	44.96	89.89	0.67	59.94	119.86	0.89	74.98	149.82	1.12
0.061	3	29	27	30.47	60.92	0.46	45.70	91.38	0.69	60.94	121.84	0.92	76.18	152.31	1.16
62	3	32	52	30.97	61.92	0.47	46.45	92.88	0.71	61.94	123.84	0.95	77.43	154.80	1.19
63	3	36	18	31.47	62.91	0.49	47.20	94.37	0.74	62.94	125.83	0.99	78.67	157.29	1.23
64	3	39	43	31.96	63.91	0.51	47.93	95.86	0.76	63.93	127.82	1.02	79.92	159.78	1.27
65	3	43	08	32.46	64.90	0.52	48.69	97.36	0.79	64.93	129.81	1.05	81.16	162.27	1.31
66	3	46	34	32.96	65.90	0.54	49.44	98.85	0.81	65.92	131.80	1.08	82.41	164.76	1.35
67	3	49	59	33.46	66.90	0.56	50.19	100.35	0.84	66.92	133.80	1.12	83.65	167.25	1.40
68	3	53	24	33.96	67.89	0.57	50.94	101.84	0.86	67.92	135.79	1.15	84.90	169.74	1.44
69	3	56	50	34.45	68.89	0.59	51.68	103.33	0.89	68.91	137.78	1.18	86.14	172.22	1.48
70	4	00	15	34.95	69.88	0.61	52.43	104.82	0.91	69.91	139.77	1.22	87.39	174.71	1.52
0.071	4	03	40	35.45	70.88	0.62	53.18	106.32	0.94	70.90	141.76	1.25	88.63	177.20	1.57
72	4	07	06	35.95	71.87	0.64	53.92	107.81	0.96	71.90	143.75	1.29	89.88	179.69	1.61
73	4	10	31	36.45	72.87	0.66	54.67	109.30	0.99	72.90	145.74	1.32	91.12	182.17	1.66
74	4	13	56	36.94	73.86	0.68	55.42	110.79	1.02	73.89	147.73	1.36	92.37	184.66	1.70
75	4	17	21	37.44	74.86	0.70	56.16	112.29	1.05	74.89	149.72	1.40	93.61	187.15	1.75
76	4	20	46	37.94	75.85	0.72	56.91	113.78	1.08	75.88	151.70	1.44	94.86	189.63	1.80
77	4	24	11	38.44	76.85	0.73	57.66	115.28	1.10	76.88	153.70	1.47	96.10	192.14	1.84
78	4	27	36	38.94	77.84	0.75	58.41	116.76	1.13	77.88	155.68	1.51	97.35	194.60	1.89
79	4	31	01	39.43	78.83	0.77	59.15	118.25	1.16	78.87	157.67	1.55	98.59	197.09	1.94
80	4	34	26	39.93	79.83	0.79	59.90	119.74	1.19	79.87	159.66	1.59	99.84	199.57	1.99
0.081	4	37	51	40.43	80.82	0.81	60.65	121.23	1.22	80.86	161.64	1.63	101.08	202.05	2.04
82	4	41	16	40.93	81.81	0.83	61.39	122.72	1.25	81.86	163.63	1.67	102.33	204.54	2.09
83	4	44	41	41.43	82.80	0.85	62.14	124.21	1.28	82.86	165.61	1.71	103.57	207.02	2.14
84	4	48	06	41.92	83.80	0.87	62.89	125.70	1.31	83.85	167.60	1.75	104.81	209.50	2.19
85	4	51	30	42.42	84.79	0.89	63.63	127.18	1.34	84.84	169.58	1.79	106.06	211.98	2.24

续表

坡度差	中心角			R=1000 m			R=1500 m			R=2000 m			R=2500 m		
i_1-i_2	(°)	(′)	(″)	T	L	E	T	L	E	T	L	E	T	L	E
86	4	54	55	42.92	85.78	0.92	64.38	128.67	1.38	85.84	171.56	1.84	107.30	214.46	2.30
87	4	58	20	43.41	86.77	0.94	65.12	130.16	1.41	86.83	173.55	1.88	108.54	216.94	2.35
88	5	01	44	43.91	87.77	0.96	65.87	131.65	1.44	87.83	175.54	1.92	109.78	219.43	2.41
89	5	05	10	44.41	88.76	0.98	66.61	133.14	1.47	88.82	177.53	1.97	111.03	221.91	2.46
90	5	08	34	44.90	89.75	1.00	67.63	134.63	1.51	89.82	179.51	2.01	112.27	224.39	2.52
0.091	5	11	59	45.40	90.75	1.03	68.10	136.12	1.54	90.81	181.50	2.06	113.51	226.87	2.57
92	5	15	23	45.90	91.74	1.05	68.85	137.61	1.57	91.80	183.48	2.10	114.75	229.35	2.63
93	5	18	47.4	46.40	92.73	1.07	69.60	139.10	1.61	92.80	185.47	2.15	116.00	231.83	2.69
94	5	22	12	46.89	93.72	1.09	70.34	140.59	1.64	93.79	187.45	2.19	117.24	234.31	2.74
95	5	25	37	47.39	94.71	1.12	71.08	142.07	1.68	94.78	189.43	2.24	118.48	236.79	2.80
96	5	29	01	47.89	95.71	1.14	71.83	143.56	1.71	95.78	191.42	2.29	119.72	239.27	2.86
97	5	32	25	48.38	96.70	1.17	72.58	145.05	1.75	96.77	193.40	2.34	120.96	241.75	2.92
98	5	35	50	48.88	97.69	1.19	73.32	146.53	1.79	97.76	195.38	2.38	122.20	244.23	2.98
99	5	39	14	49.37	98.67	1.21	74.06	148.01	1.82	98.75	197.35	2.43	123.44	246.69	3.04
100	5	42	38	49.87	99.66	1.24	74.81	149.50	1.86	99.75	199.33	2.48	124.68	249.17	3.10
0.101	5	46	02.4	50.37	100.65	1.26	75.55	150.98	1.90	100.74	201.31	2.53	125.92	251.64	3.17
102	5	49	26.4	50.86	101.64	1.29	76.30	152.47	1.93	101.73	203.29	2.58	127.16	254.11	3.23
103	5	52	50.7	51.36	102.63	1.31	77.04	153.95	1.97	102.72	205.27	2.63	128.40	256.59	3.29
104	5	56	14.6	51.85	103.62	1.34	77.78	155.43	2.01	103.71	207.25	2.68	129.64	259.06	3.36
105	5	59	38.9	52.35	104.61	1.37	78.53	156.92	2.05	104.71	209.23	2.74	130.88	261.53	3.42
106	6	03	03.0	52.85	105.60	1.39	79.27	158.40	2.09	105.70	211.20	2.79	132.12	264.01	3.49
107	6	06	26.5	53.34	106.59	1.42	80.02	159.88	2.13	106.69	213.18	2.84	133.36	266.48	3.55
108	6	09	50.4	53.84	107.58	1.44	80.76	161.37	2.17	107.68	215.16	2.89	134.60	268.95	3.62
109	6	13	14.3	54.33	108.57	1.47	81.50	162.85	2.21	108.67	217.14	2.95	135.84	271.42	3.68
110	6	16	38.3	54.83	109.56	1.50	82.25	164.34	2.25	109.67	219.12	3.00	137.08	273.90	3.75
0.111	6	20	02.4	55.33	110.54	1.52	82.99	165.82	2.29	110.66	221.09	3.05	138.32	276.37	3.82
112	6	23	25.8	55.82	111.53	1.55	83.74	167.30	2.33	111.65	223.07	3.11	139.56	278.84	3.89
113	6	26	49.4	56.32	112.52	1.58	84.48	168.78	2.37	112.64	225.04	3.17	140.80	281.31	3.96
114	6	30	12.8	56.81	113.51	1.61	85.22	170.26	3.41	113.63	227.02	3.22	142.04	283.77	4.03
115	6	33	36.7	57.31	114.49	1.64	85.96	171.74	2.46	114.62	228.99	3.28	143.23	286.24	4.10
116	6	37	00.5	57.80	115.48	1.66	86.71	173.22	2.50	115.61	230.97	3.33	144.51	288.71	4.17
117	6	40	24.0	58.80	116.47	1.69	87.45	174.70	2.54	116.60	232.94	3.39	145.75	291.17	4.24
118	6	43	47.2	58.79	117.45	1.72	88.19	176.18	2.59	117.59	234.91	3.45	146.99	293.64	4.31
119	6	47	10.7	59.29	118.44	1.75	88.93	177.66	2.63	118.58	236.88	3.51	148.23	296.10	4.39
120	6	50	34.0	59.78	119.42	1.73	89.67	179.14	2.67	119.57	238.85	3.57	149.46	298.57	4.46
0.121	6	53	57.7	60.28	120.41	1.81	90.42	180.62	2.72	120.56	240.83	3.63	150.70	301.70	4.53
122	6	57	20.6	60.77	121.40	1.84	91.16	182.10	2.76	121.55	242.80	3.69	151.93	303.50	4.61
123	7	00	44.0	61.26	122.38	1.87	91.90	183.57	2.81	122.53	244.77	3.75	153.17	305.96	4.68

续表

坡度差	中心角			R=1000 m			R=1500 m			R=2000 m			R=2500 m		
i_1-i_2	(°)	(′)	(″)	T	L	E	T	L	E	T	L	E	T	L	E
124	7	04	06.9	61.76	123.37	1.99	92.64	185.05	2.85	123.52	246.74	3.81	154.40	308.42	4.76
125	7	07	30.0	62.25	124.35	1.93	93.38	186.53	2.90	124.51	248.71	3.87	155.64	310.89	4.84
126	7	10	52.9	62.75	125.34	1.96	94.12	188.01	2.95	125.50	250.68	3.93	156.87	313.35	4.91
127	7	14	16.2	63.24	126.32	1.99	94.86	189.48	2.99	126.49	252.65	3.99	158.11	315.81	4.99
128	7	17	39.0	63.73	127.30	2.02	95.60	190.96	3.04	127.47	254.61	4.05	159.34	318.27	5.07
129	7	21	01.8	64.23	128.29	2.06	96.34	192.43	3.09	128.46	256.58	4.12	160.58	320.73	5.15
130	7	24	24.8	64.72	129.27	2.09	97.09	193.91	3.13	129.45	258.55	4.18	161.81	323.18	5.23
0.131	7	27	47.8	65.22	130.25	2.12	97.83	195.38	3.18	130.44	260.51	4.25	163.05	325.64	5.31
132	7	31	10.4	65.71	131.24	2.15	98.57	196.86	3.23	131.43	262.48	4.31	164.28	328.10	5.39
133	7	34	33.1	66.20	132.22	2.19	99.31	198.33	3.28	132.41	264.44	4.38	165.52	330.55	5.47
134	7	37	55.6	66.70	133.20	2.22	100.05	199.80	3.33	133.40	266.41	4.44	166.75	333.01	5.55
135	7	41	18.3	67.19	134.18	2.25	100.79	201.28	3.38	134.39	268.37	4.51	167.98	335.46	5.63
136	7	44	41.1	67.68	135.16	2.28	101.53	202.75	3.43	135.37	270.33	4.57	169.22	337.92	5.72
137	7	48	03.2	68.18	136.15	2.32	102.27	204.22	3.48	136.36	272.30	4.64	170.45	340.37	5.80
138	7	51	25.8	68.67	137.13	2.35	103.01	205.69	3.53	137.34	274.26	4.71	171.68	342.83	5.88
139	7	54	47.7	69.16	138.11	2.38	103.75	207.17	3.58	138.33	276.23	4.77	172.91	345.28	5.97
140	7	58	10.5	69.66	139.09	2.42	104.49	208.64	3.63	139.32	278.19	4.84	174.15	347.74	6.05
0.141	8	01	33.0	70.15	140.07	2.45	105.22	210.11	3.68	140.30	280.15	4.91	175.37	350.19	6.14
142	8	04	55.4	70.64	141.05	2.49	105.96	211.58	3.73	141.29	282.11	4.98	176.61	352.64	6.23
143	8	08	17.3	71.13	142.03	2.52	106.70	213.05	3.79	142.27	284.07	5.05	177.84	355.09	6.31
144	8	11	39.4	71.63	143.01	2.56	107.44	214.53	3.84	143.26	286.03	5.12	179.07	357.54	6.40
145	8	15	01.3	72.12	143.99	2.59	108.18	215.99	3.89	144.24	287.99	5.19	180.30	359.99	6.49
146	8	18	23.2	72.62	144.97	2.63	108.92	217.46	3.94	145.23	289.95	5.26	181.53	362.44	6.58
147	8	21	45.7	73.10	145.95	2.66	109.61	218.93	4.00	146.21	291.91	5.33	182.76	364.89	6.67
148	8	25	06.8	73.59	146.93	2.70	110.39	220.40	4.05	147.19	293.86	5.41	183.99	367.33	6.76
149	8	28	29.3	74.09	147.91	2.74	111.13	221.86	4.11	148.17	295.82	5.48	185.22	369.78	6.85
150	8	31	50.8	74.58	148.89	2.77	111.87	223.33	4.16	149.16	297.78	5.55	186.45	372.22	6.94
0.151	8	35	12.7	75.07	149.86	2.81	112.61	224.80	4.22	150.15	299.73	5.62	187.68	374.67	7.03
152	8	38	33.9	75.56	150.84	2.85	113.35	226.26	4.27	151.13	301.69	5.70	188.91	377.11	7.12
153	8	41	55.7	76.05	151.82	2.88	114.08	227.73	4.33	152.11	303.64	5.77	190.14	379.55	7.22
154	8	45	17.2	76.55	152.79	2.92	114.82	229.19	4.38	153.10	305.59	5.85	191.37	381.99	7.31
155	8	48	38.6	77.04	153.77	2.96	115.56	230.66	4.44	154.08	307.55	5.92	192.60	384.44	7.40
156	8	52	00.0	77.53	154.75	3.00	116.30	232.12	4.50	155.06	309.50	6.00	193.83	386.88	7.50
157	8	55	21.2	78.02	155.72	3.03	117.03	233.59	4.55	156.05	311.45	6.07	195.06	389.02	7.59
158	8	58	43.1	78.51	156.70	3.07	117.77	235.05	4.61	157.03	313.41	6.15	196.28	391.76	7.69
159	9	02	04.4	79.00	157.68	3.11	118.50	236.52	4.67	158.01	315.36	6.23	197.51	394.20	7.79
160	9	05	25.2	79.49	158.65	3.15	119.24	237.98	4.73	158.99	317.31	6.31	198.73	396.64	7.88
0.161	9	08	46	79.99	159.63	3.20	119.98	239.45	4.79	159.97	319.26	6.39	199.96	399.08	7.99
162	9	12	08	80.48	160.61	3.23	120.72	240.91	4.85	160.96	321.22	6.46	201.20	401.52	8.08
163	9	15	28	80.97	161.58	3.27	121.45	242.36	4.91	161.93	323.15	6.55	202.41	403.94	8.19
164	9	18	48	81.45	162.55	3.31	122.18	243.83	4.96	162.90	325.10	6.62	203.63	406.38	8.27
165	9	22	10	81.95	163.53	3.35	122.92	245.29	5.03	163.89	327.06	6.70	204.86	408.82	8.38

续表

坡度差	中心角			R=3000 m			R=5000 m			R=9000 m			R=10 000 m		
i_1-i_2	(°)	(′)	(″)	T	L	E	T	L	E	T	L	E	T	L	E
0.006	0	20	37.6	—	—	—	—	—	—	—	—	—	30.00	59.99	0.05
7	0	24	03.8	—	—	—	—	—	—	31.50	62.99	0.06	35.00	69.99	0.06
8	0	27	30.4	—	—	—	—	—	—	36.00	71.99	0.07	40.00	79.99	0.08
9	0	30	56.3	—	—	—	22.50	44.99	0.051	40.50	80.99	0.09	45.00	89.99	0.10
10	0	34	22.6	—	—	—	25.00	49.99	0.063	45.00	89.99	0.11	50.00	99.99	0.13
0.011	0	37	48.8	—	—	—	27.50	54.99	0.074	49.50	98.99	0.14	55.00	109.99	0.15
12	0	41	15	18.00	36.00	0.054	30.00	59.99	0.09	54.00	107.99	0.16	60.00	119.99	0.18
13	0	44	41.3	19.50	39.00	0.063	32.50	64.99	0.10	58.50	116.99	0.19	65.00	129.99	0.21
14	0	48	07.6	20.99	42.00	0.072	34.99	69.99	0.12	62.99	125.99	0.22	69.99	139.99	0.24
15	0	51	34	22.50	45.00	0.084	37.49	74.99	0.14	67.49	134.99	0.25	74.99	149.99	0.28
16	0	55	00	24.00	47.99	0.095	39.99	79.99	0.16	71.99	143.98	0.29	79.99	159.98	0.32
17	0	58	26	25.50	50.99	0.108	42.49	84.99	0.18	76.49	152.98	0.33	84.99	169.98	0.36
18	1	01	52	27.00	53.99	1.120	44.99	89.99	0.20	80.99	161.98	0.36	89.99	179.98	0.40
19	1	05	18.5	28.50	56.99	0.135	47.49	94.99	0.23	95.49	170.98	0.40	94.99	189.98	0.45
20	1	08	44.8	30.00	59.99	0.15	49.99	99.99	0.25	89.99	179.98	0.45	99.99	199.98	0.50
0.021	1	12	11	31.49	62.99	0.16	52.49	104.98	0.27	94.49	188.97	0.50	104.99	209.97	0.55
22	1	15	37	32.99	65.99	0.18	54.99	109.98	0.30	98.99	197.97	0.55	109.99	219.97	0.61
23	1	19	03	34.49	68.99	0.19	57.49	114.98	0.33	103.49	206.96	0.59	114.99	229.96	0.66
24	1	22	29	35.99	71.99	0.21	59.99	119.98	0.36	107.98	215.96	0.65	119.98	239.96	0.72
25	1	25	56	37.49	74.98	0.23	62.49	124.97	0.38	112.48	224.96	0.70	124.98	249.95	0.78
26	1	29	22	38.99	77.98	0.25	64.99	129.97	0.42	116.98	233.96	0.76	129.98	259.95	0.85
27	1	32	48	40.49	80.98	0.27	67.48	134.97	0.45	121.47	242.95	0.82	134.97	269.94	0.91
28	1	36	14	41.99	83.98	0.29	69.98	139.96	0.49	125.97	251.94	0.88	139.97	279.93	0.98
29	1	39	40	43.49	86.98	0.31	72.48	144.96	0.52	130.47	260.93	0.95	144.97	289.92	1.05
30	1	43	06	44.99	89.97	0.33	74.98	149.95	0.56	134.96	369.92	1.01	149.96	299.91	1.12
0.031	1	46	32	46.49	92.97	0.36	77.48	154.95	0.60	139.46	278.91	1.08	154.96	309.90	1.20
32	1	49	58	47.99	95.97	0.38	79.98	159.94	0.64	143.96	287.90	1.15	159.96	319.89	1.28
33	1	53	24	49.48	98.96	0.40	82.47	164.94	0.68	148.46	296.89	1.22	164.95	329.88	1.36
34	1	56	50	50.98	101.96	0.43	84.97	168.93	0.72	152.95	305.88	1.30	169.94	339.87	1.44
35	2	00	16	52.48	104.95	0.45	87.47	174.92	0.76	157.45	314.87	1.38	174.94	349.85	1.53
36	2	03	42	53.98	107.95	0.48	89.96	179.92	0.81	161.94	323.86	1.46	179.93	359.84	1.62
37	2	07	08	55.48	110.95	0.51	92.46	184.91	0.85	166.44	332.85	1.54	184.93	369.83	1.71
38	2	10	34	56.98	113.95	0.54	94.96	189.91	0.90	170.93	341.84	1.62	189.92	379.82	1.80
39	2	14	00	58.47	116.94	0.57	97.45	194.90	0.95	175.42	350.83	1.71	194.91	389.81	1.90

续表

坡度差	中心角			R=3000 m			R=5000 m			R=9000 m			R=10 000 m		
i_1-i_2	(°)	(′)	(″)	T	L	E	T	L	E	T	L	E	T	L	E
40	2	17	26	59.97	119.94	0.60	99.95	199.90	1.00	179.92	359.82	1.80	199.91	399.80	2.00
0.041	2	20	52	61.47	122.94	0.63	102.45	204.89	1.05	184.42	368.81	1.89	204.91	409.79	2.10
42	2	24	18	62.97	125.93	0.66	104.95	209.88	1.10	188.91	377.79	1.98	209.90	419.77	2.20
43	2	27	44	64.47	128.92	0.69	107.45	214.87	1.15	193.41	386.78	2.08	214.90	429.75	2.31
44	2	31	10	65.97	131.92	0.72	109.94	219.86	1.21	197.90	395.76	2.18	219.89	439.73	2.42
45	2	34	36	67.47	134.91	0.76	112.44	224.85	1.26	202.40	404.74	2.28	224.89	449.71	2.53
46	2	38	02	68.96	137.91	0.79	114.94	229.84	1.32	206.89	413.72	2.38	229.89	459.69	2.64
47	2	41	27	70.46	140.90	0.83	117.44	234.83	1.38	211.39	422.70	2.48	234.88	469.67	2.76
48	2	44	53	71.96	143.89	0.86	119.93	239.82	1.43	215.88	431.69	2.58	239.87	479.65	2.87
49	2	48	19	73.46	146.89	0.90	122.43	244.81	1.49	220.37	440.67	2.69	244.86	489.63	2.99
50	2	51	45	74.95	149.88	0.94	124.92	249.80	1.56	224.87	449.64	2.81	249.85	499.60	3.12
0.051	2	55	10	76.45	152.87	0.97	127.42	254.78	1.62	229.36	458.61	2.92	254.84	509.57	3.24
52	2	58	36	77.95	155.86	1.01	129.91	259.77	1.68	233.85	467.59	3.03	259.83	519.54	3.37
53	3	02	02	79.45	158.85	1.05	132.41	264.75	1.75	238.34	476.56	3.15	264.82	529.51	3.50
54	3	05	27	80.94	161.84	1.08	134.90	269.74	1.82	242.83	485.53	3.27	269.81	539.48	3.63
55	3	08	53	82.44	164.83	1.13	137.40	174.72	1.88	247.32	494.50	3.39	274.80	549.45	3.77
0.056	3	12	19	83.94	167.83	1.17	139.89	279.71	1.95	251.81	503.48	3.52	279.79	559.42	3.91
57	3	15	44	95.43	170.82	1.21	142.39	284.69	2.02	256.30	512.45	3.65	284.78	569.39	4.05
58	3	19	10	86.93	173.83	1.25	144.88	289.68	2.09	260.79	521.42	3.77	289.77	579.36	4.19
59	3	22	36	88.42	176.79	1.30	147.37	294.66	2.17	265.28	530.39	3.91	294.75	589.32	4.34
60	3	26	01	89.92	179.78	1.34	149.87	299.64	2.24	269.77	539.35	4.04	299.74	599.28	4.49
0.061	3	29	27	91.41	182.77	1.39	152.36	304.62	2.32	274.26	548.32	4.18	304.73	609.24	4.64
62	3	32	52	92.91	185.76	1.43	154.86	309.60	2.39	278.75	557.28	4.31	309.72	619.20	4.79
63	3	36	18	94.41	188.74	1.48	157.35	314.58	2.47	283.23	566.22	4.44	314.70	629.16	4.95
64	3	39	43	95.90	191.73	1.53	159.84	319.56	2.55	287.71	575.21	4.60	319.68	639.12	5.11
65	3	43	08	97.39	194.72	1.58	162.33	324.54	2.63	292.19	584.17	4.74	324.66	649.09	5.27
66	3	46	34	98.89	197.71	1.62	164.82	329.52	2.71	296.68	593.14	4.89	329.64	659.04	5.43
67	3	49	59	100.38	200.70	1.68	167.31	334.50	2.80	301.16	602.10	5.04	334.62	669.00	5.60
68	3	53	24	101.88	203.68	1.73	169.80	339.48	2.88	305.64	611.06	5.19	339.60	678.96	5.77
69	3	56	50	103.37	206.67	1.78	172.29	344.45	2.97	310.12	630.02	5.35	344.58	688.91	5.94
70	4	00	15	104.86	209.65	1.83	174.78	349.43	3.05	314.60	628.98	5.50	349.56	698.96	6.11
0.071	4	03	40	106.36	212.64	1.88	177.27	354.40	3.14	319.09	637.93	5.65	354.54	708.81	6.28
72	4	07	06	107.85	215.62	1.93	179.76	359.38	3.23	323.57	646.88	5.81	359.52	718.76	6.46
73	4	10	31	109.35	218.61	1.99	182.25	364.35	3.32	328.05	655.84	5.98	364.50	728.71	6.64
74	4	13	56	110.84	221.59	2.04	184.74	369.33	3.41	332.53	664.79	6.14	369.48	738.66	6.82
75	4	17	21	112.33	224.58	2.10	187.23	374.30	3.50	337.01	673.74	6.31	374.46	748.60	7.01
76	4	20	46	113.83	227.56	2.16	189.72	379.27	3.60	341.50	682.69	6.48	379.44	758.54	7.20
77	4	24	11	115.32	230.55	2.21	192.21	384.34	3.69	345.98	691.64	6.64	384.42	768.48	7.38

续表

坡度差	中心角			R=3000 m			R=5000 m			R=9000 m			R=10 000 m		
i_1-i_2	(°)	(′)	(″)	T	L	E	T	L	E	T	L	E	T	L	E
78	4	27	36	116.82	233.52	2.27	194.70	389.21	3.79	350.46	700.58	6.82	389.40	778.42	7.58
79	4	31	01	118.31	236.50	2.33	197.19	394.18	3.88	354.94	709.52	6.99	394.38	788.36	7.77
80	4	34	26	119.80	239.49	2.39	199.68	399.15	3.98	359.42	718.47	7.17	399.36	798.30	7.97
0.081	4	37	51	121.30	242.46	2.44	202.17	404.11	4.08	363.91	727.41	7.34	404.34	708.28	8.16
82	4	41	16	122.79	245.44	2.50	204.66	409.08	4.18	368.39	736.34	7.52	409.32	818.16	8.36
83	4	44	41	124.29	248.42	2.57	207.15	414.04	4.28	372.87	745.28	7.71	414.30	828.09	8.57
84	4	48	06	125.78	251.40	2.63	209.68	419.01	4.39	377.34	754.22	7.90	419.27	838.02	8.78
85	4	51	30	127.27	254.37	2.69	212.12	423.96	4.49	381.82	763.14	8.09	424.24	847.93	8.99
86	4	54	55	128.76	257.35	2.76	214.60	428.93	4.60	386.29	772.07	8.28	429.21	857.86	9.20
87	4	58	20	130.25	260.33	2.82	217.09	433.89	4.71	390.76	781.01	8.48	434.18	867.79	9.42
88	5	01	44	131.74	263.31	2.89	219.57	438.86	4.82	395.23	789.95	8.68	439.15	877.72	9.64
89	5	05	10	133.23	266.29	2.95	222.06	443.82	4.93	399.71	798.89	8.87	444.12	887.65	9.86
90	5	08	34	134.72	269.27	3.02	224.54	448.79	5.04	404.18	807.82	9.07	449.09	897.58	10.08
0.091	5	11	59	136.21	272.25	3.09	227.03	453.75	5.15	408.65	816.76	9.27	454.06	907.51	10.30
92	5	15	23	137.70	275.22	3.15	229.51	458.71	5.26	413.13	825.69	9.48	459.03	917.43	10.53
93	5	18	47.4	139.20	278.20	3.22	232.00	463.67	5.38	417.60	834.61	9.68	464.00	927.35	10.76
94	5	22	12	140.68	281.18	3.29	234.48	468.63	5.49	422.06	843.54	9.89	468.96	937.27	10.99
95	5	25	37	142.17	284.15	3.36	236.96	473.59	5.61	426.54	852.47	10.10	473.93	947.19	11.22
96	5	29	01	143.67	287.13	3.43	239.45	478.55	5.73	431.01	861.39	10.31	478.90	957.10	12.46
97	5	32	25	145.16	290.10	3.51	242.93	483.50	5.85	435.48	870.30	10.53	483.87	967.00	11.70
98	5	35	50	146.64	293.07	3.58	244.41	488.45	5.97	439.95	879.21	10.75	488.83	976.90	11.94
99	5	39	14	148.13	296.03	3.65	246.89	493.39	6.09	444.41	888.11	10.96	493.79	986.79	12.18
100	5	42	38	149.62	299.00	3.72	249.37	498.34	6.21	448.88	897.01	11.19	498.75	996.68	12.43
0.101	5	46	02.4	151.11	301.97	3.80	251.85	503.28	6.34	453.34	905.91	11.41	—	—	—
102	5	49	26.4	152.60	304.94	3.87	254.33	508.23	6.46	457.80	914.82	11.64	—	—	—
103	5	52	50.7	154.08	307.90	3.95	256.81	513.18	6.59	462.27	923.72	11.86	—	—	—
104	5	56	14.6	155.57	310.87	4.03	259.29	518.12	6.72	466.73	932.63	12.10	—	—	—
105	5	59	38.9	157.06	313.84	4.11	261.77	523.07	6.85	411.19	941.53	12.33	—	—	—
106	6	03	03.0	158.55	316.81	4.18	264.25	528.02	6.98	475.66	950.44	12.56	—	—	—
107	6	06	26.5	160.04	319.77	4.26	266.73	532.96	7.11	480.12	959.34	12.80	—	—	—
108	6	09	50.4	161.52	322.74	4.34	269.21	537.91	7.24	484.59	968.24	13.03	—	—	—
109	6	13	14.3	163.01	325.71	4.42	271.69	542.85	7.37	489.05	977.14	13.28	—	—	—
110	6	16	38.3	164.50	328.68	4.50	274.17	547.80	7.51	493.52	986.04	13.52	—	—	—
0.111	6	20	02.4	165.99	331.64	4.58	276.65	552.74	7.64	497.98	994.93	13.76	—	—	—
112	6	23	25.8	167.48	334.60	4.67	279.13	557.68	7.78	502.44	1003.82	14.01	—	—	—
113	6	26	49.4	168.96	337.57	4.75	281.61	562.62	7.92	506.90	1012.72	14.27	—	—	—
114	6	30	12.8	170.45	340.53	4.83	284.08	567.55	8.06	511.35	1021.60	14.52	—	—	—
115	6	33	36.7	171.93	343.49	4.92	286.56	572.49	8.20	515.80	1030.48	14.77	—	—	—

续表

坡度差 i_1-i_2	中心角			R=3000 m			R=5000 m			R=9000 m			R=10 000 m		
	(°)	(′)	(″)	T	L	E	T	L	E	T	L	E	T	L	E
116	6	37	00.5	173.42	346.45	5.00	289.03	577.42	8.34	520.26	1039.37	15.02	—	—	—
117	6	40	24.0	174.90	349.41	5.09	291.51	582.35	8.49	524.72	1048.24	15.28	—	—	—
118	6	43	47.2	176.39	352.37	5.18	293.98	587.28	8.63	529.13	1057.11	15.54	—	—	—
119	6	47	10.7	178.87	355.32	5.26	296.46	592.21	8.78	533.53	1065.99	15.80	—	—	—
120	6	50	34.0	179.35	358.28	5.35	298.93	597.14	8.92	528.07	1074.86	16.07	—	—	—
0.121	6	53	57.7	180.84	361.24	5.44	301.40	602.07	9.07	—	—	—	—	—	—
122	6	57	20.6	182.32	364.20	5.53	303.87	607.00	9.22	—	—	—	—	—	—
123	7	00	44.0	183.80	367.15	5.62	306.34	611.93	9.37	—	—	—	—	—	—
124	7	04	06.9	185.28	370.11	5.71	308.81	616.85	9.52	—	—	—	—	—	—
125	7	07	30.0	186.77	373.06	5.89	311.28	621.78	9.68	—	—	—	—	—	—
126	7	10	52.9	188.25	376.02	5.90	313.75	626.70	9.83	—	—	—	—	—	—
127	7	14	16.2	189.73	378.97	5.99	316.22	631.62	9.99	—	—	—	—	—	—
128	7	17	39.0	191.21	381.92	6.08	318.69	636.54	10.14	—	—	—	—	—	—
129	7	21	01.8	192.69	384.87	6.18	321.16	641.46	10.30	—	—	—	—	—	—
130	7	24	24.8	194.18	387.82	6.27	323.63	646.37	10.46	—	—	—	—	—	—
0.131	7	27	47.8	195.66	390.77	6.37	326.10	651.29	10.62	—	—	—	—	—	—
132	7	31	10.4	197.14	393.72	6.47	328.57	656.20	10.78	—	—	—	—	—	—
133	7	34	33.1	198.62	396.66	6.57	331.04	661.11	10.95	—	—	—	—	—	—
134	7	37	55.6	200.10	399.61	6.66	333.51	666.02	11.11	—	—	—	—	—	—
135	7	41	18.3	201.58	402.56	6.76	335.97	670.93	11.27	—	—	—	—	—	—
136	7	44	41.1	203.06	405.50	6.86	338.44	675.84	11.44	—	—	—	—	—	—
137	7	48	03.2	204.54	408.45	6.96	340.90	680.75	11.60	—	—	—	—	—	—
138	7	51	25.8	206.02	411.39	7.06	343.37	685.66	11.77	—	—	—	—	—	—
139	7	54	47.7	207.50	414.34	7.16	345.83	690.57	11.94	—	—	—	—	—	—
140	7	58	10.5	208.98	417.28	7.26	348.30	695.48	12.11	—	—	—	—	—	—
0.141	8	01	33.0	210.45	420.23	7.37	—	—	—	—	—	—	—	—	—
142	8	04	55.4	211.93	423.17	7.47	—	—	—	—	—	—	—	—	—
143	8	08	17.3	213.41	426.11	7.58	—	—	—	—	—	—	—	—	—
144	8	11	39.4	214.89	429.05	7.68	—	—	—	—	—	—	—	—	—
145	8	15	01.3	216.36	431.99	7.79	—	—	—	—	—	—	—	—	—
146	8	18	23.2	217.84	434.93	7.89	—	—	—	—	—	—	—	—	—
147	8	21	45.7	219.32	437.86	8.00	—	—	—	—	—	—	—	—	—
148	8	25	06.9	220.79	440.80	8.11	—	—	—	—	—	—	—	—	—
149	8	28	29.3	222.27	443.73	8.22	—	—	—	—	—	—	—	—	—
150	8	31	50.8	223.74	446.67	8.33	—	—	—	—	—	—	—	—	—
0.151	8	35	12.7	225.22	449.60	8.44	—	—	—	—	—	—	—	—	—
152	8	38	33.9	226.70	452.53	8.55	—	—	—	—	—	—	—	—	—
153	8	41	55.7	228.17	455.46	8.66	—	—	—	—	—	—	—	—	—

续表

坡度差	中心角			R=3000 m			R=5000 m			R=9000 m			R=10 000 m		
i_1-i_2	(°)	(′)	(″)	T	L	E	T	L	E	T	L	E	T	L	E
154	8	45	17.2	229.65	458.39	8.77	—	—	—	—	—	—	—	—	—
155	8	48	38.6	231.12	461.32	8.88	—	—	—	—	—	—	—	—	—
156	8	52	00.0	232.60	464.25	9.00	—	—	—	—	—	—	—	—	—
157	8	55	21.2	234.07	407.18	9.11	—	—	—	—	—	—	—	—	—
158	8	58	43.1	235.54	470.11	9.23	—	—	—	—	—	—	—	—	—
159	9	02	04.4	237.01	473.04	9.34	—	—	—	—	—	—	—	—	—
160	9	05	25.2	238.48	475.96	9.46	—	—	—	—	—	—	—	—	—
0.161	9	08	46	239.96	478.90	9.59	—	—	—	—	—	—	—	—	—
162	9	12	08	241.44	481.83	9.69	—	—	—	—	—	—	—	—	—
163	9	15	28	242.90	484.73	9.82	—	—	—	—	—	—	—	—	—
164	9	18	48	244.36	487.66	9.92	—	—	—	—	—	—	—	—	—
165	9	22	10	245.84	490.58	10.06	—	—	—	—	—	—	—	—	—

附表 C　工程管线之间及与建(构)筑物之间的最小水平净距表

m

管线名称	建筑物	给水管	污水雨水排水管	燃气管				热力管(直埋式)	电力电缆	电信电缆	电信管道	乔木	灌木	地上杆柱通信照明	道路侧石边缘
				低压	中压	次高压	高压								
建筑物		1.0①	2.5	0.7	2.0	4.0	6.0	2.5	0.5	1.0	1.5	3.0	1.5	3.0	—
给水管	1.0①		1.0②	0.5	0.5	1.0	1.5	1.5	0.5	1.0	1.0	1.5	1.5	0.5	1.5
污水雨水排水管	2.5	1.0②	1.0	1.0	1.0	1.0	5.0	1.5	0.5	1.0	1.0	1.0	1.5	0.5	1.5
燃气管 低压(压力不超过 0.05 MPa)	0.7	0.5	1.0	③	③	③	③	1.0	0.5	0.5	0.5	1.2	1.2	1.0	1.5
燃气管 中压(压力 0.05～0.4 MPa)	2.0	0.5	1.2					1.0	0.5	0.5	0.5	1.2	1.2	1.0	1.5
燃气管 次高压(压力 0.4～0.8 MPa)	4.0	1.0	1.5					1.5	1.0	1.0	1.0	1.2	1.2	1.0	2.5
燃气管 高压(压力 0.8～1.6 MPa)	6.0	1.5	2.0					2.0	1.5	1.5	1.5	1.2	1.2	1.0	2.5
热力管(直埋式)	2.5	1.5	1.5	1.0	1.0	1.5	2.0		2.0	1.0	1.0	1.5	1.5	1.0	1.5
电力电缆	0.5	0.5	0.5	0.5	0.5	1.0	1.5	2.0		0.5	0.5	1.0	1.0	0.6	1.5
电信电缆(直埋式)	1.0	1.0	1.0	0.5	0.5	1.0	1.5	1.0	0.5	0.5	0.5	1.0	1.0	0.5	1.5
电信管道	1.5	1.0	1.0	1.0	1.0	1.0	1.5	1.0	0.5	0.5	0.5	1.5	1.0	0.5	1.5
乔木	3.0	1.5	1.0	1.2	1.2	1.2	1.2	1.5	1.0	1.0	1.5		—	1.5	0.5
灌木	1.5	1.5	1.5	1.2	1.2	1.2	1.2	1.5	1.0	1.0	1.0	—		1.5	0.5
通信照明地上杆柱	3.0	0.5	0.5	1.0	1.0	1.0	1.0	1.0	0.6	0.5	0.5	1.5	1.5		0.5
道路侧石边缘	—	1.5④	1.5④	1.5	1.5	2.5	2.5	1.5④	1.5④	1.5④	1.5④	0.5	0.5	0.5	

注：上表中所列数字，除指明者外，均系管线与管线之间净距，净距指管线与管线外壁间之距离。

① 表中数值适用于给水管管径 $d \leqslant 200$ mm，如 $d > 200$ mm 时应不小于 3.0 m。

② 表中数值适用于给水管管径 $d \leqslant 200$ mm；如 $d > 200$ mm 时应不小于 1.5 m。

③ 燃气管之间 DN≤300 mm，净距不小于 0.4 m，DN>300 mm 净距不小于 0.5 m。

④ 有关铁路与各种管线的最小水平净距可参考铁路部门有关规定。

附表 D　工程管线交叉时最小垂直净距表

m

埋设在下面的管线名称 \ 安设在上面的管线名称		给水管	排水管	热力管	燃气管	电信管线		电力管线		沟渠（基础底）	涵洞（基础底）	电车（轨底）	铁路（轨底）
						直埋	管块	直埋	管沟				
给水管		0.15								0.50	0.15	1.0	1.0
排水管		0.40	0.15							0.50	0.15	1.0	1.2
热力管		0.15	0.15	0.15						0.50	0.15	1.0	1.2
燃气管		0.15	0.15	0.15	0.15					0.50	0.15	1.0	1.2
电信管线	直埋	0.50	0.50	0.15	0.50	0.25	0.25			0.50	0.20	1.0	1.0
	管块	0.15	0.15	0.15	0.15	0.25	0.25			0.50	0.25	1.0	1.0
电力管线	直埋	0.15	0.50	0.50	0.50	0.50	0.50	0.50	0.50	0.50	0.50	1.0	1.0
	管沟	0.15	0.50	0.50	0.15	0.50	0.50	0.50	0.50	0.50	0.50	1.0	1.0

注：大于 35 kV 直埋电力电缆与热力管线最小垂直净距应为 1.0 m。

附表 E　工程管线最小覆土深度表

m

	电力管线		电信管线		热力管线		燃气管线	给水管线	雨水管线	污水管线
	直埋	管沟	直埋	管块	直埋	管沟				
人行道下	0.5	0.4	0.7	0.4	0.5	0.2	0.6	0.6	0.6	0.6
车行道下	0.7	0.5	0.8	0.7	0.7	0.2	0.8	0.7	0.7	0.7

注：10 kV 以上直埋电力电缆管线的覆土深度不应小于 1.0 m。

附表F 架空管线之间及与建(构)筑物之间交叉时的最小垂直净距表

m

		建筑物（顶端）	道路（地面）	铁路（轨顶）	电信线		热力管线
					电力线有防雷装置	电力线无防雷装置	
电力管线	10 kV及以下	3.0	7.0	7.5	2.0	4.0	2.0
	35～110 kV	4.0	7.0	7.5	3.0	5.0	3.0
电信线		1.5	4.5	7.0	0.6	0.6	1.0
热力管线		0.6	4.5	6.0	1.0	1.0	0.25

注：横跨道路或与无轨电车馈电线平行的架空电力线距地面应大于9.0m。

参考资料

法规

《中华人民共和国城乡规划法》.

《城市规划编制办法》(中华人民共和国建设部令第146号发布)2006.

中华人民共和国国家标准《城市道路交通规划设计规范》 GB 50220—1995.

中华人民共和国国家标准《镇规划标准》 GB 50188——2007.

中华人民共和国国家标准《城市道路交通设施设计规范》 GB 50688—2011.

中华人民共和国行业标准《城市人行天桥与人行地道技术规范》 CJJ 69—1995.

中华人民共和国行业标准《城市道路照明设计标准》 CJJ 45—2006.

中华人民共和国行业标准《城市道路交叉口设计规程》 CJJ 152—2010.

中华人民共和国行业标准《建设项目交通影响评价技术标准》 CJJ T141—2010.

《城市综合交通体系规划编制办法》 建设部 建城[2010]13号 2010年2月8日.

《停车场规划设计规则(试行)》 公安部 建设部[88]公(交管)字90号 1988年10月3日.

文献

[1] 刘敦桢. 中国古代建筑史[M]. 北京:中国建筑工业出版社,1980.

[2] 童寯. 新建筑与流派[M]. 北京:中国建筑工业出版社,1980.

[3] 同济大学城市规划教研室. 中国城市建设史[M]. 北京:中国建筑工业出版社,1982.

[4] 同济大学、清华大学、南京工学院、天津大学. 外国近、现代建筑史[M]. 北京:中国建筑工业出版社,1982.

[5] 贺业钜. 考工记营国制度研究[M]. 北京:中国建筑工业出版社,1985.

[6] 张承安. 城市发展史[M]. 武汉:武汉大学出版社,1985.

[7] 沈玉麟. 外国城建史[M]. 北京:中国建筑工业出版社,1989.

[8] [英]P. 霍尔. 城市和区域规划[M]. 邹德慈,金经元,译. 北京:中国建筑工业出版社,1985.

[9] [美]伊利尔. 沙里宁. 城市,它的发展、衰败与未来[M]. 顾启源,译. 北京:中国建筑工业出版社,1986.

[10] 中国大百科全书总编辑委员会本卷编辑委员会. 中国大百科全书——建筑、园林、城市规划[M]. 北京:中国大百科全书出版社,1988.

[11] 同济大学、重庆建筑工程学院、武汉建筑材料工业学院. 城市规划原理[M]. 北京:中国建筑工业出版社,1981.

[12] 武汉建筑材料工业学院、同济大学、重庆建筑工程学院. 城市道路与交通[M]. 北京:中国建筑工业出版社,1981.

[13] 徐循初,等. 城市道路与交通规划(上册)[M]. 北京:中国建筑工业出版社,2005.

[14] 同济大学、重庆建筑工程学院、武汉建筑材料工业学院. 城市对外交通[M]. 北京:中国建筑工业出版社,1982.

[15] [英]R. J. 索尔特. 道路交通分析与设计[M]. 张佐周,赵骅,杨佩昆,译. 北京:中国建筑工业出版社,1982.

[16] 北京市市政设计院. 城市道路设计手册(上册)[M]. 北京:中国建筑工业出版社,1985.

[17] 全国城市规划执业制度管理委员会. 城市规划原理[M]. 北京:中国计划出版社,2011.

[18] 全国城市规划执业制度管理委员会.城市规划相关知识(2011 年版).
[19] 中国城市科学研究会,等. 中国城市交通规划发展报告(2010)[M]. 北京:中国城市出版社,2012.
[20] 《城市规划》杂志 1982—2010 年各期.
[21] 《城市规划学刊》(原《城市规划汇刊》)杂志 1982-2010 年各期.
[22] 《规划师》杂志 1998—2010 年各期.
[23] 文国玮. 在城市道路系统规划与改建中实现交通分流的探讨(全国第三次大城市交通规划会议论文). 北京:1983.
[24] 文国玮. 关于现代城市公共交通系统的思考[C]//中国城市发展与规划——论文集:首届中国城市发展与规划国际年会. 北京:中国城市出版社,2006.
[25] 文国玮. 关于我国城市公共交通系统若干思潮的评析[C]//小汽车高增长背景下城市交通发展对策:中国城市交通规划 2006 年年会暨第二十二次学术研讨会论文集.南京:2006.10.
[26] 文国玮. 关于现代城市道路系统规划的思考[C]//城市发展与规划国家论坛论文. 2008.
[27] 文国玮. 巩固基本概念,研究新的规律,不断提高规划水平[J]. 城市规划,2008(12).
[28] 文国玮. 城市规划是实现绿色交通的根本途径[J]. 建设科技,2011(17).
[29] 文国玮. 绿色交通背景下我国城市 BRT 存在问题及发展建议[J]. 规划师,2011(9).
[30] 文国玮. 城市综合客运交通枢纽规划探讨[J]. 规划师,2011(12).
[31] 文国玮. 历史名城交通问题解析[J]. 中国名城,2012(1).
[32] 北京市建筑设计院. 多层车库设计资料(内部资料).
[33] 童林旭. 地下汽车库建筑设计[M]. 北京:中国建筑工业出版社,1996.
[34] 日本道路协会.人行天桥造型设计[M]. 姜维龙,译. 北京:中国建筑工业出版社,1987.
[35] [日]芦原义信.街道的美学[M]. 尹培桐,译. 武汉:华中理工大学出版社,1989.
[36] J.O.西莫兹.大地景观——环境规划指南[M]. 程里尧,译. 北京:中国建筑工业出版社,1990.
[37] John Tetlow & Anthony Goss. Homes,Towns & Traffic[M]. 2nd ed. London:Faber & Faber,1968.
[38] Bailey,James. New Towns in America:the design and development process[M]. New York:Wiley & Sons,1970.
[39] John,J.Fruin. 步行者の空間 =理論とデザイン=(Pedestrian Planning and Design)[M]. 东京:鹿岛出版会,1974.
[40] Boris Pushkarev, Jeffrey M. Zupan. Urban Space for Pedestrians [M]. Cambridge, Mass:MIT Press, 1975
[41] Walter Heily. Urban Systems Models[M]. New York:Academic Press, 1975.
[42] Fredric J,Osborn & A. Whittick. New Towns:their orgins, achievements,and progress[M]. 3rd ed. London:L. Hill,1977.
[43] Landeshauptstadt Hannover Stadt Plannungsamt. Flächennutzungsplan[M]. Hannover:Petersen,1980.
[44] Black,John. Urban Transport Planning:theory and practice[M]. Baltimore:Johns Hopkins University Press, 1981.
[45] The Bureau of City Planning Tokyo Metropolitan Government. Planning of Yokyo[M]. Tokyo:Shohi Printing Co. Ltd, 1981.
[46] Leonardo Benevolo. Histoire de la ville[M]. Roquevaire:Parentheses, 1983.
[47] B. Gallion and S. Eisnen. The Urban Pattern:City Planning and Design[M]. 5th ed. New York:Von Nostrand Co. , 1986.

后　记

1985年我从建设部调入清华大学任职，要我讲授城市规划的主要专业课“城市道路交通”。当时有一本同名的国家统编教材，也是我们在本科学习的教材。这本教材实际上是一本通用教材，城市规划专业可以用，道路交通专业也可以用。而对于城市规划专业来说，该教材中关于规划思想理论的介绍少了，关于城市道路系统规划与城市用地布局的关系论述不够，而关于道路设计的理论与技术细节又篇幅过大。另一本专业教材《城市规划原理》对城市道路交通规划设计的内容又过于简单，不能满足教学的要求。因此，我决定将课程改名为“城市交通与道路系统规划设计”，并根据城市规划的专业教学要求编写一本新的教材。经过1年的教学实践，终于在1986年内部出版了《城市交通与道路系统规划设计》(试用讲义)。又经过5年教学实践中的不断修正、不断完善，于1991年由清华大学出版社正式出版了《城市交通与道路系统规划设计》教材，并于1996年获得第三届全国普通高等院校优秀教材评选建设部二等奖。为配合清华大学建设世界第一流大学的教材建设，结合我国城市和城市交通的新发展和面临的新形势，适应研究生教育的需要，又于2000年对原教材进行了更新和提升，更名为《城市交通与道路系统规划》，于2001年由清华大学出版社出版。2007年出版的《城市交通与道路系统规划(新版)》对上一版作了较大的修改、调整和重要的补充，是为了适应城市发展对城市规划学科现代化的需要，体现在规划思想、规划方法和理论上的进步；同时要澄清目前我国城市规划和城市交通规划领域中若干理论和思想上的误区。

《城市交通与道路系统规划(新版)》被列为普通高等教育“十一五”国家级规划教材，《城市交通与道路系统规划(2013版)》又在原有基础上作了大幅度的调整和补充。要感谢清华大学建筑学院、清华大学出版社为本书的出版给予的积极支持及辛勤的劳动。

感谢建设部城乡规划司、中国城市规划设计研究院、北京市城市规划设计研究院及各地城市规划、城市交通规划研究部门的许多同行，在本书编写和修订中给予的热情帮助及提供了大量的资料。

特别要感谢中国科学院院士、中国工程院院士、中国城市规划学会理事长、建设部原副部长、清华大学兼职教授周干峙先生和中国城市规划学会原副理事长、建设部原城市规划司司长赵士修先生先后为本书两版作序，给予我很大的鼓励。

本书部分插图及表格源于所列参考文献，在此向编著者致以谢意！